高等学校新工科电子信息类专业系列教材

IoT and Wireless Communication Technology

物联网与无线通信技术

雷文礼　饶永南　编著

武汉大学出版社
WUHAN UNIVERSITY PRESS

图书在版编目(CIP)数据

物联网与无线通信技术 / 雷文礼,饶永南编著. -- 武汉 : 武汉大学出版社, 2024. 8. -- 高等学校新工科电子信息类专业系列教材. -- ISBN 978-7-307-24518-1

Ⅰ. TP393.4；TP18；TN92

中国国家版本馆 CIP 数据核字第 2024DC8556 号

责任编辑:王 荣 责任校对:鄢春梅 版式设计:马 佳

出版发行: **武汉大学出版社** (430072 武昌 珞珈山)

(电子邮箱:cbs22@whu.edu.cn 网址:www.wdp.com.cn)

印刷:武汉中科兴业印务有限公司

开本:787×1092 1/16 印张:23.25 字数:563 千字 插页:1

版次:2024 年 8 月第 1 版 2024 年 8 月第 1 次印刷

ISBN 978-7-307-24518-1 定价:56.00 元

前　言

在信息化浪潮席卷全球的今天，物联网与无线通信技术作为推动社会进步的重要力量，正日益受到人们的关注。本书旨在为读者深入剖析物联网与无线通信技术的融合与应用，揭示其背后的原理、技术发展趋势及对未来社会的重要影响。

物联网作为新一代信息技术的重要组成部分，通过智能感知、自动识别与无线通信等技术，实现了人与物、物与物之间的信息交互和无缝连接。它将现实世界与数字世界紧密相连，为人们带来了前所未有的便利与体验。而无线通信技术作为物联网的基石，为物联网设备的互联互通提供了强大的支撑。从最初的模拟信号传输，到如今的数字信号、高频段传输，无线通信技术的发展日新月异，为物联网的广泛应用奠定了坚实基础。

本书是"高等学校新工科电子信息类专业系列教材"之一。本书从物联网与无线通信技术的基本概念入手，详细介绍了物联网的体系架构、802.11 协议、蓝牙、ZigBee、无线自组网、NB-IoT、LORA 技术及应用场景。同时，本书还对各类无线通信技术的发展历程、现状及未来趋势进行了全面梳理，让读者对无线通信技术有清晰的认识。

本书出版受"延安大学教材建设专项基金"资助。第 1 章、第 2 章、第 4 章至第 9 章由雷文礼负责写作，第 3 章、第 10 章由饶永南负责写作。

本书既是一本专业教材，也是一本启迪思维的科普读物。它适合从事物联网与无线通信技术研究、开发、应用的科技人员阅读，也适合对物联网与无线通信技术感兴趣的广大读者阅读。希望通过本书的介绍，能够让更多的人了解物联网与无线通信技术的魅力与价值，共同推动信息化社会的繁荣发展。

在编写本书的过程中，我们力求做到内容准确、条理清晰、语言简洁。但由于物联网与无线通信技术涉及领域广泛、发展迅速，难免存在疏漏和不足之处。我们衷心希望广大读者在阅读过程中提出宝贵意见和建议，共同推动物联网与无线通信技术的研究与应用不断向前发展。

最后，感谢研究生雷洋、贾琨、吴星昊、韩金萍、黄剑宇、古一凡做了部分文字和图片校正工作，感谢所有为本书编写提供支持和帮助的同仁们，感谢广大读者的厚爱与支持。感谢在本书撰写过程中所参考的文献的作者，引用过程中如有疏漏，在此表示抱歉。让我们携手共进，共同迎接物联网与无线通信技术的美好未来！

作　者

2024 年 3 月 28 日

目　　录

第1章 物 联 网

  21世纪人类进入信息化时代，信息在引导物质和能量的运动变化中发挥的作用越来越强大，已经形成了一个强大的产业，成为具有极大开发价值的资源，即新经济时代的资源。在通信技术、互联网、传感等新技术的推动下，逐步形成人与人、人与物、物与物之间沟通的网络构架——物联网。互联网让人与人之间的距离变成零或者忽略不计，只剩下逻辑关系；物联网让人与物、物与物之间的距离忽略不计，变成纯逻辑位置关系。互联网颠覆了人类的传统信息体系架构，而物联网是一个基于互联网、传统通信网等的信息承载体，它让所有能够被独立寻址的普通物理对象形成互联互通的网络。

  如图1-1所示，物联网是继计算机、互联网和移动通信之后的第三次信息产业革命浪潮，物联网融合了传感、通信网、云计算、云存储等多种技术。IDC（互联网数据中心）数据显示，2021年全球物联网企业级投资规模约为6812.8亿美元，有望在2026年增至1.1万亿美元，5年复合增长率（CAGR）为10.8％。IDC预测，到2026年，中国物联网IT支出规模接近2981.2亿美元（约2万亿元人民币），占全球物联网总投资的1/4左右，投资规模将领跑全球。从行业和应用场景来看，在5年预测期内，制造业、政府、公共事业、专业服务和零售均为中国物联网支出主要的终端用户，合计占比超中国物联网支出的六成。

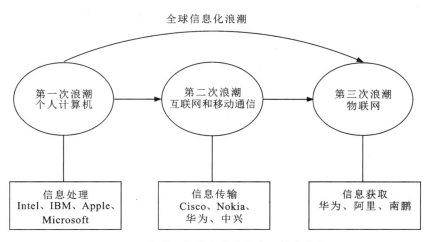

图1-1　物联网是第三次信息产业革命浪潮

1

1.1　物联网简介

最早关于物联网的定义是 1999 年由麻省理工学院 Auto-ID 研究中心提出的：把所有物品通过射频识别（RFID）和条码等信息传感设备与互联网连接起来，实现智能化识别和管理。其实质就是 RFID 技术与互联网的结合应用。

2005 年，国际电信联盟（ITU）在 *The Internet of Things* 这一报告中对物联网的概念进行了阐述，提出任何时刻、任何地点、任何人可以连接到任意物体上（from anytime，any place connectivity for anyone，we will now have connectivity for anything），实现无所不在的网络和无所不在的计算；物联网广泛采用 RFID 无线技术、传感器技术、纳米技术、智能终端技术等。

欧洲智能系统集成技术平台对物联网的定义为：物联网是由具有标识、虚拟个性的物体/对象所组成的网络，这些标识和个性等信息在智能空间使用智慧的接口与用户、社会和环境进行通信。

欧盟第 7 框架下 RFID 和物联网研究项目组对物联网的定义为：物联网是未来互联网的一个组成部分，可以定义为基于标准的和可互操作的通信协议，且具有自配置能力的、动态的全球网络基础架构。物联网中的"物"都具有标识、物理属性和实质上的个性，使用智能接口实现与信息网络的无缝整合。

2010 年，中国的政府工作报告所附的注解中对物联网有如下说明：物联网是通过传感设备按照约定的协议，把各种网络连接起来，进行信息交换和通信，以实现智能化识别、定位、跟踪、监控和管理的一种网络。

从上述几种定义可以看出，物联网的概念最初起源于由 RFID 对物体进行标识并利用网络进行信息传输的应用，是不断扩充、完善而逐步形成的。最初物联网架构主要由 RFID 标签、阅读器、信息处理系统和互联网等组成。通过对全球唯一编码的物品的标识来实现对物品的跟踪、溯源、防伪、定位、监控及自动化管理等功能。

我们对物联网有如下定义：采用传感感知技术获取物体、环境的各种参数信息，通过各种无线通信技术将其汇总到信息通信网络上，并传输到后端进行数据分析挖掘处理，提取有价值的信息给决策层，并通过一定的机制、措施，实现对现实世界的智慧控制。由此可见，物联网的核心是将物体联到网络上，未来就是人工智慧生命感知决策行动系统。物联网是一个综合技术系统，未来还可以融合区块链、人工智能、可穿戴设备、增强现实（AR）、人体增强、机器人、自动驾驶、无人机等技术，智能交互、信息智能呈现、随时采取行动，实现物联网＋。

1.2　物联网体系架构

物联网是一种综合集成创新的技术系统。按照信息生成、传输、处理和应用的原则，物联网可划分为感知层、网络层和应用层。图 1-2 展示了物联网的三层结构。

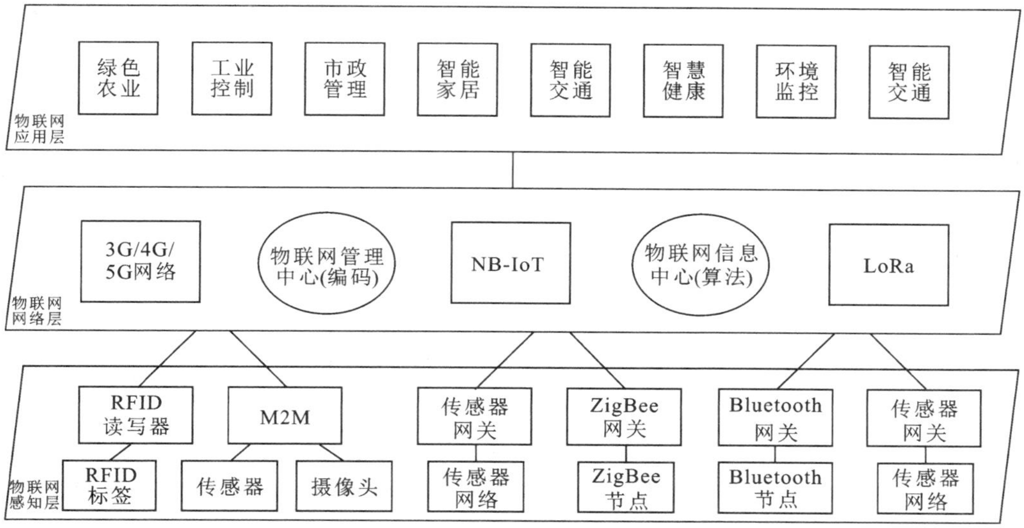

图 1-2 物联网的三层结构

1. 感知层

感知是物联网的底层技术，是联系物理世界和信息世界的纽带。感知层包括各种感知技术。感知技术是能够让物品"开口说话"的技术，如 RFID 标签中存储的信息，通过无线通信网络把它们自动传输到中央信息系统，实现物品各种参数的提取和管理。无线传感网络主要通过各种类型的传感器来获取物质性质、环境状态、行为模式等参数信息。近年来，各类互联网联网电子产品层出不穷，智能手机、PAD、可穿戴设备、笔记本电脑等迅速普及，人们可以随时随地接入互联网，分享信息。信息生成、传输方式多样化是物联网区别于其他网络的重要特征。

2. 网络层

网络层的主要作用是把感知层数据接入互联网，供上层服务使用，包含信息传输、交换和信息整合。

物联网核心网络主要使用互联网。网络边缘使用各种无线网络提供被感知物体参数信息的网络接入服务。无线通信技术有：①移动通信网络（包括 2G、3G、4G 及 5G 技术），网络覆盖较完善，但成本、耗电不具优势，在不易充电的环境中使用非常受限；②WiMAX 技术（IEEE 802.16 标准），提供城市范围高速数据传输服务；③ WiFi（IEEE 802.11 系列标准）、Bluetooth（IEEE 802.15.1 标准）、ZigBee（802.15.4 标准）等通信协议的特点是低功耗、低传输速率、短距离，一般用于个人电子产品互联、工业设备控制等领域；④LoRa、NB-IoT 的特点是低功耗、低传输速率、长距离，适用于智慧城市、智慧农村等大量应用场景。各种不同类型的无线网络适用于不同的环境，根据应用场景采用不同技术或组合，是实现物联网的无线传输的重要方法。

3. 应用层

应用层利用经过分析处理挖掘的感知信息数据，为用户提供丰富的服务，实现智能化感知、识别、定位、追溯、监控和管理。应用层是物联网使用的目的。目前，已经有大量物联网应用在实际中，例如通过一种传感器感应到某个井盖被移动的信息，然后通过网络进行监控，及时采取应对措施。

应用层主要包含应用支撑平台子层和应用服务子层。应用支撑平台子层支持跨行业、跨应用、跨系统之间的信息协调、共享、互通，包括公共中间件、信息开放平台、云计算平台和服务支撑平台。应用支撑平台子层可以将大规模数据高效、可靠地组织起来，为行业应用提供智能的支撑平台。应用服务子层包括智慧城市、智慧校园、智能交通、智能家居、工业控制等行业应用。

1.3　物联网关键技术

物联网是一个技术系统，融合了大量不同层面的技术，物联网的关键技术有传感技术、无线通信技术（物联网最初用到的是 RFID）、数据分析处理技术和网络通信技术等。下面将简单介绍这几种技术。

1. 传感技术

传感器负责物联网中的信息采集，是实现"感知"世界的物联网神经末梢。传感器是感知和探测物体的某些参数信息，如温度、湿度、压力、尺寸、成分等，并根据转换规则将这些参数信息转换成可传输的信号（如电压）的器件或设备。传感器通常由某个参数敏感性部件和转换部件组成。

2. 无线通信技术

常见无线通信技术有移动通信 2G、3G、4G、5G 技术，WiMAX，WiFi，Bluetooth，ZigBee，LoRa，NB-IoT，RFID 等。最初在物联网中应用的无线技术是 RFID。下面简要介绍 RFID 技术。

RFID 技术是利用无线射频方式进行非接触式自动识别物品并获取相关信息的双向无线通信技术，又称电子标签，它通过无线信号空间耦合实现无接触信息传输。RFID 技术的优势在于多种传输距离（读取半径从厘米量级到上千米不同距离）、穿透力强（可直接读取包装箱里物品的信息）、无磨损、非接触、防污染、高效率（可以同时识别多个标签）等。RFID 的工作原理如图 1-3 所示。电子标签带电池就称为有源标签，不带电池就称为无源标签。

RFID 系统包括 RFID 标签、阅读器和信息处理系统。当一件带有 RFID 标签的物品进入 RFID 阅读器读写范围内时，标签就会被阅读器激活，标签内的信息就会通过无线电波传输给阅读器，然后通过信息通信网络传输到后台信息处理系统，这样就完成了信息的采集工作。

3. 数据分析处理技术

数据分析处理技术是通过网络传输汇总物品参数信息，进一步分析处理海量数据，从海量数据中挖掘出有价值的规律、结论，把结论通过图表等形式提供给决策层用户使用。可以借助人工智能（Artificial Intelligence，AI）、智能控制技术等提升数据分析的智能

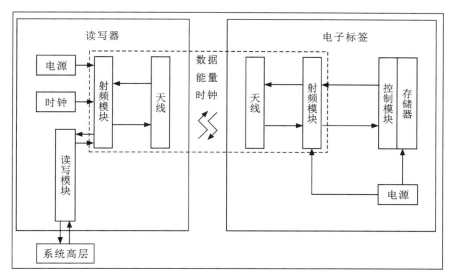

图 1-3 RFID 的工作原理

性、自动化程度，以代替人工进行决策、控制。

4. 网络通信技术

网络通信技术包括各种有线和无线传输技术、交换技术、网关技术等。M2M 通信技术是指机器对机器（machine-to-machine）通信，实现人、机器、系统之间的连接与通信。M2M 技术可以结合 WiMAX、WiFi、Bluetooth、ZigBee、LoRa、NB-IoT、RFID、UWB 等无线连接技术，提供通信服务。

1.4 物联网常见应用

物联网用途广泛，遍及智能交通、环境保护、政府工作、公共安全、平安家居、智能消防、工业监测、环境监测、路灯照明管控、景观照明管控、楼宇照明管控、广场照明管控、老人护理、个人健康、花卉栽培、水系监测、食品溯源、敌情侦查和情报搜集等多个领域。

1. 城市管理

（1）智能交通（公路、桥梁、公交、停车场等）。物联网技术可以自动检测并报告公路、桥梁的"健康状况"，还可以避免过载的车辆经过桥梁，也能够根据光线强度对路灯进行自动开关控制。在交通控制方面，可以通过检测设备，在道路拥堵或特殊情况时，系统自动调配红绿灯，并可以向车主预告拥堵路段、推荐最佳行驶路线。

（2）智能建筑（绿色照明、安全检测等）。通过感应技术，建筑物内照明灯能自动调节光亮度，实现节能环保，建筑物的运作状况也能通过物联网及时发送给管理者。同时，建筑物与 GPS 系统实时相连接，在电子地图上准确、及时地反映出建筑物空间地理位置、安全状况、人流量等信息。

（3）文物保护和数字博物馆。数字博物馆采用物联网技术，通过对文物保存环境的温度、湿度、光照、降尘和有害气体等进行长期监测和控制，建立长期的藏品环境参数数据库，研究文物藏品与环境影响因素之间的关系，创造最佳的文物保存环境，实现对文物蜕变损坏的有效控制。

（4）古迹、古树实时监测。通过物联网采集古迹、古树的年龄、气候、损毁等状态信息，及时作出数据分析和保护措施。实时监测古迹保护状态，将有代表性的景点图像传输到互联网上，让景区对全世界做现场直播，达到扩大知名度和广泛吸引游客的目的。另外，还可以实时建立景区内部的电子导游系统。

（5）数字图书馆和数字档案馆。在使用 RFID 设备的图书馆/档案馆，从文献的采访、分编、加工到流通、典藏和读者证卡，RFD 标签和阅读器已经完全取代了原有的条码、磁条等传统设备。将 RFID 技术与图书馆数字化系统相结合，实现架位标识、文献定位导航、智能分拣等。应用物联网技术的自助图书馆，借书和还书都是自助的。

2. 数字家庭

如果简单地将家庭里的消费电子产品连接起来，那么只是一个多功能遥控器控制所有终端，仅仅实现了电视与电脑、手机的连接，这不是发展数字家庭产业的初衷。只有在连接家庭设备的同时，物联网与外部的服务连接起来，才能真正实现服务与设备互动。有了物联网，就可以在办公室指挥家庭电器操作运行，在下班回家的途中，家里的饭菜已经煮熟，洗澡的热水已经烧好，个性化电视节目将会准点播放；家庭设施能够自动报修；冰箱里的食物能够自动补货。

3. 定位导航

物联网与卫星定位技术、GSM/GPRS/CDMA 移动通信技术、GIS 地理信息系统相结合，能够在互联网和移通信网络覆盖范围内使用 GPS 技术，使用和维护成本大大降低，并能实现端到端的多向互动。

4. 现代物流管理

通过在物流商品中植入传感芯片（节点），供应链上的购买、生产制造、包装/装卸、堆栈、运输、配送/分销、出售、服务每一个环节都能无误地被感知和掌握。这些感知信息与后台的 GIS/GPS 数据库无缝结合，成为强大的物流信息网络。

5. 食品安全控制

食品安全是国计民生的重中之重。通过标签识别和物联网技术，可以实时监控食品生产过程，对食品质量进行联动跟踪，有效预防食品安全事故，提高食品安全的管理水平。

6. 零售

RFID 取代零售业的传统条码系统，使物品识别的穿透性（主要指穿透金属和液体）、远距离，以及商品的防盗和跟踪技术有了极大改进。

7. 数字医疗

以 RFID 为代表的自动识别技术可以帮助医院实现对病人不间断地监控、会诊和共享医疗记录，以及对医疗器械的追踪等。而物联网将这种服务扩展至全世界范围。RFID 技术与医院信息系统（HIS）及药品物流系统的融合，是医疗信息化的必然趋势。

1.5 物联网发展趋势

近年来，随着物联网技术的不断发展，该技术正加速渗透到生产和生活的各个方面。那么，未来物联网会有哪些发展趋势呢？

1. 大数据融合

物联网强调改变人们的生活方式和经营方式，并着眼于生成海量数据。大数据平台通常是为了满足大规模存储的需求并进行调查而开发的，是挖掘物联网的全部优势所必需的。这是我们正在面临的，也是将来大规模物联网的新趋势。

2. 数据处理与边缘计算

物联网的基本缺点是它将设备添加在网络防火墙之后，保护设备可能很容易，但保护物联网设备需要做更多工作。我们必须考虑网络连接和连接到设备的软件应用程序之间的安全性。

物联网在处理数据时凭借其成本效益和效率获得了极大的成功。加快数据处理速度是所有智能设备的突出特点，比如自动驾驶汽车和智能交通灯。边缘计算被认为是解决这一问题的物联网技术。在速度和成本方面，边缘计算通常要优于云计算。更快的处理意味着更低的延迟，而这正是边缘计算所能实现的。边缘计算的数据处理将与云计算一起改善物联网的服务效率。

3. 更大的消费者采用率

我们将看到物联网的巨大变化，以 C 端消费者为基础的物联网将发生转变。基于 C 端消费者的物联网的资金增长将会下降，基于 B 端工业物联网的基础设施和平台即将大量崛起。

4. "智能"房屋需求将上升

物联网应用随着智能家居技术的理念被更多的人认同而激增。而这一趋势将在短期内持续下去，使家庭设施变得更具交互性。

5. 物联网设备更智能

与其他技术类型相比，物联网设备通常获得更多关于设备和用户的数据和信息。不久，物联网设备将具有分析行为，可协助技术人员提供实用的建议。

6. 更好的数据分析

现在，如何将世界与物联网和人工智能相结合，成为所有企业和个人的决策助手，这是我们所期待解决的。人工智能是一种可以快速识别趋势的机器学习系统。物联网技术趋势将带来更好的数据分析，并使其更易于维护；它还从大量数据中收集见解，以便为我们的生活更好地作出决策。

7. 个性化的零售体验

如今，物联网使得零售供应链管理更加高效。在传感器和其他智能信号技术的帮助下，量身定制的购物体验变得更加舒适。根据新的变化，未来几年的物联网将使消费者的交易发生个性化的改变，可确保更好地整合个性化零售体验，最终带来购物的新时代。

8. 物联网安全意识和培训

物联网行业处于年轻化状态，它的用户需要具有较强的安全意识并完成培训。培训包括基本的认识，如利益和风险之间的区别和其他安全建议。

9. 能源及资源管理

能源管理取决于对能源消耗有充分的了解。能够监测家庭能源消耗的物联网产品即将上市。所有这些物联网趋势都可以轻松整合到资源管理中，让人们的生活更舒适、更轻松。当超过能量阈值时，物联网设备会向用户的智能手机推送通知；其他功能，如室内温度管理、控制喷头等，也可以添加到智能手机中。

10. 语音控制的转变：从移动平台到管理物联网生态系统

如今，对话正在向前推进，对动态安全环境的响应也在向前发展。依赖移动系统的趋势将会增长，并转变为管理物联网生态系统。

思政一　ChatGPT 的爆火及其引发的思考

Generative Pre-trained Transformer（GPT），是一种基于互联网可用数据训练的文本生成深度学习模型。它用于问答、文本摘要生成、机器翻译、分类、代码生成和对话 AI。

GPT 的诞生

2018 年，GPT-1 诞生，这一年也是 NLP（自然语言处理）的预训练模型元年。在性能方面，GPT-1 有着一定的泛化能力，能够用于和监督任务无关的 NLP 任务中，虽然 GPT-1 在未经调试的任务上有一些效果，但其泛化能力远低于经过微调的有监督任务，GPT-1 只能算得上一个不错的语言理解工具而非对话式 AI。因此，GPT-2 也于 2019 年如期而至，不过，GPT-2 并没有对原有的网络进行过多的结构创新与设计，只使用了更多的网络参数与更大的数据集：最大模型共计 48 层，参数量达 15 亿个，学习目标则使用无监督预训练模型做有监督任务。在性能方面，除了理解能力，GPT-2 在生成方面第一次表现出强大的天赋：阅读摘要、聊天、续写、编故事，甚至生成假新闻、钓鱼邮件或在网上进行角色扮演。在"变得更大"之后，GPT-2 的确展现出普适而强大的能力，并在多个特定的语言建模任务上实现了彼时的最佳性能。之后，GPT-3 出现了，作为一个无监督模型（现在经常被称为自监督模型），几乎可以完成自然语言处理的绝大部分任务，例如面向问题的搜索、阅读理解、语义推断、机器翻译、文章生成和自动问答等。而且，该模型在诸多任务上表现卓越，例如在法语-英语和德语-英语机器翻译任务上达到当前最佳水平；自动产生的文章几乎让人无法辨别出是人类写的还是机器写的（仅 52% 的正确率，与随机猜测相当）；更令人惊讶的是在两位数的加减运算任务上达到几乎 100% 的正确率；甚至还可以依据任务描述自动生成代码。无监督模型功能多且效果好，似乎让人们看到通用人工智能的希望，可能这就是 GPT-3 影响如此之大的主要原因。ChatGPT 是优化对话的语言模型，是 GPT-3.5 架构的主力模型。2023 年 3 月，OpenAI 正式推出 GPT-4。

引发的思考

OpenAI 将实验性聊天机器人 ChatGPT 推向了世界。中国科技企业家再次被震撼。我们不禁引起反思：中国的人工智能和科技创新仍然有很长的路要走。

2023 年 3 月 16 日，百度正式发布全新一代知识增强大语言模型"文心一言"，也标志着我国在 AI 领域不断地突破重重困难，面向世界高质量先驱产品而作出努力。当然与世界前沿 AI 科技相比，我们还需在数据、算力、工程实现等三个方面努力。因此作为新时代青年，我们应该充分认识到我国人工智能基础研究相较于先进国家的差距，以及技术追赶并且挑战的现状，不能盲目自大也不能掉以轻心。同时增强文化自信和科技自信，树立强大的使命感和责任感，努力钻研培养创新能力。

资料来源：https：//foresightnews.pro/article/detail/20592，https：//new.qq.com/rain/a/20230214A08A6700。

第 2 章　物联网体系架构

　　物联网是互联网向世界万物的延伸和扩展，是实现万物互联的一种网络。万物互联是实现物与物、人与人、物与人之间的通信。在物联网中，将采集到的物品信息通过通信传输技术传输至数据处理中心，进而提取有效信息，再由数据处理中心通过信息通信传输至相应物品或执行相应命令操作。物联网涉及许多领域和关键技术，为了更好地梳理物联网系统结构、关键技术和应用特点，促进物联网产业稳定、快速地发展，就要建立统一的物联网系统架构和标准的技术体系。

　　物联网体系架构是系统框架的抽象性描述，是物联网实体设备功能行为角色的一种结构化逻辑关系，为物联网开发和执行者提供了一个系统参考架构。物联网体系架构由感知层、网络层、应用层组成。

2.1　感知层

　　感知层是物联网的基础，由具有感知、识别、控制和执行等功能的多种设备组成，通过采集各类环境数据信息，将物理世界和信息世界联系在一起，主要实现方式是通过不同类型的传感器感知物品及其周围各类环境信息。感知层应用的技术有传感器技术、RFID技术、定位技术、图像采集技术等。

　　在对物理世界感知的过程中，不仅要完成数据采集、传输、转发、存储等功能，还需要完成数据分析处理的功能。数据处理是将采集数据经过数据分析处理提取出有用的数据。数据处理功能包含协同处理、特征提取、数据融合、数据汇聚等；还需要完成设备之间的通信和控制管理，实现将传感器和 RFID 等获取的数据传输至数据处理设备。

2.1.1　传感器

　　传感网络是由传感器、执行器、通信单元、存储单元、处理单元和能量供给单元等模块组成的，以实现信息的采集、传输、处理和控制为目的的信息收集网络。传感网络结构示意如图 2-1 所示。

　　传感器是通过监测物理、化学、空间、时间和生物等非电量参数信息，并将监测结果按照一定规律转化为电信号或其他所需信号的单元。它主要负责对物理世界参数信息进行采集和数据转换。

　　执行器主要用于实现决策信息对环境的反馈控制，执行器并非传感网络的必需模块，

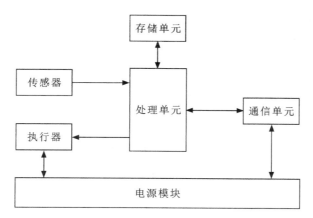

图 2-1 传感网络结构示意图

对于无须实现反馈控制、只监测的传感网络，则无须执行器模块。

处理单元是传感器的核心单元，它通过运行各种程序处理感知数据，利用指令设定发送数据给通信单元，并依据收到的数据传递给执行器来执行指令。

存储单元主要实现对数据及代码的存储功能。存储器主要分为随机存取存储器（RAM）、只读存储器（ROM）、电可擦除可编程只读存储器（EEPROM）、闪存（flash memory）四类。随机存取存储器用来存储临时数据，并接收其他节点发送的分组数据等，电源关闭时数据不保存。只读存储器、电可擦除可编程只读存储器、闪存用来存储非临时数据，如程序源代码等。

通信单元主要实现各节点数据的交换，通信模块可分为有线通信和无线通信两类。有线通信包括现场总线 Profibus、LONWorks、CAN 等，无线通信主要有射频、大气光通信和超声波等。

电源模块主要为传感网络各模块可靠运行提供电能。

上述模块共同作用可实现物理世界的信息采集、传输和处理，为实现万物互联奠定了基础。

传感器将软件与硬件相结合，利用嵌入式微处理器及嵌入式软件，传感器一般具有功耗低、体积小、集成度高、效率高、可靠性高等优点，这些推动了物联网的实现。传感器节点还具有以下 3 个特点。

1. 电源能量有限

传感器的体积小，携带的电量有限。然而传感器的数目庞大、成本要求低廉、分布区域广，而且部署环境复杂，有些区域甚至人员不能到达。因此大量复杂应用环境情况下，通过更换电池的方式来补充传感节点的电能，代价太高，几乎是不现实的。传感器节点的能量主要消耗在无线通信模块上。无线通信模块在发送信号时电能消耗最多，在空闲状态和接收状态电能消耗少，还可以让传感器处于睡眠状态，这时电能消耗最少。

2. 通信能力有限

无线通信的能量消耗与通信距离的关系为

$$E = kd^n \tag{2-1}$$

式中，E 是消耗的能量；k 是常数；d 是通信距离；参数 n 满足关系 $2 < n < 4$，n 的取值与天线质量、传感节点的部署环境等因素有关。

由上式可知，随着通信距离 d 的增加，无线通信的能量消耗将急剧增加。因此，在满足通信的前提下应该尽量减少单跳的通信距离。由于传感器节点的能量限制和网络覆盖区域大，很多无线传感器网络采用多跳路由的传输机制。

3. 计算和存储能力有限

传感器通常是微型兼顾网络节点终端和路由双重功能的嵌入式系统，它的处理能力、存储能力和通信能力相对较弱，汇聚节点可供电的可能性大，其处理能力、存储能力和通信能力相对较强。它连接传感器网络和外部网络，实现两种协议栈之间的通信协议转换，发布管理节点的监测任务，把收集到的数据转发到外部网络。用户可以通过管理节点对传感器网络进行配置和管理，发布监测任务及收集监测数据。

单一的传感器在通信、电能、处理和存储等多个方面受到限制，通过组网连接后，具备应对复杂计算和协同信息处理的能力，它能够更加灵活且以更强的鲁棒性来完成感知的任务。无线传感器网络是集成了检测、控制及无线通信的网络系统，其基本组成实体是具有感知、计算和通信能力的智能微型传感器。无线传感器网络通常由大量无线传感器节点对监测区域进行信息采集，以多跳中继方式将数据发送到汇聚节点，经汇聚节点的数据融合和简单处理后，通过互联网或者其他网络将监测到的信息传递给后台用户。无线传感器网络的体系架构如图 2-2 所示。

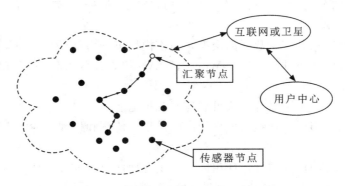

图 2-2　无线传感器网络的体系架构

2.1.2　无线传感器网络特点

无线传感器网络的部署一般通过飞行器播撒、火箭弹射和人工埋置等方式，当部署完成后，监测区域内的节点可以自组织的形式构成网络。无线传感器网络与无线自组网、Bluetooth 网络、蜂窝网及无线局域网相比，它具有以下特点。

1. 分布式、自组织性

无线传感网是由对等节点构成的网络，不存在中心控制。管理和组网都非常简单、灵活，不依赖固定的基础设施，每个节点都具有路由功能，可以通过自我协调、自动组织而形成网络，不需要其他辅助设施和人为手段。

2. 网络规模大、分布密度高

为了获取监测环境中完整精确的信息，并且保证网络较长的生存寿命和可用性，可能需要在一个无线传感器网络中部署的节点达到成千上万个，甚至更多，特别是在人类难以接近或无人值守的危险地区。大规模的无线传感器网络通过分布式采集大量信息以便提高监测区域的监测精确度，同时有大量冗余节点协同工作，提高系统容错性和覆盖率，减少监测盲区。

3. 可扩展性

当网络中增加新的无线传感器节点时，不需要其他外界条件，原有的无线传感器网络可以有效地容纳新增节点，使新增节点快速融入网络，参与全局工作。

4. 网络节点的计算能力、存储能力和电源能量有限

传感器节点作为一种微型嵌入式设备，应用于无线传感器网络中，成本低、功耗小是对传感器节点的基本要求，要求节点的处理器容量较小且处理能力弱。传感器节点通常采用能量有限的纽扣式电池供电，随着节点电池能量耗尽，节点寿命终止，达到一定比例时，整个网络将不能工作。在执行任务时，传感器节点以较少的能量消耗且利用有限的计算和存储资源完成监测数据的采集、传递和处理，这是无线传感器网络设计中必须考虑的因素之一。

5. 相关应用性

无线传感器网络不像互联网有统一的通信平台，而根据不同的应用背景，无线传感器网络的软件系统、硬件平台和网络协议都有很大的差别。相对于不同无线传感器网络应用中的共性问题，在实际应用中更多关注的是其差异性。因此，我们需要考虑如何设计系统使其贴近应用，才能做出更加高效的目标系统。针对实际应用研究无线传感器网络方法的设计及策略，这是无线传感器网络优于传统网络的显著特征。

6. 以数据为中心

在对某一区域进行目标监测时，传感器节点随机部署，监测网络的无线通信是完全动态变化的，需要监测到动态的观测数据，而不是单个节点所观测到的数据。无线传感器网络以数据为中心，需要快速、有效地接收并融合各个节点的信息，提取出有效信息传递给用户。

2.1.3 无线传感器网络研究范畴

无线传感器网络的研究与应用涉及多个学科的交叉，主要包括如下 8 种关键技术。

1. 网络拓扑控制

网络拓扑控制是传感器节点实现无线自组的基础，良好的拓扑结构能够提高数据链路层和网络层传输协议的效率，合理的拓扑结构能够维持网络的链接，节省电能，延长网络生命周期。同时，拓扑结构能够为节点定位、时间同步和数据融合等研究奠定基础。

2. 网络传输协议

无线传感器网络是以数据为中心的网络，如何把数据从传感器节点传输到终端节点，这依赖良好的网络传输协议。目前网络传输协议主要有 MAC 协议、路由协议。其中，路由协议属于网络层协议，MAC 协议属于数据链路层协议。

3. 网络安全

无线传感器网首先将数据传输到汇聚节点。高质量、安全地将数据传输到汇聚节点是无线传感器网络必须重视的问题，安全问题主要涉及数据的可靠性传输、完整性及保密性传输，保证数据在传输的过程中不丢失或不被篡改等。

4. 时间同步

无线传感器网络是由很多节点共同组成的，要使各个节点能够协调工作，前提是每个节点都要通过与邻居节点同步协调，才能完成复杂任务。

5. 定位技术

无线传感器网络的一个重要作用是能够查知数据的传输来源和位置，查知传感器的位置信息及传感器周围发生的事件的位置信息尤为重要，如森林火灾预测系统、煤矿井下安全事件、野生生物生活习性统计系统都需要这样的位置信息。

6. 数据融合

相邻的传感器可能采集到相同的数据，重复传输这些数据会浪费大量的网络资源。为了节省网络资源，延长网络的生命周期，无线传感器网络应能够检测出冗余数据，并对相异的数据进行组合，然后传送给目标节点。所以，数据融合技术是改善无线传感器网络性能的重要技术。

7. 数据管理

从本质上看，无线传感器网络是由多个分布式的数据库组成的，与传统数据库相比，这些分布式数据库的载体容量小，能量有限。因此，传统的数据库的管理方式不能应用在无线传感器网络中，研究如何高效、安全、实时地管理这些数据具有重要的意义。

8. 无线通信技术

无线传感器网络通过无线通信技术互联进行信息交互与转达，目前常见的无线通信技术有 IEEE 802.11g 协议、ZigBee 协议等，这些协议都有各自的优缺点。如何设计出低功耗、高效率的无线通信协议是无线传感器网络研究领域的关键工作。

9. 嵌入式操作系统

无线传感器网络的操作系统根据检测的环境的不同而有所区别，对无线传感器网络操作系统的研究也是当前无线传感器网络的关键任务之一。

传感器技术可以感知外界，它是一种检测装置，可以感受到被测的信息，并将检测到的信息按一定规律转化为电信号输出，以满足信息的传输、处理、存储、显示、记录和控制等要求。执行反馈决策也是物联网感知层重要功能之一，它是实现自动检测和自动控制的首要环节。

根据执行层执行器节点的位置信息和接收数据包速率信息反馈至感知层，感知层传感器节点采用效能协作和组织协作的方法，在提高信息传递可靠性的同时减少参与数据传输的传感器节点数目，降低网络能量消耗。在传感器节点采集数据传递至执行器节点过程中，网络层根据执行层的执行决策和感知层的信道信息来动态调整网络层信息传输路径，进而提高信息传递的速率，优化网络性能。执行层根据网络层数据包传输速率，动态调整参与执行决策的执行器节点数目，提高执行层的执行效率。

2.2　网络层

网络层借助已有的网络通信系统可以完成信息交互，把感知层感知到的信息快速、可靠地传输到相应的数据库，使物品能够进行远距离、大范围的通信。

网络层是物联网的神经系统，主要进行信息的传递，网络层包括接入网和核心网。网络层根据感知层的业务特征优化网络，更好地实现物与物之间的通信、物与人之间的通信，以及人与人之间的通信。物联网中接入设备有很多类型，接入方式也是多种多样，接入网有移动通信网络、无线通信网络、固定网络和有线电视网络 HFC。移动通信网具有覆盖广、部署方便、移动性等特点，缺点是成本和耗电问题；有时还要借助有线和无线的技术，实现无缝透明接入。随着物联网业务种类的不断丰富、应用范围的扩大、应用要求的提高，对于通信网络也会从简单到复杂、从单一到融合方向过渡。

2.2.1　互联网体系架构与下一代互联网

将计算机网络互相联结在一起，在这基础上发展出覆盖全世界的互联网络称为互联网。互联网是由网络与网络之间串联成的庞大网络，这些网络以一组通用的协议相连，形成逻辑上的单一巨大国际网络。互联网并不等同万维网，万维网只是一个基于超文本相互链接而成的全球性系统，是互联网所能提供的服务之一。

开放系统互联参考（Open System Interconnect，OSI）模型是国际标准化组织（ISO）和国际电报电话咨询委员会（CCITT）联合制定的一个用于计算机或通信系统间开放系统互联参考模型，一般称为 OSI 参考模型或七层模型。

七层模型为异种计算机互联提供一个共同的基础和标准框架，并为保持相关标准的一致性和兼容性提供共同的参考。开放系统是指遵循 OSI 参考模型和相关协议，能够实现互联的具有各种应用目的的计算机系统。OSI 参考模型如图 2-3 所示。

由图 2-3 可见，整个开放系统环境由信源端和信宿端开放系统及若干中继开放系统通过物理介质连接构成。这里的端开放系统和中继开放系统相当于资源子网中的主机和通信子网中的节点机（IMP）。主机需要包含所有七层的功能，通信子网中的 IMP 一般只需要最低三层或者只要最低两层的功能即可。

OSI 参考模型是计算机网络体系架构发展的产物。基本内容是开放系统通信功能的分层结构。模型把开放系统的通信功能划分为七个层次，从物理层开始，上面分别是数据链路层、网络层、传输层、会话层、表示层和应用层。每一层的功能是独立的，它利用其下一层提供的服务并为其上一层提供服务，而与其他层的具体实现无关。服务是下一层向上一层提供的通信功能和层之间的会话规定，一般用通信原语实现。两个开放系统中的同等层之间的通信规则和约定称为协议。

第一层：物理层。提供为建立、维护和拆除物理链路所需的机械的、电气的、功能的和规程的特性；有关的物理链路上传输非结构的位流及故障检测指示。

第二层：数据链路层。具有建立逻辑连接、进行硬件地址寻址、差错校验等功能，将

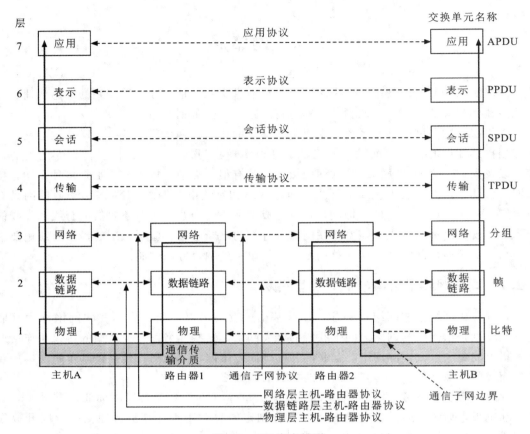

图 2-3　OSI 参考模型

比特组合成字节进而组合成帧，用 MAC 地址访问介质。在网络层实体间提供数据发送和接收的功能和过程；提供数据链路的流控，如 802.2、802.3ATM、HDLC、FRAME RELAY。

第三层：网络层。控制分组传送系统的操作、路由选择、用户控制、网络互联等功能，如 IP、IPX、APPLETALK、ICMP。

第四层：传输层。提供建立、维护和拆除传输连接的功能；选择网络层提供最合适的服务；在系统之间提供可靠的、透明的数据传输，提供端到端的错误恢复和流量控制，如 TCP、UDP、SPX。

第五层：会话层。提供两进程之间建立、维护和结束会话连接的功能；提供交互会话的管理功能，如 RPC、SQL、NFS、X WINDOWS、ASP。

第六层：表示层。代表应用进程协商数据表示；完成数据转换、格式化和文本压缩，如 ASCLL、PICT、TIFF、JPEG、MIDI、MPEG。

第七层：应用层。提供用户服务，如文件传送协议和网络管理等（如 HTTP、FTP、SNMP、TFTP、DNS、TELNET、POP3、DHCP）。

模型中数据的实际传输过程如图 2-4 所示。数据由发送进程传输给接收进程：经过发送方各层从上到下传递到物理介质；通过物理介质传输到接收方后，再经过从下到上各层的传递，最后到达接收进程。

在发送方从上到下逐层传递的过程中，每层加上该层的头部信息首部，即图 2-4 中的 H7，H6，…，H1。到底层为由 0 或 1 组成的数据比特流（即位流），然后再转换为电信号或光信号在物理介质上传输至接收方。这个过程还可能采用伪随机系列扰码，便于提取时钟。接收方在向上传递时的过程正好相反，要逐层剥去发送方相应层加上的头部信息。

因接收方的某一层不会收到底下各层的头部信息，而高层的头部信息对于这一层来说又只是透明的数据，所以它只阅读和去除本层的头部信息，并进行相应的协议操作。发送方和接收方的对等实体看到的信息是相同的，就像这些信息通过虚通道直接给了对方一样。

开放系统互联参考模型各层的功能可以简单地概括为：物理层正确利用媒质，数据链路层协议走通每个节点，网络层选择走哪条路，传输层找到对方主机，会话层指出对方实体是谁，表示层决定用什么语言交谈，应用层指出做什么事。

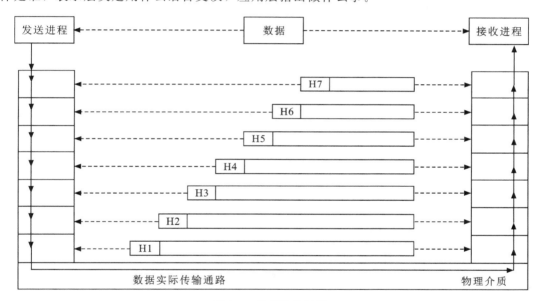

图 2-4　数据传输过程

互联网的基础是 TCP/IP 协议。TCP/IP 协议也可以看成四层的分层体系架构，从底层开始分别是物理数据链路层、网络层、传输层和应用层，为了和 OSI 的七层协议模型对应，物理数据链路层还可以拆分成物理层和数据链路层，每一层都通过调用它的下一层所提供的网络任务来满足自己的需求。

OSI 七层模型和 TCP/IP 四个协议层的关系如图 2-5 所示。

TCP/IP 分层模型的四个协议层有以下功能：

第一层：物理数据链路层（Physical Data Link），又称网络接口层，还可以划分为物理层和数据链路层，包括用于协作 IP 数据在已有网络介质上传输的协议。TCP/IP 标准并不定义与 OSI 数据链路层和物理层相对应的功能，而是定义像地址解析协议（Address Resolution Protocol，ARP）这样的协议，提供 TCP/IP 协议的数据结构和实际物理硬件

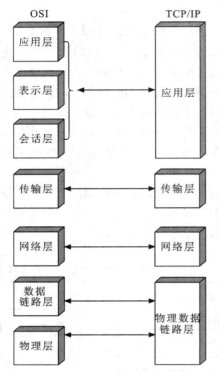

图 2-5　OSI 七层模型和 TCP/IP 四个协议层

之间的接口。

物理层规定了通信设备的机械的、电气的、功能的等特性，用来建立、维护和拆除物理链路连接，如电气特性规定了物理连接上传输比特流时线路上的信号电平强度、驻波比、阻抗匹配等。物理层规范有 RS-232、V. 35、RJ-45 等。

数据链路层实现了网卡接口的网络驱动程序，处理数据在物理媒介上的传输。数据链路层两个常用的协议是 ARP 和 RARP（Reverse Address Resolution Protocol，逆地址解析协议）。这些协议实现 IP 地址和物理地址之间的相互转换。网络层通过 IP 地址寻址一台机器，而数据链路层通过物理地址寻址一台机器，因此网络层先将目标机器的 IP 地址转化为其物理地址，才能使用数据链路层提供的服务，这是 ARP 的用途。RARP 协议仅用于网络上某些无盘工作站（无存储盘）。因为没有存储设备，无盘工作站只能利用网卡上的物理地址来向网络管理者查询自身 IP 地址。运行 RARP 服务的网络管理者通常存有该网络上所有机器的物理地址到 IP 地址的映射表。

第二层：网络层（Network Layer），对应于 OSI 七层参考模型的网络层。本层包含 IP 协议、RIP 协议（Routing Information Protocol，路由信息协议），负责数据的包装、寻址和路由。还包含网间控制报文协议（Internet Control Message Protocol，ICMP，即互联网控制报文协议），用来提供网络诊断信息。

网络层实现数据报的选路和转发。网络层的任务是确定两台主机之间的通信路径，对上层协议隐藏网络拓扑连接的细节，使得在传输层和网络应用程序看来，通信双方是直接相连的。网络层最核心的协议是 IP 协议。IP 协议根据数据包的目的 IP 地址来决定如何投递它。网络层的另一个重要协议是 ICMP，ICMP 主要用来检查网络连接，可以分为两类：一类是差错报文，用来回应网络错误；另一类是查询报文，用来查询网络信息。Ping 程序就是使用 ICMP 报文查看目标报文是否可达。

第三层：传输层（Transport Layer），对应于 OSI 七层参考模型的传输层，传输层为两台主机的应用程序提供端到端的通信服务。与网络层使用的逐跳方式不同，传输层只关心通信的起始端和目的端。传输层负责数据的收发、链路的超时重发等功能。传输层主要有三个协议：TCP 协议（Transmission Control Protocol，传输控制协议）、UDP 协议（User Datagram Protocol，用户数据报文）和 SCTP 协议（Stream Control Transmission Protocol，流控制协议）。TCP 协议为应用层提供可靠的、面向连接的和基于流的服务。UDP 协议为应用层提供不可靠、无连接和基于数据报的服务，优点是实时性比较好。

SCTP 协议是为在互联网上传输电话信号设计的。

第四层：应用层（Application Layer），对应于 OSI 七层参考模型的应用层、表示层和会话层。应用层负责应用程序的逻辑。物理数据链路层、网络层、传输层协议系统负责处理网络通信细节，要稳定、高效。应用层在用户空间实现。应用层协议有 Finger、Whois、FTP（文件传输协议）、Gopher、HTTP（超文本传输协议）、SMTP（简单邮件传送协议）、IRC（互联网中继会话）、NNTP（网络新闻传输协议）、Ping 应用程序（不是协议，利用 ICMP 报文检测网络连接）、Telnet（远程终端登录协议）、OSPF（Open Shortest Path First，开放最短路径优先，协议提供动态路由更新协议，用于路由器之间的通信，告知对方各自的路由信息）、DNS（Domain Name Service，域名服务协议提供机器域名到 IP 地址的转换）等。应用层协议可跳过传输层直接使用网络层提供的服务，如 Ping。例如，DNS 协议既可以使用 TCP 服务，又可以使用 UDP 服务。

应用程序数据在发送到物理层之前，沿着协议栈从上往下依次传递。每层协议都将在上层数据的基础上加上自己的头部信息（有时包括尾部）完成封装，以实现该层的功能。

当数据帧到达目的主机时，将沿着协议栈从下向上依次传递。各层协议处理数据帧中本层负责的头部数据，以获取所需信息，并将最终处理后的数据帧交给目标应用程序，这个过程叫作分用（demultiplexing）。分用是依靠头部信息中的类型字段实现的。

OSI 七层参考模型和 TCP/IP 四个协议层的关系：

（1）OSI 引入了服务、接口、协议、分层等概念；TCP/IP 借鉴了 OSI 的这些概念并建立了 TCP/IP 模型。

（2）OSI 是先有模型，后有协议，先有标准，后进行实践；而 TCP/IP 是先有协议和应用，再参考 OSI 模型提出自己的四个协议层模型。

（3）OSI 是一种理论模型，而 TCP/IP 已广泛使用，成为网络互联事实上的标准。

TCP/IP 模型可以通过 IP 层屏蔽多种底层网络的差异，向传输层提供统一的 IP 数据包服务，进而向应用层提供多种服务（Everything over IP），因而具有很好的灵活性。

随着互联网在全球广泛应用，互联网网络节点数目呈现几何级数的增长。互联网上使用的网络层协议 IPv4，其地址空间为 32 位，理论上支持 40 亿台终端设备的互联，随着互联网的迅速发展，这样的 IP 地址空间正趋于枯竭。

IPv6 全称 Internet Protocol Version 6，是互联网工程任务组设计的用于替代 IPv4 的下一代 IP 协议。IPv6 不仅能解决网络地址资源数量的问题，而且还可以解决多种接入设备连入互联网的障碍问题，并且具有更大的地址间和更高的安全性。

1. 地址空间巨大

IPv6 的地址空间由 IPv4 的 32 位扩大到 128 位，2 的 128 次方形成了一个巨大的地址空间，可以让地球上每个人拥有 1600 万个 IP 地址，甚至可以给世界上每一粒沙子分配一个 IP 地址。采用 IPv6 地址后，未来的移动电话、冰箱等信息家电都可以拥有自己的 IP 地址，基本实现给生活中的每一个东西分配一个自己的 IP 地址，让数字化生活无处不在。任何人、任何东西都可以随时、随地联网，成为数字化网络化生活的一部分，为物联网终端地址提供了保障。

2. 地址层次丰富

IPv6 用 128 位地址中的高 64 位表示网络前缀，如图 2-6 所示，低 64 位表示主机，为支持更多地址层次，网络前缀又分成多个层次的网络，包括 13 位的顶级聚类标识（TLA-ID）、24 位的次级聚类标识（NLA-ID）和 16 位的网点级聚类标识（SLA-ID）。IPv6 的管理机构将某一确定的 TLA 分配给某些骨干网 ISP，骨干网 ISP 再灵活为各个中小 ISP 分配 NLA，用户从中小 ISP 获得 IP 地址。

图 2-6　IPv6 报头格式

3. 实现 IP 层网络安全

IPv6 要求强制实施安全协议 IPSec（Internet Protocol Security），并已将其标准化。IPSec 在 IP 层可实现数据源验证、数据完整性验证、数据加密、抗重播保护等功能；支持验证头协议（Authentication Header，AH）、封装安全性载荷协议（Encapsulating Security Payload，ESP）和密钥交换 IKE 协议（Internet Key Exchange），这三种协议将是未来互联网的安全标准。

4. 无状态自动配置

IPv6 通过邻居发现机制能为主机自动配置接口地址和缺省路由器信息，使得从互联网到最终用户之间的连接不经过用户干预就能够快速建立起来。IPv6 在 QoS 服务质量保证、移动 IP 等方面也有明显改进。

下一代互联网可以分为移动互联网、物联网、车联网、区块链互联网、虚拟现实互联网和人工智能互联网等几类。移动互联网是指基于移动终端和移动网络的互联网服务；物联网是指基于物联网技术的互联网服务；车联网是指基于车联网技术的互联网服务；区块链互联网是指基于区块链技术的互联网服务；虚拟现实互联网是指基于虚拟现实技术的互联网服务；人工智能互联网是指基于人工智能技术的互联网服务。

20 世纪 90 年代互联网诞生，21 世纪初移动互联网开始快速发展，21 世纪前 10 年互联网金融、社交媒体、移动支付等新兴业态崛起，21 世纪 20 年代 5G 网络正式商用，车联网技术开始广泛应用，区块链技术开始应用于金融、物流等领域，虚拟现实和人工智能技术开始快速发展。未来预计下一代互联网将进一步发展，各类技术将更加融合，智能化、数字化、无人化等趋势将更加明显。

2.2.2　传输网与传感网的融合

传感器网络是由大量部署在物理世界中的，具备感知、计算和通信能力的微小传感器组成，对物理环境和各种事件进行感知、检测和控制的网络。传感器网络采集到的物理世界的信息，可通过互联网、电信网等传输网传输到后台服务器，并融入传输网络的业务平台之中。

2.3 应用层

应用层是物联网运行的驱动力，提供服务是物联网建设的价值所在。应用层的核心功能在于站在更高的层次上管理、运用资源。感知层和传输层将收集到的物品参数信息，汇总在应用层进行统一分析、挖掘、决策，用于支撑跨行业、跨应用、跨系统之间的信息协同、控制、共享、互通，提升信息的综合利用度。应用层是对物联网的信息进行处理和应用，面向各类应用，实现信息的存储、数据的分析和挖掘、应用的决策等，涉及海量信息的智能分析处理、分布式计算、中间件等多种技术。

2.3.1 业务模式和流程

服务是一个或多个分布式业务流程的组成部分。

1. 业务模式

目前，物联网业务主要有三种模式，分别是业务定制模式、公共服务模式和灾害应急模式。

1) 业务定制模式

在业务定制模式下用户自己查询、确定业务的类型和内容。用户通过主动查询和信息推送两种方式，获取物联网系统提供的业务类型及业务内容。

业务定制过程环节：用户挑选业务类型，确定业务内容后，向物联网应用系统定制业务。物联网应用系统受理业务请求后，确认业务已成功定制。建立用户与所定制业务的关联，将业务相关的操作以任务形式交付后台执行。任务执行返回的数据和信息由应用系统反馈给用户。

业务退订过程环节：用户向物联网应用系统提交退订的业务类型和内容，应用系统受理业务退订的要求，解除用户与业务之间的关联，给用户一个确认业务已成功退订。

业务定制模式如个人用户向物联网应用系统定制气象服务信息、交通服务信息等，企业用户向物联网应用系统定制的服务有智能电网、工业控制等。

2) 公共服务模式

在公共服务模式下，常由政府或非营利组织建立公共服务的业务平台，在业务平台之上定义业务类型、业务规则、业务内容、业务受众等。

业务平台的核心层包括业务规则、业务逻辑和业务决策，它们之间彼此关联、相互协调，保证公共服务业务顺利、有效地进行。业务逻辑与信息收集系统相连；业务决策与指挥调度系统、信息发布系统相连。信息收集系统、指挥调度系统和信息发布系统处在外围层，这三个系统由第三方厂商提供。

公共服务模式的例子包括公共安全系统、环境监测系统等。

3）灾害应急模式

随着突发自然灾害和社会公共安全复杂度的不断提高，应急事件牵涉面也会越来越广，这为灾害应急模式下的物联网系统的设计提出了更高的要求。

在通信业务层面，物联网系统必须提供宽带和实时服务，并将语音、数据和视频等融合于一体，支持应急响应指挥中心和现场指挥系统之间的高速数据、语音和视频通信，支持对移动目标的实时定位。

在通信建立层面，物联网系统必须支持无线和移动通信方式。由于事发现场的不确定性，应急指挥平台必须具备移动特性，在任何地方、任何时间、任何情况下均能和指挥中心共享信息的能力，减少应急呼叫中心对固定场所的依赖，提高应急核心机构在紧急情况下的机动能力。

在信息感知层面，物联网系统必须实现对应急事件多个参数信息的采集和报送，并与应急综合数据库的各类信息相融合，同时结合电子地图，基于信息融合和预测技术，对突发性灾害发展趋势进行动态预测，进而为辅助决策提供依据，有效地协调指挥救援。

典型的灾害应急模式的物联网应用场景包括地震、泥石流、森林火灾等灾害救援。

2. 业务描述语言

1）XML

XML 是目前通用的表示结构化信息的一种标准文本格式，没有复杂的语法和包罗万象的数据定义，是一个用来定义其他语言的元语言，是一种既无标签集也无语法的标记语言。

XML 的优势如下。

（1）可拓展性：企业可以用 XML 为电子商务和供应链集成等应用定义自己的标记语言，还可以为特定行业定义该领域的特殊标记语言，作为该领域信息共享与数据交换的基础。

（2）灵活性：XML 提供一种结构化的数据表示方式，使得用户界面分离于结构化数据。Web 用户追求的先进功能在 XML 环境下容易实现。

（3）自描述性：XML 文档通常包含一个文档类型声明，除了人容易读懂 XML 文档，计算机也能处理。XML 文档被看作文档的数据库化和数据的文档化，做到独立于应用系统，并且数据能够重用。

（4）简明性：它只有 SGML 约 20％ 的复杂性，却具有 SGML 80％ 的功能。XML 简单、易学、易用并且易实现。另外，XML 也吸取了在 Web 中使用 HTML 的经验。

2）UML

UML 是用来对软件密集系统进行描述、构造、可视化和文档编制的一种语言。它融合了 Booch、OMT 和 OOSE 方法中的概念，是可以被使用者广泛采用的简单、一致、通用的建模语言。

UML 是标准的建模语言，不是一个标准的开发流程。虽然 UML 的应用以系统的开发流程为背景，但根据现有开发经验，不同的组织、不同的应用领域需要不同的开发过程建立自身的 UML 模型。

UML 的重要内容由下列五类图来定义。

第一类是用例图。从用户角度描述系统功能并指出各功能的操作者。

第二类是静态图，包括类图、对象图和包图。其中，类图描述系统中类的静态结构。不仅定义系统中的类，表示类之间的联系，如关联、依赖、聚合等，还包括类的内部结构。

第三类是行为图，描述系统的动态模型和组成对象间的交互关系，包括状态图和活动图。状态图描述类的对象所有可能的状态及事件发生时状态的转移条件，状态图是对类图的补充。活动图描述满足用例要求所要进行的活动及活动间的约束关系，有利于识别并进行活动。

第四类是交互图，描述对象间交互关系，包括顺序图和合作图。顺序图显示对象之间的动态合作关系，它强调对象之间消息发送的顺序，合作图描述对象间的协作关系。合作图与顺序图相似，也显示对象间的动态合作关系。

第五类是实现图。其中的构件图描述代码部件的物理结构及各部件之间的依赖关系。

3）BPEL

业务过程执行语言（Business Process Execution Language，BPEL）是基于 XML，用来描述业务过程的编程语言。被描写业务过程由 Web 服务来实现，这个描写的本身也由服务提供，并可以当作 Web 服务来使用。

BPEL 提供的服务组装模型具有如下特性。

（1）灵活性：服务组装模型具有丰富的表现能力，能够描述复杂的交互场景，能够快速地适应变化。

（2）嵌套组装：一个业务流程可以表现为一个标准的 Web 服务，并被组装到其他流程或服务中，组成更粗粒度的服务，提高了服务的可伸缩性和重用性。

（3）关注点分离：BPEL 只关注于服务组装的业务逻辑。其他关注点由具体实现平台进行处理。

（4）会话状态和生命周期管理：与无状态的 Web 服务不同，一个业务流程通常具有明确的生命周期模型。BPEL 提供对长时间运行的、有状态交互的支持。

（5）可恢复性：对于业务流程（尤其对长时间运行的流程）是非常重要的。BPEL 提供了内置的失败处理和补偿机制，对于可预测的错误进行必要的处理。

3．业务流程

业务流程与系统相似，拥有物理结构、功能组织及为实现既定目标的协作行为。业务流程的组件是业务流程相关的人和系统，参与者具有物理结构，能按照功能进行组织，并相互协作产生业务流程的预期结果。

业务流程开发者设计和规划业务流程时，需要考虑如下问题：

（1）定义业务流程的组件和服务。

（2）为组件和服务分配活动职责。

（3）确定组件和服务之间所需的交互。

（4）确定业务流程组件与服务的网络地理位置。

（5）确定组件之间的通信机制。

（6）决定如何协调组件和服务的活动。

（7）定期评估业务流程，判断它是否符合需求，并进行反馈调整。

面向服务架构（Service-Oriented Architecture，SOA）将信息系统模块化为服务的架构风格。一条业务流程是一个有组织的任务集合，SOA 的思想就是用服务组件执行各个任务。

SOA 定义的服务层和扩展阶段的关系分为三个阶段：

（1）第一个阶段只有基本服务。每个基本服务提供一个基本的业务功能，基本功能不会被进一步拆分。基本服务可以分为基本数据服务和基本逻辑服务两类。

（2）第二个阶段在基本服务之上增加组合服务。组合服务是由其他服务组合而成的服务。组合服务的运行层次高于基础服务。

（3）第三个阶段在第二个阶段基础上增加流程服务。流程服务代表了长期工作流程或业务流程。业务流程是可中断的、长期运行的服务流，与基本服务、组合服务不同，流程服务通常有一个状态，该状态在多个调用之间保持稳定。

基于 SOA 的思路进行业务流程的建模、设计，是业界推崇的方法，也是业务流程设计的一个重要原则。

根据业务流程管理（Business Process Management）提供的准则和方法，物联网业务流程包含以下三个层次。

（1）业务流程的建立：根据预计的输出结果，整理业务流程的具体要求，定义各种具体的业务规则，划分业务中各参与者的角色，为他们分配功能职责，设计和规划详细的业务方案，协调参与者之间的交互。

（2）业务流程的优化：由于环境、用户群的变化，业务流程提供的功能和服务也应随之调整变化，优化调整过程去除无用、低效和冗余流程环节，增加必需的新环节，之后重新排列、调整、优化各个环节之间的顺序，形成优化之后的业务流程。

（3）业务流程的重组：相对业务流程优化，业务流程重组是更彻底的变革行动。对原有流程进行全面的功能和效率分析，发现存在的问题；设计新的业务流程改进方案，并进行评估；制定与新流程匹配的组织结构和业务规范，使三者形成一个体系。

目前市场上有许多公司（如 IBM、Microsoft、BEA、Oracle、SAP、神州数码等）提供帮助企业用户进行业务流程建模分析和管理的系统软件。

2.3.2　服务资源

物联网系统的服务资源，包括标识、地址、存储系统、计算能力等。

1. 标识

在许多系统和业务中，都需要对不同的个体进行区分，给每个对象起一个唯一的名字，即标识。标识只是为每个对象创建和分配唯一的号码或字符串。之后，这些标识就可以用来代表系统中的每个对象。

大多数在物理世界中存在的实体并未真正出现在抽象的逻辑环境中。如果要在逻辑环境中为物理实体分配角色，描述它们的行为，需将物理实体和标识关联起来。

一个标识符代表唯一一个对象，说明标识符所包含的可以量化的值具有唯一性。不排除一个对象在不同的系统中扮演不同的角色，这样的对象通常具有多种类型的标识符。标识符的唯一性是针对某一种特定的标识符类型而言的。

由于组成物联网的设备种类繁多，数量巨大，为保证任何设备在身份上的唯一性，需要设立一个标识管理中心。标识管理中心基本职责：①分配唯一标识符；②关联标识符和它们应该标识的对象。

初级的唯一标识符分配做法是，指定 GUID 管理中心在数据库中维护一个标识符列表，然后确保每个分配的新标识符不在数据库中引发冲突即可。因为只有一个标识管理中心有时是不现实的。因此，实际中使用层次标识符。

全球唯一标识符（Universally Unique IDentifier，UUID）属于层次标识符。创建 UUID 的方法很多，常见的有 GUID 标准和 OID 标准。

1）GUID 标准

一个 GUID 是长度为 128 位的二进制数字序列。GUID 使用计算机网卡（NIC）MA 的 48 位 MAC 地址作为发放者的唯一标识符。MAC 地址本身包含两部分的 24 编码。第一部分标识了网卡制造商，它的标识管理中心是 IEEE 注册管理中心；MAC 地址的其余部分由制造商唯一分配，唯一标识网卡，制造商因此就成了 MAC 地址的第二部分的标识管理中心。

GUID 的其余部分（唯一标识对象的部分）是从公历开始到分配标识符时刻之间流逝的时间（以 100ns 间隔进行度量），它将作为单个对象标识符。只要被分配的 MAC 地址的机器不在两个 100ns 之间产生多个标识符，就将为每个对象产生唯一的标识符。

GUID 由 24 位网卡制造商 ID、24 位独立网卡 ID 和其余部分组成，GUID 涉及三个层次的标识管理中心：

（1）IEEE 注册管理中心分配网卡制造商的标识符，该标识符是分配给网卡 MAC 地址的第一部分。

（2）制造商发放各个网卡的标识符，该标识符是分配给网卡 MAC 地址的第二部分。

（3）负责分配 GUID 的组件运行在一台计算机上。组件使用计算机 MAC 地址，加上计算机时钟确定的值，生成一个完整的 GUID，用于标识特定对象。

2）OID 标准

对象标识符（Object IDentifier，OID）成为 ISO 和 ITU 标准工作组的对象标识方法。OID 标识体系呈现树状结构，从树根上分出三支，分别代表 ITU-T 标准工作组、ISO 标准工作组及 ITU-T 和 ISO 联合工作组。

OID 标识体系具有以下特点：

（1）OID 标识树状结构由弧和节点组成，两个不同节点由弧连接。

（2）树上的每个节点代表一个对象，每个节点必须编号，编号范围为 0 至无穷。

（3）每个节点可以生长出无穷多的弧，弧的另一端节点用于表示根节点分支之下的对象。

SNMP（Simple Network Management Protocol）是 IETE 工作组定义的一套网络管理协议。SNMP 的管理信息库及 MIB（Management Information Base）是一种树状结构。MIB 中一个 OID 表示一个特定的 SNMP 目标。

2. 地址

地址包含了网络拓扑信息，用于标识一个设备在网络中的位置。对于网络中的一个设备，标识符用于唯一标识它的身份，不随设备的接入位置变化而发生改变；而设备的地址是由其在网络中的接入位置决定的。标识如同人的名字，地址如同人的家庭住址，一个人搬家后，家庭住址会发生改变，而人的名字通常不会因搬家而变更。

标识符只保证被标识对象的身份唯一性，标识符的结构呈现扁平特点，没有内部结构，无法进行聚合，导致可扩展性不足。地址则需要采集层次性的名字空间，体现一定的拓扑结构，层次名字空间包含一定的结构特性，有利于聚合。

IP 地址是目前最广泛使用的网络地址。互联网现在使用 IP 地址既表示节点的位置信息，又表示节点的身份信息。混淆了地址和标识的功能界限，就是 IP 地址语义过载。因此，有必要指出的是，IP 地址的功能是用于互联网中进行分组路由，而非标识一个网络设备的身份。

目前 IP 协议有两个不同的版本，即 IPv4 地址和 IPv6 地址。

IPv4 地址长度是 32 位，以字节为单位划分成 4 段。用符号"."区分不同段的数值。将段数值用十进制表示，例如，123.125.71.111 就是一个 IPv4 地址。IPv4 地址被分为五类，A 类地址首位是 0，B 类地址前两位是 10，C 类地址前三位是 110，D 类地址前四位是 1110，E 类地址前五位是 11110。

IPv6 地址长度是 128 位，巨大的地址容量将彻底解决 IPv4 地址不足的问题，支持未来多年的需求。IPv6 还提供了从传感器终端到最后的各类客户端的"端到端"的通信特点，为物联网的发展创造了良好的网络通信环境。

IPv6 地址划分为以下三个类别。

（1）单播地址（Unicast Address）：点对点通信时使用的地址，此地址仅标识一个网络接口。网络负责将对单播地址发送的分组送到该网络接口上。

（2）组播地址（Multicast Address）：组播地址表示主机组。它标识一组网络接口，该组包括属于不同系统的多个网络接口。当分组的目的地址是组播地址时，网络尽可能将分组发到该组的所有网络接口上。

（3）任播地址（Anycast Address）：任播地址也标识接口组。它与组播的区别在于发送分组的方法，向任播地址发送的分组并未被发送给组内的所有成员，而只发给该地址标识的路由意义上最近的那个网络接口，它是 IPv6 新加入的功能。

从 32 位扩展到 128 位，不仅保证能够为数以亿万计的主机编址，而且也在为等级结构中插入更多的层次提供了余地。IPv6 地址的层次远多于在 IPv4 中的网络、子网和主机三个基本层次。

3. 存储资源

随着科技的进步，人们制造数据的方式有多种，制造的数据量也在高速增长，如互联网上的多媒体业务、电子商务等。

存储数据是进一步使用、加工数据的基础和必要前提，也是保存、记录数据的重要方法。常用的存储介质包括固态硬盘、机械硬盘、闪存等。

1）固态硬盘（SSD）

（1）特点：使用闪存存储器来保存数据，具有更快的读取和写入速度、更低的耗电量和更高的数据安全性。

（2）应用范围：适用于处理高性能应用程序，如游戏、多媒体编辑和虚拟现实等。因其速度快和稳定性高，以及轻便小巧的特性，特别适合作为笔记本电脑和移动设备的存储介质。

（3）市场趋势：随着闪存技术的逐步成熟和丰富，SSD 市场迎来高速发展。据 IDC 预测，SSD 有望代替机械硬盘成为市场主流存储介质，预计到 2025 年全球的 SSD 市场规模将由 2020 年的 300 亿美元增长到约 500 亿美元。

2）机械硬盘（HDD）

（1）特点：使用旋转磁盘和机械臂进行数据读写，数据存储在磁性表面上。拥有较大的存储容量和较低的价格。但速度相对较慢，耗电量相对较高，且易受机械运动和震动的影响。

（2）应用范围：通常用于存储大量的数据，如文本文件、图像和视频。由于其容量大、价格低，常被用作主要存储设备，如个人电脑和游戏机。

3）USB 闪存（U 盘、移动硬盘）

（1）特点：方便携带，存储容量也越来越大，但需注意防止丢失或损坏。

（2）应用范围：广泛用于数据备份、文件传输等场景。

4）云存储、云盘

（1）特点：将数据存储在互联网上，可随时随地访问数据。但需注意数据安全和隐私问题。

（2）应用范围：适用于个人和企业数据的远程存储和共享。

5）分布式存储

（1）特点：基于网络，将数据存储在不同的物理节点上，具有高可靠性、可扩展性和高性能等特点。

（2）应用范围：广泛应用于互联网、人工智能、大数据、云计算等新兴场景。

6）全闪存储

（1）特点：使用全闪存阵列，具有极高的读写速度和低延迟。

（2）应用范围：适用于需要高性能存储的业务场景，如金融、电信、医疗等。

7）内存卡（SD 卡、TF 卡等）

（1）特点：广泛应用于数码相机、手机等移动设备中，存储容量较小但可随身携带。

（2）应用范围：适合存储照片、音乐等小文件。

目前主流的存储资源在性能和用途上各有特点，用户可以根据实际需求选择合适的存储方案。随着技术的不断发展，存储资源的种类和性能也将不断更新和进步。

衡量储存介质性能的重要指标包括存储密度、保存时间、访问速度（包括 IOPS、访问延迟和带宽）、数据成本、耐用性和能源成本等。这些指标共同反映了存储介质在容量、速度、成本、稳定性和环保等方面的综合性能。

（1）存储密度：指每单位物理容量的比特数，反映了存储介质能够容纳的数据量大小。存储密度越高，单位体积或面积内能够存储的数据量就越大。

（2）保存时间：也称为数据持久性或寿命，是指数据可保存并可读取的最长时间。对于需要长期保存数据的场景，这一指标尤为重要。

（3）访问速度：访问速度主要包括数据读写的延迟和带宽。其中，IOPS（Input/Output Per Second）是衡量存储性能的主要指标之一，表示每秒钟能处理的读写请求数量。访问延迟则是指从发起 IO 请求到存储系统完成 IO 处理的时间间隔。带宽（Bandwidth）或吞吐率（Throughput）则衡量的是存储系统的实际数据传输速率。

IOPS 与带宽紧密相关，它们之间的关系是吞吐率等于 IOPS 和 IO 大小的乘积。例如，如果一个硬盘的 IOPS 是 100，每个 IO 的大小是 1MB，那么硬盘的总吞吐率就是 100MB/s。

访问延迟和响应时间通常以毫秒（ms）或微秒（μs）为单位，并且会考虑其平均值和高位百分数（如 P99、P95）。

（4）数据成本：这包括存储介质的购买成本、维护成本及每次读取或写入时的成本。对于大规模数据存储和处理的场景，数据成本是一个重要的考虑因素。

（5）耐用性：耐用性反映了存储介质在长期使用过程中的稳定性和可靠性。例如，一些新型的非易失性存储器（如 RRAM）具有较高的耐用性，能够在恶劣环境下保持数据的完整性和可访问性。

（6）能源成本：随着能源价格的上涨和环保意识的提高，数据读写的能源成本也成为衡量存储介质性能的一个重要指标。高效的存储介质能够在保证性能的同时降低能源消耗。

2.3.3　服务质量

物联网的服务质量可以分别从通信、数据和用户体验三个方面来细分。

1. 通信为中心的服务质量

1）时延

时延是指一个报文或分组从网络的一端传输到另一端所需要的时间。它包括发送时延、传播时延、处理时延、排队时延。时延是通信服务质量的一个重要指标。低时延是网络运营商追求的目标。时延过大通常是由于网络负载过重导致的。

2）公平性

由于通信网络能够为网络节点提供带宽资源的总量是有限的，所以公平性是衡量网络通信质量的重要指标，按照公平性保证的强度可分为以下三种。

（1）保证网络内的每个节点都能够绝对公平地获得信道带宽资源。

（2）保证网络内的每一个节点都能够有均等的机会获得信道带宽资源。

（3）保证网络内的每一个节点都有机会获得信道带宽资源。

第一种公平性在实际网络环境中是很难得到保证的。在实际运用过程中，更多的是强调后面两种公平性所代表的含义，并用于衡量网络性能。

3）优先级

网络通信中的优先级主要是指根据对网络承载的各种业务进行分类，并按照分类指定不同业务的优先等级。在正常情况下，网络保证优先等级高的业务比优先等级低的业务有更低的等待时延、更高的吞吐量。网络资源紧张时网络会限制低优先的业务，尽力满足优先等级高的业务需求。

除了不同业务之间的优先等级之外，通信中也会考虑不同用户之间的优先等级。网络运营商根据与用户达成的服务条款协议确定优先等级，网络根据运营商与用户之间达成的协议提供相应优先等级的服务。

4）可靠性

通信的一个基本目的就是保证信息被完整地、准确地、实时地从源节点传输到目的节点。保证信息传输的可靠性也是通信的一个重要原则。

在网络中有些服务如 HTTP、FTP 等，对于数据的可靠性要求较高，在使用这些服务时，必须保证数据包能够完整无误地送达。而另外一些服务，如邮件、即时聊天等并不需要这么高的可靠性。根据这两种服务不同的需求，对应的有面向连接的 TCP 协议和面向无连接的 UDP 协议（可能会出现分组丢失的问题，不能保证分组的有效传输，但实时性较好，适合实时业务）。

2. 数据为中心的服务质量

1）真实性

数据的真实性是用于衡量使用数据的用户得到的数值和数据源的实际数据及真值之间的差异。对于数据真实性有三种理解：接收方和发送方持有数据的数值间的偏差程度；接收方和发送方持有数据所包含的内容在语义上的吻合程度；接收方和发送方持有数据所指代范围的重合程度。

2）安全性

数据安全的要求是通过采用各种技术和管理措施，使通信网络和数据库系统正常运行，从而确保数据的可用性、完整性和保密性，保证数据不因偶然或恶意的原因遭受破坏、更改和泄露。

3）完整性

数据完整性是指数据的精确性和可靠性。它防止数据库中存在不符合语义规定的数据和防止因错误信息的输入/输出造成无效操作或错误信息的出现，确保数据库中包含的数据尽可能准确和一致。

数据完整性有四种类型：实体完整性、域完整性、引用完整性和用户定义完整性。

4）冗余性

数据冗余是指数据库的数据中有重复信息的存在，数据冗余会对资源造成浪费。但完全没有任何数据冗余并不现实，也有弊端。

一方面，应当避免出现过度的数据冗余，因为会浪费很多的存储空间，尤其在存储海量数据的时候。降低数据冗余度不仅可以节约存储空间，也可以提高数据传输效率。

另一方面，必须引入适当的数据冗余。数据库软件或操作系统的故障、设备的硬件故障、人为的操作失误等都将造成数据丢失和毁坏。为消除这些破坏数据的因素，数据备份是一个极其重要的手段。数据备份的基本思想就是在不同的地方重复存储数据，从而提高数据的抗毁能力。

5）实时性

对数据的实时性要求，与应用的背景有着密切关系。典型应用主要包括工业生产控制、应急处理、灾害预警等。

3. 用户为中心的数据质量

无论网络通信还是各种数据，其最终目的是为不同的用户提供不同质量的服务。因此，用户对网络通信服务、数据质量的评价是最有意义的。体验质量（Quality of Experience，QoE）是指用户对设备、网络和系统、应用或业务的质量和性能的主观感受。

1）智能化

对于用户体验到的智能化服务，下面以搜索引擎的功能为例来简要说明此项服务。

搜索引擎的目的是为不同的搜索提供准确的信息。用户搜索意图的研究主要包括两个步骤：一是通过搜索引擎获取用户意图；二是对用户意图进行分类。

用户搜索意图分为三类。

（1）导航型：寻找某类网站，该网站能够提供某个行业领域的导航。

（2）信息型：寻找网站上静态形式的信息，这是一种用户常见的查询。

（3）事务型：寻找某类垂直网站，这类站点的信息能够直接被用户做进一步的在线操作，如购物、游戏等。

对于搜索引擎，通过获取和分类用户搜索意图可以实现为用户提供独特、贴切用户需求的信息，以满足用户个性化的需求，这就是智能化的重要体现。

2）吸引力

有用的服务是对用户产生吸引力的最重要因素，有用是针对用户的需求而言的。例如，电子邮件的出现使得在世界范围内信息传递的时间大大缩短，并极大降低邮件交互的成本。即时聊天工具如微信的出现，使得人们以低成本、友好的界面进行信息交互，并且交互及时性得到很好的保障。微信得以快速普及，很快形成庞大的用户群体。

新颖性是提升吸引力的重要措施，这种新颖性可以是服务内容上的，也可以是服务形式上的，前者是指设计出新颖的内容、功能，后者是对已有内容、功能进行新颖的组合，例如手机通话和短信是移动运营商提供的一种内容吸引的服务，而微信将通话和短信等功能重新组合等则属于提供新颖的服务形式。

人机交互过程中也强调通过人的感官建立服务的吸引力。人的感官包括触觉器官、视觉器官、听觉器官、嗅觉器官和味觉器官等。人通过感官感知世界。用户通过各种感官，体验服务质量。服务应该通过各种感官向用户传达信息，让服务本身产生吸引力。例如，通过增强现实、虚拟现实产生视觉上的吸引力。

3）友好度

服务的设计，应当符合人体工学原理，就是使工具使用方式尽量适合人体自然形态。这样就可以使人在使用工具的时候身体和精神不需要任何主动适应，减少使用工具时产生的疲劳。

容易使用是友好度的另外一个重要方面。在服务过程中，人机界面的交互中相关的提示应该易于用户理解，并且服务本身具备对用户误操作的纠错能力。

避免服务过程过于复杂，友好度是制约用户接受服务的重要因素，必须重视。

2.4 物联网体系架构

体系架构是指说明系统组成部件及其之间的关系，是指导系统的设计与实现的一系列原则的抽象。建立体系架构是设计与实现物联网系统的首要前提，体系架构可以定义系统的组成部件及其之间的关系，指导开发者遵循一致的原则去开发实现系统，以保证最终建立的系统符合预期的要求。

2.4.1 USN 体系架构

USN 体系架构是在 2007 年 9 月瑞士日内瓦召开的 ITU-T 下一代网络全球标准举措会议（NGN-GSI）上由韩国的电子与通信技术研究所（ETRI）提出的。该体系架构自底向上将物联网分为五层，即感知网、接入网、网络基础设施、中间件和应用平台。每一层的功能定义如下：

（1）感知网用于采集与传输环境信息。

（2）接入网由一些网关或汇聚节点组成，为感知网与外部网络或控制中心之间的通信提供基础通信接入设施。

（3）网络基础设施是指下一代互联网 NGN。

（4）中间件由负责大规模数据采集与处理的软件组成。

（5）应用平台涉及未来各个行业，它们将有效使用物联网提供服务以提高生产和生活的效率和质量。

2.4.2 M2M

M2M 是欧洲电信标准组织（ETSI）制订的一个关于机器与机器之间进行通信的标准体系架构，非智能终端设备可以通过移动通信网络与其他智能终端设备（Intelligence Terminal，IT）或系统进行通信，包括服务需求、功能架构和协议定义三个部分。

2.4.3 SENSEI

SENSEI 是欧盟 FP7 计划支持下建立的一个物联网体系架构。SENSEI 自底向上由通信服务层、资源层与应用层组成，如图 2-7 所示。各层的功能定义如下：

（1）通信服务层将现有网络基础设施的服务，如地址解析、流量模型、数据传输模式与移动管理等，映射为一个统一的接口，为资源层提供统一的网络通信服务。

（2）资源层是 SENSEI 体系架构参考模型的核心，包括真实物理资源模型、基于语义的资源查询与解析、资源发现、资源聚合、资源创建和执行管理等模块，为应用层与物理世界资源之间的交互提供统一的接口。

（3）应用层为用户及第三方服务提供者提供统一的接口。

IoT-A 是欧盟 FP7 计划项目——物联网体系架构（IoT-A）的研究结果，Zorzi 等（2010）针对大规模、异构物联网环境中由无线与移动通信带来的问题，提出一个物联网参考模型，如图 2-8 所示。该模型将不同的无线通信协议栈统一为一个物物通信接口（M2M API），结合互联通信协议（IP）支持大规模、异构设备之间的互联，支持大量的物联网应用。

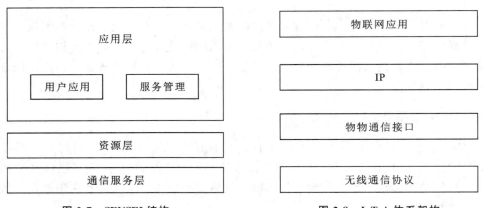

图 2-7　SENSEI 结构　　　　　　　图 2-8　IoT-A 体系架构

IoT-A 在以下几个方面进行了细化：

（1）IoT-A 的 M2M API 层更加明确地定义了资源之间进行交互的方式和接口。

（2）IoT-A 的 IP 层更加明确地指出了广域范围内实现大规模资源共享的互联技术。

2.4.4　WoT

随着物联网的快速发展，大量的设备将接入网络中，人们通过身边的各种物联网设备获取周边环境信息，物联网所提供的服务将渗透到人们日常生活的方方面面。物联网是物理世界与信息世界的桥梁，赋予物理世界的事物以感知、通信和计算的能力，可以将物理世界中的万事万物接入网络中，实现人类感知的延伸。目前的物联网设备和平台还存在异构性强、平台架构封闭化和扩展性差等问题，这些问题导致了物联网应用碎片化、开发门槛高、开发周期长。

面对以上问题，WoT（Web of Things）技术为物联网的发展提供了新的解决方案。WoT 技术可用来解决物联网开放性不足的问题，通过风格的架构设计和技术标准将物联网设备的数据和功能开放到互联网上，从而整合异构的物联网设备，降低物联网应用的开发门槛，同时，保证了系统的可扩展性，解决了物联网系统的开放性、降低设备接入系统的成本问题。当物联网中的设备数量增加以后，如何利用好数以百万计的设备为用户提供所需要的服务，如何实现人与设备、设备与设备之间的信息交互，就成了需要解决的问题。

由于用户的个性化需求变化快，需要物联网系统能够适应功能及服务动态变化的能力。传统的自上而下的集中式控制系统无法很好地满足这个需求，而去中心化的分布式系统具有更好的灵活性，让这种功能的实现成为可能，并且可以与区块链很好地结合。社交网络发展及在解决复杂问题上取得的成功，为物联网提出了一种新的解决方案：利用社交网络思想来解决物联网服务中遇到的复杂问题。研究表明，大量接入网络的个体相比于单一个体来说，可以对复杂问题给出更准确的答案。基于这条准则，人们利用社交网络已经实现了网络资源的搜索、交通线路的查询及潜在好友推荐等。在物联网中引入社交网络的概念，可以解决物联网资源和服务过于分散的问题，为用户提供个性化的发现和推荐服务，提高资源与服务的共享率和利用率；另外，还可以利用社交网络的管理方法实现对物联网中资源与服务的管理和维护。人们通过社交网络在互联网上共享图片、日志、状态等个人信息，通过社交网络进行沟通与交流。社交网络的发展拉近了世界的距离，使得人们在任何时间、任何地点不受限制地进行交流，通过社交关系建立起人与人的联系，促进社交网络的进一步发展。

现有的社交网络还是面向人与人之间的社交网络，没有真正意义上人与设备共存的社交网络出现。在物联网中实现"人与设备""设备与设备"的沟通与协作是一个新方向。通过社交网络，将物联网设备与它们的主人连接到一起，发挥物联网获取真实世界信息的能力，同时还充分利用了社交网络对信息的传播功能，可以有效解决物联网资源和服务发现与传播问题，同时还可以提高用户体验，显著地增强用户黏度。此外，通过社交网络建立起人与人、设备与设备、人与设备的社交关系模型，为解决物联网系统中资源管理、资源共享及授权等问题提供了有利的条件。

智能社交系统中，将现实世界中的事物抽象成资源接入网络中，系统自行分配对接入网络的资源进行管理。这样一个分布式智能社交系统可以实现多个资源间的信息交流、协同工作。通过这种方式，根据具体需求扩展或定制化的功能，提高智能化程度以满足用户的需求；对这种架构体系定义好接口，各部分独立更新后并不影响整个系统的正常工作，实现系统的可扩展性。

随着嵌入式设备的广泛应用，基于互联网实现相互通信和数据共享的物联网 IoT 技术成为研究的重点。由于物联网应用的多样性需求，基于开放 Web 技术构建 WoT 物联网，实现物联网设备及物联网设备与现有网络服务之间的信息共享、协同工作和系统集成等成为研究的热点。

思政二　"神威·太湖之光"超级计算机

"神威·太湖之光"是由中国国家并行计算机工程技术研究中心研制的超级计算机，是世界首台运行速度超 10 亿亿次的超级计算机，其峰值性能达每秒 12.5 亿亿次，持续性能为每秒 9.3 亿亿次，均居世界第一，被称为"国之重器"。2017 年 11 月 18 日，中国科研人员依托"神威·太湖之光"应用成果首次荣获"戈登·贝尔"奖，实现了中国高性能计算应用成果在该奖项上零的突破。

发展历程

30 多年前，中国的超级计算机用户有一个神秘的"玻璃房"：美国把一台超级计算机卖给中国，用不透明的玻璃包裹得严严实实，中国技术人员没有授权不得入内。"以今天的眼光来看，那个所谓的超算，充其量只是一台高性能电脑，但对于当时的中国，却是一个难以企及的高峰。"国家超级计算无锡中心主任杨广文说。

20 世纪 80 年代，中国逐步迈入独立设计和制造巨型机的国家之列，但因核心处理器等关键部件与技术的短板，只能受制于人，虽是国外超级计算机的"大买家"，却无法拥有匹配的"议价权"。

进入"十二五"，在国家 863 项目重点支持下，我国超级计算发展不断取得突破，中国制造的名单越来越长，这引起美国的警惕。2015 年 4 月，美国政府宣布，禁止向中国的 4 家国家超级计算中心出售高性能计算芯片，意图通过限售锁死中国超级计算快速发展的脚步。

正是这种封锁带来的刺激，促使我国下大力气研发全国产化的"神威"系列超级计算机。承载着几代中国超算人的梦想，2014 年底，基于国产"申威 SW26010"处理器的"神威·太湖之光"完成原型机测试；美国禁售令公布半年之后，"太湖之光"完成研发工作。

2016 年 6 月 20 日，德国法兰克福国际超级计算大会公布新一期全球超级计算机 TOP500 榜单，"神威·太湖之光"以超过第二名近三倍的运算速度夺得第一名，1 分钟的计算能力，相当于全球 72 亿人同时用计算器不间断地计算 32 年。

与"天河二号"使用英特尔芯片不同，"神威·太湖之光"是首次完全用"中国芯"制造的中国最强大的超级计算机。只有 5cm 见方的薄块"申威 SW26010"，不仅是"神威·太湖之光"的心脏，也成为我国自主研发打破 30 年技术封锁的一柄利器。"中国在国际 TOP500 组织第 47 期榜单上保持第一名的位置，这是一个完全基于中国设计、制造处理器而打造的新系统。"TOP500 排行榜主要编撰人、美国田纳西大学计算机学教授杰克·唐加拉评价道，"2001 年上榜数量还是零，但今天已经超过美国，没有其他国家有这样快的增长速度。"

应用场景

"神威·太湖之光"系统自投入使用以来，已为上百家用户、数百项大型复杂应用课题的计算提供了服务，涉及气候、航空航天、海洋环境、生物医药、船舶工程等 19 个领域，其中整机应用 14 个（千万核），半机以上规模应用 12 个，百万核以上应用 20 多个。"神威·太湖之光"能模拟宇宙的演变过程，也可以研究地球上变化着的各种数据；能模拟卫星在太空的运行轨迹；还能开展的药物筛选和疾病机理研究等，加快了白血病、癌症、禽流感等药物的设计进度。

此外，"神威·太湖之光"通过计算分析大数据，可以找到城市的堵点和疏导点，甚至可以通过感知优化交通流量与信号灯的配合，让 119、120 等特种车辆救援效率至少提升 50%。

未来国家超级计算中心将继续在"神威·太湖之光"生态环境分析上下大力气，推广应用。新的小型化产品已经推向市场，下一步国家要开发大型软件，构建创新应用仿真平台，支持国家创新型建设，特别是在制造业方面发挥重要的作用。

2021 年 11 月 19 日，在全球超级计算大会（SC21）上，国家超级计算无锡中心、之江实验室、清华大学、上海量子科学研究中心等单位，基于新一代"神威·太湖之光"超级计算机，联合研发的神威量子模拟器（SWQSIM）摘得 2021 年度 ACM "戈登·贝尔"奖。

回顾"神威·太湖之光"的艰难历程和取得的成绩，新时代中国超算事业的发展，需要一大批有思想、有情怀、有责任、有担当的社会主义建设者和接班人。更加需要我们"不辱使命，不负重托"，当面临未来更多不确定性挑战的情况下，要坚定不移地走自主创新的道路，培养使命感和国家荣誉感，领略中国智慧，增强科技和文化自信。

资料来源：https：//www.tsinghua.edu.cn/info/1182/49213.htm。

第3章　物联网关键技术

　　物联网概念是在互联网概念的基础上，将其用户端延伸和扩展到任何物品与任何物品之间，进行信息交换和通信的一种网络，最核心的是把物联到网上。物联网的系统架构自下而上分别是：底层，利用 RFID 等无线通信技术、传感器、二维码等随时随地获取物体的信息，感知世界的感知层主要完成信息的采集、转换和收集；中间层，用来传输数据的网络传输层，主要完成信息传递和处理；上层，把感知层得到的信息进行分析处理的应用服务层，主要完成数据的管理和数据的处理，并将这些数据与行业应用相结合，实现智能化识别、定位、跟踪、监控和管理等实际应用。

　　一个物联网系统基本是由图 3-1 所示的三部分组成：传感器主导的信息采集系统，处理和传输系统，云及处理系统。物联网是利用现有技术搭建的，下面分别介绍物联网的关键技术。

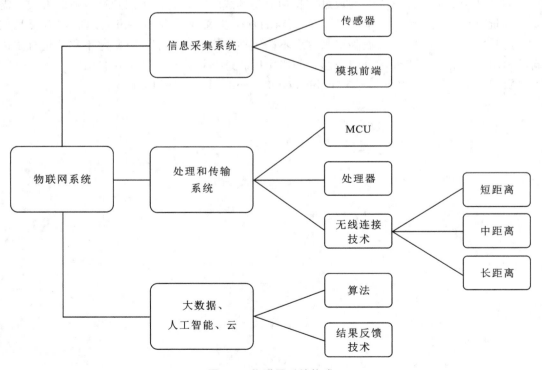

图 3-1　物联网系统构成

3.1 感知技术

感知技术是构建物联网系统的基础。其包含的关键技术有 RFID 等无线通信技术、传感器技术、信息处理技术等，感知技术是信息采集和处理的关键。下面分别介绍各项技术。

3.1.1 RFID

1. RFID 简介

RFID 是一种利用无线射频技术去识别目标对象并获取相关信息的非接触式双向通信技术，其系统由一个阅读器和若干标签组成，如图 3-2 所示。标签分为有源标签和无源标签，有源标签自身带电源，无源标签自身不带电源，能量来自阅读器发射的电磁波，把这个电磁波转化为自己工作的能源。

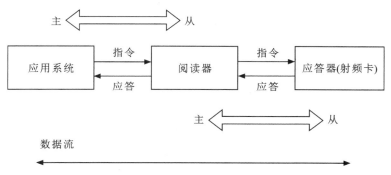

图 3-2 射频识别技术的基本原理

RFID 原理是利用射频信号和空间耦合（电感或电磁耦合），实现对被识物体的自动识别。其工作过程如图 3-3 所示。

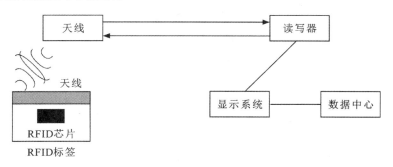

图 3-3 RFID 的工作过程

RFID 标签与条形码相比，具有读写距离远、存储量高等特性。另外，RFID 技术还具有以下特点：

（1）快速扫描。RFID 识别器的防碰撞技术能够有效避免不同目标标签之间的相互干扰,可以同时识别多个目标,颠覆了以往条形码、磁卡、IC 卡等一次只能识别一个目标的技术。

(2)数据读写功能。射频读写器能够对支持读写功能的射频标签进行数据写入与读出。而条形码只支持数据读出功能,条形码信息一旦录入便不能再修改。

(3)电子标签小型化,形状多样化,使 RFID 更容易嵌入不同的物体内,应用于不同的产品。

(4)耐环境性。RFID 采用非接触式读写,不怕水、油等物质,可在黑暗及脏污环境中读取数据。

(5)可重复使用。RFID 电子标签中存储的是一定格式的电子数据,故可通过射频读写器对其进行反复读写,比传统的条形码具有更高的利用率,为信息的更新提供了便捷。

(6)穿透性和无屏蔽阅读。在被纸张、木质材料及塑料等非金属障碍物覆盖的情况下,射频卡也可以进行穿透性通信。而条形码在被覆盖或无光条件下将失去提供信息的能力。

(7)数据记忆容量大。一般条形码的容量为 30~3000 字符,而 RFID 的最大容量达到数兆字符。

(8)安全性、可靠性更高。RFID 射频标签存储的是电子信息,可通过加密对数据进行保护。

射频识别的几种常见分类如表 3-1 所示。

表 3-1 射频识别几种常见分类

分类标准	具体类别	特 点
工作模式	主动式(有源标签)、被动式(无源标签)	有源标签发射功率低、通信距离长、传输容量大、可靠性高、兼容性好。无源标签体积小、质量轻、成本低、寿命长,但无源标签通常要求与读写器之间的距离较近,且读写功率大
工作频率	低频 RFID、中高频 RFID、超高频 RFID、微波 RFID 等	低频 RFID 标签典型的工作频率为 125kHz 与 133kHz;中高频 RFID 标签典型的工作频率为 13.56MHz;超高频 RFID 标签典型的工作频率为 860~960MHz;微波 RFID 标签典型的工作频率为 2.45GHz 与 5.8GHz
封装形式	粘贴式 RFID、卡式 RFID、扣式 RFID 等	灵活应用

2. 射频识别的应用

作为物联网中较早使用的无线通信技术,RFID 的应用领域非常广泛,包括物流领域、交通运输、医疗卫生、市场流通、食品、商品防伪、智慧城市、信息、金融、养老、教育文化、残疾事业、劳动就业、智能家电、智慧工业、生态活动支援、犯罪监视安全管理、国防军事、警备、图书档案管理、消防及防灾、生活与个人利用等。下面介绍 RFID 的几个典型应用。

1) 供应链管理领域

无线射频识别技术适用于物流跟踪、货架识别等要求非接触式采集数据和要求频繁改变数据内容的场合，特别适合供应链管理。在供应链管理中无缝整合所有的供应活动，供应商、运输商、配送商、信息提供商和第三方物流公司整合到供应链中。在每件商品中都贴上 RFID 标签，就不必打开产品外包装，系统就能对成箱成包的产品进行识别，从而准确、随时地获取产品相关信息，如产品、生产地点、生产商、生产时间等。RFID 标签可以对商品从原料、成品、运输、仓储、配送、上架、销售、售后等所有环节进行实时监控，不仅极大地提高了自动化程度，而且可大幅降低差错率，大幅削减获取产品信息的人工成本，显著提高供应链透明度，使物流各个环节实现自动化。

2) 智能电子车牌

智能电子车牌是将普通车牌与 RFID 技术相结合形成的一种新型电子车牌。电子车牌是一个存储了经过加密处理的车辆数据的 RFID 电子标签。其数据由经过授权的阅读器才能读取。同时在各交通干道架设的监测基站通过移动通信终端与中心服务器相连，还可以与警用 PDA 相连。PDA 放在监测基站前方，车辆经过监测基站时，摄像机拍摄车辆的物理车牌，然后经过监测基站图像识别系统处理后，得到物理车牌的车牌号码；同时，RFID 阅读器将读取电子车牌中加密的车辆信息，经监测基站解密后，得到电子车牌的车牌号码。

由于电子车牌经过了软硬件设计和数据加密，因此不能被仿制。每辆车配备的电子车牌都有与之对应的物理车牌号码，如果是假套牌，则没有与之对应的车牌号码，此时，监测基站会将物理车牌号码通过 WLAN 发送到前方交警的 PDA 上，提示交警进行拦截。同理，在此过程中智能车牌系统也能识别黑名单车辆、非法营运车辆。

RFID 电子标签安全性能也非常重要。现有的 RFID 系统安全解决方案分为：第一类，通过物理方法，阻止标签与读写器之间的通信；第二类，通过逻辑方法，增加标签安全机制。

常用的物理方法如下：

（1）杀死（Kill）标签：使标签丧失功能阻止标签的跟踪。

（2）法拉第网罩（Faraday Cage）：由导电材料构成的法拉第网罩可以屏蔽无线电波，使外部无线电信号不能进入网罩。

（3）主动干扰：用户使用某种设备将无线干扰信号广播出去，干扰读写器。

常用的逻辑方法如下：

（1）Hash 锁：用 Hash 散列函数给标签加锁。

（2）随机 Hash 锁：将 Hash 锁扩展，使读写器每次访问标签的输出信息都不同，可以隐藏标签位置。

（3）Hash 链：标签使用一个 Hash 函数，使每次标签被读写器访问后，都自动更新标识符，下次再被访问，就被认为是另一个标签。

（4）匿名 ID 方案：采用匿名 ID，即使被截获标签信息，也不能获得标签的真实 ID。

（5）重加密方案：采用第三方设备对标签定期加密。

RFID 电子标签分为存储型和逻辑加密型两类。存储型电子标签是通过读取 ID 号来达到识别的目的，可应用于动物识别、跟踪追溯等方面。这种电子标签常应用唯一序列号来实现自动识别。有些逻辑加密型的 RFID 电子标签涉及小额消费，其安全设计是极其重要的。逻辑加密型的 RFID 电子标签内部存储区一般按块分布，并由密钥控制位设置每数据块的安全属性。

3.1.2　传感器

传感器是物联网的神经末梢，是物联网感知世界的终端模块，同时传感器会受到环境恶劣的考验。

1. 传感器技术简介

传感器是许多装备和信息系统必备的信息获取单元，用来采集物理世界的信息。传感器实现最初信息的检测、交换和捕获。传感器技术的发展体现在三个方面：感知信息、智能化和网络化。

传感器技术涉及传感信息获取、信息处理和识别的规划设计、开发、制造、测试、应用及评价改进活动等内容，是从自然信源获取信息并对获取的信息进行处理、变换、识别的一门多学科交叉的技术。

如图 3-4 所示，传感器网络节点的组成和功能包括四个基本单元：感知单元、处理单元、通信单元及电源部分。还可以选择加入如定位系统、运动系统及发电装置等其他功能单元。

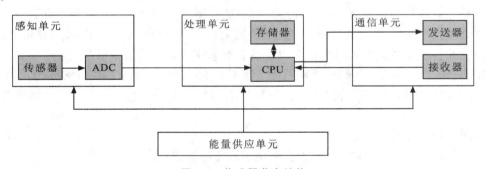

图 3-4　传感器节点结构

电源为传感器正常工作提供电能。感知单元用于感知、获取外界的信息，并将其转换成数字信号。处理单元主要用于协调节点内各功能模块的工作。通信单元负责与外界通信。

2. 传感器的分类

传感器可根据不同分类方法进行分类。

（1）传感器按所属学科分为物理型、化学型、生物型传感器。物理型传感器是利用各种物理效应，把被测量参数转换成可处理的物理量参数；化学型传感器是利用化学反应，把被测量参数转换成可处理的物理量参数；生物型传感器是利用生物效应及机体部分组织、微生物，把被测量参数转换为可处理的物理量参数。

（2）按传感器转换过程中的物理机理，传感器分为结构型传感器和物性型传感器。结构型传感器是依靠传感器结构（如形状、尺寸等）参数变化，利用某些物理规律引起参量变化并被测量，将其转换为电信号实现检测（如电容式压力传感器，当压力作用在电容式敏感元件的动极板上时，引起电容间隙的变化导致电容值的变化，从而实现对压力的测量）。物性型传感器是利用传感器的材料本身物理特性变化实现信号的检测（包括压电、热电、光电、生物、化学等，如利用具有压电特性的石英晶体材料制成的压电式传感器）。

（3）按能量关系，传感器可分为能量转换型传感器和能量控制型传感器。能量转换型传感器是直接利用被测量信号的能量转换为输出的能量。能量控制型传感器是由外部供给传感器能量，而由被测量信号来控制输出的能量，相当于对被测信号能量放大。

（4）根据作用原理，传感器可分为应变式、电容式、压电式、热电式、电感式、电容式、光电式、霍尔式、微波式、激光式、超声式、光纤式、生物式及核辐射式等传感器。

（5）根据功能用途，传感器可分为温度、湿度、压力、流量、重量、位移、速度、加速度、力、热、磁、光、气、电压、电流、功率等传感器。

（6）根据功能材料，传感器可分为半导体材料、陶瓷材料、金属材料、有机材料、半导体、磁、电介质、光纤、膜、超导、拓扑绝缘体等传感器。半导体传感器主要是硅材料，其次是锗、砷化镓、锑化铟、碲化铅、硫化镉等，主要用于制造力敏、热敏、光敏、磁敏、射线敏等传感器。陶瓷传感器材料主要有氧化铁、氧化锡、氧化锌、氧化锆、氧化钛、氧化铝、钛酸钡等，用于制造气敏、湿敏、热敏、红外敏、离子敏等传感器。金属传感器材料主要用在机械传感器和电磁传感器中，用到的材料有铂、铜、铝、金、银、钴合金等。有机材料主要用于力敏、湿度、气体、离子、有机分子等传感器，所用材料有高分子电解质、吸湿树脂、高分子膜、有机半导体聚咪唑、酶膜等。

（7）按输入量，传感器可以分为位移、压力、温度、流量、气体等传感器。

（8）按输出量的形式，传感器可分为模拟式传感器、数字式传感器、赝数字传感器、开关传感器等。模拟式传感器输出量为模拟量，数字式传感器输出量为数字量；赝数字传感器将被测量的信号量转换成频率信号或短周期信号后输出（包括直接或间接转换）；当一个被测量的信号达到某个特定的阈值时，开关传感器相应地输出一个设定的低电平或高电平信号。

（9）按输出参数，传感器可分为电阻型、电容型、电感型、互感型、电压（电势）型、电流型、电荷型及脉冲（数字）型等传感器。

（10）按照制造工艺，传感器分为集成传感器、薄膜传感器、厚膜传感器、陶瓷传感器等。集成传感器是用标准的生产硅基半导体集成电路的工艺技术制造的，通常还将用于初步处理被测信号的部分电路也集成在同一芯片上。薄膜传感器则是由沉积在介质衬底（基板）上的相应敏感材料的薄膜形成的。使用混合工艺时，同样可将部分电路制造在此基板上。厚膜传感器是利用相应材料的浆料，涂覆在陶瓷基片上制成的，基片通常是 Al_2O_3 制成的，然后进行热处理，使厚膜成形。陶瓷传感器采用标准的陶瓷工艺或其某种变种工艺（溶胶、凝胶等）生产。完成适当的预备性操作之后，将已成形的元件在高温中进行烧结。

（11）根据测量对象特性不同分为物理型、化学型和生物型传感器。物理型传感器是利用被测量物质的某些物理性质发生明显变化的特性制成的。化学型传感器是利用能把化学物质的成分、浓度等化学量转化成电学量的敏感元件制成的。生物型传感器是利用各种生物或生物物质的特性做成的，用以检测与识别生物体内化学成分。

其中，湿度传感器的原理常用的有湿敏电阻和湿敏电容两种，湿敏电阻传感是在基片上覆盖一层用感湿材料制成的膜，当空气中的水蒸气吸附在感湿膜上时，元件的电阻率和电阻值都发生变化，利用这一特性即可测量湿度。湿敏电容传感是用高分子薄膜电容制成的，常用的高分子材料有聚苯乙烯、聚酰亚胺、酪酸醋酸纤维等。当环境湿度发生改变时，湿敏电容的介电常数会发生变化，使其电容量也发生变化，其电容变化量与相对湿度成正比。

压力传感器主要有压电压力传感器、压阻压力传感器、电容式压力传感器、电磁压力传感器、振弦式压力传感器等。压电压力传感器主要基于压电效应（Piezoelectric Effect），利用电气元件和其他机械把待测的压力转换成电量，再进行测量。主要的压电材料是磷酸二氢胺、酒石酸钾钠、石英、压电陶瓷、铌镁酸压电陶瓷、铌酸盐系压电陶瓷和钛酸钡压电陶瓷等。传感器的敏感元件是用压电的材料制作而成的，而当压电材料受到外力作用时，它的表面会形成电荷，电荷通过电荷放大器、测量电路的放大及变换阻抗以后，就会被转换成与所受到的外力成正比关系的电量输出。它是用来测量力及可以转换成力的非电物理量。如加速度和压力。压阻压力传感器主要基于压阻效应（Piezoresistive Effect）。压阻效应是用来描述材料在受到机械式应力下所产生的电阻变化。电容式压力传感器是一种利用电容作为敏感元件，将被测压力转换成电容值改变的压力传感器。电磁压力传感器包括电感压力传感器、霍尔压力传感器、电涡流压力传感器等。振弦式压力传感器的敏感元件是拉紧的钢弦，敏感元件的固有频率与拉紧力的大小有关。弦的长度是固定的，弦的振动频率变化量可用来测算拉力的大小，频率信号经过转换器可以转换为电流信号。

3. 传感器的性能指标

衡量传感器的性能指标包括线性度、迟滞、重复性、灵敏度、分辨率、稳定性、寿命、多种抗干扰能力等。

（1）线性度：传感器的输入、输出之间会存在非线性。传感器的线性度就是输入、输出之间关系曲线偏离直线的程度。

（2）迟滞：传感器在正（输入量增大）、反（输入量减小）行程中输出与输入曲线不相重合时称为迟滞，如磁滞、相变。

（3）重复性：传感器在输入按同一方向做全量程连续多次变动时所得特性曲线是否一致的程度。

（4）灵敏度：传感器输出的变化量与引起改变的输入变化量之比。

（5）分辨率：传感器能检测到的最小的输入变量。

4. 传感器技术应用

传感器的应用领域相当广泛，从茫茫宇宙到浩瀚海洋，再到各种复杂的工程系统，几乎每一个项目都离不开各种各样的传感器。

1）机械制造

在机械制造中，用距离传感器来检测物体的距离；在工业机器人中，用加速度传感器、位置传感器、速度及压力传感器等来完成机器人需要进行的动作。

2）环境保护

在环境保护中，各种气体报警器、气体成分控测仪、空气净化器等设备，用于易燃、易爆、有毒气体的报警等，有效防止火灾、爆炸等事故的发生，确保环境清新、安全。采用汽车尾气催化剂和尾气传感器，解决汽车燃烧汽油所带来的尾气污染问题。

3）医疗卫生

医疗诊断测试用的传感器，尤其是血糖测试传感器占据整体市场的大半部分。血糖测试传感器的市场规模还将以每年约 3% 的速率持续增长。从智能包装传感器来看，应用于食品和一般消费者倾向的医疗护理产品，如检测温度、湿度，以及各种化学物质和气体包装将显著增长。

5. 传感器技术的安全机制

传感器是物联网中感知物体信息的基本单元，同时传感网络比较脆弱，容易受到攻击。如何有效地应对这些攻击，对于传感网络来说十分重要。

1）物理攻击防护

建立有效的物理攻击防护非常重要，如当感知到一个可能的攻击时，就会自销毁、破坏一切数据和密钥。还可以将随机时间延迟加入关键操作过程中，设计多线程处理器，使用具有自测试功能的传感器来实现物理攻击的有效防护。

2）密钥管理

密码技术是确保数据完整性、机密性、真实性的安全技术。如何构建与物联网体系架构相适应的密钥管理系统是物联网安全机制面临的重要问题。

物联网管理系统的管理方式有两种，分别为以互联网为中心的集中式管理和以物联网感知为中心的分布式管理。前者将感知互动层接入互联网，通过密钥分配中心与网关节点的交互，实现对物联网感知互动层节点的密钥管理；后者通过分簇实现层次式网络结构管理，这种管理方式比较简单，但是由于对汇聚节点和网关的要求较高，能量消耗大，实现密钥管理所需要的成本也比前者高出很多。

3）数据融合机制

安全的数据融合是保证信息和信息传输安全、准确聚合信息的根本条件。一旦数据融合过程中受到攻击，则最终得到的数据将是无效的，甚至是有害的。因此，数据融合的安全十分重要。

安全数据融合的方案可由融合、承诺、证实三个阶段组成。在融合阶段，传感器节点将收集到的数据送往融合节点并通过指定的融合函数生成融合结果，融合结果的生成是在本地进行的，并且传感节点与融合节点共用一个密钥，这样可以检测融合节点收到数据的真实性；承诺阶段生成承诺标识，融合器提交数据且融合器将不再被改变；证实阶段通过交互式证明协议主服务器来证实融合节点所提交融合结果的正确性。

4）节点防护

节点的安全防护可分为内部节点之间的安全防护、节点外部安全防护及消息安全防护。节点的安全防护可通过鉴权技术实现。首先是基于密码算法的内部节点之间的鉴别，共用密钥的节点可以实现相互鉴别；再者是节点对用户的鉴别，属于节点外部的安全防护，用户是使用物联网感知互动层收集数据的实体，当其访问物联网感知互动层并发送收集数据请求时，需要通过感知互动层鉴别；最后，由于感知互动层的信息易被篡改，因此需要消息鉴别来实现信息的安全防护，其中消息鉴别主要包括点对点的消息鉴别和广播的消息鉴别。

　　5）安全路由

　　路由的安全威胁主要表现为物联网中不同结构网络在连接认证过程中会遇到 DoS、异步等攻击，以及单个路由节点在面对海量数据传输时，由于节点的性能原因，很有可能造成数据阻塞和丢失，同时也容易被监听控制。保证安全路由运用到的安全技术主要有认证与加密技术、安全路由协议、入侵检测与防御技术及数据安全和隐私保护。可信分簇路由 TLEACH（Trust Low-Energy Adaptive Clustering Hierarchy）协议是一个信任管理模块和一个基于信任路由模块的有机整合，其中信任管理模块负责建立传感器节点之间的信任关系；基于信任的路由模块具有和基本 TLEACH 协议相同的簇头选举算法和工作阶段，通过增加基于信任的路由决策机制来提供更加安全的路由。

　　建立在地理路由之上的安全 TRANS（Trust Routing for Location-aware Sensor Networks）协议包括信任路由和不安全位置避免两个模块，信任路由模块安装在汇聚节点和感知节点上，在不安全位置则避免模块仅安装在汇聚节点上。

　　6. 超材料传感新技术

　　超材料（Matamaterials）是人造电磁材料，由一些周期性排列的材料组成，可显著提高传感器的灵敏度和分辨率，实现基于传统材料传感器难以实现的功能，在传感器设计方面开启新的篇章。

　　（1）基于超材料的生物传感技术具有无标签生物分子检测等优势，可分为三种类型，即微波生物传感器、太赫兹生物传感器和等离子体生物传感器。

　　微波生物传感器；基于开口谐振环（SRR）阵列可以实现有效磁导率为负，响应电磁波频率在微波段。有学者提出基于 SRR 的生物传感器，可以较小的尺寸来检测生物分子是否出现粘连。

　　太赫兹生物传感器：在太赫兹频段感应样品复杂的介电特性具有一定优势，通过探测分子或声子共振对小分子化合物的共振吸收，可以直接识别化学或生物化学分子的组成。

　　等离子体生物传感器：表面等离子体对于衰减场的穿透深度内的电介质的折射率非常敏感，可用于开发无标记等离子体生物传感器，用于检测和调查目标与金属表面上相应受体之间的结合情况。以超材料为基础的等离子体生物传感器能进一步提高灵敏度，如采用以玻璃为基底的平行金纳米级材料，将大量金纳米棒镀在薄膜多孔氧化铝模板上，形成约 $2cm^2$ 的平行纳米棒阵列超材料结构。

　　（2）超材料薄膜传感器：利用电磁波与薄膜样本物质之间的相互作用，在整个化学和生物学过程中提供重要信息。超材料薄膜传感器谐振频率可调谐，容易实现高灵敏度化学或生物薄膜检测。超材料薄膜传感器分为微波薄膜传感器、太赫兹薄膜传感器和等离子体薄膜传感器。

　　微波薄膜传感器：为了感应微量的样品物质，薄膜传感器在微波频段响应敏感。有学者提出将尖端 SRR 超材料作为薄膜传感器来减小器件的尺寸和谐振频率及改善 Q 因子。为了进一步提高电场分布；有学者提出具有尖锐尖端的矩形尖端形状的 aDSR，可以在较小体积时提供非常高的灵敏度。

太赫兹薄膜传感器：许多材料在太赫兹频段表现出的独特性质，可以实现新的化学和生物薄膜检测方式，提高灵敏度。波导传感器可以通过增加有效的相互作用长度来对水薄膜进行感测。为了进一步提高灵敏度，超材料已经成为高度敏感的化学或生物薄膜检测的候选对象，可以通过设计调整谐振频率响应。

等离子体薄膜传感器：在 SRR 阵列上施加不同厚度的薄介电层时，薄膜传感器在多谐振反射光谱中显示出每个谐振模式的不同感应行为。低阶模式具有更高的灵敏度，高阶模式呈现了具有微米级检测长度的可调节灵敏度，以允许细胞内的生物检测。可以利用较低的模式来检测小目标和大分子，包括抗体-抗原的相互作用及细胞膜上的大分子识别，以获得优异的灵敏度及降低来自电介质环境的噪声；高阶模式检测由于其微米级别的检测长度更远，且无标记的方式，有助于探索活细胞器和细胞内的生物特性。等离子体薄膜传感器可用于分析寄生细胞之间相互作用，是一种无标记生物成像传感器。

（3）超材料无线应变传感器：可以实现远程实时测量材料的强度，可更好地了解瞬时结构参数，例如，在地震前后。超材料无线传感器可实时测量飞行器部件的抗弯强度、监测骨折后骨头的愈合过程。

基于超材料无线应变传感器具有更高品质因数及调制深度，使得超材料非常适合遥测传感应用。超材料结果可以实现更高的谐振频率偏移，从而提高灵敏度和线性度。

其他超材料传感器：超材料也可以应用其他领域，有学者提出了一种高度敏感的太赫兹表面波传感器，由周期性的金属超材料组成用于近场光谱学和传感应用程序。

超材料在传感领域的应用为发展新一代的传感技术提供了新的机遇。超材料可以改善传感器的机械特性、光学特性和电磁特性，基于超材料的传感器正朝着单分子生物传感器和高通量传感器阵列方向发展。太赫兹、可见光和红外线领域对超材料的电磁响应，可以在安全成像、遥感和谐振装置这些领域开启新的篇章。

7. 生物传感器

分析生物的重要方法是采用生物传感器获取生物数据，生物传感器属于交叉学科，涉及生物化学、电化学等多个基础学科。生物相容的生物传感器、生物可控和智能化的传感器将是生物传感器的重要方向。生物传感器在医疗、食品工业和环境监测等方面有大量应用。

生物传感器概念来源于 Clark 关于酶电极的描述，其中传感器的构成中分子识别元件为具有生物学活性的材料。

在首届世界生物传感器学术大会（BIOSENSORS'90）上将生物传感器定义为生物活性材料与相应的换能器的结合体，能测定特定的生物化学物质的传感器；将能用于生物参量测定但构成中不含生物活性材料的装置称为生物敏（biosensing）传感器。

《生物传感器和生物电子学》对生物传感器的描述为：生物传感器是一类分析器件，它将一种生物材料（如组织、微生物细胞、细胞器、细胞受体、酶、抗体、核酸等）、生物衍生材料或生物模拟材料，与物理化学传感器或传感微系统密切结合或联系起来，使其分析功能。这种换能器或微系统可以是光学的、电化学的、热学的、压电的或磁学的。

合成生物学、人工智能、纳米技术、大数据等新兴学科领域的发展与融合，将可能产生新思想、新原理和新方法，促进生物传感技术难题的解决，并提升生物传感性能、赋予其新的功能和特性。

　　生物传感器主要是由生物识别和信号分析两部分组成。具有分子识别能力的生物敏感识别元件构成了生物识别部分，敏感元件可识别细胞、生物素、酶、抗体及核酸。信号分析部分又叫换能器，工作原理是根据物质电化学、光学、质量、热量、磁性等物理化学性质将被分析物与生物识别元件之间反应的信号转变成易检测、量化的另一种信号，如电信号，再经过信号读取设备的转换过程，最终得到可以对分析物进行定性或定量检测的数据，如图 3-5 所示。

图 3-5　生物传感器原理

　　生物传感器识别和检测待测物的工作原理：待测物分子与识别元素接触；识别元素把待测物分子从样品中分离出来；转换器将识别反应相应的信号转换成可分析的化学或物理信号；使用分析设备对输出的信号进行相应的转换，将输出信号转化为可识别的信号。生物传感器中的识别元素是生物定性识别的决定因素；识别元素与待测分子的亲合力，以及换能器和检测仪表的精密度，在很大程度上决定了传感器的灵敏度和响应速度。

　　生物敏感膜（Biosensitive Membrane）可以作为分子识别元件（Molecular Recognition Element），是生物传感器的关键元件，直接决定传感器的功能与质量。根据生物敏感膜所选材料不同，其组成可以是酶、核酸、免疫物质、全细胞、组织、细胞器、高分子聚合物模拟酶或它们的不同组合，如表 3-2 所示。这个膜是采用固定化技术制作的人工膜而不是天然的生物膜（如细胞膜）。分子识别元件采用的是填充柱形式，但其微观催化环境仍可以认为是膜形式的，或至少是液膜形式的。

表 3-2　不同种类的分子识别原件

分子识别元件 （生物敏感膜）	生物活性材料	分子识别元件 （生物敏感膜）	生物活性材料
酶 全细胞 组织 细胞器	各种酶类、细菌、真菌、动物、植物的细胞、植物的组织切片、线粒体、叶绿体	免疫物质具有生物亲和能力的物质、核酸、模拟酶	抗体、抗原、酶标抗原等、配体、受体、聚核苷酸高分子聚合物

　　换能器的作用是将各种生物的、化学的和物理的信息转变成电信号。生物学反应过程产生的信息是多元化的，微电子学和传感技术为检测这些信息提供了手段。生物传感器的基础换能器件如表 3-3 所示。

表 3-3　生物反应信息和换能器的选择

生物学反应信息	换能器选择	生物学反应信息	换能器选择
离子变化	离子选择性电极	光学变化	光纤、光敏管、荧光计
电阻变化、电导变化	阻抗计、电导仪	颜色变化（属于光学范畴）	光纤、光敏管
电压变化	场效应晶体管	质量变化	压电晶体等
气体分压变化	气敏电极	力变化	微悬臂梁
热熔变化	热敏电阻、热电偶	振动频率变化	表面等离子体共振

生物传感器具有多样性、无试剂分析、操作简便、易于联机、可以重复使用、连续使用的特点。根据分子识别元件的不同，可将生物传感器分为酶传感器、免疫传感器、组织传感器、细胞传感器、核酸传感器、微生物传感器和分子印迹生物传感器。分子印迹识别元件属于生物衍生物。根据所用换能器不同，生物传感器分为电化学生物传感器、光生物传感器、热生物传感器、半导体生物传感器，电导/阻抗生物传感器，声波生物传感器和微悬臂梁生物传感器，如图 3-6 所示。按照生物敏感物质相互作用类型，生物传感器分为亲和型和代谢型两种。在环境监测中常用的传感器主要有酶传感器、微生物传感器、免疫传感器和核酸传感器。

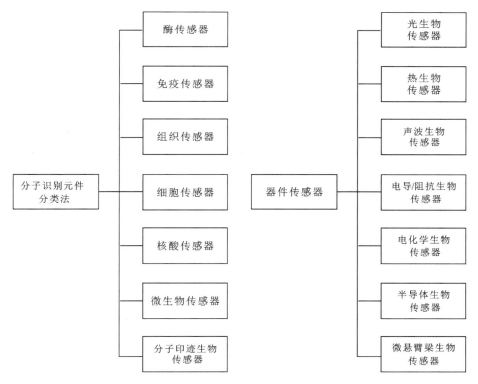

图 3-6　生物传感器分类

生物传感器技术可应用于以下多个领域。

（1）生物传感器技术在环境监测中的应用。生物传感器具有高灵敏度、便携和成本低等优点，对工业排放、农业化肥农药等环境毒物、大气和废气、生化需氧量（BOD）、氨氮浓度等，可以快速、便携、高灵敏地检测出来。

（2）生物传感器在生命科学研究上的应用。生物传感器可被用于生命科学研究工作，在医学领域基础研究，有人用纳米光纤生物传感器探测到细胞传递信号的生物化学成分。在临床医学上，生物传感器可以广泛地应用于对体液中的微量蛋白、小分子有机物（如葡萄糖、抗生素、氨基酸、胆固醇）等多种生化指标检测。血糖传感器和尿酸传感器可以使糖尿病和痛风患者在家中对病情进行自我检测。生物传感器还可以用在基因诊断中。

（3）生物传感器在食品工程中的应用。生物传感器为食品质量和安全提供实时快速、简单便携和低成本的分析方法。生物传感器可以实现食品中农药残留的检测、食物基本成分的分析，微生物传感器用于发酵工业的测定、食品中生物毒素与有害微生物的检测。

3.1.3　能源技术

物联网的核心设备一般取电方便，由市电加备用电源即可解决。物联网各种感知终端模块也需要能源才能正常工作，在无源 RFID 中，终端工作的能量来自阅读器发射的电磁波，无源 RFID 卡把接收到的电磁波作为自己工作的电能。除了无源方式工作的终端，所有传感器都需要能源才能工作，能源可以从自然环境中获取，如利用太阳能、风能、热能等，但这种方式不太稳定；也可以通过供电为终端模块提供电源，由于终端设备模块取电不方便，尽量采用长寿命、低功耗、超长待机的特别是能在恶劣环境下（如超低温）工作的电池。电池分为原电池（一次电池）和蓄电池（二次电池）。按电池形状进行分类，电池分为扣式电池、方形电池和圆柱形电池。

常见的电池有以下几种。

1. 锂原电池

以锂金属为负极体系的原电池，称为锂原电池。锂原电池在能量密度、自放电率、产品维护、适用温度范围、使用寿命等关键指标的性能均要优于锂离子电池，适用于物联网，如在井盖、水表、燃气表等场景，锂原电池可以使用数年。锂原电池的工作温度范围：$-40 \sim +70℃$。

2. 锂离子电池

锂离子电池是可充电电池，依靠锂离子在正极和负极之间移动来工作。锂离子电池广泛应用于手机、笔记本电脑、电动自行车、电动汽车、小型无人机等。优点是电压高，循环寿命长，可快速充放电。锂离子电池的工作温度范围：$-20 \sim +60℃$。

3. 锂聚合物电池

锂聚合物电池是一种采用聚合物作为电解质的锂离子电池。优点是安全性能好，尺寸小，质量轻，容量大，内阻小，放电特性好，但成本高。锂聚合物电池的工作温度范围：$-20 \sim +60℃$。

4. 锂亚电池＋电容电池

锂亚电池与电容电池并联模式，锂亚电池以微小的电流利用与电容电池的电压差对电容电池充电。对外供电时，电容电池承担绝大部分电流输出，在下一个脉冲到来之前，锂亚电池对电容电池进行补充，往复循环工作。由于锂亚电池在空载时电压是恒定不变的，电容电池在充满电后电压也是稳定的，放电能力不变。由于采用了电容电池，大大提升了锂亚电池的有效放电容量。工作温度范围：$-10 \sim +70℃$。

5. 锂离子超级电容电池

锂离子超级电容电池是将锂离子二次电池的电极材料，如石墨、钴酸锂、磷酸铁锂和金属氧化物同高比表面活性炭混合形成复合超级电容器。加入锂离子二次电池的电极材料后，复合超级电容器的储能就由高比表面活性炭的表面过程转变为体相氧化还原反应的参与，这样大幅提高了超级电容器的能量密度，同时还保留了传统超级电容器的高功率和高循环性的特点。锂离子超级电容电池可广泛应用于小型电子设备、电动汽车的车载电源系统等领域。锂离子超级电容电池可实现瞬间大电流放电，长寿命储能器件，全密封结构及宽温度工作范围，适合在恶劣环境下长期使用。一般工作温度范围：$-40 \sim + 85℃$。

瑞道的磷酸铁锂电池能做到在极端温度$-55 \sim + 90℃$环境下正常使用，电池被穿透破坏后、在水中等恶劣环境中也能正常工作，电池的这些特性能较好地支持物联网终端设备在恶劣的环境下工作，如冬季北方野外环境、水下环境、地质灾害、泥石流、雪崩等环境下的物联网监测。

3.2　通信组网技术

感知技术将数据收集起来，传输层则负责传递和处理各类信息。物联网传输层技术根据距离主要可以分为近距离无线通信技术和远距离无线通信（广域网通信）技术。其中，近距离无线通信技术主要包括 RFID、NFC、ZigBee、Bluetooth、WiFi 等，典型应用如智能交通、智能物流等。广域网通信技术一般定义为 LPWAN（低功耗广域网），典型应用如 LoRa、NB-IoT、BTA-OIT（β自组网）、2G/3G 蜂窝通信技术、LTE、5G 技术等。

3.2.1　Bluetooth

蓝牙技术（Bluetooth）是由东芝、IBM、Intel、爱立信和诺基亚于 1998 年 5 月共同提出的一种近距离无线数字通信的技术标准。Bluetooth 技术是低功率短距离无线连接技术，能穿透墙壁等障碍，通过统一的无线链路，在各种数字设备之间实现安全、灵活、低成本、小功率的语音和数据通信。其目标是实现最高数据传输速率 1Mb/s（有效传输速率为 721kb/s）、最大传输距离为 10m，采用 2.4GHz 的 ISM（Industrial Scientific and Medical，工业、科学、医学）免费频带不必申请即可使用，在此频段上设立 79 个带宽为 1MHz 的信道，以每秒频率切换 1600 次的扩频技术来实现电波的收发。

Bluetooth 技术是一种短距离无线通信的技术规范，具有 Bluetooth 体积小、功率低优势，其广泛应用于各种数字设备中，特别是那些对数据传输速率要求不高的移动设备和便携设备。Bluetooth 技术具有以下特点：

（1）全球范围适用。Bluetooth 工作在 2.4GHz 的 ISM 频段，全球大多数国家 ISM 频

段的范围是 $2.4\sim2.4835\text{GHz}$，是免费频段，使用该频段无须向政府职能部门申请许可证。

（2）可同时传输语音和数据。Bluetooth 采用电路交换和分组交换技术，支持异步数据信道、三路语音信道及异步数据与同步语音同时传输的信道。每个语音信道数据速率为 64kb/s，语音信号编码采用脉冲编码调制 PCM 或连续可变斜率增量调制（CVSD）方法。当采用非对称信道传输数据时，速率最高为 721kb/s，反向为 57.6kb/s；当采用对称信道传输数据时，速率最高为 342.6kb/s。Bluetooth 有两种链路类型：同步定向连接（SCO）链路和异步无连接（ACL）链路。

（3）可以建立临时对等连接。根据 Bluetooth 设备在网络中的角色，分为主设备和从设备。主设备是组网连接主动发起请求的 Bluetooth 设备，几个 Bluetooth 设备连接成一个皮网（Piconet，微微网）时，其中只有一个主设备，其余的都为从设备。皮网是 Bluetooth 最基本的一种网络形式，最简单的皮网是一个主设备和一个从设备组成的点对点通信连接。

（4）具有很好的抗干扰能力。在 ISM 频段工作的无线电设备有很多，如无线局域网（WLAN）、家用微波炉等产品，为了很好地抵抗来自这些设备的干扰，Bluetooth 采用了跳频方式来扩展频谱。将 $2.402\sim2.48\text{GHz}$ 频段可以分成 79 个频点，相邻频点间隔为 1MHz，Bluetooth 设备在某个频点发送数据之后，再跳到另一个频点发送，而频点的排序是伪随机的，每秒频率可以改变 1600 次，每个频率持续约 $625\mu\text{s}$。

（5）体积小，便于集成。个人移动设备的小体积决定了嵌入其内部的 Bluetooth 模块的体积更小。

（6）低功耗。Bluetooth 设备在通信连接状态下有四种工作模式，分别是呼吸（Sniff）模式、激活（Active）模式、保持（Hold）模式、休眠（Park）模式。激活模式是正常的工作状态，另外三种模式是为了节能所规定的低功耗模式。

（7）开放的接口标准。SIG 为了让 Bluetooth 技术推广开来，将 Bluetooth 的技术标准全部公开，全世界范围内任何单位、个人都可以进行 Bluetooth 产品的开发，只要能通过 SIG 的 Bluetooth 产品兼容性测试，就可以推向市场。

（8）成本低。随着市场需求的不断扩大，各个供应商纷纷推出自己的 Bluetooth 芯片和模块，致使 Bluetooth 产品的价格飞速下降。

Bluetooth 技术规定每一对设备之间必须一个为主设备，另一个为从设备，才能进行通信，通信时，必须由主设备进行查找，发起配对，建链成功后，双方即可收发数据。理论上，一个 Bluetooth 主端设备，可同时与 7 个 Bluetooth 从端设备进行通信。一个具备 Bluetooth 通信功能的设备可以在两个角色间切换：平时工作在从模式，等待其他主设备来连接；需要时，转换为主模式，向其他设备发起呼叫。

Bluetooth 主端设备发起呼叫，首先是查找，找出周围处于可被查找的 Bluetooth 设备。主端设备找到从端 Bluetooth 设备后，需要从端设备的 PIN 码（配对密码）才能进行配对，也有设备不需要输入 PIN 码。配对完成后，从端 Bluetooth 设备会记录主端设备的信息，此时主端即可向从端设备发起呼叫，已配对过的设备在下次呼叫时，就不必再重新配对。已配对的设备，作为从端的 Bluetooth 耳机也可以发起建链请求。主从两端之间在链路建立成功后即可进行双向的语音或数据通信。在通信状态下，主端和从端设备都可发起断链并断开 Bluetooth 链路。

Bluetooth 数据传输应用中，一对一串口数据通信是最常见的应用之一，在出厂前 Bluetooth 设备就已提前设好两个 Bluetooth 设备之间的配对信息，主端预存了从端设备的 PIN 码、地址等，两端设备加电即自动建链，透明串口传输，无须外围电路干预。一对一应用中从端设备可以设为两种类型：一是不能被别的 Bluetooth 设备查找的静默状态；二是可被指定主端查找及可以被其他 Bluetooth 设备查找建链的状态。

Bluetooth 系统按照功能分为四个单元：链路控制单元、无线射频单元、Bluetooth 协议单元和链路管理单元。数据和语音的发送和接收主要由无线射频单元负责，Bluetooth 天线具有体积小、质量轻、距离短、功耗低的特点。链路控制单元（Link Controller）进行射频信号与数字或语音信号的相互转化，实现基带协议和其他的底层连接规程。链路管理单元（Link Manager）负责管理 Bluetooth 设备之间的通信，实现链路的建立、验证、链路配置等操作。Bluetooth 协议是为个人区域内的无线通信制定的协议，包括核心（Core）部分和协议子集（Profile）部分。协议栈采用分层结构，分别完成的是数据流的过滤、传输、跳频和数据帧的传输、连接的建立和释放、链路的控制及数据的拆装等功能。

3.2.2 ZigBee

物联网技术主要包括无线传感技术和进程通信技术。进程通信技术包括 RFID、Bluetooth、WiFi、ZigBee 等。ZigBee 是无线传感网络的热门技术之一，可以用在建筑物监测、货物跟踪、环境保护等方面。传感器网络要求节点成本低、易于维护、功耗低、能够自动组网、可靠性高。ZigBee 在组网和低功耗方面具有很大优势。

ZigBee 技术是一种短距离、低功耗的无线通信技术。它源于蜜蜂的八字舞，蜜蜂（bee）是通过飞翔和"嗡嗡"抖动翅膀的"舞蹈"来与同伴传递花粉所在的方位信息，ZigBee 协议的方式特点与其类似，便取名为 ZigBee。

ZigBee 技术采用 AES 加密（高级加密系统），严密程度相当于银行卡加密技术的 12 倍，因此其安全性较高；同时，ZigBee 采用蜂巢结构组网，每个设备能通过多个方向与网关通信，从而保障了网络的稳定性；ZigBee 设备还具有无线信号中继功能，可以接力传输通信信息把无线距离传到 1000m 以外。另外，ZigBee 网络容量理论节点为 65300 个，能够满足家庭网络覆盖需求，即使在智能小区、智能楼宇等，只需要 1 个主机就能实现全面覆盖；ZigBee 也具备双向通信的能力，不仅能发送命令到设备，同时设备也会把执行状态和相关数据反馈回来。ZigBee 采用极低功耗设计，可以全电池供电，理论上一节电池能使用 2 年以上。

ZigBee 采用 DSSS 技术，具有以下特点：

（1）功耗低。ZigBee Alliance 网站公布，和普通电池相比，ZigBee 产品可使用数月至数年之久，这就满足了那些需要一年甚至更长时间才需更换电池的设备。

（2）接入设备多。ZigBee 的解决方案支持多个网络协调器可以连接大型网络，2.4GHz 频段可容纳 16 个通道，每个网络协调器带有 255 个激活节点（Bluetooth 只有 8

个），ZigBee 技术允许在一个网络中包含 4000 多个节点。

（3）成本低。ZigBee 只需要 80C51 之类的处理器及少量的软件即可实现，无须主机平台，从天线到应用实现只需 1 块芯片即可。而 Bluetooth 需依靠较强大的主处理器（如ARM7），芯片构架也比较复杂。

（4）传输速率低。ZigBee 的低功率导致了低传输速率，其原始数据吞吐速率在2.4GHz（16 个信道）频段为 250kb/s，在 915MHz（10 个信道）频段为 40kb/s，在868MHz（1 个信道）频段为 20kb/s。传输距离为 10～20m。

（5）短时延。ZigBee 的响应速度较快，一般从睡眠转入工作状态只需 15ms，节点连接进入网络只需 30ms，进一步节省了电能。

（6）高容量。ZigBee 可采用星状和网状网络结构，由一个主节点管理若干子节点，一个主节点最多可管理 254 个子节点；同时主节点还可由上一层网络节点管理，最多可组成 65000 个节点的大网。

（7）高安全。ZigBee 提供了三级安全模式，包括无安全设定，使用接入控制清单（ACL）防止非法获取数据，以及采用高级加密标准（AES128）的对称密码，以灵活确定其安全属性。

（8）免执照频段。使用工业科学医疗（ISM）频段，即 915MHz（美国）、868MHz（欧洲）、2.4GHz（全球）。由于三个频带除物理层不同外，其各自信道带宽也是不同的，分别为 0.6MHz、2MHz 和 5MHz，分别有 1 个、10 个和 16 个信道。这三个频带的扩频和调制方式也是有区别的。扩频使用的都是直接序列扩频（DSSS），但从比特到码片的变换差别较大。调制方式都采用调相技术，而 868MHz 和 915MHz 频段采用的是 BPSK，2.4GHz 频段采用的是 OQPSK。

3.2.3　NFC

NFC（Near Field Communication）近场通信技术，又称近距离无线通信，是一种短距离的电子设备之间非接触式点对点数据传输（小于 10cm）交换数据的高频无线通信技术。NFC 是在非接触式射频识别（RFID）和互联网技术的基础上演变而来，向下兼容RFID，最早由 Sony 和 Philips 各自开发成功，主要用于手机等手持设备中提供 M2M 的通信。NFC 让消费者简单、直观地交换信息、访问内容与服务，自 2003 年 NFC 问世以来，就凭借其出色的安全性及使用方便的特性得到众多企业的青睐与支持。

NFC 作为一种逻辑连接器，可以在设备上迅速实现无线通信，将具备 NFC 功能的两个设备靠近，NFC 便能够进行无线配置并初始化其他无线协议，如 Bluetooth、IEEE802.11，从而可以进行近距离通信或数据传输。NFC 可用于数据交换，传输距离较短，传输创建速度较快，传输速率快、功耗低。NFC 与 Bluetooth 的功能非常相像，都是短程通信技术，经常被集成到移动电话上。NFC 不需要复杂的设置程序，具有简化版Bluetooth 的功能。NFC 的数据传输速率有 106kb/s、212kb/s、424kb/s 三种，远小于Bluetooth V2.1（2.1Mb/s）。

3.2.4　IEEE 802.11ah

以 IEEE 802.11 为前缀的是无线局域网络标准，其后加上用于区分各自属性的一个或者两个字母。美国电气和电子工程师协会（IEEE）应无缝互联的应用需求而提出 802.11ah 标准，实现低功耗、长距离无线区域网络连接，需要采用 1GHz 以下频段。IEEE 802.11ah 有效地改善了 WiFi 信号易受建筑物阻挡而影响传输距离和覆盖范围的弊病。

IEEE 最初制定的一个无线局域网标准就是 802.11，这也是第一个被国际上认可的在无线局域网领域内的协议。主要用于解决校园网和办公室局域网中，用户和用户终端的无线接入，业务主要限于数据存取，速率最高只能达到 2Mb/s。由于 802.11 在速率和传输距离上不能满足人们的需求，因此 IEEE 小组又相继推出了在技术上主要是 MAC 子层和物理层有差别的 802.11a、802.11b 等许多新标准。

从 1997 年第一代 802.11 标准发布以来，WiFi 得到了巨大的发展和普及。在今天，WiFi 成为用户上网的首选方式。在 WiFi 系统发展过程中，每一代 802.11 的标准都在大幅度地提升传输速率。如 802.11ac 标准传输速率能达到 1Gb/s，802.11ac 标准运行在 5GHz 频段，与 2.4GHz 的 802.11n 标准或 802.11g 标准相比有更快的速率。802.11ah 标准，在理想情况下传输距离可以达到 1km，实现更大的覆盖范围。802.11ah 采用 900MHz 频段，运行速度大大降低，仅能达到 150kb/s 和 18Mb/s 之间的速率，这适合于短时间数据传输的低功率设备，是物联网无线通信可选技术。

1. IEEE 802.11 信道划分

IEEE 802.11 以载波频率为 2.4GHz 频段和 5GHz 频段来划分，在此基础之上划分成多个子信道。

1) 2.4GHz 频段

IEEE 802.11 工作组和国家标准 GB 15629.1102—2003 共同规定，2.4GHz 工作频段为 2.4～2.4835GHz，子信道个数为 12 个且宽带为 22MHz。每个国家的信道各有不同，信道为 1～11 号，可供美国使用，欧盟国家为 1～13 号，中国为 1～13 号，如图 3-7 所示。

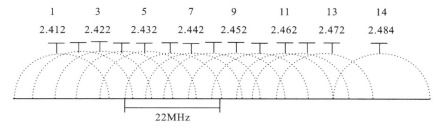

图 3-7　2.4GHz 频段划分

由图 3-7 可知，在 2.4GHz 频段中，大部分频点之间相互重叠，只有三个频点是可同时使用的。

2）5GHz 频段

IEEE 802.11 工作小组在 5GHz 频段上选择了 555MHz 的带宽，共分为三个频段，频率范围分别是 5.150～5.350GHz、5.470～5.725GHz、5.725～5.850GHz。2002 年，中国工业和信息化部规定 5.725～5.850GHz 为中国大陆 5.8GHz 频段，信道带宽 20MHz，可用频率125MHz，总计 5 个信道，如图 3-8 所示。

2012 年工业和信息化部放开 5.150～5.350GHz 的频段资源，用于无线接入系统。新开放的信道为 8 个 20MHz 的带宽。由于 5GHz 频段的 13 个信道是不叠加的，所以这 13 个信道可以在同一个区域内覆盖，后 8 个信道仅可在室内使用，如图 3-9 所示。

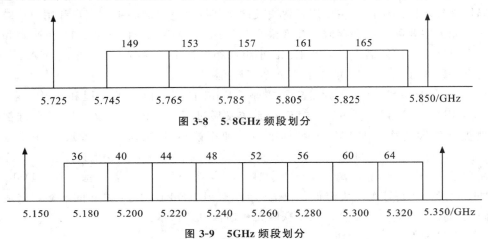

图 3-8　5.8GHz 频段划分

图 3-9　5GHz 频段划分

2. IEEE 802.11ah 频率划分

IEEE 802.11ah 是 1GHz 以下频段的无线局域网标准，支持 1MHz、2MHz、4MHz、8MHz、16MHz 带宽。中国的信道划分从 755MHz 到 787MHz 这一频段，包括 32 个 1MHz、4 个 2MHz、2 个 4MHz、1 个 8MHz 带宽。779～787MHz 频段支持多种带宽，高速率应用占有最高优先级，支持最高 10mW 的发射功率。755～779MHz 频段被分为 24 个 1MHz 带宽的频段，低速率应用占有更高的优先级，支持最高 5mW 的发射功率。

3. 子载波

IEEE 802.11ah 子载波分为 2MHz 以上带宽和 1MHz 带宽系统。对于 2MHz 系统，子载波位置分布是从 IEEE 802.11ac 标准 10 倍降频而来的，如 IEEE 802.11ah 中 2MHz、4MHz、8MHz、16MHz 带宽的子载波分布与 IEEE 802.11ac 中 20MHz、40MHz、80MHz、160MHz 带宽下的子载波分布保持一致。而 1MHz 是 IEEE 802.11ah 特有的，采用的是 32 点 IFFT，其中包括 1 个直流分量，5 个保护子载波留空，2 个导频子载波分别位于 ±7 位置，24 个数据子载波，如图 3-10 所示。

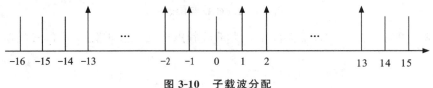

图 3-10　子载波分配

4. 物理帧结构

IEEE 802.11ah 定义的物理层汇聚过程（Physical Layer Convergence Procedure，PLCP）协议数据单元（Protocol Data Unit，PDU）PPDU 的结构分为两种：一种是 2MHz 及其以上带宽的发送帧格式，类似 IEEE 802.11ac；另一种是 IEEE 802.11ah 为了提高覆盖范围而提出的 1MHz 带宽发送帧。

IEEE 802.11ah 的 2MHz 带宽的帧格式继承了 IEEE 802.11n 和 IEEE 802.11ac 的物理层帧格式。短训练域（Short Training Field，STF）符号数与 IEEE 802.11n 相同，在每个符号中，STF 占据 12 个非零子载波。长训练域（Long Training Field，LTF）对应了 IEEE 802.11ac 中相同 FFT 长度的甚高速长训练域（VHT-LTF）。信号域 SIG 占据 2 个符号，每个符号采用 Q-BPSK 调制。此模式下 2MHz、4MHz、8MHz、16MHz 带宽下的 STF、LTF、SIG 字段分别对应 IEEE 802.11ac 的 20MHz、40MHz、80MHz、160MHz 带宽下的相应字段，如图 3-11 所示。

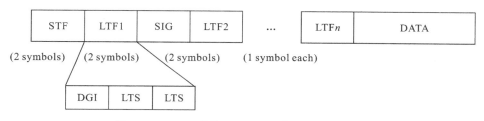

图 3-11　PPDU 结构（2MHz 及大于 2MHz 模式）

1MHz 带宽下 PPDU 的结构包括 4 个符号的 STF、4 个符号的 LTF、6 个符号的 SIG、$n-1$ 个 LTF、数据域。SIG 强制使用 MCS10 进行调制编码，LTF1 表示第一个长训练域，用于符号定时、信道估计、细频偏估计，LTF2～LTFn 用于多天线的信道估计。每个符号拥有 32 个子载波，FFT 点数为 32。与双倍保护间隔（Double Guard Interval，DGI）加上两个连续 LTS 相比，图 3-12 所示的 LTF1 格式在图 3-11 所示 LTF 的基础上增加了 2 个 LTS。

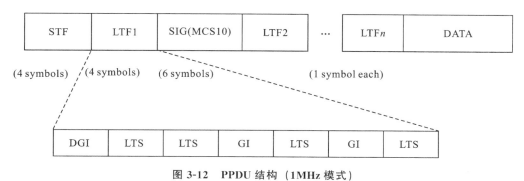

图 3-12　PPDU 结构（1MHz 模式）

802.11 各个版本的性能参数如表 3-4 所示。

表 3-4　802.11 的各个版本性能参数

协　议	发布日期	频带/GHz	最大传输速率
802.11	1997 年	2.4～2.5	2Mb/s
802.11a	1999 年	5.15～5.35/5.47～5.725/5.725～5.875	5 4Mb/s
802.11b	1999 年	2.4～2.5	11Mb/s
802.11g	2003 年	2.4～2.5	54Mb/s
802.11n	2009 年	2.4 或者 5	600Mb/s（40MHz×4MIMO）
802.11ac	2011 年 2 月	5	433Mb/s、867Mb/s、1.73Gb/s、3.47Gb/s、6.93Gb/s（8MIMO，160MHz）
802.11ad	2012 年 12 月（草案）	60	最高到 7000Mb/s
802.11ah	2016 年 3 月（定稿）	Sub—1GHz	7.8Mb/s

5.802.11ah 的应用场景应用

802.11ah 共定义了三种应用场景，其中第一种场景在物联网中将得到大规模应用。

应用场景 1：智能抄表（图 3-13）。在这种场景下，IEEE 802.11ah AP 主要作为末端网络使用，将传感器收集的数据传输到上层网络或应用平台。

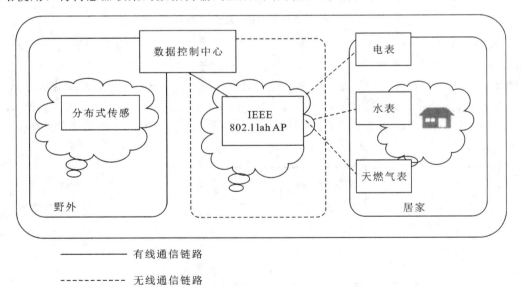

————————　有线通信链路

- - - - - - - - - -　无线通信链路

图 3-13　智能抄表应用场景

应用场景 2：智能抄表回传链路（图 3-14）。在这种场景下，802.11ah 主要作为回传链路使用，下面接 802.15.4g 等底层网络，将从底层网络得到的数据传输到应用平台。

应用场景 3：WiFi 覆盖扩展（含蜂窝网分流）（图 3-15）。在这种场景下，802.11ah 主要扩展 WiFi 热点的覆盖，并能为蜂窝网提供业务分流。

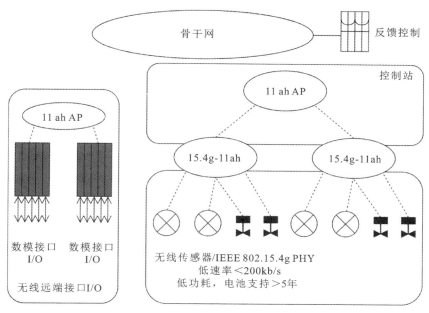

图 3-14 智能抄表回转链路应用场景

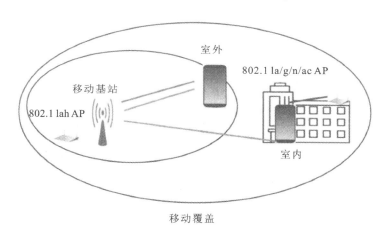

图 3-15 WiFi 覆盖扩展（含蜂窝网分流）应用场景

3.2.5 LoRa

Transforme Insights 预测到 2033 年物联网连接数将达到 400 亿。由于耗电和成本等方面的问题，只有不到 10% 的无线节点使用 GSM 技术。尽管电信运营商具有建设和管理这样一个大规模网络的最突出的优势，但是需要一个远距离、大容量的系统以巩固在依靠电池供电的无线终端细分市场——无线传感网、智能城市、智能电网、智慧农业、智能家居、安防设备和工业控制等方面的地位。对于物联网来说，只有使用一种广泛的技术，才可能使电池供电的无线节点数量达到预计的规模。LoRa 作为低功耗广域网（LPWAN）的一种长距离通信技术，近些年受到越来越多的关注。

LoRa 是 LPWAN 通信技术中的一种，是美国 Semtech 公司采用和推广的一种基于扩频技术的超远距离无线传输方案。这一方案改变了以往关于传输距离与功耗的折中考虑方式，为用户提供一种简单的能实现远距离、长电池寿命、节点容量大的系统，进而扩展传感网络。目前，LoRa 主要在全球免费频段运行，包括 433MHz、868MHz、915MHz 等。

LoRa 技术具有远距离、窄带低功耗（电池寿命长）、多节点、低成本的特性，适合各种政府网、专网、专业网、个人网等各种应用灵活部署。

LoRa 网络主要由终端（可内置 LoRa 模块）、网关（基站）、网络服务器及应用服务器四部分组成，如图 3-16 所示。应用数据可双向传输。

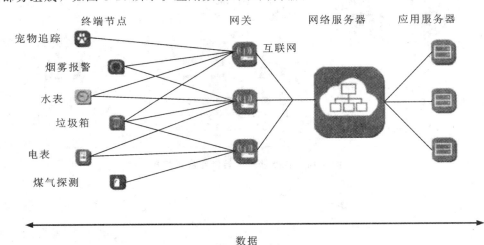

图 3-16　LoRa 网络体系架构

传输速率、工作频段和网络拓扑结构是影响传感网络特性的三个主要参数。传输速率的选择将影响电池寿命；工作频段的选择要折中考虑频段和系统的设计目标；而在 FSK 系统中，网络拓扑结构的选择将影响传输距离和系统需要的节点数目。LoRa 融合了数字扩频、数字信号处理和前向纠错编码技术，性能较好。

前向纠错编码技术是给待传输数据序列中增加了一些冗余信息，数据传输进程中注入的错误码元在接收端就会被及时纠正。这一技术减少了以往创建"自修复"数据包来重发的需求，且在解决由多径衰落引发的突发性误码中表现良好。一旦数据包分组建立起来且注入前向纠错编码以保障可靠性，这些数据包将被送到数字扩频调制器中。这一调制器将分组数据包中每一比特馈入一个"扩展器"中，将每一比特时间划分为众多码片。LoRa 抗噪声能力强。

LoRa 调制解调器经配置后，可划分的范围为 64 ～ 4096chip/b，最高可使用 4096chip/b 中的最高扩频因子。相对而言，ZigBee 仅能划分的范围为 10～12chip/b。通过使用高扩频因子，LoRa 技术可将小容量数据通过大范围的无线电频谱传输出去。扩频因子越高，越多数据可从噪声中提取出来。在一个运转良好的 GFSK 接收端，8dB 的最小信噪比（SNR）若要可靠地解调出信号，采取配置 AngelBlocks 的方式，LoRa 解调一个信号所需信噪比为－20dB，GFSK 方式与这一结果差距为 28dB，这相当于范围和距离扩大了很多。在户外环境下，6dB的差距就可以实现2倍于原来的传输距离。

物联网采用LoRa技术，才能够以低发射功率获得更广的传输范围和距离，而这种低功耗广域技术方向正是未来降低物联网建设成本、实现万物互联所必需的。

3.2.6 5G

5G即第五代移动通信标准。在移动通信领域，每10年就会出现新一代技术，传输速率也不断提高。第一代是模拟技术。第二代实现了数字化语音通信，如GSM、CDMA。第三代3G技术以多媒体通信为特征，标准有WCDMA、CDMA2000、TI-SCDMA等。第四代4G技术，标志着无线宽带时代的到来，其通信速率也得到大大提高。5G是新一代信息通信方向，5G实现了从移动互联网向物联网的拓展。由于5G的到来，未来增强现实、虚拟现实、在线游戏和云桌面等设备上的传输速率将得到极速提升。从性能角度来说，5G目标是接近零时延、海量的设备连接，为用户提供的体验也将更高。

5G网络将开启新的频带资源，使用毫米波（26.5～300GHz）以提升速率，之前的毫米波仅在卫星和雷达系统上应用；5G网络基站是大量小型基站，功耗比现在大型基站低，从布局上来看，基站的天线规模大增，形成阵列，从而提升了移动网络容量，发送更多的信息；5G采用网络功能虚拟化（NFV）和软件定义网络（SDN），第一次真正将智慧云和云端处理的有价值的信息传输到智能设备端。届时，手机和计算机的应用水平将借力云端获得更强大的处理能力，而不再局限于设备本身的配置。

2017年5月在杭州举办的国际移动通信标准组织3GPP专业会议上，3GPP正式确认5G核心网采用中国移动牵头并联合26家公司提出的SBA架构（Service-Based Architecture，基于服务的网络架构）作为统一的基础架构。这意味着5G借力云端获得了更强大的处理能力，5G网络真正走向了开放化、服务化、软件化方向，将有利于实现5G与垂直行业融合。基于服务的网络架构借鉴IT领域的"微服务"设计理念，将网络功能定义为多个相对独立、可被灵活调用的服务模块。以此为基础，运营商可以按照业务需求进行灵活定制组网。

顶层设计、无线网设计、核心网设计等是5G整体系统的设计，其中顶层设计和核心网设计是系统架构主要进行的标准项目，对5G系统架构、功能、接口关系、流程、漫游、与现有网络共存关系等进行标准化。

芯片商、通信设备商及电信运营商为了抢占5G话语权，都开始布局5G技术。3GPP对5G定位是高性能、低时延与高容量，主要体现在毫米波、小基站、Massive MIMO、波束成形和全双工这五大技术上。

1. 毫米波

频谱资源随着无线网络设备数量的增加，其稀缺的问题日渐突出，目前采取的措施是在狭窄的频谱上共享有限的带宽，这使得用户体验不佳。提高无线传输速率方法有增加频谱利用率和增加频谱带宽两种方法。5G使用毫米波（26.5～300GHz）增加频谱带宽，提升了速率，其中28GHz频段可用频谱带宽为1GHz，60GHz频段每个信道的可用信号带宽则为2GHz。5G开启了新的频带资源。之前毫米波仅用在卫星和雷达系统上，毫米波最大的缺点就是穿透力差，为了让毫米波频段下的5G通信在高楼林立的环境下传输，可采用小基站解决这一问题。

2. 小基站

毫米波具有穿透力差、在空气中的衰减大、频率高、波长短、绕射能力差等特点，由于波长短，其天线尺寸小，这是部署小基站的基础。未来 5G 移动通信将采用大量的小型基站来覆盖各个角落。小基站的体积小，功耗低，部署密度高。

3. MIMO

5G 基站拥有大量采用 Massive MIMO 技术的天线。4G 基站有十几根天线，5G 基站可以支持上百根天线，这些天线通过 Massive MIMO 技术形成大规模天线阵列，基站可以同时发送和接收更多用户的信号，从而将移动网络的容量提高数十倍。MIMO（Multiple-Input Multiple-Output）即多输入、多输出，这种技术已经在一些 4G 基站上得到应用。传统系统使用时域或频域为不同用户之间实现资源共享，Massive MIMO 导入了空间域（Spatial Domain）的途径，开启了无线通信的新方向，在基地台采用大量天线并进行同步处理，同时在频谱效益与能源效率方面取得几十倍的增益。

4. 波束成形

基于 Massive MIMO 的天线阵列集成了大量天线，通过给这些天线发送不同相位的信号，这些天线发射的电磁波在空间互相干涉叠加，形成一个空间上较窄的波束，这样有限的能量都集中在特定方向上进行传输，不仅传输距离更远，而且还避免信号相互干扰。这种将无线信号（电磁波）按特定方向传播的技术叫作波束成形（Beamforming）或波束赋形。波束成形技术不仅可以提升频谱利用率，而且通过多个天线可以发送更多的信息；还可以通过信号处理算法来计算信号传输的最佳路径，确定移动终端的位置。

5. 全双工

全双工技术是指设备使用相同的时间、相同的频率资源同时发射和接收信号，即通信上、下行可以在相同时间使用相同的频率，在同一信道上同时接收和发送信号，对频谱效率有很大的提高。

从 1G 到 2G，移动通信技术实现了从模拟到数字的转变，在语音业务基础上，增加了支持低速数据业务。从 2G 到 3G，数据传输能力得到显著提升，峰值速率最高可达数十兆比特每秒，完全可以支持视频电话等移动多媒体业务。4G 比 3G 又提升了一个数量级的传输能力，峰值速率可达 100Mb/s～1Gb/s。5G 采用全新的网络架构，提供峰值 10Gb/s 以上的带宽，用户体验速率可稳定在 1～2Gb/s。5G 还具有低时延和超高密度连接两个优势。低时延，意味着不仅上行、下行传输速率会更快，等待数据传输开始的响应时间也会大幅缩短。超高密度连接，解决人员密集、流量需求大区域的用户需求，让用户在这种环境下也能享受到高速网络。5G 支持虚拟现实等业务体验，连接数密度可达 100 万个/km^2，有效支持海量物联网设备接入；流量密度可达 10（Mb/s）/n^2，支持未来千倍以上移动业务流量增长。

移动通信不仅要满足日常的语音与短信业务，而且要提供强大的数据接入服务。5G 技术的发展可以给客户带来高速度、高兼容性。5G 支持的典型高速率、低时延业务主要有以下几种：

（1）增强移动宽带业务（eMBB）：整体提升用户体验，包括网络覆盖范围更大、速率更快、用户容量更多，适用于 VR、AR、8K、云游戏等 2C（面向消费者）应用。高速率是 Embb 的核心特征，通过提高带宽，使用毫米波、MIMO 等技术来实现。

（2）低时延高可靠通信业务（uRLLC）：侧重物与物的通信需求，依靠 5G 的低时延、高可靠、高可用性来实现，适用于车联网、自动驾驶、远程医疗等 2B（面向企业）应用。5G 的低时延特性（如 1ms 以下）对于无人驾驶等需要快速响应的场景至关重要。

（3）海量机器类通信业务（mMTC）：属于物联网的应用场景，侧重人与物的信息交互，依靠 5G 的大容量来支持海量终端接入，实现智慧城市、智慧工厂和智能家居等，通过非正交多址（NOMA）等技术实现大量终端的同时通信。

（4）智能工厂：边缘计算与 5G 的结合能够实现工厂设备的低延迟控制和监测，提高生产效率和质量，5G 的低时延和大连接数特性使得智能制造更加高效和灵活。

（5）物联网：在物联网应用中，5G 提供的高速率和低时延使得物联设备的实时数据传输和分析成为可能，支持智能城市、智能家居、智能交通等应用的实现。

（6）远程医疗：5G 的高速连接和低延迟为远程医疗提供了可能，使得医疗设备数据的实时传输和医疗影像的高效分析成为可能，边缘计算可以实现医疗设备数据的实时传输和医疗影像的高效分析，提升医疗服务的效率和质量。

5G 通过其高速率、低时延和大连接数的特性，支持了多种典型的高速率、低时延业务，推动了各个行业的数字化转型和智能化升级。

3.2.7 NB-IoT

NB-IoT（Narrow Band Internet of Things）是 IoT 领域基于蜂窝的窄带物联网技术，支持低功耗设备在广域网的蜂窝数据连接，是一种低功耗广域网（LPWAN）。NB-loT 只需要 180kHz 的频段，可直接部署于 GSM 网络、UMTS 网络或 LTE 网络中。特点是覆盖广、速率低、成本低、连接数量多、功耗低等。由于 NB-IoT 使用的是授权 License 频段，因此可以采取带内、保护带或独立载波这三种部署方式。

1. NB-IoT 的技术特点

1）多链接

在同一基站的情况下，NB-IoT 能提供 50～100 倍的 2G/3G/4G 的接入数。一个扇区能够支持 10 万个连接，具有支持时延不敏感业务、设备成本低、设备功耗低等优势。如目前运营商给家庭中每个路由器仅开放 8～16 个接入口，一个家庭中通常有多个笔记本、手机、联网电器等，未来实现全屋智能、安装有上百种传感器的智能设备都联网，就需要新的技术方案，NB-IoT 多连接可以轻松解决未来智慧家庭中大量设备联网需求。

2）广覆盖

NB-IoT 比 LTE 提升 20dB 增益的室内覆盖能力，相当于提升了 100 倍的覆盖区域能力。如可以满足农村的广覆盖、地下车库、厂区、井盖等深度覆盖需求。如井盖监测，GPRS 的方式需要伸出一根天线，极易被来往车辆损坏，而采用 NB-IoT 可以轻松解决这个问题。

3）低功耗

物联网得以广泛应用的一项重要指标是低功耗，尤其是一些如安置于高山、荒野、偏远地区等场合中的各类传感监测设备，若经常更换电池或充电是不现实的，在不更换电池的情况下工作几年是最基本的需求。NB-IoT 聚焦小数据量、小速率的应用，因此 NB-IoT 设备功耗小，设备续航时间可达到几年。

4）低成本

NB-IoT 利用运营商已有的网络无须重新建网，射频和天线基本上是复用，如运营商现有频带中空出一部分 2GHz 频段，就可以直接进行 LTE 和 NB-IoT 的同时部署。

目前来看，NB-IoT 模组仍然有点昂贵；另外，物联网的很多场景无须更换 NB-IoT，仅需近场通信或者通过有线方式便可完成。

NB-IoT 上行采用 SC-FDMA，下行采用 OFDMA，支持半双工，具有单独的同步信号。其设备消耗的能量与数据量或速率有关，单位时间内发出数据包的大小决定了功耗的大小。NB-IoT 可以让设备时时在线，通过减少不必要的信令达到省电目的。

2. NB-IoT 的网络结构

1）核心网

蜂窝物联网（CIoT）在 EPS（Evolved Packet System）演进分组系统定义了两种优化方案：CIoT EPS 用户面功能优化（User Plane CIoT EPS optimisation）；CIoT EPS 控制面功能优化（Control Plane CIoT EPS optimisation），旨在将物联网数据发送给应用，如图 3-17 所示。

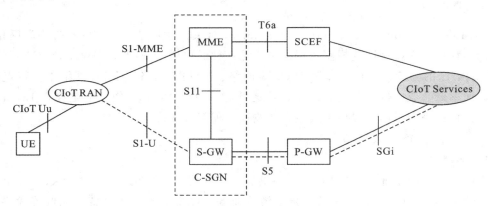

图 3-17　NB-IoT 核心网结构

图 3-17 中，CIoT EPS 控制面功能优化方案用实线表示，CIoT EPS 用户面功能优化方案用虚线表示。对于 CIoT EPS 控制面功能优化，上行数据从 eNB（CIoT RAN）传输至 MME，可以通过 S-GW 传输到 P-GW 再输送到应用服务器，或者通过 SCEF（Service Capability Exposure Function）连接到应用服务器（CIoT Services），后者仅支持非 IP 数据传输。下行数据传输路径也有对应的两条。此方案数据包直接用信令去发送，不需建立数据链接，因此适合非频发的小数据包传输。SCEF 是用于在控制面上传输非 IP 数据包，专为 NB-IoT 设计引入的，同时也为鉴权等网络服务提供了一个抽象的接口。对于 CIoT

EPS用户面功能优化，物联网数据传输方式和传统数据流量一样，在无线承载链路上发送数据，由SGW传输到PGW再到应用服务器。这种方案在建立连接时会产生额外的开销，但数据包序列传输更快，也支持IP数据和非IP数据传输。

2）接入网

如图3-18所示，NB-IoT的接入网构架与LTE一样。

eNB通过S1接口连接到MME/S-GW，接口上传输的是NB-IoT数据和消息。NB-IoT没有定义切换，但在两个eNB之间依然有X2接口，X2接口使能UE在进入空闲状态后，快速启动resume流程，接入其他eNB。

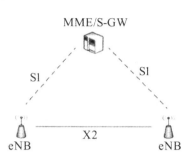

图3-18 NB-IoT 接入网构架

3. NB-IoT的工作频段

全球大多数运营商部署NB-IoT使用的是900MHz频段，也有些运营商用的是在800MHz频段内。如表3-5所示，中国联通的NB-IoT部署在900MHz、1800MHz频段。中国移动为建设NB-IoT物联网，会获得FDD牌照，并允许重耕现有的900MHz、1800MHz这两个频段。中国电信的NB-IoT部署在800MHz频段，频宽只有15MHz。

表3-5 NB-IoT 部署频段

运营商	上行频率/MHz	下行频率/MHz	频宽/MHz
中国联通	900～915 1745～1765	945～960 1840～1860	6 20
中国移动	890～900 1725～1735	934～944 1820～1830	10 10
中国电信	825～840	870～885	15
中广移动	700	—	—

4. NB-IoT的部署方式

NB-IoT占用180kHz带宽，与在LTE帧结构中一个资源块的带宽相同。如图3-19所示，它有以下三种部署方式。

（1）独立部署（Standalone Operation）：适用于重耕GSM频段，GSM的信道带宽为200kHz，正好为NB-IoT开辟出两边还有10kHz的保护间隔180kHz带宽的空间。

（2）保护带部署（Guardband Operation）：利用LTE边缘保护频带中未使用180kHz带宽的资源块。

（3）带内部署（In-band Operation）：利用LTE载波中间的任何资源块。

NB-IoT适合运营商部署，为物联网时代带来大数量连接、低功耗、广覆盖的网络解决方案。在2016年中国联通在7个城市（北京、上海、福州、长沙、广州、深圳、银川）启动基于900MHz、1800MHz的NB-IoT外场规模组网试验，以及6个以上业务应用示

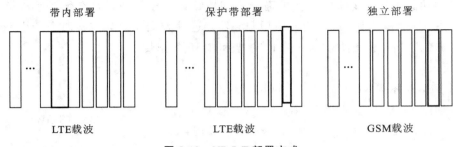

图 3-19　NB-IoT 部署方式

范。2018 年开始全面推进国家范围内的 NB-IoT 商用部署。中国移动于 2017 年开启 NB-IoT 商用化进程。中国电信于 2017 年部署 NB-IoT 网络。

在物联网网络传输层的安全防护机制方面也有一系列的解决方案和措施。

首先针对非法接收及非法访问的攻击，可以采取数据加密的方式解决。在物联网中一般采用以信息变换规则将明文信息转换成密文信息的方式进行数据加密，即使攻击者非法获得数据信息，不了解信息变换规则，这些数据也会变得毫无意义，达不到攻击目的。

针对假冒用户身份的攻击可以通过鉴别的方法解决，通过某种方式让使用者证实自己确是用户自身，来避免冒充和非法访问的安全隐患。鉴别的方法有很多，常用的是消息鉴别，消息鉴别主要是验证消息的来源是否真实，可以有效防止非法冒充；另外，消息鉴别也检验数据的完整性，有效地抵制消息被修改、插入、删除等攻击行为。数字签名也是一种鉴别方法，采用数据交换协议，达到解决伪造、冒充、篡改等问题的目的。

防火墙是最常见的应用型安全技术，它通过监测网络之间的信息交互和访问行为来判定网络是否受到攻击，一旦发现疑似攻击行为，防火墙就会禁止其访问行为，并向用户发送警告。防火墙通过监测进出网络的数据，对网络进行了有效、安全的管理。

非法访问是一种非常常见的攻击类型，访问控制机制是一种确保各种数据不被非法访问的安全防护措施。常用的访问机制是基于角色的访问控制机制，这种访问机制一旦被使用，可访问的资源十分有限。基于属性的访问控制机制是由主体、资源、环境等属性协商生成的访问决策，访问者发送的访问请求需要访问决策来决定是否同意访问，是基于属性的访问机制。这种访问机制对较少的属性来说，加密解密效率极高，但密文长度随着属性的增多而加长，其加密解密的效率也降低。

3.3　应用服务技术

3.3.1　云计算

云计算是一种基于互联网的计算方式，利用这种方式，远程用户计算机等设备终端可以共享基于互联网的软硬件资源和信息。继大型计算机到客户端-服务器的大转变之后，云计算是又一次巨变，同时也是互联网信息时代基础设施与应用服务模式的重要形态，也是新一代信息技术集约化使用的趋势。

狭义的云,是指通过互联网以按需的方式获得所需要的资源,是 IT 基础设施的扩展使用模式。提供资源的网络称为云,从互联网用户角度看,云中的资源是可以无限扩展的,并且可以随时获取,按需使用,按使用缴费。

广义的云,是指厂商通过建立网络服务器集群,向各种不同类型客户提供在线软件服务、计算分析硬件租赁、数据存储等不同类型的服务。

目前,人们对信息资源的使用正由计算机主机向云计算过渡。有了云计算,云端可以提供计算功能,所有的操作都可以利用网络完成,用户终端不再需要自己有强大的计算功能。

云计算具有以下重要特征:资源、平台和应用服务,使用户摆脱对具体设备特别是计算、存储的依赖,专注于创造和体验业务价值;资源聚集与集中管理,实现规模效应与可控质量保障;按需扩展与弹性租赁,降低了信息化成本。

1. 云计算的三种服务层次

按技术特点和应用形式来划分,云计算可以分为以下三个服务层次,如图 3-20 所示。

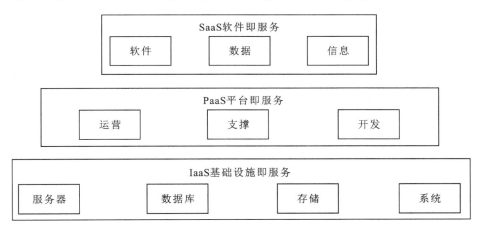

图 3-20 云计算服务模型

1) 基础设施即服务 (IaaS)

基础设施即服务 (IaaS) 是指以服务的形式来提供计算资源、存储、网络等基础 IT 架构。通常用户根据自身的需求来购买所需的 IT 资源,并通过 Web Service、Web 界面等方式对 IT 资源进行配置、监控及管理。IaaS 除了提供 IT 资源外,还在云架构内部实现了负载平衡、错误监控与恢复、灾难备份等保障性功能。

IaaS 通常分为三种用法:公有云、私有云和混合云。Amazon EC2 弹性云在基础设施云中使用的是公共服务器池(公有云);比较私有化的服务会使用企业内部数据中心的一组私有服务器池(私有云);若开发软件是在企业数据中心的环境中,则公有云、私有云、混合云这几种类型的云都能使用。

IaaS 允许用户动态申请或释放节点,按使用量来计费。用户会认为能够申请的资源是足够多,因为运行 IaaS 的服务器规模超过几十万台。亚马逊公司是最大的 IaaS 供应商,EC2 允许订购者运行云应用程序。IBM、VMware 和 HP 也是 IaaS 的供应商。

2）平台即服务（PaaS）

平台即服务（PaaS）将开发环境作为一种服务来提供，是一种分布式的平台服务，厂商将开发环境、服务器平台、硬件资源等作为服务提供给用户，用户在这种平台基础上定制开发自己的应用程序并可以通过这里的服务器和网络传递给其他客户。

如 PaaS 产品 Google App Engine 是由 Python 应用服务群、BigTable 数据库及 GFS 组成的平台，一体化主机服务及可自动升级的在线应用为客户提供服务。在 Google 的基础架构上运行用户编写的应用程序就可以为互联网用户提供服务，Google 提供应用运行及维护所需的平台资源。

3）软件即服务（SaaS）

软件即服务（SaaS），通过互联网提供软件资源的云服务，用户向提供商租用基于 Web 的软件，来管理企业经营活动，从而无须购买软件。SaaS 解决方案具有前期成本低、便于维护、可快速展开使用等明显的优势。云计算里的 SaaS 就是通过标准的网络浏览器提供应用软件，在这里通用的桌面办公软件及其相关的数据并非在个人计算机里面，而是存储在云端的主机里，使用网络浏览器通过网络来获得这些软件和数据。

Salesforce.com、Google Docs、Google Apps 等提供 SaaS 服务。

2. 云计算的技术层次

云计算的服务层次主要考虑给客户带来什么。云计算的技术层次主要从系统属性和设计思想角度来说明云，是对软硬件资源在云计算技术中所充当角色的说明。从云计算技术角度来划分，云计算由四部分构成：服务接口、服务管理中间件、虚拟化资源和物理资源，如图 3-21 所示。

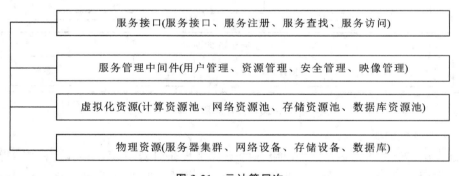

图 3-21　云计算层次

（1）服务接口：统一规范了云计算时代使用计算机的各种标准、各种规则等，是用户端与云端相互交互操作的接口，可以完成用户或服务的注册。

（2）服务管理中间件：位于服务和服务器集群之间，是提供管理和服务的管理系统。对标识、认证、授权、目录、安全性等服务进行标准化操作，为应用系统提供统一的标准化程序接口和协议，隐藏底层硬件、操作系统和网络的异构性，统一管理网络资源。其中，用户管理包括用户许可、用户身份验证、用户定制管理等；资源管理包括负载均衡、资源监控、故障检测等；安全管理包括身份验证、访问授权、安全审计、综合防护等；映像管理包括映像创建、部署、管理等。

（3）虚拟化资源：一些可以实现某种操作且具有一定功能，但其本身是虚拟而不是真实的资源，如计算池、存储池和网络池、数据资料库等。通过软件来实现的相关虚拟化功能，包括虚拟环境、虚拟系统及虚拟平台等。

（4）物理资源：主要指可以支持计算机正常运行的一些硬件设备及技术，这些设备可以是客户机、服务器及各种磁盘存储阵列等设备，可以通过现有的网络技术和并行技术、分布式技术等将分散的计算机组成一个集群，成为具有超强功能的用于计算和存储的集群。传统的计算机需要足够大的硬盘、CPU、大容量的内存等，而在云计算时代，本地计算机可以不再需要这些强大的功能，只要一些必要的硬件设备及基本的输入/输出设备即可。

3. 云计算的优点及存在的问题

云计算具有如下 4 个方面的优点。

（1）降低成本。由于用户统计复用云端资源，云端资源不会闲置，从而大幅提升云端资源利用率。综合效果包括：降低了 IT 基础设施的建设维护成本，应用建构、运营基于云端的 IT 资源；通过订购 SaaS 软件服务来降低软件购买成本；通过虚拟化技术可以提高现有 IT 基础设施的利用率；通过动态电源管理等手段，可节省数据中心的能耗。

（2）配置灵活。由于其技术设计的特点，云可以提供灵活资源。用户能够动态地、柔性地分配资源给应用，而不需要额外的硬件和软件，当需求扩大时，用户能够缩减过渡时间，快速扩张；当需求在缩小时，能够避免设备闲置。用户可以在需要时快速使用云服务，云将更多的服务器分配给需要的工作；在不需要时，云可以萎缩或者消失。正是由于这种特点，使得云非常适合间歇性、季节性或者暂时性的工作，主要的应用包括软件开发和测试项目。

（3）速度更快。在速度方面，云计算有潜力让程序员使用免费或者价格低廉的开发制作软件服务，并让其快速面世。这种功能让企业更加敏捷、反应速度更快，同时能够修改企业级的标准应用和流程。对于那些需要大量 IT 设备的应用，云可以显著地减少采购、交付和安装服务的时间。

（4）潜在的高可靠性、高安全性。信息由专业的团队来管理，数据由先进的数据中心来保存。同时，严格的权限管理策略可以帮助用户放心地与所制定的目标进行数据共享。通过集中式的管理和先进的可靠性保障技术，云计算的可靠性和安全性系数是非常高的。

云计算也存在一些问题。

（1）企业将应用从传统开发、部署、维护模式转换到基于云计算平台的模式时，存在成本的转移，转移成本的大小由应用的复杂度、强度、关联度及团队工作模式的契合度等决定。

（2）人们将数据存储到第三方空间，首先关心的是隐私和数据安全问题，在第三方空间里，人们不知道他们的数据到底存储在哪里，谁可以共享他们的数据。甚至一些云计算供应商为了节省成本将服务器下设到不同的国家，这样又不可避免地出现数据保护不周的问题。

4. 物联网与云计算

物联网规模发展到一定程度之后，必然要与云计算相互结合起来。物联网与云计算的结合可以分为如下 3 个层面。

（1）利用 IT 虚拟化技术，为物联网提供后端支撑平台，以提高物理世界的运行、管理、资源的使用效率等。采用服务器虚拟化、网络虚拟化和存储虚拟化，使服务器与网络之间、网络与存储之间也能够达到资源共享的虚拟化，实现计算能力的有效利用，为各类物联网的应用提供支撑。

（2）基于各类计算资源，建设绿色云计算服务中心，采用软件即服务（SaaS）、平台即服务（PaaS）、基础设施即服务（IaaS）等模式为物联网服务。

（3）物联网、互联网的各种业务与应用逐步融合在云计算中并集成，实现物联网与互联网中的设备、信息、应用和人的广义交互与整合。

云计算将用户和计算、数据中心进行解耦，软件就是服务的商业模式，如 Google、Facebook 等。美国技术和市场调研公司 Forrester Research 发布的"商业和技术展望"中提出：云计算将比我们想象得更快、更飞速地到来，并且将被很少的公司控制。

3.3.2　大数据

1. 大数据的概念

大数据（Big Data/Mega Data）是指超大的、几乎不能用现有的数据库管理技术和工具处理的数据集。国际数据公司（International Data Corporation，IDC）在 2012 年 Intel 大数据论坛提出了大数据定义。大数据有如下特征。

（1）Volume：数据量巨大，从 TB 级别跃升到 PB 级别。（1PB=1024TB）

（2）Variety：数据种类繁多，来源广泛且格式日渐丰富，涵盖了结构化、半结构化和非结构化数据。

（3）Value：数据价值密度低。举个例子，在视频监控中，此过程连续不间断，但是有用的数据可能仅仅只有一两秒。

（4）Velocity：处理速度快。不论数据量有多大，都能做到实时处理数据。与传统的数据挖掘技术相比，在这一点有着本质的不同。

2. 物联网中的大数据特点

与互联网不同，物联网是在互联网的基础上而发展形成的新兴技术，因此对大数据技术也有更高的要求，主要体现在以下 4 个方面。

1）数据量更加丰富

在物联网这个大背景下，大数据技术应当不断扩大并丰富数据类型和数据量。数据海量性是物联网最主要的特点，基于互联网的数据技术所能达到的水平已经远远不能承载物联网带来的大规模增长的数量。为了从根本上满足物联网的基本需求，就必须提高大数据相关技术水平。

2）数据传输速度更快

一方面，物联网的海量数据要求骨干网传输带宽更大；另一方面，由于物联网与真实物理世界直接关联，在很多情况下需要实时访问、控制设备、高数据传输速率，才能有效地支持相应的实时性。

3）数据更加多元化

物联网中的数据更加多元化：物联网涉及的应用范围广泛，涉及生活中的方方面面，从智慧物流、智慧城市、智慧交通、商品溯源，到智慧医疗、智能家居、安防监控等都是物联网应用领域；不同领域、不同行业有不同格式的数据。

4）数据更加真实

物联网是真实物理世界与虚拟信息世界的结合，物联网对数据的处理及基于此进行的决策将直接影响物理世界，物联网中数据的真实性显得尤为重要。

3．大数据与物联网

1）从物联网看大数据

物联网由感知层、网络层和应用层构成。感知层包括 RFID 等无线通信技术、各类传感器、GPS、智能终端、传感网络等，用于识别物体和采集信息。网络层包括各种通信网络（互联网、电信网等）、信息及处理中心等，网络层主要负责对感知层获取的信息进行传递和处理。应用层主要是基于物联网提供的信息为用户提供相关的应用数据、解决方案。从物联网来看大数据：

（1）物联网的实物大大扩展。由于物联网的实物比互联网大大增加，各种实物需要各种各样的传感器，同时这些传感器不停地感知周围的环境数据，使得数据量大大增加。而对这些海量数据需要存储、大数据分析以提取重要的信息。

（2）网络层。物联网传输网络通过有线、无线通信链路，将传感器终端检测到的数据上传至管理平台，并接收管理平台的数据到各节点。由于数据规模量大、种类多，实时性要求不同，就需要有相应的大数据传输技术为应用层提供足够高的可靠承载能力。

2）物联网中的大数据处理技术

使用数据可视化、数据挖掘、数据分析及数据管理等手段来推动物联网产业在数据智能处理及信息决策上的商业应用，利用大数据分析可以有效增加公司管理、运营效益。大数据处理技术在物联网中的应用包括两个方面。

（1）海量数据存储。对物联网产生的大数据进行存储，通常采用分布式集群来实现。传统的数据存储关系数据库就可以满足应用需求，但对物联网产生的海量异构数据，关系数据库则很难做到高效地处理。Google 等提出利用廉价服务群实现并行处理的非关系分布式存储数据库解决方案。

（2）数据分析。数据分析就是用适当的统计分析方法对收集来的海量数据进行分析，提取有用的信息并且形成结论。数据分析可帮助人们作出判断，从而使人们采取适当的行动。

3.3.3 人工智能

人工智能（Artificial Intelligence，AI）是计算机科学的一个分支，它是研究、开发用于模拟、延伸和扩展人的智能的理论、方法、技术及应用系统。它旨在了解智能的实质，并生产出一种能够以和人类智能相似的方式作出反应的智能化机器，该领域包括机器人、语言识别、图像识别、自然语言处理和专家系统等。人工智能是对人思维过程的模拟，对规律的应用也只限于人类的认知范围，但是，人工智能不是人的智能，却能够像人那样思考，甚至在速度、广度方面超过人的智能。

1. 人工智能技术

人工智能技术包括深度学习、计算机视觉、自然语言处理、智能机器人、虚拟个人助理、语音识别、情境感知计算、手势控制、视觉内容自动识别、引擎推荐等。

1）深度学习

深度学习（Deep Learning）［也称为深度结构学习（Deep Structured Learning），层次学习（Hierarchical Learning）或者深度机器学习（Deep Machine Learning）］是一类算法集合，是机器学习的一个分支。它尝试为数据的高层次摘要进行建模。AlphaGo 就是深度学习的一个典型案例，AlphaGo 通过不断学习、更新算法，在 2016 年人机大战中打败围棋大师李世石。人们警觉地发现：人工智能的力量已经不容忽视。

深度学习算法使机器人拥有自主学习能力，如 AlphaGo Zero，在不需任何人类指导下，通过全新的强化学习方式使自己成为自己的老师，在围棋领域达到超人类的精通程度。如今，深度学习被广泛地应用于语音、图像、自然语言处理等领域，开始纵深发展，并由此带动了一系列新的产业。

2）计算机视觉

计算机从图像中识别出物体、场景和活动的能力称为计算机视觉。计算机视觉包括医疗成像分析、人脸识别等场景。其中，医疗成像分析被用来提高疾病的预测、诊断和治疗能力；人脸识别用来自动识别照片里的人物，如网上支付、人员验证判断服务等。

运用图像处理操作及和其他的技术组合成的序列，将图像分析任务分解为便于管理的小块任务，这就是计算机视觉的基本技术原理。这样可以从图像中检测到物体的边缘及纹理，确定识别到的特征是否能够代表系统已知的一类物体。

3）语音识别

语音识别技术就是将语音转化为文字，并对其进行识别辨认和处理。目前语音识别主要应用于医疗听写、语音书写、计算机系统声控、移动应用、电话客服等方面。

语音识别技术的原理如下：

（1）对声音进行处理，使用移动窗函数对声音进行分帧。

（2）声音分帧后，变为很多波形，波形经过声学体征提取，变为状态。

（3）经过特征提取，声音会变成矩阵，再通过音素组合成单词。

4）虚拟个人助理

虚拟个人助理如 Siri 技术的原理如下：

（1）用户对着 Siri 说话后，语音会经过编码、转换，形成一个包含用户语音的相关信息的压缩数字文件。

（2）语音信号由用户手机转入移动运营商的基站中，再通过通信网发送至用户的拥有云计算服务器互联网服务供应商（ISP）。

（3）通过服务器中的内置模块识别用户刚才说过的内容。

5）自然语言处理

同计算机视觉技术一样，自然语言处理（NPL）也是采用了多种技术的融合。语言处理技术基本流程如下：

（1）汉字编码词法分析。

（2）句法分析。

（3）语义分析。

（4）文本生成。

（5）语音识别。

6）智能机器人

智能机器人在生活中逐步普及，如扫地机器人、陪伴机器人等，用的核心技术是人工智能技术。

智能机器人技术原理：人工智能技术把机器视觉、自动规划等认知技术和各种传感器整合到机器人身上，使得机器人拥有判断、决策的能力，能在各种不同的环境中处理不同的任务。智能穿戴设备、智能家电、智能出行或者无人机设备都是运用类似的原理。

7）引擎推荐

大家在上网时发现网站会根据之前浏览过的页面、搜索过的关键字推送一些相关的网站内容，这就是一种引擎推荐。

Google 做免费搜索引擎的目的就是搜集大量的自然搜索数据，丰富其大数据数据库，为建设人工智能数据库作准备。

引擎推荐的技术原理：推荐引擎是基于用户的行为、属性（用户浏览网站产生的数据），通过算法分析和处理主动发现用户当前或潜在需求，并主动推送信息给用户。

目前人工智能技术在医疗、教育、金融、衣食住行等涉及人类生活、生产的各个领域都有发展。

2. 人工智能的影响

（1）人工智能对自然科学的影响。AI 可以帮助我们使用计算机工具解决问题，使得科研效率大为提升。

（2）人工智能对经济的影响。专家系统深入各行各业，带来巨大的收益。AI 对计算机方面和网络方面的发展也具有促进作用。AI 在科技和工程中的应用，可以代替人类进行各种技术工作的体力劳动和脑力劳动，从某种程度上造成社会结构发生剧烈变化。AI 虽然带来大规模失业，但也会产生新的 AI 配套职业机会，也会让人从机械重复工作中解放出来，做更重要、层次更高的工作，带来新的产业机会。整个社会会向更高层次发展。

（3）人工智能对社会的影响。AI 为我们的生活带来了便利，对各行各业的发展都起到很大的促进作用。伴随着人工智能和智能机器人不断发展，我们用未来的眼光开展科研的同时，其涉及的伦理底线问题也是需要考虑的。

3. 人工智能应用

目前，AI 已经渗透到各行各业，经过多种技术的组合，不同领域的商业实践得到改变，掀起智能革命。

腾讯研究院发布的《中美 AI 创投报告》显示了中国 AI 渗透行业，其中位居前两位的分别是医疗行业和汽车行业，第三梯队中包含教育、制造、交通、电商等实体经济标志性领域。但在各行各业引入人工智能是一个渐进的过程，根据目前人工智能的技术能力和应用热度，以下从六个方面展望人工智能的应用前景。

1）健康医疗

历史上的每一次的重大技术进步，都会引领医疗保健取得很大的飞跃。如信息革命之后，发明了 CT 扫描仪、微创手术仪器等各种医疗仪器设备。

人工智能在医疗健康领域得到广泛的应用。人工智能在提高健康医疗服务的效率和疾病诊断等方面具有得天独厚的优势，使得医疗效率大大提升。医疗诊断的人工智能，如基于计算机视觉通过医学影像诊断疾病，通过患者医学影像与疾病数据库里的内容进行对比和深度学习，可以高效地诊断疾病。由于基于计算机技术，可以掌握所有数据库的病例，其能力远超一个资深医师。

2）智慧城市

在人工智能的助力下，智慧城市逐步进入 3.0 版本。每天城市的能源、交通、供水等各个领域都会产生大量数据，而城市运行与发展中海量数据的有效性，可以通过人工智能来提取其中的有效信息，增强数据在使用和处理上的有效性，对智慧城市建设而言，是一个新的思路和方法。

如今大量汽车巨头与互联网科技巨头之间已经展开了在自动驾驶汽车方面的应用初试，很多车辆已经实现半自动驾驶。在不久的将来，无人驾驶将大量普及。

计算机视觉正在快速地在智能安防领域得到应用。

3）智能制造

传统的机器人仅仅是数控的机械装置，无法适应环境的变化，与人类的交互成本也非常高。制造从自动化走向智能化，当前机器人的发展方向是智能化方向。对于制造业中小批量、多品种满足人的个性化需求等场景来说，高效率、高精度、能够主动适应的机器人可以提供解决方案，使大规模定制化成为可能。人工智能同时推进智能工厂、智能供应链等相互支撑的智能制造体系的构建。

设计过程、制造过程和制造装备的智能化经过人工智能的实现，给制造业赋予了新的内涵，效率也得到极大的提升，对生产和组织模式也带来了颠覆性的变化。

4）智能零售

人工智能使零售行业被重新定义。在人口红利消失、老龄化加剧的社会大背景下，人工智能让无人零售得到很好的提升，提升了运营效率，降低了运营成本。

人脸识别技术可以为用户带来全新的支付体验。《麻省理工商业评论》发布的"2017全球十大突破技术"榜单中，中国的"刷脸支付"技术位列其中。基于动态 WiFi 追踪、遍布店内的传感器、视觉设备及处理系统、客流分析系统等技术，特定人群预警、定向营销及服务建议、用户行为及消费分析报告可以被实时输出。人工智能可以帮助零售商简化库存和仓储管理。未来人工智能将在时间碎片化、信息获取社交化的大背景下，以消费者为核心，建立灵活、便捷的零售场景，极大地提升用户体验。

5）智能服务业

如 Bot（Build operate transfer），是建立在信息平台上的与我们互动的人工智能虚拟助理。在未来以用户为中心的物联网时代，Bot 会变得越来越智能，成为下一代多元服务的入口和移动搜索。Bot 可以在生活服务领域，以对话的方式提供各式各样的服务，如新闻资讯、网络购物、天气预报、交通查询、翻译等。在专业服务领域，Bot 可以借助专业知识图谱，配合业务场景特性，对用户的行为和需求理解更准确，从而提供专业的客服咨询。虚拟助理是为了让人类从重复性、可替代的工作中解放出来，去完成如思考、创新、管理等更高阶的工作。

6）智能教育

如基于人工智能的自动评分、个性化教育、语音识别测评等逐步在教育领域开始应用。人工智能可以为学生量身定制学习支持，形成自适应教育。

4．人工智能发展趋势

（1）机器人将在商业场景中成为主流。商业机器人将在以后的特定商业场景中，发挥越来越大的潜力。

（2）AI 云服务将成为未来发展趋势。一些 IT 巨头将软硬件开源，争相提供 AI 云服务给第三方，这样在第三方使用自己的平台时，数据会留在平台上，而这些数据会是人工智能时代的一座大金矿。

（3）辅助驾驶成为 AI 的一个大规模应用。人工智能领域应用之一——无人驾驶由特斯拉首先试用，目前很多汽车都能实现在有司机的情况下半自动驾驶。

（4）人工智能语音交互成主流电视应用。传统的遥控器越来越无法满足人们使用电视的需求，语音为主的智能搜索和智能互动正在崛起。

（5）智能芯片会成为更广泛应用。AI 应用的主导硬件处理器一直是 GPU（图形处理器），GPU 正在无人驾驶、图像语音识别等人工智能领域迅速扩大市场占比。

思政三　华为 5G 技术

5G，作为第五代移动通信网络，在传输速率和传送容量上具有比 4G 更强大的优势，全球各国都投入了相当的人力和资金进行 5G 技术的研究，可以说，5G 技术在很大程度上影响一个国家未来通信发展的实力。

华为从 2009 年就开始投入资金研发 5G 技术，投入的资金高达 20 亿美元。在所有人都质疑中国能否在新的网络技术开发过程中占领更大的份额时，华为交出了让人满意的答卷：在 5G 技术项目研发上屡获佳绩，频频布局 5G 建设基站，成为全球 5G 通信标准制定的核心成员，拥有 5G 网络、5G 芯片、5G 终端的端到端能力。截至 2019 年 1 月，华为全球 5G 商用合作伙伴最多，高达 50＋个；华为已获得 30 个 5G 商用合同，25000 多个 5G 基站已发往世界各地。华为包揽行业关键奖项，5G 演进杰出贡献奖、最佳基础设施奖、5G 研发杰出贡献奖、世界互联网领先科技成果奖、最佳行业解决方案奖。而且是行业中唯一能够提供包括商用 5G CPE 的 5G 端到端产品与解决方案的厂商，技术成熟度比同行领先 12～18 个月。

发展历程

2G 时代的诞生，标志着人们正式步入数字移动通信，也是各国电信设备商对于移动通信标准争夺的开始。2G 的两种主要制式是 GSM 和 CDMA，技术被欧洲国家掌控，并且在 1989 年，欧洲就将 GSM 统一标准正式商用化。而我国在 1994 年才成立中国联通，比先进国家落后一大截。3G，是指支持高速数据传输的蜂窝移动通信技术。2000 年 5 月，ITU（国际电信联盟）正式公布第三代移动通信标准，中国提交的 TD-SCDMA 正式成为国际标准，与欧洲 WCDMA、美国 CDMA2000 成为 3G 时代最主流的三大技术之一。虽然我国提交了一个标准，但是其中的技术发明却源于西门子。不过相较于之前的毫无参与感，在 3G 时代，我们有了一定的进步。但是要形成一条完备的产业链，依然困难重重，所以从标准确立到发放第一张 3G 拍照，我们走了整整 10 年。

直到 4G 出现，我们才算真的追上其他国家的脚步。国际电信联盟在 2012 年无线电通信全会全体会议上，正式审议通过将 LTE-Advanced 和 WirelessMAN-Advanced（802.16m）技术规范确立为 IMT-Advanced（俗称"4G"）国际标准，中国主导制定的 TD-LTE-Advanced 和 FDD-LTE-Advance 同时并列成为 4G 国际标准。但其中大多数的核心技术专利依然由高通等其他公司掌控。从另一个角度看，我们总算是在 4G 时代有了些话语权，算是能够平起平坐，而不再是低人一等。

从 1G 的空白到 2G 的萌发，从 3G 的追赶到 4G 的并排，中国通信的发展是一部辛酸的血泪史。但当 5G 逐步落地，这部血泪史将变成励志的逆袭传奇。一直被人诟病的"创新研发"问题，终于在 5G 时代得以解决，据统计，华为在标准的专利方面提供了 16000 多个 5G 标准体验，而且在 5G 的核心专利方面华为排名全球第一，占比高达 20％；美国所有的企业加在一起的 5G 核心专利也只占 15％。所以华为之于 5G，必然是引领者。

　　而这个局面，想必不是美国愿意看到的，尤其在全球互联的时代背景下，5G 作为一个载体，将更大限度地沟通世界，实现互联。云计算、大数据、物联网、AI、VR 等每一项前沿科技，都将在 5G 这片沃土上茁壮成长。

引发思考

　　华为 5G 不仅证明了我国自主研发能力的突破，更标志着我国网络技术发展的飞跃，从落后到引领，时间抹平的是我们与其他国家的技术差距，时间带来的是我们在几十年的艰难行进中积累下来的敢闯敢拼、永不妥协的精神。

　　这也激励着我们：只有自己足够强大，才能在世界面前有话语权，关键技术不能依靠别人，只能掌握在自己手中。因此，新时代的学生应该更加增强科技自信和民族自信，面对困难，决不退缩，面对挑战，迎难而上，同时应该培养凡事预则立、不预则废的思想以迎接未来的挑战。

　　资料来源：https：//zhuanlan.zhihu.com/p/68243577。

第4章 IEEE 802.11 技术

无线局域网络是 20 世纪 90 年代计算机网络与无线通信技术相结合的产物，它使用无线信道来接入网络，为通信的移动化、个人化和多媒体应用提供了潜在的手段，并成为宽带接入的有效手段之一。它利用射频（RF）技术，取代旧式的双绞铜线构成局域网络，提供传统有线局域网的所有功能，网络所需的基础设施不需再埋在地下或隐藏在墙里，也能够随需要移动或变化。无线局域网络能利用简单的存取构架，让用户透过它达到"信息随身化、便利走天下"的理想境界。

1997 年 IEEE 802.11 标准的制定是无线局域网发展的里程碑，它是由大量的局域网及计算机专家审定通过的标准。IEEE 802.11 标准定义了两种类型的设备：一种是无线站，通常是通过一台 PC 机器加上一块无线网络接口卡构成的；另一种称为无线接入点（Access Point，AP），它的作用是提供无线和有线网络之间的桥接。一个无线接入点通常由一个无线输出口和一个有线的网络接口（IEEE 802.3 接口）构成，桥接软件符合 IEEE 802.1d 桥接协议。接入点就像是无线网络的一个无线基站，将多个无线的接入站聚合到有线的网络上。无线的终端可以是 IEEE 802.11 PCMCIA 卡、PCI 接口、ISA 接口或者是在非计算机终端上的嵌入式设备（例如 IEEE 802.11 手机）。无线局域网采用的传输媒体或介质分为射频（Radio Frequency，RF）无线电波（Radio Wave）和光波两类。射频无线电波主要使用无线电波和微波（Microwave），光波主要使用红外线（Infrared）。因此，无线局域网可分为基于无线电的无线局域网（RLAN）和基于红外线的无线局域网两大类。

IEEE 802.11 标准定义了单一的 MAC 层和多样的物理层，其物理层标准主要有 IEEE 802.11b、IEEE 802.11a 和 IEEE 802.11g。IEEE 已经成立 IEEE 802.11n 工作小组，以制定一项新的高速无线局域网标准 IEEE 802.11n。IEEE 802.11n 计划将 WLAN 的传输速率从 IEEE 802.11a 和 IEEE 802.11g 的 54Mb/s 增加至 108Mb/s 以上，最高速率可达 320Mb/s。

IEEE 802.11 标准的制定对于 WLAN 的发展具有非常重要的作用，主要有以下 4 个方面。

（1）设备互操作性。使用 IEEE 802.11 标准，可以使多厂家设备之间具备互操作性。这意味着用户可以从 Cisco 购买一个符合 IEEE 802.11 标准的 AP，从 Lucent 购买无线网卡，从而增强了价格的竞争，使公司能以更低的研究和发展经费开发 WLAN 组件，同时也使一批较小的公司能够开发无线网络组件。设备的互操作性避免了对某一个厂家设备的依赖性。有了 IEEE 802.11 标准以后，可以使用任何符合 IEEE 802.11 标准的设备，从而具备更大的选择性。

（2）产品的快速发展。IEEE 802.11 标准受到无线网络专家严格的论证和检测，开发者可以大胆采用该标准来开发无线网络。因为制定标准的专家组已经倾注了大量的时间和精力，消除了在执行应用技术上的障碍，利用该标准可以使厂家少走学习专门技术的弯路，这大大减少了开发产品的时间。

（3）便于升级，保护投资。利用标准的设备有助于保护投资，可以避免专有产品将来被新产品代替后造成系统的损失。WLAN 的变革应该类似于 IEEE 802.3 以太网，开始时以太网的标准为 10Mb/s，采用同轴电缆；后来 IEEE 802.3 工作组增加了双绞线、光纤作为传输介质，速率提高到 100Mb/s 和 1000Mb/s，几年时间使标准得到完善和提高。正如 IEEE 802.3 标准那样，无线网络标准也有未来的升级和产品更新问题，采用 IEEE 802.11 标准可以保护在网络基础结构上的安排和投资。所以，当性能更高的无线网络技术出现时，如 IEEE 802.11b 等，IEEE 802.11 技术毫无疑问能确保从目前的无线 WLAN 上稳定迁移。

（4）价格的降低。设备价格一直困扰着 WLAN 行业，当更多的厂家和终端用户都采用 IEEE 802.11 标准时，价格大幅下降，厂家将不再需要发展和支持低质量的专有组件，也不需要满足制造和配套设备的开支。这与以前 IEEE 802.3 标准的有线网络相似，经历了一个价格迅速降低的过程。

4.1 IEEE 802.11 技术概要

4.1.1 概述

1. IEEE 802.11 标准的逻辑结构

IEEE 802.11 标准的逻辑结构如图 4-1 所示，每个站点所应用的 IEEE 802.11 标准的逻辑结构包括一个单一媒体访问控制（MAC）层和多个物理（PHY）层。

图 4-1　IEEE 802.11 标准的逻辑结构

1）IEEE 802.11 MAC 层

MAC 层的目的是在 LLC（逻辑链路控制）层的支持下为共享介质物理层提供访问控制功能（如寻址方式、访问协调、帧校验序列生成的检查，以及 LLCPDU 定界等）。MAC 层在 LLC 层的支持下执行寻址方式和帧识别功能。IEEE 802.11 标准 MAC 层采用 CSMA/CA（载波侦听多址接入/冲突检测）协议控制每一个站点的接入。

2）IEEE 802.11 物理层

1992 年 7 月，IEEE 802.11 工作组决定将无线局域网的工作频率定为 2.4GHz 的 ISM 频段，用直接序列扩频和跳频方式传输。因为 2.4GHz 的 ISM 频段在世界大部分国家已经放开，无须无线电管理部门的许可。

1993 年 3 月，IEEE 802.11 标准委员会制定了一个直接序列扩频物理层标准。经过多方讨论，直接序列物理层规定为两个数据速率：利用差分四相相移键控（DQPSK）调制的 2Mb/s，利用差分二相相移键控（DBPSK）调制的 1Mb/s。

在 DSSS 中，将 2.4GHz 的频宽划分成 14 个 22MHz 的信道，邻近的信道互相重叠，在 14 个信道内，只有 3 个信道是互相不覆盖的，数据就是从这 14 个信道中的一个进行传送而不需要进行信道之间的跳跃。在不同的国家，信道划分是不相同的。

与直接序列扩频相比，基于 IEEE 802.11 标准的跳频 PHY 利用无线电从一个频率跳到另一个频率发送数据信号。跳频系统按照跳频序列跳跃，一个跳频序列一般被称为跳频信道（Frequency Hopping Channel）。如果数据在某一个跳跃序列频率上被破坏，系统必须要求重传。

IEEE 802.11 委员会规定跳频 PHY 层利用 GFSK 调制。传输的数据速率为 1Mb/s。该规定描述了已在美国被确定的 79 个信道的中心频率。

红外线物理层描述了采用波长为 850～950nm 的红外线进行传输的无线局域网，用于小型设备和低速应用软件。

2．IEEE 802.11 标准的拓扑结构

在 IEEE 802.11 标准中，有以下四种拓扑结构：

（1）独立基本服务集（Independent Basic Service Set，IBSS）网络。

（2）基本服务集（Basic Service Set，BSS）网络。

（3）扩展服务集（Extend Service Set，ESS）网络。

（4）ESS（无线）网络。

这些网络使用一个基本组件，IEEE 802.11 标准称之为基本服务集（BSS），它提供一个覆盖区域，使 BSS 中的站点保持充分连接。一个站点可以在 BSS 内自由移动，但如果它离开了 BSS 区域内就不能够直接与其他站点建立连接。

1）IBSS 网络

IBSS 是一个独立的 BSS，它没有接入点作为连接的中心。这种网络又叫作对等网（Peer to Peer）或者非结构组网，其网络结构如图 4-2 所示。

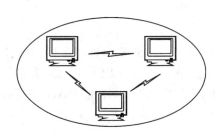

图 4-2　IBSS 网络结构

该方式连接的设备之间都能直接通信而不用经过一个无线接入点与有线网络进行连接。在 IBSS 网络中，只有一个公用广播信道，各站点都可竞争公用信道，采用 CSMA/CAMAC 协议。

这种结构的优点是网络抗毁性好、建网容易且费用较低。但当网络中用户数（站点数）过多时，信道竞争成为限制网络性能的要害。为了满足任意两个站点可直接通信，网络中站点布局受环境限制较大。因

此这种拓扑结构适用于用户相对减少的工作群网络规模。IBSS 网络在不需要访问有线网络中的资源,而只需要实现无线设备之间互相通信的环境中特别有用,如宾馆、会议中心或者机场等。

2)BSS 网络

在 BSS 网络中,有一个无线接入点充当中心站,所有站点对网络的访问均由其控制。因此,当网络业务量增大时网络吞吐性能及网络时延性能的恶化并不严重。由于每个站点只需在中心站覆盖范围之内就可与其他站点通信,因此网络中心站的布局受环境限制亦小,此外,中站为接入有线主干网提供了一个逻辑接入点。

BSS 网络拓扑结构的弱点是抗毁性差,中心点的故障容易导致整个网络瘫痪,并且中心站点的引入增加了网络成本。在实际应用中,WLAN 往往与有线主干网络结合起来使用。这时,无线接入点充当无线网与有线主网的适配器。

3)ESS 网络

为了实现跨越 BSS 范围,IEEE 802.11 标准中规定了一个 ESS WLAN,也称为Infrastructure 模式,如图 4-3 所示。该配置满足了大小任意、大范围覆盖的网络需求。在该网络结构中,BSS 是构成无线局域网的最小单元,近似于蜂窝移动电话中的小区,但和小区有明显的差异。

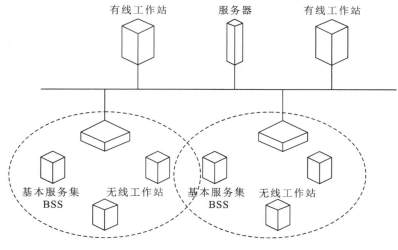

图 4-3 ESS 网络结构

在 Infratructure 模式中,无线网络有多个和有线网络连接的无线接入点,还包括一系列无线的终端站。一个 ESS 是由两个或者多个 BSS 构成的一个单一子网。由于很多无线的使用者需要访问有线网络上的设备或服务(如文件服务器、打印机、互联网连接),他们都会采用这种 Infrastructure 模式。

根据站的移动性,无线局域网中的站点可以分为以下三类:

(1)固定站,指固定使用的计算机和在局部 BSS 内移动的站点,有线局域网中的站均为固定站。

(2)BSS 移动站,指站点从 ESS 中的一个 BSS 移动到相同 ESS 中的另一个 BSS。

（3）ESS 移动站，指站点从一个 ESS 中的一个 BSS 移动到另一个 ESS 中的一个 BSS。这种站像移动电话一样，在移动中也可保持与网络的通信（这是有线局域网所没有的），如掌上型计算机、车载计算机等。

IEEE 802.11 标准支持固定站和 BSS 移动站两种移动类型，但是当进行 ESS 移动时不能继续保证连接。

IEEE 802.11 标准定义分布式系统为通过 AP 在 ESS 内不同 BSS 之间的相互连接，即移动站点在一个网段内。当站点在 ESS 之间移动时，此时需要重新设置 IP 地址或者采用下面两种方法：

（1）使用 DHCP。在高层打开 DHCP 服务，每一个站点选择自动获得 IP 地址。

（2）移动 IP。在 IPv6 协议中支持移动 IP，在高层需要使用 IPv6 协议。

IEEE 802.11 标准没有规定分布式系统的构成，因此，它可能是符合 IEEE 802 标准的网络，或是符合非标准的网络。如果数据帧需要在一个非 IEEE 802.11WLAN 间传输，那么这些数据帧格式要与 IEEE 802.11 标准定义的相同，它们可以通过一个称为入口的逻辑点进出。该入口在现存的有线 WLAN 和 IEEE 802.11 WLAN 之间提供逻辑集成，当分布式系统被 IEEE 802 型组件如 IEEE 802.3（以太网）或 IEEE 802.5（令牌环）集成时，该入口集成在 AP 内。

4）ESS（无线）网络

ESS（无线）网络结构如图 4-4 所示，这种方式与 ESS 网络相似，也是由多个 BSS 网络组成的，所不同的是网络中不是所有的 AP 都连接在有线网络上。该 AP 和距离最近的连接在有线网络上的 AP 通信，进而连接在有线网络上。

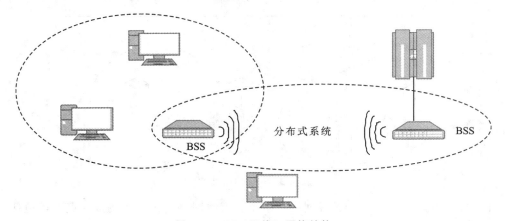

图 4-4　ESS（无线）网络结构

当一个地区有 WLAN 的覆盖盲区，且在附近没有有线网络接口时，采用无线的 ESS 网络可以增加覆盖范围。但需要注意的是，当前大部分的 AP 不支持无线的 ESS 网络，只有一部分支持该功能。

3. IEEE 802.11 服务

IEEE 802.11 标准给 LLC 层在网络中两个实体间要求发送 MSDU（MAC 服务数据单元）的服务下了定义。MAC 层执行的服务分为站点服务和分布式系统服务两种类型。

1）站点服务

IEEE 802.11 标准定义了为各站点所提供的站点服务功能，站点可以是 AP，可以是安装有无线网卡的笔记本计算机，也可以是装有 CF 网卡的手持式设备，如 PDA 等。为了发挥必要的功能，这些站点需要发送和接收 MSDU，以及保持较高的安全标准。

（1）认证。因为无线 LAN 对于避免未经许可的访问来说，物理安全性较低，所以 IEEE 802.11 规定了认证服务以控制 LAN 对无线连接相同层的访问。所有 IEEE 802.11 站点，无论它们是独立的 BSS 网络，还是 ESS 网络的一部分，在与另一个想要进行通信的站点建立连接（IEEE 802.11 标准术语称为结合）之前，都必须利用认证服务。执行认证的站点发送一个管理认证帧到一个相应的站点。

IEEE 802.11 标准详细定义了以下两种认证服务：

一是，开放系统认证（Open System Authentication）。该认证是 IEEE 802.11 标准默认的认证方式。这种认证方式非常简单，分为两步：首先，向认证另一站点的站点发送一个含有发送站点身份的认证管理帧；然后，接收站发回一个提醒它是否识别认证站点身份的帧。

二是，共享密钥认证（Shared Key Authentication）。这种认证先假定每个站点通过一个独立于 IEEE 802.11 网络的安全信道，已经接收到一个秘密共享密钥，然后这些站点通过共享密钥进行加密认证，所采用的加密算法是有线等价加密（WEP）。

这种认证使用的标识码称为服务组标识符（Service Set Identifier，SSID），它提供一个最底层的接入控制。一个 SSLD 是一个无线局域网子系统内通用的网络名称，它服务于该子系统内的逻辑段。因为 SSID 本身没有安全性，所以用 SSID 作为允许/拒绝接入的控制是危险的。接入点作为无线局域网用户的连接设备，通常广播 SSID。

（2）不认证。当一个站点不愿与另一个站点连接时，它就调用不认证服务。不认证是发出通知，而且不准对方拒绝。站点通过发送一个认证管理帧（或一组到多个站点的帧）来执行不认证服务。

（3）加密。有线局域网是通过局域网接入以太网的端口来管理的，在有线局域网上的数据传输是通过线缆直接到达特定的目的地。除非有人切断线缆中断传输，否则是不会危及安全的。

在无线局域网中，数据传输是通过无线电波在空中传播的，因此在发射机覆盖范围内数据可以被任何无线局域网终端接收。因为无线电波可以穿透天花板、地板和墙壁，所以它可以到达不同的楼层，甚至室外等不需要接收的地方。安装一套无线局域网，好像在任何地方都放置了以太网接口，由此无线局域网使数据的保密性成为真正关心的问题，因为无线局域网的传输不只是直接到达一个接收方，而是覆盖范围内的所有终端。

IEEE 802.11 标准提供了一个加密服务选项解决了这个问题。将 IEEE 802.11 网络的安全级提高到与有线网络相同的程度。IEEE 802.11 标准规定了一个可选择的加密，称为有线对等加密，即 WEP（Wired Equivalent Privacy）。WEP 提供了一种保证无线局域网数据流安全性的方法。WEP 是一种对称加密，加密和解密的密钥及算法相同。该算法能对信息加密，如图 4-5 所示。WEP 的目标如下：

（1）接入控制。防止未授权用户接入网络，他们没有正确的 WEP 密钥。

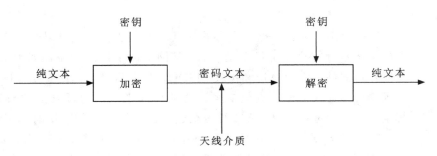

图 4-5　WEP 算法产生加密文本，防止偷听者"听到"数据传输

（2）加密。通过加密和只允许有正确 WEP 密钥的用户解密来保护数据流。

该加密功能应用于所有数据帧和一些认证管理帧，可以有效地降低被窃听的危险。

2）分布式系统服务

IEEE 802.11 标准定义的分布式系统服务为整个分布式系统提供服务功能。为保证
MAC 服务数据单元（MSDU）正确传输，提供的分布式系统服务主要有下面 5 种。

（1）结合。结合指每个站点与 AP 建立连接，站点通过分布式系统传输数据之前必须
先通过 AP 调用结合服务。结合服务通过 AP 将一个站点映射到分布式系统。每个站点只
能与一个 AP 连接，而每个 AP 却可以与多个站点连接（结合）。结合是每一个站点进入
无线网络的第一步。

（2）分离。当站点离开网络或 AP 用于其他方面需要终止连接时应调用分离服务。分
离服务就是指站点与无线网络断开连接，站点或 AP 可以调用分离服务终止一个现存的结
合。结合是一种标志信息，任何一方都不能拒绝终止。

（3）分布。站点每次发送 MAC 帧经过分布式系统时都要利用分布式系统服务。
IEEE 802.11 标准没有指明分布式系统如何发送数据。分布式服务仅向分布式系统提供了
足够的信息去判明正确的目的地 BSS。

（4）集成。集成服务使得 MAC 帧能够通过分布式系统和一个非 IEEE 802.11
WLAN 间的入口发送。集成功能执行所有必需的介质和地址空间的变换，具体情况依据
分布式系统而实施，而且不在 IEEE 802.11 标准的范围之内。

（5）重新结合。重新结合服务（Reassociation Service）能使一个站点改变它当前的
结合状态，也就是我们通常说的漫游功能。当一个站点从一个 AP 到另一个 AP 的覆盖范
围时，可以从一个 BSS 移动到另一个 BSS。当多个站点与同一个 AP 保持连接时，重新结
合还能改变已确定结合的属性。移动站点总是启动重新结合服务。

在 IEEE 802.11 标准中，由 MAC 层负责解决客户端工作站和访问接入点之间的连
接。当一个 IEEE 802.11 客户端进入一个或者多个接入点的覆盖范围时，它会根据信号
的强弱及包错误率来自动选择一个接入点进行连接（这个过程就是加入一个基本服务集
BSS，即结合）。一旦被一个接入点接收，客户端就会将发送接收信号的频道切换为接入
点的频道，在随后的时间内，客户端会周期性地轮询所有的频道以探测是否有其他接入点
能够提供性能更高的服务。如果它探测到了，就会和新的接入点进行协商，然后将频道切
换到新的接入点的服务频道中。这种重新协商通常发生在无线工作站移出了它原连接的接

入点的服务范围，信号衰减之后。其他的情况还发生在建筑物造成的信号变化或者仅仅由于原有接入点中的拥塞。在拥塞的情况下，这种重新协商实现了"负载平衡"的功能，它能够使得整个无线网络的利用率达到最高点。动态协商连接的处理方式使得网络管理员可以扩大无线网络的覆盖范围。

4.1.2　媒体访问控制（MAC）层

IEEE 802.11 标准无线局域网的所有工作站和访问节点都提供了媒体访问控制（MAC）层服务，MAC 服务是指同层 LLC（逻辑链路控制层）在 MAC 服务访问节点（SAP）之间交换 MAC 服务数据单元（MSDU）的能力。总的来说，MAC 服务包括利用共享无线电波或红外线介质进行 MAC 服务数据单元的发送。

1. MAC 层的功能

MAC 层具有以下三个主要功能：无线介质访问；网络连接；提供数据认证和加密。下面具体分析这三个功能。

1）无线介质访问

在 IEEE 802.11 标准中定义了两种无线介质访问控制的方法，它们是：分布协调功能（Distributed Coordination Function，DCF）和点协调功能（Point Coordination Function，PCF），如图 4-6 所示，DCF 是 IEEE 802.11 最基本的媒体访问方法，其核心是 CSMA/CA。它包括载波检测（CS）机制、帧间隔（IHS）和随机退避（Random Backoff）规程。每一个节点使用 CSMA 机制的分布接入算法，让各个站通过争用信道来获取发送权。DCF 在所有的 STA 上都进行实现，用于 Ad hoc 和 Infrastructure 网络结构中。由图 4-6 可知，DCF 向上提供争用服务。PCF 是可选的（Optional）媒体访问方法，用于 Infrastructure 网络结构中。PCF 使用集中控制的接入算法（一般在接入点 AP 实现集中控制），用类似于轮询的方法将发送数据权轮流交给各个站，从而避免产生碰撞。对于时间敏感的业务，如分组语音，就应该使用提供无争用服务的点协调功能 PCF。

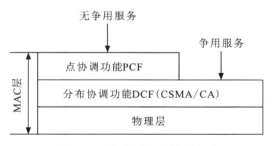

图 4-6　无线介质返问控制方法

（1）分布协调功能（DCF）。分布是物理层兼容的工作站和访问节点（AP）之间自动共享无线介质的主要访问协议。IEEE 802.11 网络采用 CSMA/CA 协议进行无线介质的共享访问，该协议与 IEEE 802.3 以太网标准的 MAC 协议（CSMA/CD）类似，DCF 有两种工作方式：一种是基本工作方式，即 CSMA/CA 方式；另一种是 RTS/CTS 机制。

①CSMA/CA 方式采用两次握手机制，又称 ACK 机制，是一种最简单的握手机制。当接收方正确地接收帧后，就会立即发送确认帧（ACK），发送方收到该确认帧，就知道

该帧已成功发送，如图 4-7 所示。由图可见，如果媒体空闲时间大于或等于 DIFS（DCF 的帧间隔），就传输数据，否则延时传输。

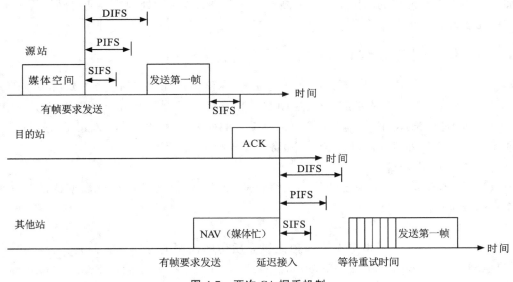

图 4-7　两次 CA 握手机制

CSMA/CA 的基础是载波监测。载波监测（CS）由物理载波监测（Physical CS）和虚载波监测（Virtnal CS）两部分组成。物理载波监测在物理层完成，物理层对接收天线接收的有效信号进行监测，若探测到这样的有效信号，物理载波监测认为信道忙；虚载波监测在 MAC 子层完成，这一过程体现在网络分配向量（Network Allocation Vector，NAV）更新之中，NAV 中存放的是介质信道使用情况的预测信息，这些预测信息是根据 MAC 帧中 Duration（持续时间字段）声明的传输时间来确定的。NAV 可以看作一个以某个固定速率递减的计数器，当值为 0 时，虚载波监测认为信道空闲；不为 0 时，认为信道忙。载波监测（CS）最后的状态指示是在对物理载波监测和虚载波监测综合后产生的，只要有一个指示为"忙"，则载波监测（CS）指示为"忙"；只有当两种方式都指示为信道"空闲"时，载波监测（CS）才指示信道"空闲"，这时才能发送数据。如果信道繁忙，CSMA/CA 协议将执行退避算法，然后重新检测信道，这样可以避免各工作站间共享介质时可能造成的碰撞。

MAC 控制机制利用帧中持续时间字段的保留信息实现虚拟监测协议，这一保留信息发布（向所有其他工作站）本工作站将要使用介质的消息。MAC 层监听所有 MAC 帧的持续时间字段，如果监听到的值大于当前的网络分配矢量（NAV）值，就用这一信息更新该工作站的 NAV。NAV 工作起来就像一个减法计数器，开始值是最后一次发送帧的持续时间字段值，然后倒计时到 0。当 NAV 的值为 0，且 PHY 控制机制表明有空闲信道时，这个工作站就可以发送帧了。

在 NAV 有效定时时间内，站点认为介质毫无疑问地将处于忙状态，所以，在此期间内，没有必要再去检测介质，看其中是否有载波来判定介质的状态。只有在 NAV 定时器的定时结束后，站点才通过真正的载波检测方法来判定当前介质的状态（忙或空闲）。

介质繁忙状态刚刚结束的时间窗口是碰撞可能发生的最高峰期，尤其是在利用率较高的环境中。因为此时许多工作站都在等待介质空闲，所以介质一旦空闲，大家就试图在同一时刻进行数据发送。而 CSMA/CA 协议在介质空闲后，利用随机退避时间控制各工作站发送帧的运行，从而使各工作站之间的碰撞达到最小。

退避时间的设置：退避时间按下面的方法选择后，作为递减退避计数器的初始值。

$$退避时间＝int［CW×Random（）］×Slot\ Time$$

式中，CW（竞争窗）表示在 MIB 中 $CW_{min}-CW_{max}$ 中的一个整数；Random（）表示 0～1 之间的伪随机数；Slot Time 表示 MIB 中的时隙值。

图 4-8 中，SIFS 是标准定义的时间段，比 DIFS 时间间隔短。A、B 两个站点共享信道。A 站点检测到信道空闲时间大于 DIFS 时发送数据报，B 站点此时立刻停止退避时间计数，直到又检测到信道空闲时间大于 DIFS 时，继续开始计数。当 B 站点的退避时间计数器为 0 时，则 B 站点开始发送数据报。

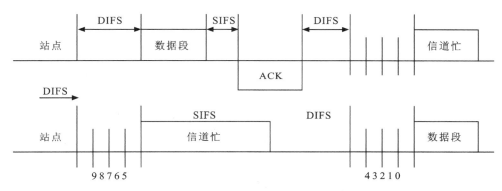

图 4-8　BEB 二进制指数退避算法示意图

在 EEE 802.11 标准无线局域网中，所有节点都能够进行载波监测。当一个节点侦听信道忙状态持续了一个包的传输时间，但该节点并未收到或侦听到一个成功传输包时，那该节点即可断定包发生了冲突。

当包第一次企图发送时，BEB 选择一个随机时隙（CW＝CW_{min}）进行等概率传输，CW_{min} 是最小竞争窗口。每当节点传送数据包发生冲突时，竞争窗口的大小都会成为原来的两倍，直到它的上限 CW_{max}，可以表示为：CW＝min［2×CW，CW_{max}］。

新的竞争窗口是用来表示传输企图的，在一次成功传输之后，或当一个包企图传输的次数到达极限 m（对于基本访问机制 $m＝7$，对于 RTS/CTS$_m＝4$）时，这个节点就将它的竞争窗口重设成它的最小竞争窗口。然而，竞争窗口重设机制会引起竞争窗口大小的很大变化，每个包在重新传输之前都将它们的竞争窗口值设为 CW_{min}。这对于重负载网络来说，会造成它的 CW 太小，导致更多的冲突发生，降低了这个重负载网络的性能。

关于竞争窗 CW 参数的选择，初始值为 CW_{min}，如果发送 MPDU 不成功，则逐步增加 CW 的值，直到 CW_{max} 呈指数增加，以适应高负载的情况。具体过程如下：

• 检测到媒体空闲时，退避计时器递减计时。

• 检测到媒体忙时，退避计时器停止计时，直到检测到媒体空闲时间大于 DIFS 后重新递减计时。

• 退避计时器减少到 0 时，媒体仍为空，则该终端就占用媒体。

• 退避时间值最小的终端在竞争中获胜，取得对媒体的访问权；失败的终端会保持在退避状态，直到下一个 DIFS。

• 保持在退避状态下的终端，比第一次进入的新终端具有更短的退避时间，易于接入媒体。

应当指出，当一个站要发送数据帧时，仅在下面的情况下才不使用退避算法：检测到信道是空闲的，并且这个数据帧是想发送的第一个数据帧。除此以外的所有情况，都必须使用退避算法，具体来说有：在发送它的第一个帧之前检测到信道处于忙态；在每次的重传后；在每一次的成功发送后。

图 4-9 表述了工作站持续重发数据时的 CW 值变化，图中 CW 呈指数增长，使得无论在高网络利用率还是低网络利用率的情况下，都可以将碰撞降低到最低程度，同时最大化网络吞吐量。

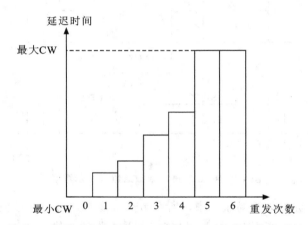

图 4-9　退避时间在最小 CW 和最大 CW 之间呈指数增长

在网络低利用率情况下，工作站无须在发送帧前等待很长时间，一般只需很短的时间（第一次或第二次试发）就能成功地完成发送任务；而在网络利用率很高的情况下，协议会将工作站的发送延迟一个相对较长的时间，以避免多个工作站同时发送帧而造成阻塞。

在高利用率下，CW 的值在成功发送帧之后增长得相当高，为需要发送帧的工作站之间提供足够的发送间隔。虽然在高利用率的网络环境中，工作站在发送帧之前等待时间相对较长，但是这种机制在避免碰撞方面表现得非常出色。

②RTS/CTS 机制是为了更好地解决隐蔽站带来的碰撞问题，发送站和接收站之间以握手的方式对信道进行预约的一种常用方法。RTS/CTS 机制采用四次握手机制。如图 4-10 所示，四次握手机制包括 RTS—CTS—DAIA—ACK 四个过程，发送者在发送数据帧之前，首先发送一个 RTS 帧来预约信道，接收者发回一个 CTS 帧，之后开始进行数据帧的发送和 ACK 确认。

如果发送者没有接收到返回的 ACK，则会认为之前的传输没有成功，会重新传输；但是如果只是返回的 ACK 丢失了，之前的 RTS—CTS 传输非常成功，则重新发送的

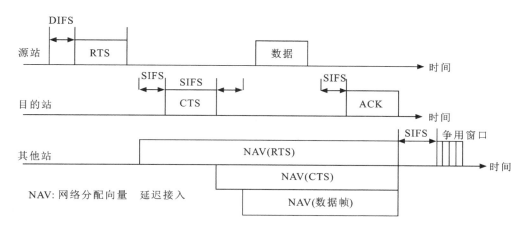

图 4-10 四次握手机制

RTS 到达接收者后，接收者只会重新发送 ACK 而不是 CTS，且退避时间量并不会增加；如果发送了 RTS 后，在接收超时之前都没有接收到 CTS 或 ACK，那么退避时间量就会增加；当接收到 ACK 后，退避时间量就会减少。

RTS/CTS 帧包含有"期间域"。"期间域"用来表明从 RTS 帧尾或 CTS 帧尾到 ACK 帧尾的 MPDU 所占用媒体的时间。源站 A 在发送数据帧之前发送一个短的"请求发送（RTS）"控制帧，它包括源地址、目的地址和这次通信（包括相应的确认帧）所需的持续时间（期间域）。若媒体空闲，则目的站 B 就发送一个"允许发送（CTS）"的响应控制帧，它也包括这次通信所需的持续时间（从 RTS 帧中将此持续时间复制到 CTS 帧中）。源站 A 收到 CTS 帧后，就可发送其数据帧。下面分析在 A 和 B 两个站附近的一些站将作出的反应，如图 4-11 所示。

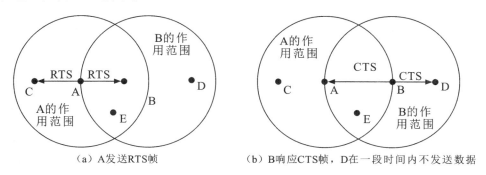

（a）A发送RTS帧　　　　　　　（b）B响应CTS帧，D在一段时间内不发送数据

图 4-11 RTC/CTS 两次握手机制

如图所示，站 C 处于站 A 的传输范围内，但不在站 B 的传输范围内，那么 C 能够收到 A 发送的 RTS，但经过一小段时间后，C 不会收到 B 发送的 CTS 帧。这样，在 A 向 B 发送数据时，C 也可以发送自己的数据给其他的站而不会干扰 B。需要注意的是，C 收不到 B 的信号表示 B 也收不到 C 的信号。

站 D 收不到站 A 发送的 RTS 帧，但能收到站 B 发送的 CTS 帧，那么 D 知道 B 将要和 A 通信，所以 D 在 A 和 B 通信的一段时间内不能发送数据，因而不会干扰 E 接收 A 发来的数据。

站 E 能收到 RTS 和 CTS，因此它在 A 发送数据帧和 B 发送确认帧的整个过程中都不能发送数据。

应当指出，虽然协议使用了 RTS/CTS 的握手机制，但碰撞仍然会发生。例如，B 和 C 同时向 A 发送 RTS 帧。这两个 RTS 帧发生碰撞后，使得 A 收不到正确的 RTS 帧，因而 A 就不会发送后续的 CTS 帧。这时，B 和 C 像以太网发生碰撞那样，各自随机地推迟一段时间后重新发送其 RTS 帧。推迟时间算法也是用二进制指数退避。

使用 RTS 和 CTS 帧会使整个网络的效率有所下降。但这两种控制帧都很短，其长度分别为 20B 和 14B，与数据帧（最长可达 2346B）相比开销不算大。相反，若不使用这种控制帧，一旦发生碰撞而导致数据帧重发，则浪费的时间就更多。虽然如此，但协议还是设有三种情况供用户选择：一种是使用 RTS 和 CTS 帧；另一种是只有当数据帧的长度超过某一数值时才使用 RTS 和 CTS 帧（显然，当数据帧本身就很短时，再使用 RTS 和 CTS 帧只能增加开销）；还有一种是不使用 RTS 和 CTS 帧（基本工作方式）。

IEEE 802.11 标准采用 RTS 和 CTS 的握手机制，同时也引入 ACK 确认机制确保传输的正确性。非被访问的站侦听到 RTS、CTS 和 ACK 等帧并置变量 NAV。NAV 根据 RTS/CTS 帧中的"期间域"来假定在当前时间之后的"期间域"中媒体都是忙的（即虚载波检测），它用来和物理载波监测机制一起判断媒体的状态，当其中之一为忙时，就认为"媒体忙"；若 NAV 结束（即其计数器的值为 0），则虚载波监测认为"媒体闲"。RTS 和 CTS 帧及数据帧和 ACK 帧的传输时间关系参见图 4-12。在除源站和目的站以外的其他站中，有的在收到 RTS 帧后就设置其网络分配向量 NAV，有的则在收到 CTS 帧或数据帧后才设置其 NAV。

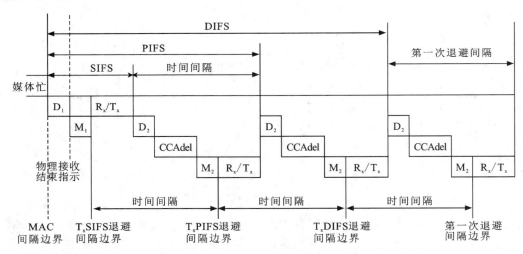

图 4-12　几种 IFS 的传输时间关系

$$D_1 = R_x RF \text{ 时延} + R_x PLCP \text{ 时延}$$
$$D_2 = D_1 + \text{空间传播时间}$$
$$R_x / T_x = R_x T_x \text{ 往返时间（以 PHYTxSTART. request 开始）}$$

$$M_1 = M_2 = MAC 进程时延$$
$$CCAdel = CCA 时间 - D_1$$

RTS/CTS 交换可以完成快速碰撞推断与传输信道校验。如果发送 RTS 的源站没有检测到返回的 CTS（可能是因为与另一个发送过程发生了碰撞），或者由于在 RTS 或 CTS 帧的发送期间信道存在干扰，或者因为接收 RTS 帧的站具有激活的虚载波侦听条件（指示媒体为忙的时间周期），则源站会较快地重复该过程（重传），直到发送成功或者达到重传极限为止。重复的速度相对于长数据帧已被发送且返回的 ACK 帧未被检测到的情况要快得多。为站点的每个等待发送的 MSDU 或 MMPDU（Management Protocol Data Unit）维持一个短重传计数器和一个长重传计数器，这些计数器的增加与复位过程是相互独立的。

由于引入了确认和重传机制，因此在接收站可能会产生重帧现象。协议利用帧中的 MPDU-ID 域来防止重帧。由于同一 MPDU 中的帧具有相同的 MPDU-ID 值，在不同 MPDU 中的帧的 MPDU-ID 值不同，因此，接收站只需保持一个 MPDU-ID 缓存区，即可接收那些与缓存区中 MPDU-ID 值相同的重传帧。

RTS/CTS 机制的另一个优点体现在多个 BSS 使用同一信道并有交叠。媒体保留机制会穿越 BSS 边界起作用。RTS/CTS 机制还可以改善一种典型情况下的工作，即所有站可以接收 AP 的信息，但不能接收 BSA 中其他站的信息。

RTS/CTS 机制不能用于具有广播或多播地址的 MPDU，因为 RTS 帧具有多个目的地址，相应地，会有多个 CTS 帧进行对应。RTS/CTS 机制不需要用于每个数据帧的传输。因为额外的 RTS 和 CTS 帧会增加冗余，降低效率，尤其是对于短数据帧，该机制并不合理，所以引入以下方法对 RTS/CTS 机制加以改进：

• 差错控制机制。由于干扰和碰撞等使发送数据造成差错，可能会对帧序列产生破坏。为了解决这个问题，在 MAC 层中加入了差错控制功能。

工作站在进行帧交换的同时，要完成差错控制任务。差错控制采用自动反馈重发（ARQ），即在一段时间间隔之后，如果收不到来自目的工作站的响应信息或响应错误，则对帧进行重发。

• 访问间隔。在 IEEE 802.11 协议中定义了工作站对介质访问的几种时间间隔标准，并提供了多种访问优先级。通过适当设定系统的帧间隔，就能为不同的应用请求设定不同的帧间隔，这样就能实现不同的优先级。

• 短 IFS（Short IFS，SIFS）。SIFS 是最短的帧间隔，为某些帧提供最高的介质优先访问级别。SIFS 用来分隔开属于一次对话的各帧，其长度为 $28\mu s$。一个站应当能够在这段时间内从发送方式切换到接收方式。使用 SIFS 的帧类型有 ACK 帧、CTS 帧、过长的 MAC 帧分片后的数据帧，以及所有应答 AP 探询的帧和在 PCF 方式中 AP 发送出的任何帧。

• PCF 的 IFS（PIFS）。PIFS 只能由工作在 PCF 方式下的站使用，AP 利用该帧间隔在无竞争期（Contention Free Period，CFP）开始时获得对媒体访问的优先权。如果在 CFP 期间发生接收/发送错误，AP 就在媒体空闲时间达到 PIFS 后控制媒体。在无竞争期，AP 检测到媒体空闲时间长达 PIFS 后，会在 CFP 突发时期发送下一个 CFP 帧。

为了在开始使用 PCF 方式时（在 PCF 方式下使用没有争用）优先接入媒体，PIFS 比 SIFS 要长，它是 SIFS 加上一个时隙长度（其长度为 $50\mu s$），即 $78\mu s$。时隙长度是这样确定的：在一个基本服务集 BSS 内当某个站在一个时隙内开始接入到媒体时，那么在下一时隙开始时，其他站就能检测出信道已转变为忙态。

- DCF 的 IFS（DIFS）。DIFS 由工作在 DCF 方式下的站使用，以发送数据帧 MPDU 和管理帧（MMPDU）。在网络分配向量 NAV 和物理载波监测指示媒体空闲后，想发送 RTS 帧或数据帧的站监听媒体以保证媒体空闲时间至少达到 DIFS。若媒体忙，DFWMAC 将延迟，直到检测到一个长达 DIFS 的媒体空闲期后，启动一个随机访问退避过程。DIFS 的长度比 PIFS 多一个时隙长度，为 $128\mu s$。

- 扩展的 IFS（EIFS）。只要 PHY 向 MAC 指示帧已开始发送，并且此帧会引起具有正确 FCS 值的完整 MAC 帧的不正确接收，那么 DCF 就使用 EIFS。EIFS 由 SIFS、DIFS 和以 1Mb/s 的速率发送 ACK 控制帧所需的时间得到，具体见下式：

$$EIFS = aSIFSTime + (8 \times ACKSize) + aPreambleLength + aPLCPHeaderLength + DIFS$$

式中，ACKSize 是 ACK 帧的以字节计数的长度；$(8 \times ACKSize) + aPreambleLength + aPLCPHeaderLength$ 表示以 PHY 的最低必备速率发送所需的毫秒数。EIFS 的间隔不考虑虚拟载波机制，而从检测到错误帧后 PHY 指示媒体空闲时开始。在站开始发送前，EIFS 为另一站提供了足够的时间，在此时间内该站用于向源站确认哪些是不正确的接收帧。EIFS 期间正确帧的接收将使站重新同步到媒体的实际忙/闲状态，此时 EIFS 结束，并在此帧接收后继续正常的媒体访问。（利用 DIFS，如果必要则进行退避。）

图 4-12 为上述几种 IFS 之间的关系，不同的 IFS 与站的比特速率无关。IFS 定时定义为媒体的时间间隔，并且对于每个 PHY 固定不变（即使在具有多速率的 PHY 中）。IFS 的值由 PHY 定义的属性确定。

以上这些帧间隔的长度实际上就决定了它们的优先级，即 EIFS＜DIFS＜PIFS＜SIFS。当很多站都在监听信道时，使用 SIFS 可具有最高的优先级，因为它的时间间隔最短。

（2）点协调功能（PCF）。PCF 提供可选优先级的无竞争的帧传送。PCF 是一种 AP 独有的控制功能，它以 DCF 控制机制为基础，提供了一种无冲突的介质访问方法，在这种工作方式下，由中心控制器控制来自工作站的帧的传送，所有工作站均服从中心控制器的控制，在每一个无竞争期的开始时间设置它们的 NAV（网络分配矢量）值。当然，对于无竞争的轮询（CF-Poll 帧），工作站可以有选择地进行回应。

在无竞争期开始时，中心控制器首先获得介质的控制权，并遵循 PIFS 对介质进行访问，因此，中心控制器可以在无竞争期保持控制权，等待比工作在分布式控制方式下更短的发送间隔。

中心控制器在每一个无竞争期开始，对介质进行监测。如果介质在 PIFS 间隔之后空闲，中心控制器就发送包含 CF 参数设置元素的信标（Beacon）帧，工作站接收到信标后，利用 CF 参数设置中的 CFPMaxDuration 值更新它们的 NAV。这个值向所有工作站通知无竞争期的长度，直到无竞争期结束才允许工作站获得介质的控制权。

发送信标帧之后，中心控制器等待至少一个 SIFS 间隔，开始发送下面的某一种帧：

①数据帧。数据帧直接从访问节点的中心控制器发往某个特定的工作站。如果中心控制器没有收到接收端的应答（ACK）帧，它就会在无竞争期内的 PIFS 间隔之后重发这个未确认帧。中心控制器可以向工作站发送单个的、广播的和多点传送的帧，包括那些处于可轮询的节能模式的工作站。

②CF 轮询帧。中心控制节点向某个特定工作站发送此帧，授权该工作站可以向任何目的端发送一个帧。如果被轮询的工作站没有帧需要发送，那么它必须发一个空数据帧。如果发帧工作站没有收到任何应答帧，那么它只有等到被中心控制器再次轮询才能再重发此帧。如果无竞争发送的接收工作站不是可轮询的 CF，它将采取分布式控制方式来响应帧的接收。

③数据+CF 轮询帧。在这种情况下，中心控制器向一个工作站发送一个数据帧，并发送无竞争帧轮询该站。这是一种可以降低系统开销的捎带确认模式。

④CF 结束帧。这种帧用于确定竞争期的结束。

工作站可以选择是否被轮询，在 Association Request（连接请求）帧的功能信息字段的 CF-Portable（可轮询 CF）子字段中表明希望轮询与否。一个工作站通过发布 Reassociation Request 帧来改变自身的可轮询性。中心控制器维护着一个轮询队列，轮询队列中的工作站在无竞争期可能会受到轮询。

中心控制方式并不是只在分布式控制方式的退避时间里工作，因此，当相互覆盖的中心控制器使用一个物理信道时，会有碰撞发生。由多个访问节点组成的基础网络设施中就存在这类问题。为了减少碰撞，如果进行初始信标发送时遇到介质忙，中心控制器会采用随机退避时间机制。PCF 这种无竞争的通信控制方式额外提供了 QoS（Quality of Service）的可能。

2）网络连接

当工作站接通电源之后，首先通过被动或主动扫描方式检测有无现成的工作站和访问节点可供加入。加入一个 BSS 或 ESS 之后，工作站从访问节点接收 SSID、时间同步函数（Timer Synchronization Function，TSF）、计时器的值和物理（PHY）安装参数。一个站点有以下两种模式来建立网络连接：

（1）被动扫描模式。在这种模式下，工作站对每一个信道都进行一段时间的监听，具体时间的长短由 Channeltime 参数确定。该工作站只寻找具有本站希望加入的 SSID 的信标帧，搜索到这个信标后，继而便分别通过认证和连接过程建立起连接。

（2）主动扫描模式。在这种模式下，工作站发送包含该站希望加入的 SSID 信息的探询（Probe）帧，然后开始等待探询响应帧（Probe Response Frame），探询响应帧将标识所需网络的存在。

工作站也可以发送广播探询帧，广播探询帧会引起所有包含该站的网络的响应。在物理网络中，访问节点会向所有的探询请求响应；而在独立的 BSS 网络中，最后生成信标帧的工作站将响应探询请求。探询响应帧明确了希望加入的网络的存在，继而工作站可以通过验证和连接过程来完成网络连接。

3）提供认证和加密

IEEE 802.11 标准提供以下两种认证服务，以此来增强网络的安全性：

（1）开放系统认证（Open System Authentication），这是系统缺省的认证服务。不需要对发送工作站进行身份认证时，一般采用开放系统认证。如果接收工作站通过 MIB 中的 AuthenticationType 参数指明其采用开放系统认证模式，那么采用开放系统认证模式的发送 工作站可认证任何其他工作站和 AP。

（2）共享密钥认证（Shared Key Authentication），与开放系统认证相比，共享密钥认证提供了更高的安全检查级别。采用共享密钥认证的工作站必须执行 WEPO。IEEE 802.11 标准采用共享密钥认证的过程如下：

①请求工作站向另一个工作站发送认证帧。

②当一个站收到开始认证帧后，会返回一个认证帧，该认证帧包含有线等效保密（WEP）服务生成的 128B 的质询文本。

③请求工作站将质询文本复制到一个认证帧中，用共享密钥加密，然后再把帧发往响应工作站。

④接收站利用相同的密钥对质询文本进行解密，将其和早先发送的质询文本进行比较。如果相互匹配，响应工作站返回一个表示认证成功的认证帧；如果不匹配，则返回失败认证帧。

（3）加密。IEEE 802.11 标准定义了可选的 WEP，以使无线网络具有和有线网络相同的安全性。WEP 生成共用加密密钥，发送端和接收端工作站均可用它改变帧位，以避免信息的泄漏。这个过程也称为对称加密。工作站可以只实施 WEP 而放弃认证服务。但是如果要避免网络受到安全威胁的攻击，就必须同时实施 WEP 和认证服务中 WEP 加密的过程，如图 4-13 所示。

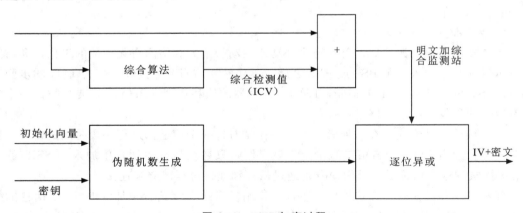

图 4-13　WEP 加密过程

①在发送端，WEP 首先利用一种综合算法，对 MAC 帧中未加密的帧体（frame body）字段进行加密，生成 4B 的综合检测值。检测值和数据一起发送，在接收端对检测值进行检查，以检测非法的数据改动。

②将共享密钥和 24 位的初始化向量（IV）输入伪随机数生成器，生成一个键序（伪随机码），键序的长度等于明文加综合检测值的长度。

③伪随机码对明文和综合检测值逐位进行异或运算，生成密文，完成对数据的加密。IV 和密文同时送往信道传输。

④在接收端，WEP利用IV和共用密钥对密文进行解密，复原成原先用来对帧进行加密的键序。

⑤工作站计算综合检测值，随后确认计算结果与随帧一起发送来的值是否匹配。如综合检测失败，工作站不会把MSDU（媒体服务数据单元）交给LLC层，并向MAC管理程序发回失败声明。

2. MAC 帧的结构

IEEE 802.11标准定义了MAC帧结构的主体框架，如图4-14所示。

帧控制 2B	持续时间/标志 2B	地址1 6B	地址2 6B	地址3 6B	序列控制 2B	地址4 6B	帧体	帧校验序列 4B

图 4-14 IEEE 802.11MAC 帧结构

MAC帧中包括6种主要字段。

（1）帧控制（Frame Control）。该字段是在工作站之间发送的控制信息，在帧控制字段中定义了该帧是管理帧、控制帧还是数据帧。

（2）持续时间/标志（Duration/ID）。大部分帧中，这个域内包含持续时间的值，值的大小取决于帧的类型。通常每个帧一般包含表示下一个帧发送的持续时间信息。例如，数据帧和应答帧中的Duration/ID字段表明下个分段和应答的持续时间。网络中的工作站就是通过监视这个字段，依据持续时间信息来推迟发送的。

只在节能-轮询控制帧中，Duration/ID字段载有发送端工作站14bit重要的连接特性，置两个保留位为1。这个标识符的取值范围一般为1～2007（十进制）。

（3）Address 1/2/3/4（地址1/2/3/4）。地址字段包含不同类型的地址，地址的类型取决于发送帧的类型，这些地址类型可以包含基本服务组标识（BSSID）、源地址、目标地址、发送站地址和接收站地址。IEEE 802.11标准定义了这些地址的结构。地址分为每一个站点的单独地址和组地址。组地址又分为组播地址和广播地址两种。广播地址的所有位均为1。

（4）序列控制（Sequence Control）。该字段最左边的4bit由分段号子字段组成。这个子字段标明一个特定MSDU的分段号。第一个分段号为0，后面发送分段的分段号依次加1。下面12bit是序列号子字段，从0开始，对于每一个发送的MSDU子序列依次加1。一个特定MSDU的第一个分段都拥有相同的序列号。

（5）帧体（Frame Body）。这个字段的有效长度可变，为0～2312B。该字段信息取决于发送帧。如果发送帧是数据帧，那么该字段会包含一个LLC数据单元（也叫MSDU）。MAC管理和控制帧会在帧体中包含一些特定的参数，这些参数由该帧所提供的特殊服务所决定。如果帧不需要承载信息，那么帧体字段的长度为0。接收工作站从物理层适配头的一个字段判断帧的长度。

（6）帧校验序列（FCS）。发送工作站的MAC层利用循环冗余码校验法（Cyclic Redundancy Check，CRC）计算一个32 bit的FCS，并将结果存入这个字段。

3. MAC 帧类型

为了实现 MSDU 在对等逻辑链路层（LLC）之间的传送，MAC 层用到多种帧类型，每种类型的帧都有其特殊的用途。IEEE 802.11 标准将 MAC 帧分为三种类型，分别在工作站及 AP 之间提供管理、控制和数据交换功能。下面详细介绍这三种帧的结构。

1）管理帧

管理帧负责在工作站和 AP 之间建立初始的通信，提供连接和认证等服务。在无竞争期（由集中控制方式所规定的），管理帧的 Dilution（持续时间）字段被设置为 32768D（8000H），从而管理帧在其他工作站获得介质访问权之前，有足够的时间建立通信连接。在竞争期（由基于 CSMA 的分布式控制方式所规定的），管理帧的 Duration 字段设置如下：

（1）目标地址是成组地址时，Duration 字段置 0。

（2）More Fragment 位设置为 0，且目标地址是单个地址时，Duration 字段的值是发送一个响应（ACK）帧和一个短帧间隔 Interframe Space 所需的微秒数。

（3）More Fragment 位设置为 1，且目标地址是单个地址时，Duration 字段的值是发送下一个分段、两个 ACK 帧和三个短帧间隔所需的微秒数。

工作站接收管理帧时，首先根据 MAC 帧地址 1 字段中的目标地址（DA）进行地址比较。如果目标地址和该工作站相匹配，则该站完成帧的接收，并把它交给 LLC 层；如果地址不匹配，工作站将忽略这个帧。

下面介绍管理帧的子类型，共 11 种。

（1）连接请求帧（Association Request Frame）。如果某工作站想连接到一个 AP 上，那么它就向这个 AP 发送连接请求帧。得到 AP 的许可后，工作站就连到 AP 上。

（2）连接响应帧（Association Response Frame）。AP 收到一个连接请求帧之后，返回一个连接响应帧，指明是否允许和该工作站建立连接。

（3）再次连接请求帧（Reassociation Request Frame）。如果工作站想和一个 AP 再次连接，就向 AP 发送此帧，当一个工作站离开一个 AP 的覆盖范围而进入另一个 AP 的范围时，可能会产生再次连接。工作站需要和新的 AP 再次连接（不仅仅是连接），以使 AP 知道，它要对从原来的 AP 转交过来的数据帧进行处理。

（4）再次连接响应帧（Reassociation Response Frame）。AP 收到再次连接请求帧之后，返回一个再次连接响应帧，指明是否和发送工作站再次连接。

（5）轮询请求帧（Probe Request Frame）。工作站通过发送轮询请求帧，以得到来自另一个工作站或 AP 的信息。例如：一个工作站可发送一个轮询请求帧，来确定某个 AP 是否可用。

（6）轮询响应帧（Probe Response Frame）。工作站或 AP 接收轮询请求帧之后，会向发送工作站返回一个包含自身特定参数（如：跳频和直接序列扩频的参数）的轮询响应帧。

（7）信标帧（Beacon Frame）：在一个基础结构网络中，AP 定期地发送信标帧（根据 MIB 中的 aBeaconPeriod 参数），保证相同物理网中的工作站同步。信标帧中包含时间戳（Timestamp），所有工作站都利用时间戳来更新计时器，IEEE 802.11 定义其为时间同步功能（Timing Synchronization Function，TSF）计时器。

如果 AP 支持集中控制方式，那么它就利用信标帧声明一个无竞争期的开始。在独立的 BSS（是指无 AP）网络中，所有的工作站定期发送信标帧，确保网络同步。

（8）业务声明指示信息帧（ATIM Frame）。有的工作站负责缓存发向其他工作站的帧，前者会向后者发送 ATIM（Announcement Traffic Indication Message）帧，接收端立即发送一个信标帧。随后，负责缓存的工作站将缓存的帧发往对应的接收者。ATIM 帧的发送使工作站从睡眠转向唤醒，并保持足够长的"清醒"时间来接收各自的帧。

（9）分离帧（Diassociation Frame）。如果工作站或 AP 想终止一个连接，只需向对方工作站发一个分离帧即可。广播地址全部为 1 时，仅仅一个分离帧就可以终止和多个工作站的连接。

（10）认证帧（Authenhcatkm Frame）。工作站通过发送认证帧，可以实现对工作站或 AP 的认证。认证序列由一个或多个认证帧组成，帧的多少由认证类型决定（是开放系统，还是公用密钥）。

（11）解除认证帧（Deauthentication Frame）。当工作站欲终止安全通信时，就向工作站或 AP 发送一个解除认证帧。

管理帧帧体的内容由所发送的管理帧的类型决定。

IEEE 802.11 标准描述了管理帧的帧体元素。如果需要详细的字段格式等信息，请参看相关标准。下面对各元素进行概括的介绍。

（1）认证算法号（Authentication Algorithm Number）。本字段指明被认证工作站和 AP 所采用的认证算法。0 表示开放系统认证法，1 表示公用密钥认证法。

（2）认证处理序列号（Authentication Transaction Sequence Number）。该字段表明认证过程进行的状态。

（3）信标间隔（Beacon Interval）。本字段表示发送两个信标之间间隔的时间单元个数。

（4）能力信息（Capability Information）。工作站用本字段声明自己的能力信息。例如：它可以在这个元素中标明自己希望被轮询。

（5）当前 AP 地址（Current AP Address）。本字段用于标明目前和工作站相连的 AP 的地址。

（6）监听间隔（Listing Interval）。以信标间隔为时间单位，表明工作站每隔多少个时间单位就被唤醒，以监听信标管理帧。

（7）原因代码（Reason Code）。以一个被编号的代码表明工作站断开连接或解除认证的原因。常有 3 种原因：刚刚进行的认证不再有效；休止状态而导致断开连接；工作站的连接请求遭到响应工作站的拒绝。

（8）连接标识（Association ID，AID）。在连接中，由 AP 分配的这个 ID 是从一个工作站响应给另一工作站的 16bit 的标识符。

（9）状态码（Status Code）。该码表明某一特定操作的状态，常有 4 种状态：成功；不明原因的失败；由于 AP 所能提供连接的工作站数量有限，而造成的连接被拒绝；由于等待序列中的下一个帧超时，而造成的认证失败。

（10）时间戳（Time stamp）。这个字段包含工作站发送帧时的时钟值。

（11）服务组标识（Service Set Identify，SSID）。本字段包含扩展服务组（ESS）的标识符。

（12）支持速率（Supported Rates）。本字段指明某工作站所能接收的所有数据率，其值以 500kb/s 为单位增加。MAC 机制可以通过调整数据率来优化帧的发送操作。

（13）跳频参数设置（FH Parameter Set）。本字段指明利用跳频 PHY 同步两个工作站时必须用到的延迟时间和跳频模式。

（14）直接序列扩频参数设置（DS Parameter Set）。该字段指明使用直接序列扩频 PHY 的工作站的信道数。

（15）无竞争参数设置（CF Parameter）。本字段包含集中控制方式（PCF）的一系列参数。

（16）业务指示表（TIM）。这个元素指明工作站是否有 MSDU 缓存在 AP 中。

（17）独立基本服务组参数设置（IBSS Parameter Set）。本字段包含独立基本服务组（Independent Basic Service Set，IBSS）网络的参数。

（18）质询文本（Challenge Text）。本字段包含公用密钥认证序列的质询文本。

2）控制帧

当工作站和 AP 之间建立连接和认证之后，控制帧为帧数据的发送提供辅助功能。图 4-15 示意了常见的控制帧流。

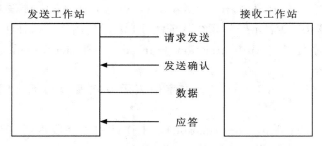

图 4-15　控制帧提供发送工作站和接收工作站之间的同步

（1）控制帧子类型的结构。

请求发送（RTS）：工作站向某接收工作站发送 RTS 帧，以协商数据帧的发送。通过 MIB 中的 aRTSThreshold 属性，可以将工作站加入 RTS 帧序列，将帧设置成一般、从不或者仅仅比一个特定的长度长。

图 4-16 是 RTS 帧的格式示意图。Duration 字段的值以微秒为单位，是发送工作站发送一个 RTS 帧、一个 CTS 帧、一个 ACK 帧和三个短帧间隔（SIFS）所需的时间。

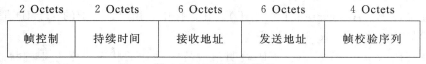

图 4-16　RTS 帧的格式

①清除发送（CTS）：收到 RTS 后，接收工作站向发送工作站返回一个 CTS 帧，以

确认发送工作站享有发送数据帧的权力。工作站一直都留意 Duration 信息并响应 RTS 帧，即使该工作站没有在 RTS 帧序列中。

②应答（ACK）：工作站收到一个无误的帧之后，会向发送工作站发送一个 ACK 帧，以确认帧已被成功地接收。

Duration 字段的值以微秒为单位，当前述的数据帧或管理帧的帧控制字段中更多分段比特数（More Fragment bit）为 0 时，该 Duration 字段的值也为 0；当前述的数据帧或管理帧的帧控制字段中更多分段比特数为 1 时，该 Duration 字段的值等于前述的数据帧或管理帧的 Duraion 字段的值减去发送 ACK 帧和 SIFS 间隔的时间。

③节能轮询（PS Poll）：当工作站收到 PS Poll 帧后，会更新网络分配矢量（NAV）。NAV 用于表明工作站多长时间内不能发送信息，它包含对介质未来通信量的预测。图 4-17 是 PS Poll 帧的格式示意图。

2 Octets	2 Octets	6 Octets	6 Octets	4 Octets
帧控制	AID	BSSID	发送地址	帧校验序列

图 4-17　PS Poll 帧的格式

④无竞争终点（CF End）：CF End 标明集中控制方式的无竞争期的终点。图 4-18 是 CF End 帧的格式示意图。这类帧的 Duration 字段一般设置为 0，接收地址（RA）包含广播组地址。

2 Octets	2 Octets	6 Octets	6 Octets	4 Octets
帧控制	持续时间	接收地址	BSSID	帧校验序列

图 4-18　CF End 帧的格式

⑤CF End＋CF ACK：该帧用于确认 CF End 帧。图 4-18 是 CF End＋CF ACK 帧格式的示意图。这类帧的 Dumtimi 字段一般设置为 0，而且接收地址（RA）包含广播组地址。

（2）RTS/CTS 的使用。由于网络有时只能实现部分连通，因此无线局域网协议必须考虑可能存在的隐藏工作站。这时可以通过 AP 的安装程序激活 RTS/CTS 模式。

当存在隐藏工作站的可能性较高时，RTS/CTS 的性能比基本访问优越得多。另外，当网络使用率增加时，RTS/CTS 性能的降低速度比基本访问慢得多。但是，如果隐蔽工作站存在的可能性很低，RTS/CTS 反而会导致网络吞吐量降低。

在图 4-19 所示的网络中，工作站 A、B 都可以和 AP 直接通信，但障碍物阻止了 A 和 B 之间的直接通信。如果 B 正在发送信息的时候，A 也准备访问介质，而 A 检测不到 B 正在发送信息，这时就会发生碰撞。

为了防止由于隐藏网点和高利用率所带来的碰撞，正在发送信息的工作站 B 应该向 AP 发送一个 RTS 帧，请求占有一段时间的服务。如果 AP 接收这个请求，它会在这段时间内向所有工作站广播 CTS 帧，则这段时间内，包括 A 在内的所有工作站都不会企图访问介质。

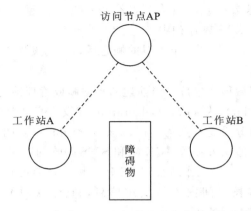

图 4-19　工作站 A、B 之间的障碍物会引发访问碰撞

使用 RTS/CTS 功能时，可以通过 AP 或无线电卡的配置文件来设置信息包的最小长度，其值一般为 100～2048B。值得注意的是：信息包的长度设置得过小，会极大地增加网络的系统开销。

RTS/CTS 交换的同时进行快速的碰撞推断和传送线路检测。如果发送 RTS 的工作站没有探测到返回的 CTS，它就会重复发送操作（遵守其他的介质使用规则），其重发速度远比发送长数据帧之后无 ACK 帧返回时快。RTS/CTS 介质访问机制并不适合所有的数据帧发送，因为附加的 RTS 和 CTS 帧会增大系统开销，降低效率。RTS/CTS 尤其不适合短的数据帧。

3）数据帧

数据帧的主要功能是传送信息（如介质服务数据单元）到目标工作站，转交给 LLC 层（见图 4-20 和表 4-1）。数据帧可以从 LLC 层承载特定信息，监督未编号的帧。

2 Octets	2 Octets	6 Octets	6 Octets	6 Octets	2 Octets	6 Octets	0～2312 Octets	4 Octets
Frame Control	Duration/ ID	Address 1	Address 2	Address 3	Sequence Control	Address 4	Frame Body	FCS

图 4-20　数据帖的格式

表 4-1　帧控制字段的 To DS 和 From DS 子字段决定了数据帧地址字段的有效内容

To DS	From DS	Address 1	Address 2	Address 3	Address 4
0	0	DA	SA	BSSID	N/A
0	1	DA	BSSID	SA	N/A
1	0	BSSID	SA	DA	N/A
1	1	RA	TA	DA	SA

MAC 层只是 IEEE 802.11 标准的一部分，要设计完全满足要求的无线网络，还必须

选择适当的物理层。

4.1.3 物理层

无线局域网物理层是空中接口（Air Interface）的重要组成部分，它为 WLAN 系统提供无线通信链路。无线局域网系统的物理层主要解决适应 WLAN 信道特性的高效而可靠的数据传输问题，并向上层提供必要的支持与响应。可利用传输媒介属于 UHF 频段至 SHF 频段的电波和空间传播用的红外线传播方式。红外线的原理就是利用可视红光光谱之外的不可视光，红外线也是光的一种，所以它也同样具有光的特性，它无法穿越不透光的物体。但对于利用无线电波的传输方式而言，主要有 2.4GHz 和 5GHz 两个较通用的频段及其他专用频段。数据传输方式可以是窄带的，也可以是宽带甚至超宽带（UWB）的。

1. 物理层结构

无线局域网物理层由以下三部分组成（见图 4-21）：

图 4-21　无线局域网物理层结构

（1）物理层管理（Physicallayer Management）：为物理层提供管理功能，它与 MAC 层管理相连。

（2）物理层汇聚子层（Physical Layer Convergence Procedure，PLCP）：MAC 层和 PLCP 通过物理层服务访问点（SAP）利用原语进行通信，MAC 层发出指示后，PLCP 开始准备需要传输的介质协议数据单元（MAC Sublayer Protocol Data Unit，MPDU）。PLCP 也从无线介质向 MAC 层传递引入帧。PLCP 为 MPDU 附加字段，字段中包含物理层发送和接收所需的信息，IEEE 802.11 标准称这个合成帧为 PLCP 协议数据单元（PLCP Protocol Data Unit，PPDU）。PLCP 将 MAC 协议数据单元映射成适合被 PMD 传送的格式，从而降低 MAC 层对 PMD 层的依赖程度。PPDU 的帧结构提供了工作站之间 MPDU 的异步传输，因此，接收工作站的物理层必须同步每个单独的即将到来的帧。

（3）物理介质依赖（Physical Medium Dependent，PMD）子层：在 PLCD 下方，PMD 支持两个工作站之间通过无线介质实现物理层实体的发送和接收。为了实现以上功能，PMD 需直接面向无线介质（大气空间），并对数据进行调制和解调。PLCP 和 PMD 之间通过原语通信，控制发送和接收功能。

2. 物理层功能

每一种网络物理层的功能大体相同。在 IEEE 802.11 标准中规定了无线局域网物理层实现的功能：

- 载波侦听：判断介质的状态是否空闲。
- 发送：发送网络要传输的数据帧。
- 接收：接收网络传输过来的数据帧。

1）载波侦听

无线局域网的物理层通过 PMD 子层检查介质状态来完成载波侦听功能。如果工作站没有传输或接收数据，PLCP 子层将完成下面的侦听工作。

（1）探测信号是否到来：工作站的 PLCP 子层持续对介质进行侦听。介质繁忙时，

PLCP 将读取 PLCP 前同步码和适配头，并使接收端和发送端进行同步。

（2）信道评价了测定无线介质繁忙还是空闲。如果介质空闲，PLCP 将发送原语到 MAC 层表明信道为空闲；如果介质繁忙，PLCP 将发送原语到 MAC 层表明介质繁忙。MAC 层根据 PLCP 层的信息决定是否发送帧。

2）发送

PLCP 在接收到 MAC 层的发送请求（PHY-TXSTART. request 原语）后将 PMD 转换到传输模式。同时，MAC 层将与该请求一道发送字节数（0～4095）和数据率指示。然后，PMD 通过天线在 20pm 内发射帧的前同步码。

发送器以 1Mb/s 的速率发送前同步码和适配头，为接收器的收听提供特定的通用数据率。适配头的发送结束后，发送器将数据率转换到适配头确定的速率。发送全部完成后，PLCP 向 MAC 层发送确认一个 MPDU 传送结束（PHY-TXENDxonfirm 原语），关闭发送器，并将 PMD 电路转换到接收模式。

3）接收

如果载波侦听检测到介质繁忙，同时有合法的即将到来帧的前同步码，则 PLCP 就开始监视该帧的适配头。当 PMD 监听到的信号能量超过 −85dBm 时，它就认为介质忙。如果 PLCP 测定适配头无误，目的接收地址是本地地址，它将向 MAC 层通知帧的到来（发送 PHY-RXSIART. indication 原语），同时还发送帧适配头的一些信息，如字节数、RSSI 和数据率）。

PLCP 根据 PSDU（PLCP Service Data Unit，PLCP 服务数据单元）适配头字段长度的值，来设置字节计数器。计数器跟踪接收到的帧的数目，使 PLCP 知道帧什么时间结束。PLCP 在接收数据的过程中，通过 PHY-DATandication 信息向 MAC 层发送 PSDU 的字节；接收到最后一个字节后，它向 MAC 层发送一条 PHY-RXEND. indication 原语，声明帧的结束。

3. 跳频扩频物理层

跳频扩频（FHSS）物理层是 IEEE 802.11 标准规定的三种物理层之一。实际上，选用无线局域网产品就是根据实际的要求来确定选择什么样的物理层。与直接序列扩频物理层相比，跳频扩频物理层的抗干扰能力强，但是覆盖范围小于直接序列扩频，同时大于红外线物理层。FHSS 具有以下特性：

- 成本最低。
- 能量耗费最低。
- 抗信号干扰能力最强。
- 单物理层数据传输率具有最小的电压。
- 多物理层具有最大的集成能力。
- 发送范围小于直接序列扩频（DSSS），但大于红外线物理层（IR）。

1）跳频扩频 PLCP 子层

跳频扩频 PLCP 帧（PLCP 协议数据单元，PPDU）格式见图 4-22。FHSS PPDU 由 PLCP 前同步码、PLCP 适配头（提供帧的有关信息）和 PLCP 服务数据单元组成。

帧同步 80B	SFD 16B	PLW 16B	PSF 4B	帧校验 16B	漂白 PSDU

图 4-22　跳频扩频 PLCP 帧格式

图 4-22 中各部分的功能如下：

帧同步（SYNC）：由 0 和 1 交替组成。接收端检测到帧同步信号后，就开始与输入信号同步。

SFD（Start Frame Delimiter，开始帧定界符）：表示一个帧的开始，数据通常为 0000110010111101。

PLW（PSDU 字长）：表示 PSDU 的长度，单位为字节。接收端用该信息来测定帧的结束。

PSF（PLCP 发信号字段）：表示漂白 PSDU 的数据速率。PPDU 的前同步码和适配头以速率 1Mb/s 发送，而其他部分可以不同的数据率发送，数据率由 PSF 字段给出。当然，PMD 必须能支持给出的数据率。

帧校验：对适配头中的数据进行差错检测，采用 CRC-16 循环冗余校验，生成多项式是 $G(x) = x^{16} + x^{12} + x^5 + 1$。对于 PSDU 中是否存在差错，不在物理层检测，而是在 MAC 层由 FCS 字段进行差错检测。

CRC-16 可以检测所有单位和双位差错，检测率达所有可能差错的 99.998%，非常适合小于 4KB 的数据块传送。

漂白 PSDU（Whitened PSDU）：PSDU 的长度为 0～4095B。在发送之前，物理层对 PSDU 进行"漂白"。所谓漂白，实际上是一个扰码的过程，通过扰码使数据信号传输的"1""0"码等概率。这样可以减小直流分量，有利于提取稳定的时钟，以及降低电路非线性而产生的交调噪声。PSDU 的漂白过程是用一个 127bit 扰码器和一个 32/33 偏差压制编码算法来实现的。

2）跳频扩频 PMD 子层

PMD 子层在 PLCP 子层下方，完成数据的发送和接收，实现 PPDU 和无线电信号之间的转换。因此 PMD 直接与无线介质（大气空间）接口，并为帧的传送提供 FHSS 调制和解调。FHSS PMD 通过跳频功能和频移键控（FSK）技术来实现数据的收发。

（1）跳频功能，IEEE 802.11 标准定义了无线局域网在 24GHz ISM 频带所采用的信道，信道的具体个数与不同的国家有关。北美洲和大多数欧洲国家采用 IEEE 802.11 标准，定义的工作频率为 2.402～2.480GHz，总信道数为 79；而在日本定义的工作频率为 2.473～2.495GHz，每个信道所占用的带宽也是 1MHz，总信道数为 23。

基于 FHSS 的 PMD 通过跳频的方式发送 PPDU，当在 AP 上设置完跳频序列后，工作站会自动与跳频序列同步。IEEE 802.11 标准定义了一组特殊的跳频序列，北美洲和大多数欧洲国家为 78 个，而日本为 12 个。序列之间避免了长时间的相互干扰，从而可以在一个区域放置多个 AP 而不互相干扰。

跳频的速率是可变的，但有一个最小值。不同的国家有不同的规定，美国规定 FHSS

的最小跳距是 6MHz，最小跳频速率为 2.5 跳/秒。日本规定的最小跳距是 5MHz。

安装无线局域网时，需要选择跳频组和跳频序列。IEEE 802.11 标准定义了三个独立的跳频组（Set），称为 Set1、Set2 和 Set3，每组都包含多个互不干扰的跳频序列。如美国跳频组为

Setl：[0，3，6，9，12，15，18，21t24，27，30，33，36，39，42，45，48，51，
　　　54，57，60，63，66，69，72，75]

Set2：[1，4，7，10，13，16，19，22，25，28，31，34，37，40，43，46，49，52，
　　　55，58，6b64，67，70，73，76]

Set3：[2，5，8，11，14，17，20，23，26，29，32，35，38，41，44147，50，53，
　　　56，59，62，65，68，7b74，77]

如果网络只有一个基本服务集（或者只有一个 AP），那么我们可以任意选择跳频组和跳频序列，因为这个时候不存在干扰问题，例如可以直接使用商家提供的默认设置。但如果要在同一个区域安装数个基本服务集，那么就必须在公用跳频组中为每一个 AP 选择不同的跳频序列，以减小不同 BSS 之间的干扰。

（2）FHSS 调制。FHSS PMD 数据传输的速率为 1Mb/s 或 2Mb/s。对 1Mb/s 的速率采用高斯频移键控（GFSK）调制。所谓 GFSK，就是在 2FSK 调制的前面加一个高斯滤波器，使频率按照高斯特性变化。系统的噪声和干扰一般只会影响信号的振幅，而不会影响频率，所以，使用 GFSK 可以减少干扰的影响。

对 2Mb/s 的数据速率，采用的调制方式为 4GFSK，也就是有 4 个不同的载波频率，每一个频率表示不同的两比特组合（00，01，10，11）。所以，如果数据信号的波特率相同，4GFSK 调制传输的数据率将比 GFSK 提高一倍。

IEEE 标准 C95.1—1991 对 FHSS 无线电设备的发射功率作出了具体的规定。IEEE 802.11 标准还限制发送器的最大输出功率产生的各向同性辐射功率（测量一个无增益天线所得的值）不超过 100mW。很显然，该限制使 IEEE 802.11 无线电产品满足欧洲的发射功率限制。在实际使用中，通过采用高方向性（即增益）天线而得到的功率比这个限制值高得多。

IEEE 802.11 标准还规定所有的 PMD 必须支持至少 10mW 的发射功率。AP 和无线网卡通过初始化参数，可以提供多个发射功率级别。

4. 直接序列扩频物理层

直接序列扩频（DSSS）物理层是 IEEE 802.11 标准定义的无线局域网的三种物理层之一。在实际应用中，我们可以考虑 DSSS 的特点，在合适的场合使用。与跳频扩频物理层相比，直接序列扩频物理层传输的数据速率高（在 IEEE 802.11 标准中跳频扩频和直接序列扩频的速率相同；但是在以后的标准中，如 IEEE 802.11b、IEEE 802.11a，因为 DSSS 比 FHSS 传输的速率高而选择 DSSS），传输距离比跳频扩频和红外线物理层都大，但是在同一个区域内能够提供的无干扰的信道数小。DSSS 具有以下特点：

- 成本最高。
- 能量消耗最大：$N_{PAD} = N_{DATA} - (16 + 8 \times LENGTH + 6)$。
- 和跳频扩频相比，DSSS 来自各个物理层的数据率最高。

- 和跳频扩频相比，DSSS 的多物理层集成能力最低。

- DSSS 可支持的不同地理位置无线电小区的个数最小，所以限制了可提供的信道数。

- DSSS 发送距离比跳频扩频和红外线物理层都大。

1）DSSS PLCP 子层

图 4-23 是 DSSS PLCP 帧（PLCP 协议数据单元，PPDU）格式示意图。DSSS PLCP 由一个 PLCP 前同步码、PLCP 适配头和 MPDU 组成。

帧同步 128B	SFD 16B	信号 8B	服务 8B	长度 16B	帧校验 序列 8B	MPDU

PLCP 前同步码   PLCP 适配头

图 4-23 DSSS PLCP 帧结构

图 4-23 中的每一字段的含义如下：

帧同步（SYNC）：由 0 和 1 交替组成，开始后与输入信号同步。

SFD（Start Frame Delimiter，开始帧定界符）：接收端检测到帧同步信号后，就表示一个帧的开始，对于 DSSS PLCP 子层，SFD 数据通常为 1111001110100000。

信号（Signal）：表示接收器所采用的调制方式。其取值等于数据速率除以 100kb/s。IEEE 802.11 标准规定该字段的取值是：1Mb/s 速率时为 00001010；2Mb/s 速率时为 00010100。PLCP 前同步码和适配头都以 1Mb/s 发送。

服务（Service）：IEEE 802.11 标准保留该字段为以后应用；目前的值用 00000000 表示，符合 IEEE 802.11 标准。

长度（Length）：取值是一个无符号的 16 位整数，用来表示发送 MPDU 所需的微秒数。接收端利用该字段提供的信息确定帧的结束。

帧校验序列（Frame Check Sequence）：采用和 FHSS 相同的 CRC-16 循环冗余校验，生成的多项式是 $G(x) = x^{16} + x^{12} + x^5 + 1$。对于 PSDU 中是否存在差错，不在物理层检测，而是在 MAC 层由 FCS 字段进行差错检测。

PSDU：实际上是 MAC 层发来的 MPDU，它的大小可以从 0 位到最大尺寸，最大尺寸由 MIB 中的 aMPDUMaxLength 参数设定。

2）DSSS PMD 子层

DSSS PMD 子层完成的功能与 FHSS PMD 子层的相同，即实现 PPDU 和无线电信号之间的转换，提供调制和解调功能。

DSSS 物理层工作频带为 2.4～2.4835GHz。在 IEEE 802.11 标准中，DSSS 最多有 14 个信道，每个信道的中心频率不同。目前在世界上不同的国家工作的信道数有所不同。

（1）DSSS 扩频。直接序列扩频的过程是首先数字化扩展基带数据（指 PPDU），然后将扩展数据调制到一个特定的频率。

发送器通过二进制加法器将 PPDU 和一个伪噪声（PN）码组合起来，从而达到扩展 PPDU 的目的。直接序列系统的 PN 序列是一个正负 1 的序列。IEEE 802.11 DSSS 的特

殊 PN 码是如下的 11-chip Barker 序列，从左到右依次为

$$+1, \ -1, \ +1, \ +1, \ -1, \ +1, \ +1, \ +1, \ -1, \ -1, \ -1$$

二进制加法器输出的 DSSS 信号具有比输入的原始信号更高的速率。例如，1Mb/s 的输入 PPDU，加法器会输出 11Mb/s 的扩展信号。调制器将基带信号转换成基于选定信道的发送操作频率的模拟信号。

DSSS 与 CDMA（Code Division Multiple Access，码分多路访问）有所不同。CDMA 与 DSSS 的工作模式基本相似，它利用多路正交扩展序列使多个用户能够在同一频率上工作。它们之间的区别是 IEEE 802.11 DSSS 一般使用相同的扩展序列，允许用户从多个频率中为当前的操作选择一个频率。

DSSS 系统的一个众所周知的优点是"处理增益"（有时也称为扩展比率），处理增益的值等于扩展 DSSS 信号的数据率除以原始 PPDU 的数据率。为了将可能的信号干扰降到最低程度，IEEE 802.11 标准规定 DSSS 的最小处理增益是 11。美国 FCC 和日本 MKK 规定的最小处理增益是 10。

（2）DSSS 调制。DSSS PMD 对 1Mb/s 或 2Mb/s 的速率采用不同的调制方式，具体的调制模式由所选的数据率决定。对于 1Mb/s 速率，采用差分二进制相移键控（DBPSK）调制。DBPSK 是利用前后码之间载波相位的变化来表示数字基带信号的。IEEE 802.11 标准中规定的相位变化和输入二进制码元的对应关系见表 4-2。

表 4-2　1Mb/s DBPSK 调制相位编码表

输入二进制码元	相位变化
0	0
1	π

对于 2Mb/s 数据速率，PMD 使用差分四相相移键控（DQPSK）调制。在 DQPSK 调制中，共有 4 种相位状态，每组状态对应一组码元，因此，4 种载波相位就表征了 4 种二进制码元的组合（00，01，10，11）。在 IEEE 802.11 标准中规定采用"/2"调相系统，输入的二进制码元组合与相位变化的对应关系见表 4-3。

表 4-3　2Mb/s DQPSK 相位编码表

输入三进制码元组合	相位变化
00	0
01	$\pi/2$
11	π
10	$3\pi/2$（$-\pi/2$）

4.1.4　IEEE 802.11 无线局域网的网络构成

WLAN 网络产品的多种使用方法可以组合出适合各种情况的无线联网设计，可以方便地解决许多以线缆方式难以联网的用户需求。例如，数十千米远的两个局域网相联：其间或有河流、湖泊相隔，拉线困难且线缆安全难保障；或在城市中敷设专线要涉及审批复

杂、周期很长的市政施工问题，WLAN 能以比线缆低几倍的费用在几天内实现，WLAN 也可方便地实现不经过大的施工改建而使旧式建筑具有智能大厦的功能。

WLAN 的设备主要包括无线网卡、无线访问接入点、无线集线器和无线网桥。几乎所有的无线网络产品中都自带无线发射/接收功能，且通常是一机多用。WLAN 的网络结构主要有两种类型：无中心网络和有中心网络。

1. 无中心网络

无中心网络（无 AP 网）也称对等网络或 Ad hoc 网络，它覆盖的服务区称为 IBSS。对等网络用于一台无线工作站（STA）和另一台或多台其他无线工作站的直接通信，该网络无法接入有线网络中，只能独立使用。这是最简单的无线局域网结构，如图 4-24 所示。一个对等网络由一组有无线接口的计算机组成，这些计算机要有相同的工作组名、服务区别号（ESSID）和密码。

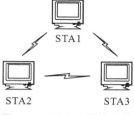

对等网组网灵活，在任何时间，只要两个或更多的无线接口互相都在彼此的范围之内，它们就可以建立一个独立的网络。这些根据要求建立起来的典型网络在管理和预先调协方面没有任何要求。

对等网络中的一个节点必须能同时"看"到网络中的其他节点，否则就认为网络中断，因此对等网络只能用于少数用户的组网环境，比如 4～8 个用户，并且它们离得足够近。

图 4-24　无中心网络结构

2. 有中心网络

有中心网络也称结构化网络，它由无线 AP、无线工作站（STA）及 DSS 构成，覆盖的区域分 BSS 和 ESS。无线访问点也称无线 AP 或无线 Hub，用于在无线 SIA 和有线网络之间接收、缓存和转发数据。无线 AP 通常能够覆盖几十个至几百个用户，覆盖半径达上百米。有中心网络的结构如图 4-25 所示。

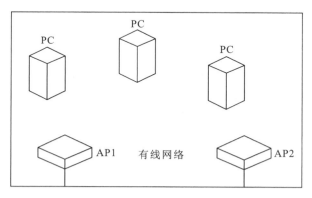

图 4-25　有中心网络结构

BSS 由一个无线访问点及与其关联（Associate）的无线工作站构成，在任何时候，任何无线工作站都与该无线访问点关联。换句话说，一个无线访问点所覆盖的微蜂窝区域就是基本服务区。无线工作站与无线访问点关联采用 AP 的 BSSID，在 IEEE 802.11 标准中，BSSID 是 AP 的 MAC 地址。

　　扩展服务区 ESS 是指由多个 AP 及连接它们的分布式系统组成的结构化网络，所有 AP 必须共享同一个 ESSID，也可以说，扩展服务区 ESS 中包含多个 BSS。分布式系统在 IEEE 802.11 标准中并没有定义，但是目前多指以太网。扩展服务区只包含物理层和数据链路层，网络结构不包含网络层及其以上各层，因此，对于高层协议如 IP 来说，一个 ESS 就是一个 IP 子网。ESS 网络结构如图 4-26 所示。

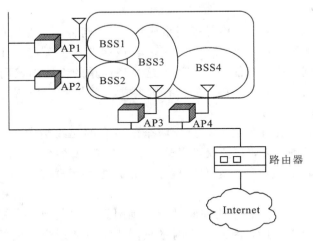

图 4-26　ESS 网络结构

4.1.5　IEEE 802.11 无线局域网的操作

　　WLAN 网络的操作可分为两个主要工作过程：第一个过程是工作站加入一个 BSS；第二个过程是工作站从一个 BSS 移动到另一个 BSS，实现小区间的漫游。一个站点访问现存的 BSS 时，工作站开机加电后开始运行，然后进入睡眠模式或者进入 BSS 小区。站点始终需要获得同步信号，该信号一般来自 AP 接入点。站点则通过主动扫频和被动扫频来获得同步。

　　主动扫频是指 STA 启动或关联成功后扫描所有频道，一次扫描中，STA 采用一组频道作为扫描范围，如果发现某个频道空闲，就广播带有 ESSID 的探测信号，AP 根据该信号做响应。被动扫频是指 AP 每 100ms 向外传送灯塔信号，包括用于 STA 同步的时间戳，支持速率以及其他信息，STA 接收到灯塔信号后启动关联过程。

　　WLAN 为防止非法用户接入，在站点定位了接入点，并取得了同步信息之后，就开始交换验证信息。验证业务提供了控制局域网接入的能力，这一过程被用来建立合法接入的身份标志。

　　站点经过验证后，关联就开始了。关联用于建立无线访问点和无线工作站之间的映射关系，实际上是把无线变成有线网的连线。分布式系统将该映射关系分发给扩展服务区中的所有 AP。一个无线工作站同时只能与一个 AP 关联。在关联过程中，无线工作站与 AP 之间要根据信号的强弱来协商速率，速率变化包括 11Mb/s、5.5Mb/s、2Mb/s 和 1Mb/s（以 IEEE 802.11b 为例）。

　　工作站从一个小区移动到另一个小区需要重新关联。重关联（Reassociate）是指当无线工作站从一个扩展服务区中的一个基本服务区移动到另外一个基本服务区时，与新的 AP 关联的整个过程。重关联总是由移动无线工作站发起的。

IEEE 802.11 无线局域网的每个站点都与一个特定的接入点相关。如果站点从一个小区切换到另一个小区，这就是处在漫游（Roaming）过程中。漫游指无线工作站在一组无线访问点之间移动，并提供对于用户透明的无缝连接，包括基本漫游和扩展漫游。基本漫游是指无线 STA 的移动仅局限在一个扩展服务区内部。扩展漫游指无线 STA 从一个扩展服务区中的一个 BSS 移动到另一个扩展服务区的一个 BSS，IEEE 802.11 标准并不保证这种漫游的上层连接。

4.2 IEEE 802.11b 技术

1999 年 9 月，电子和电气工程师协会（IEEE）批准了 IEEE 802.11b 标准，这个标准也称为 WiFi。IEEE 802.11b 标准定义了用于在共享的无线局域网（WLAN）中进行通信的物理层和媒体访问控制（MAC）子层。

在物理层，IEEE 802.11b 标准采用 2.45GHz 的无线频率，最大的位速率达 11Mb/s，使用直接序列扩频（DSSS）传输技术。在数据链路层的 MAC 子层，IEEE 802.11b 标准使用"载波侦听多点接入/冲突避免（CSMA/CA）"媒体访问控制（MAC）协议。

4.2.1 IEEE 802.11b 标准简介

IEEE 802.11b 标准在无线局域网协议中最大的贡献就在于它在 IEEE 802.11 标准的物理层中增加了两个新的速率：5.5Mb/s 和 11Mb/s。为了实现这个目标，DSSS 被选作该标准的唯一的物理层传输技术，这是由于 FHSS 在不违反 FCC 原则的基础上无法再提高速度了，这个决定使得 IEEE 802.11b 标准可以与 1Mb/s、2Mb/s 的 IEEE 802.11 DSSS 系统互操作，但是无法与 1Mb/s、2Mb/s 的 FHSS 系统一起工作。

利用 IEEE 802.11b 标准，移动用户能够获得同 10Mb/s 有线以太网相近的性能、网络吞吐率、可用性。这种基于标准的技术使得管理员可以根据环境选择合适的局域网技术来构造自己的网络，满足他们的商业用户和其他用户的需求。

IEEE 802.11b 标准的基本结构、特性和服务都在 IEEE 802.11 标准中进行了定义，IEEE 802.11b 标准主要在物理层上进行了一些改动，加入了高速数字传输的特性和连接的稳定性。

IEEE 802.11 的 DSSS 标准使用 11 位的 Barker 序列将数据编码并发送，每一个 11 位的码片（chipping）代表一个一位的数字信号 1 或者 0，这个序列被转化成波形（称为一个 symbol），然后在空气中传播。这些 Symbols 以 1Mb/s（每秒 1Mb 的 symbols）的速率进行传送时，调制方式为 DBPSK；在传送速率为 2Mb/s 时，使用了一种更加复杂的调制方式，即 DQPSK。

在 IEEE 802.11b 标准中，采用了一种更先进的编码技术。在这个编码技术中，抛弃了原有的 11 位 Barker 序列技术，而采用了 CCK（Complementary Code Keying，补偿编码键控）技术，它的核心编码中有一个由 64 个 8 位编码组成的集合。这个集合中的数据有特殊的数学特性，使得它们能够在经过干扰或者由于反射造成的多径接收问题后还能够被正确地互相区分，5.5Mb/s 的速率是使用一个 CCK 串来携带 4 位的数字信息，而 11Mb/s 的速率是使用一个 CCK 串来携带 8 位的数字信息。两个速率的传送都利用 DQPSK 作为调制的手段，但信号的调制速率为 1375Mb/s。这也是 IEEE 802.11b 标准获得高速的机理。

1. 多速率支持

IEEE 802.11b 物理层具有支持多种数据传输速率的能力，速率有 1Mb/s、2Mb/s、5.5Mb/s 和 11Mb/s 四个等级。为了确保多速率支持能力的共存和互操作性，同时也为了支持在有噪声的环境下能够获得较好的传输速率，IEEE 802.11b 标准采用了动态速率调节技术，允许用户在不同的环境下自动使用不同的连接速度来补充环境的不利影响。在理想状态下，用户以 11Mb/s 的速率运行。然而，当用户移出理想的 11Mb/s 速率所传送的位置或者距离时，或者潜在地受到干扰，就把速率自动按顺序降低为 5.5Mb/s、2Mb/s、1Mb/s。同样，当用户回到理想环境时，连接速率也会反向增加，直至 11Mb/s。速率调节机制是在物理层自动实现的，而不会对用户和其他上层协议产生任何影响。

所有的控制信令应该按照同样的一种速率在 BSS 基本服务集中传输，这就是 1Mb/s。BSS 的速率设置，或者说以某一个速率传输的物理层强制速率设置，它们都将被 BSS 中的所有 STA（用户站点）所接收。另外，所有的携带组播和广播 RA（源地址）的帧将被以一个固定速率在 BSS 中传输。

带有一个不广播地址 RA 的数据和/或管理 MPDU 将被以一个任意的支持数据速率发送，这个数据速率包含在每帧的持续时间/ID 域。一个 STA 不会以一个目的 STA 不支持的速率传输，就像在管理帧中支持速率元素表示的那样。

为了允许接收 STA 来计算持续时间/ID 域的内容，响应 STA 将传输它的控制响应和管理响应帧（CTS 或 ACK），并以 BSS 中最高的速率传输。这种速率属于物理层强制传输速率或者 BSS 中属于物理层的其他可能最高速率。另外，控制响应帧发送的速率应该和其他已接收的帧相同。

2. 发送

当数据按照帧格式封装好以后，就可以进入 PPDU（PLCP 协议数据单元）数据包发送过程。IEEE 定义了一系列原语，用这些原语对 MAC 层管理实体（MLME）和物理层管理实体（PLME）进行控制，即通过修改、更新管理信息库 MIB，实现 MAC 层和物理层的动作，从而实现 PPDU 数据包的发送和接收。

MAC 层通过发送一个"请求开始发送"（PHY_TXSTART. request 原语）来启动 PPDU 的发送。除 DATARAEE（数据传输速率）和 LENGTH（数据长度）两个参数，其他如 PREAMBLE-TYPE（前导序列类型）和 MODULMION（调制类型）等参数也与 PHY_TXSTART. request 原语一起，经由物理层服务访问点（PHY-SAP）被设定。物理层的 PLCP 子层在收到 MAC 层的发送请求后，就向 PMD 子层发出"天线选择请求"（PMD_ANTSEL. request 原语）、"发送速率请求"（PMLRATE. request 原语）和"发射功率请求"（PMD_TXPWRLVL. request 原语），来对物理层进行配置。

　　配置好物理层后，PLCP 子层立即向 PMD 子层发出"请求开始发送"（PMD_TXSTART. request 原语），同时 PLME 开始对 PLCP 前导序列进行编码并发送。发射功率上升所需的时间应该包括在 PLCP 的同步字段中。一旦 PLCP 前导序列发送完毕，数据将在 MAC 层和物理层之间通过一系列"数据发送请求"（PHY_DATA . request 原语）和"数据发送确认"（PHY_DATA. confirm 原语）完成频繁的数据交换。

　　从 PSDU 数据包中第二个数据符号发送开始，数据传输速率及调制方式就有可能根据 PLCP 适配头信息的定义而发生改变。随着 MAC 层的数据字节不断流入，物理层持续以 8 位一组按由低到高的顺序把 PSDU 数据包发送出去。

　　发送过程也可以被 MAC 层用 PHY_TXEND. request 原语提前终止，只有在 PSDU 最后一个字节被发送出去后，发送才算正常结束。PPDU 数据包发送结束后，物理管理实体就立即进入接收状态。

　　3. 接收

　　讨论 PPDU 的接收时，就必须介绍一个重要概念 CCA（Clear Channel Assessment，空闲信道评估），它的作用是物理层根据某种条件来判断当前无线介质是处于忙还是空闲状态，并向 MAC 层通报。高速物理层至少应该按照下面三个模式中的一个来进行信道状态评估：

　　CCA 模式 1：根据接收端能量是否高于一个阈值进行判断。如果检测到超过 ED（Energy Detection，能量检测）阈值的任何能量，CCA 都将报告介质当前状态为忙。

　　CCA 模式 2：定时检测载波。CCA 启动一个 3.65ms 长的定时器，在该定时范围内，如果检测到高速载波信号，就认为信道忙。如果定时结束仍未检测到高速载波信号，就认为信道空闲。3.65ms 是一个 5.5Mb/s 速率的 PSDU 数据帧可能持续的最长时间。

　　CCA 模式 3：上述两种模式的混合。当天线接收到一个超过预设电平阈值 ED 的高速 PPDU 帧时，认为当前介质为忙。

　　当接收机收到一个 PPDU 时，必须根据收到的 SFD（开始帧定界符）字段来判断当前数据包是长 PPDU 还是短 PPDU。如果是长 PPDU，就以 1Mb/s 的速率按 BPSK 调制方式对长 PLCP 适配头信息进行解调；否则，以 2Mb/s 的速率按 QPSK 调制方式对短 PLCP 适配头信息进行解调。接收机将按照 PLCP 适配头信息中的信号（SIGNAL）字段和服务（SERVICE）字段确定 PSDU 数据的速率和采用的调制方式。

　　为了接收数据，必须禁止 PHY_TXSTART. request 原语的使用，以保证 PLME 处于接收状态。此外，通过 PLME 将站点的物理层设置到合适的信道并指定恰当的 CCA 规则。其他接收参数，如接收信号强度指示（RSSI）、信号质量（SQ）及数据速率（DATARATE）可经由物理层服务访问点（PHY-SAP）获取。

　　当接收到发射能量后，按选定的 CCA 规则，随着 RSSI 强度指示逐渐达到预设阈值，PMD 子层将向 PLCP 子层发出 PMD_ED 指令，意思是通知 PLCP：介质上的能量已到达可接收水平。并且/或者在锁定发射信号的调制方式后，PMD 继续向 PLCP 发出一个 PMD_CS 指令，即通知 PLCP 已检测到信号载波。在正确接收发射信号的 PLCP 适配头信息之前，这些当前已被物理层探知的接收条件都将被 PLCP 子层用 PHY_CCA. indicate（BUSY）原语通报 MAC 层。PMD 子层还将用 PMDJSQ 和 PMD_RSSI 指令刷新通报给

MAC 的 SQ（接收信号质量）和 RSSI（接收信号的强度）参数。

在发出 PHY_CCA.indicate 消息后，PLME 就将开始搜索发射信号的 SFD 字段。一旦检测到 SFD 字段，就立即启动 CRC-16 循环冗余校验处理，然后开始接收 PLCP 的信号（SIGNAL）、服务（SERVICE）和长度（LENGTH）字段。如果 CRC 校验出错，接收机将返回接收空闲状态（RXIDLEState），CCA 状态也回到空闲。

如果 PLCP 适配头信息接收成功（并且信号字段的内容完全可识别，且被当前接收机支持），接收机 PLCP 子层就向 MAC 层发出一个带接收参数的"请求开始接收"（PHY_RXSTART.indicate 原语）。通知 MAC 层准备开始接收数据，此后，物理层不断将收到的 PSDU 的比特数据按 8bit 一组重组后，通过与 MAC 层之间不断交换一系列的 PHY_DATA.indicate（DATA）原语，完成数据向 MAC 层的传递。当接收完 PSDU 的最后一位后，接收机返回空闲状态，物理层向 MAC 层发出一个"接收完成"（PHYRXEND.indicate 原语），通知 MAC 层接收信息已完成，最后向 MAC 层发出一个信道空闲指示（PHY_CCA.indicate（IDLE））。

4.2.2 IEEE 802.11b PLCP 子层

在 PLCP 子层中，PSDU（物理层服务数据单元）转换为 PPDU（PLCP 协议数据单元），在传输过程中，PSDU 将被附加一个 PLCP 前导序列和适配头来创建 PPDU。在 IEEE 802.11b 标准中定义了两种不同的前导序列和适配头：①强制性长前导序列和适配头，与 IEEE 802.11 标准中 1Mb/s 和 2Mb/s 速率具有互操作性；②可选的短前导序列和适配头。在接收时，PLCP 前导序列和适配头帮助处理解调和传送 PSDU。

在 IEEE 802.11b 标准中定义短前导序列和适配头的目的是获得最大的吞吐量，并且与不具备短前导序列的设备具有互操作性。也就是说，它可以与其他设备一样在网络中使用，由用户选择工作模式。

1. PLCP 帧结构

1）长前导序列 PPDU 帧格式

长前导序列 PPDU 帧格式如图 4-27 所示。其中，前导序列由 128bit 同步码（也称帧同步，SYNC）和 16bit 开始帧界定符（SFD）构成。同步码是 128bit 经过扰码后的（扰码器的种子码为"1101100"），它被用于唤醒接收设备，使其与接收信号同步。开始帧界定符（SFD）用于通知接收机，在 SFD 结束后紧接着就开始传送与物理介质相关的一些参数。

PLCP 前导序列结束后就是 PLCP 适配头（PLCP Header）信息，这些信息包含与数据传输相关的物理参数，这些参数包括信号（SIGNAL）、服务（SERVICE）、将要传输的数据的长度（LENGTH）和 16bit 的 CRC 校验码，接收机将按照这些参数调整接收速率、选择解码方式、决定何时结束数据接收。SIGNAL 字段长 8bit，用来定义数据传输速率，它有四个值，即 0Ah、14h、37h 和 6Eh，分别指定传输速率为 1Mb/s、2Mb/s、5.5Mb/s 和 11Mb/s，接收机将按 此调整自己的接收速率。SERVICE 字段长度也是 8bit，它指定使用何种调制编码（CCK 还是 PBCC）。LENGTH 字段长 16bit，用于指示发送后面的 PSDU 需用多长时间（单位为 μs）。

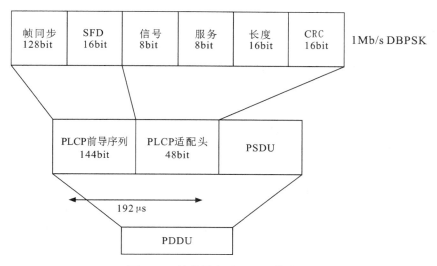

图 4-27　长前导序列 PPDU 帧格式

16bit 的 CRC 校验码用于校验收到的信令、业务和长度字段是否正确。

PLCP 前导序列和 PLCP 适配头信息以固定的 1Mb/s 速率发送，而 PSDU 数据部分则可以 1Mb/s（DBPSK 调制）、2Mb/s（DQPSK 调制）、5.5Mb/s（CCK 或 PBCC）和 11Mb/s（CCK 或 PBCC）速率进行传输。

2）短前导序列 PPDU 帧格式

短前导序列 PPDU 帧格式如图 4-28 所示。其前导序列长度为 72bit，其中帧同步（SYNC）为 56bit 经过扰码的 "0"（扰码种子码为 "0011011"），开始帧界定符（SFD）长 16bit，其码值是长 PPDU 格式 SFD 的时间反转码。

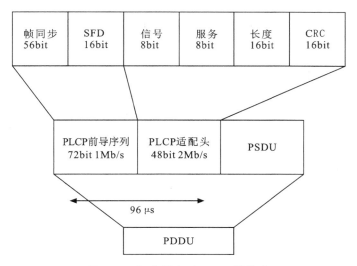

图 4-28　短前导序列 PPDU 帧格式

SIGNAL 字段长 8bit，只有三个值，即 14h、37h、6Eh，分别指定传输速率为 2Mb/s、

5.5Mb/s、11Mb/s。SERVICE 字段、LENGTH 字段和 CRC 校验字段与长前导序列 PPDU 格式定义相同。

短 PPDU 帧结构的前导序列传输速率为 1Mb/s（DBPSK 调制），整个 PLCP 适配头信息的传输速率为 2Mb/s，PSDU 数据的传输速率为 2Mb/s、5.5Mb/s、11Mb/s。

2. PLQP PPDU 域定义

1）长前导序列 PPDU 域定义

SYNC（同步）：由 128bit 交替的 1 码和 0 码构成，接收方接收到 SYNC 后执行同步操作。扰码器的初始状态（种子）是 [1101100]，这里最左边比特数的值在扰码器的第一个寄存器中，最右边比特数的值在扰码器最后一个寄存器中。为了使接收方能够接收到其他 DSSS 信号的响应，接收方还要能够与任何一个非零初始状态的扰码器同步。

SFD（开始帧定界符）：SFD 用来指示 PLCP 前导序列中物理参数的起始，即表示一帧数据的开始。SFD 由一个 16bit 的域 [1111001110100000] 组成，在这里，最右边的比特数将最先发送。

SIGNAL（信号）：一共由 8bit 组成，指示 PSDU 发送和接收数据的物理调制方式。数据速率等于 SIGNAL 域指示的值乘以 100kb/s，在 IEEE 802.11b 标准高速物理层中支持 4 个强制速率，因此共有 4 个值："0A" 表示传输速率为 1Mb/s；"14" 表示传输速率为 2Mb/s；"37" 表示传输速率为 5.5Mb/s；"6E" 表示传输速率为 11Mb/s。这个域将被 CCITT CRC-16 帧校验序列保护。

SERVICE（服务）：在 SERVICE 域中定义了 3bit 来表示 IEEE 802.11b 扩展的高速率，见表 4-4。最右边的 bit7 用于对 LENGTH 域的支持；bit3 用于指示调制方式，其中 "0" 为 CCK 调制，"1" 为 PBCC 调制；bit2 用来显示表示发射频率和符号时钟来自同一个振荡器，这个锁定时钟比特由物理层设置，这种设置是基于它的执行设置的。服务域中 bit0 将被首先传输，并且用 CCITT CRC-16 帧校验保护。

表 4-4　服务域定义

bit0	bit1	bit2	bit3	bit4	bit5	bit6	bit7
保留	保留	锁定时钟： 0＝不锁定， 1＝锁定	调制方式： 0＝CCK， 1＝PBCC	保留	保留	保留	长度扩展比特

LENGTH（长度）：LENGTH 的值由 PHY＿TXSTART.request 原语中指示的 TXVECTOR 参数中 LENGTH 和 DataRate 的值所决定。这是一个 16bit 的无符号整数，表示 PSDU 传输所需的微秒数，TXVECTOR 中的长度以字节为单位，需要转换成 PLCPLENGTH 中的微秒数，计算方法如下：当数据速率超过 8Mb/s 时，用整数微秒表示的字节长度不够精确，此时需要用 SERVICE 中的长度扩展比特进行修正，用来表示不够整数微秒的字节数。

（1）5.5Mb/s CCK 调制：LENGTH＝字节数×8＋55，取比该数大的或者相等的最小整数值，即只要有小数部分就进位。

（2）11Mb/s CCK 调制：LENGTH＝字节数×8＋11，取值方法同上，即取比该数大的或者相等的最小整数值。同时当小数部分取整数后差值小于 8/11 时，SERVICE 中的 bit7 等于 0；如果差值大于或等于 8/11，则 SERVICE 中的 bit7 等于 1。

（3）5.5Mb/s PBCC 调制：LENGTH＝（字节数＋1）×（8÷5.5），取比该数大的或者相等的最小整数值。

（4）11Mb/s PBCC 调制：LENGTH＝（字节数＋1）×8÷11，取比该数大的或者相等的最小整数值。同时，当小数部分取整数后差值小于 8/11 时，SERVICE 域中的 bit7 等于 0；如果差值大于或等于 8/11，则 SERVICE 中的 bit7 等于 1。

在接收端，MPDU 中的字节数计算方法如下：

（1）5.5Mb/s CCK 调制：字节数＝LENGTH×5.5÷8，只取整数部分，小数部分删掉。

（2）11Mb/s CCK 调制：字节数＝LENGTH×11÷8，只取整数部分，如果 SERVICE 域中的 bit7 等于 1，则字节数再减去 1。

（3）5.5Mb/s PBCC 调制：字节数＝（LENGTH×5.5÷8）－1，只取整数部分。

（4）11Mb/s PBCC 调制：字节数＝（LENGTH×11÷8）－1 只取整数部分，如果 SERVICE 域中的 bit7 等于 1，则字节数再减去 1。

在 11Mb/s 速率时，一个实际的计算实例如下：

LENGTH′x＝（（number of octets＋P）＊8）/R

LENGTH＝Ceiling（LENGTH′）

If

（R＝11）and（LENGTH－LENGTH′）＞＝8/11

then Length Extension＝1

else Length Extension＝0

在该程序中，R 表示传输速率，单位为 Mb/s。当 CCK 调制时，P＝0；当 PBCC 调制时，P＝1。Ceiling（x）表示取小于或等于 x 的最大整数。

表 4-5 所示为 11Mb/s 速率 CCK 调制方式计算 LENGTH 的实例。

表 4-6 所示为 11Mb/s 速率 PBCC 调制方式计算 LENGTH 的实例。

表 4-5　CCK 调制方式计算 LENGTH 的实例

发送字节数	字节数×8/11	LENGTH	长度扩展/bit	LENGTH×11/8	Floor（x）	接收字节数
1023	744	744	0	1023	1023	1023
1024	744.7273	745	0	1024.375	1024	1024
1025	7454545	746	0	102575	1025	1025
1026	746，1818	747	1	1027.125	1027	1026

表 4-6　PBCC 调制方式计算 LENGTH 的实例

发送字节数	字节数	LENGTH	长度扩展/bit	(LENGTH×11/8) −1	Floor (x)	接收字节数
1023	744.7273	745	0	1023375	1023	1023
1024	744.4545	746	0	1024.75	1024	1024
1025	745.1818	747	1	1026J 25	1026	1025
1026	746.9091	747	0	1026.125	1026	1026

　　这个例子说明正常的取整数值将产生不正确的结果，LENGTH 的定义以微秒为单元，它必须符合实际长度，需要用 SERVICE 域中的 bit7 进行修正。

　　CRC（CCITT CRC 16）：SIGNAL、SERVICE 和 LENGTH 域字段采用 CCITT CRC-16 帧校验序列（FCS）进行校验，来确保数据正确。CCITT CRC-16FCS 进行循环冗余校验的生成多项式为

$$G(x) = x^{16} + x^{12} + x^5 + 1 \tag{4-1}$$

　　数据调制和调制速率的改变：长 PLCP 前导序列和适配头将以 1Mb/s 的速率采用 DBPSK 调制方式传输。SIGNAL 和 SERVICE 域表示用于传输 PSDU 的调制方式：SIGNAL 域表示传输速率，SERVICE 域表示调制方式。发送方和接收方按照 SIGNAL 和 SERVICE 域表示的调制方式和速率进行收发数据。PSDU 的传输速率设置在 TXVECTOR 中的 DATA RATE 参数中，并且在 PHYTX_START. request 原语中描述。

　　2）短前导序列 PPDU 域定义

　　SYNC（同步）：导短前导序列 SYNC 由 56bit 交替的 1 码和 0 码组成，用于使接收方进行同步操作。扰码器的初始状态（种子）是 [0011011]，这里最左边比特数的值在扰码器的第一个寄存器中，最右边比特数的值在扰码器最后一个寄存器中。

　　SFD（开始帧定界符）：长度为 16bit，表示一帧实际有用数据的开始，与长前导序列中 SFD 的 16bit 前后顺序完全相反，即 [0000010111001111]。接收方如果监测不到这个 SFD 就不配置短适配头。

　　SIGNAL（信号）：信号域的长度为 8bit，表示发送和接收 PSDU 的速率。IEEE 802.11b 标准高速直接序列扩频物理层的短前导序列支持三种强制速率，由 SIGNAL 域的值乘以 100kb/s："14" 表示传输速率为 2Mb/s；"37" 表示传输速率为 5.5Mb/s；"6E" 表示传输速率为 11Mb/s。

　　SERVICE（服务）：短前导序列中 SERVICE 的定义与长前导序列中 SERVICE 的定义完全相同。

　　LENGTH（长度）：与长前导序列中 LENGTH 的定义完全相同。

　　CRC-16：与长前导序列中 CRC-16 的定义完全相同，只不过是基于短前导序列中的 SIGNAL、SERVICE 和 LENGTH 域的比特数进行的运算。

　　数据调制和调制速率的改变：短 PLCP 前导序列以 1Mb/s 的速率采用 DBPSK 调制方式传输，适配头以 DQPSK 调制和 2Mb/s 的速率传输。SIGNAL 和 SERVICE 域表示用

于传输 PSDU 的调制方式：SIGNAL 域表示传输速率，SERVICE 域表示调制方式，发送方和接收方按照 SIGNAL 和 SERVICE 域表示的调制方式和速率进行收发数据。PSDU 的传输速率设置在 TXVECTOR 的 DATARATE 参数中，并且在 PHY_TXSTART.request 原语中描述。

3．扰码和解扰码

在 IEEE 802.11b 标准中，扰码的多项式为 G（z）＝z7＋z4＋1，这是一个自同步式的扰码器，在接收处理时不需要知道扰码器和解扰器同步式。

对于长前导序列和短前导序列，PLCP 扰码器都需要初始化。对于长前导序列，扰码器中的 z1～z7 寄存器的初值是［1101100］；对于短前导序列，扰码器中的 z1～z7 寄存器的初值是［0011011］。

4.2.3 PMD 子层

在 IEEE 802.11b 标准中，信道分配和功率标准等都与 IEEE 802.11 标准相同，为了在相同的带宽（22MHz）条件下传输速率更高，在 IEEE 802.11b 标准中引入了一种新的调制方式——CKK（补偿编码键控），以及两种新的速率等级——5.5Mb/s 和 11Mb/s。在这两种速率的情况下采用 CCK 调制，而在 1Mb/s 和 2Mb/s 的速率下，规定和 IEEE 802.11 标准完全相同。CCK 调制的基本原理在前面已经讲过，下面我们再介绍在 IEEE 802.11b 标准中 CCK 的独特之处。

在 IEEE 802.11b 标准中使用带有补码的 Walsh 码来传输多进制正交数据，这种传输模式使用的前同步码和适配头与现有的 1Mb/s 和 2Mb/s 网络相同，因此可以与现有的这些网络之间进行互操作。故 IEEE 802.11b 标准也很容易集成到 IEEE 802.11 标准的 DSSS 调制解调器中。

我们知道 CCK 把输入的 8bit 数据块映射成 8-QPSK 复数符号（symbol）块，从而在同样的 11Mb/s 码片传输速率下获得比特率为 11Mb/s 的数据传输系统。映射功能是由一个 CCK 编码器完成的，编码器利用一个 8bit 的输入数据保存要发射的符号的地址，这个符号是 256 个正交 8-QPSK 符号序列式中的一个。这种映射的公式为

$$C=\{e^{j(\varphi_1+\varphi_2+\varphi_3+\varphi_4)},\ e^{j(\varphi_1+\varphi_3+\varphi_4)},\ e^{j(\varphi_1+\varphi_2+\varphi_4)},\ -e^{j(\varphi_1+\varphi_4)},$$
$$e^{j(\varphi_1+\varphi_2+\varphi_3)},\ e^{j(\varphi_1+\varphi_3)},\ -e^{j(\varphi_1+\varphi_2)},\ e^{j\varphi_1}\} \tag{4-2}$$

式中，φ_1，φ_2，φ_3，φ_4 是与到达的 8bit 数据块相关联的四个相位。数据块的 8bit 数据中每两位组成一个四相位的复数。找到与到达的数据块相对应的四个复数相位之后，在式（4-2）中进行替换就可以得到 256 个正交的 CCK 编码中的一个。在式（4-1）中每一项都具有相同的第一相 φ_1，因此如果把公因子提取出来，公式就变成了下面的形式：

$$C=\{e^{j(\varphi_2+\varphi_3+\varphi_4)},\ e^{j(\varphi_3+\varphi_4)},\ e^{j(\varphi_2+\varphi_4)},\ -e^{j(\varphi_1+\varphi_4)},\ e^{j(\varphi_2+\varphi_3)},\ e^{j\varphi_3},\ -e^{j\varphi_2},\ 1\}\ e^{j\varphi_1} \tag{4-3}$$

从上面的变换过程可以知道，256 转换矩阵可以总分解成两个转换矩阵：一个是直接映射成两位（一个复数相）的单位转换矩阵，另外一个把剩下的 6bit（3 相）映射成有 8 个元素的复矢量，根据式（4-3）的内部函数可以知道这 8 个复数矢量有 64 种可能的组合。上面分解导出的 CCK 系统的一个简化的应用如图 4-29 所示，这就是 IEEE 802.11b 标准中 CCK 调制的简化方框图。在发送器上串行的数据流中增加 8bit 地址数据，其中的

6bit 用来选择 64 个正交代码中的一个, 这些正交的代码是 8bit 复数码中的一个, 其余的 2bit 直接调制在按序传送的代码元素中, 它们的相位编码关系见表 4-7 (在该表中, $+j\omega$。定义为逆时针旋转)。表 4-7 φ_1 中的相位改变是相对于前一个符号的 φ_1。在短前导序列 PLCP 帧结构中, PLCP 适配头的传输速率是 2Mb/s, 调制方式是 DQPSK, 此时 CCK 调制的 φ_1 就是相对于适配头中最后一个相位的改变量, 也就是说, CRC-16 符号的最后一个相位就是 PSDU 第一个字节符号调制相位的参考相位。

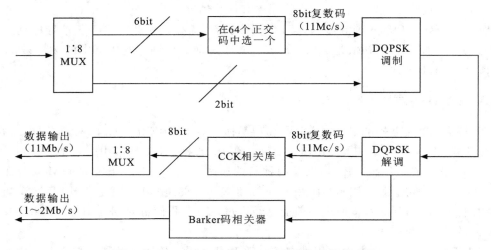

图 4-29   CCK 在 IEEE 802.11b 标准中的简化应用

表 4-7   3DQPSK 相位编码表

输入 bit	偶数符号相位改变 ($+j\omega$)	奇数符号相位改变 ($+j\omega$)
00	0	π
01	$\pi/2$	$3\pi/2$ ($-\pi/2$)
11	π	0
10	$3\pi/2$ ($-\pi/2$)	$\pi/2$

所有 PSDU 产生的奇数符号在上面相位的基础上再旋转 180°。为了区分奇数和偶数相位, 定义 PSDU 的第一个符号以 "0" 开始, 也就是说, PSDU 的传输以偶数符号开始。

接收器实际上由两部分组成: 一部分是针对 Barker 码的译码器, 主要用于 IEEE 802.11 DSSS 标准的译码; 另一部分也是一个译码器, 但这个译码器带有一个用于正交码的 64bit 的相关器和一个 DQPSK 解调器, 这个译码器主要针对 IEEE 802.11b 标准。信号接收器通过检查 PLCP 的数据速率, 来选择不同的译码器对接收的分组进行译码。这个方案为实现能同时使用 IEEE 802.11 标准和 IEEE 802.11b 标准设备的无线局域网提供了条件。

IEEE 802.11b 标准也支持 55Mb/s 的速率, 并以此作为 11Mb/s 的后备运行方案。

图 4-30 是 5.5Mb/s 时 CCK 调制的简化方框图。从图中可以看出，5.5Mb/s 时数据块是 4bit 而不是 8bit，这 4bit 的数据中 2bit 直接用于 DQPSK 调制中，相位编码关系与 11Mb/s 时 CCK 调制完全相同，另外 2bit 用于在可能的 4 种复数正交矢量中选择一种，它们的对应关系见表 4-8，该表是由上面的公式中设置 $\varphi_2 = (d_2 \cdot \pi) + \pi/2$，$\varphi_3 = 0$，$\varphi_4 = 0$ 而得到的。

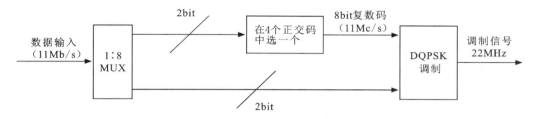

图 4-30 53Mb/s 时 CCK 调制的简化方框图

表 4-8 45.5Mb/s CCK 编码表

d2d3	c1	c2	c3	c4	c5	c6	c7	c8
00	J	1	J	-1	j	1	$-$j	1
01	$-$j	-1	$-$j	1	J	1	$-$j	1
10	$-$j	-1	$-$j	-1	$-$j	1	J	1
11	$-$j	-1	j	1	$-$j	1	J	1

4.2.4 IEEE 802.11b 的运作模式

IEEE 802.11 标准定义了两种运作模式：特殊（Ad hoc）模式和基础（Infrastructure）模式。

在 Ad hoc 模式（也称为点对点模式）下，无线客户端直接相互通信（不使用无线 AP）。使用 Ad hoc 模式通信的两个或多个无线客户端形成了一个独立基础服务集（Independent Basic Service Set，IBSS）。Ad hoc 模式用于在没有提供无线 AP 时连接无线客户端。

在 Infrastructure 模式下，至少存在一个无线 AP 和一个无线客户端。无线客户端使用无线 AP 访问有线网络的资源。有线网络可以是一个机构的 Intranet 或 Internet，具体情况取决于无线 AP 的布置。

支持一个或多个无线客户端的单个无线 AP 称为一个基础服务集（Basic Service Set，BSS）。一组连接到相同有线网络的两个或多个 AP 称为一个扩展服务集（Extended Service Set，ESS）。一个 ESS 是单个逻辑网段（也称为一个子网），并通过它的服务集标识符（Service Set Identifier，SSID）来识别。如果某个 ESS 中的无线 AP 的可用物理区域相互重叠，那么无线客户端就可以漫游，或从一个位置（具有一个无线 AP）移动到另一个位置（具有一个不同的 AP），同时保持网络层的连接。

4.2.5　IEEE 802.11b 的运作基础

当一个无线适配器打开时，便开始扫描无线频率，查找无线 AP 和其他特殊模式下的无线客户端。假设将无线客户端配置为运作于特殊模式，无线适配器将选择一个要与之连接的无线 AP，这种选择是通过使用 SSID 和信号强度及帧出错率信息自动完成的，接着无线适配器将切换到所选择的无线 AP 的指定通道，开始协商端口的使用，这称为建立关联。

如果无线 AP 的信号强度太低，出错率太高；或者在操作系统的指示下，无线适配器将扫描其他无线 AP，以确定是否有某个无线 AP 能够提供更强的信号或更低的出错率。如果找到这样一个无线 AP，无线适配器将切换到该无线 AP 的通道，然后开始协商端口的使用，这称为重新关联。

与一个不同的无线 AP 重新建立关联的原因有许多：信号可能随着无线适配器远离无线 AP 而减弱，或者无线 AP 可能因为流量太高或干扰太大而变得拥堵。通过切换到另一个无线 AP，无线适配器能够将负载分散到其他无线 AP 上，从而提高其他无线客户端的性能。通过设置无线 AP，可以实现信号在大面积区域内的连贯覆盖，从而使得信号区域只产生轻微重叠。随着无线客户端漫游到不同的信号区域，就能与不同的无线 AP 关联或重新关联，同时维持对有线网络的连续性逻辑连接。

4.2.6　802.11b WLAN 的优缺点分析

1. 802.11b WLAN 的优点

迄今为止，大多数无线局域网还是建立在 IEEE 802.11b 标准上的，该标准也叫作 WiFi（Wireless Fidelity）或无线以太网标准。符合该标准的网络之所以得到广泛发展，是因为其具备几个明显优点，分别如下：

（1）IEEE 802.11b 标准规定了 2.4GHz 的较低频段，使得符合该标准的网络可以达到一个较大的覆盖范围（通常情况下在室外可达到 300m，在室内也可达 100m），这就减少了很多无线接点，简化了网络结构，降低了成本。同时，该频段正好处于 ISM 频带之内，无须任何许可证，任何人都可以免费使用，这进一步降低了网络成本。

（2）802.11b WLAN 具有良好的可伸缩性，允许最多三个访问点同时定位于有效使用范围内，以支持上百个用户同时进行语音和数据传输。

（3）从硬件方面来看，已经有越来越多的芯片和设备贴上了 WiFi 商标，即符合 IEEE 802.11b 标准，这使得设备之间的兼容性大大提高，网络的组建更方便。

2. 802.11b WLAN 的不足之处

作为标准较低的一个网络，802.11b WLAN 在有些方面存在明显的不足，最明显的缺点就是网络速率较低。首先，802.11b WLAN 的理论容量只有 11Mb/s（与原始以太网速率相当），而且这个数值还是指整个物理层的容量，若除去用于协议本身的一部分，实际上 802.11b 网络在最优条件下（短距离传输且没有干扰）的最大速率就只有 6Mb/s；而当数据包冲突或者有其他错误发生时，它的速率更会下降到 2Mb/s 甚至 1Mb/s。

其次，正因为该标准所使用的频段是免费的，使得 802.11b WLAN 非常容易受到干扰。这一频段的设备和系统相当"拥挤"，包括很多工业、医疗、科研等部门的蓝牙无线通信设备和无绳电话通信系统。

另外，802.11b WLAN 的安全问题也不容忽视。它不能提供和有线通信一样的隐私保护，并且为了用户使用方便，甚至取消了身份验证，更不要说采取其他一些复杂的安全措施。这样做的结果是网络区域中的任何人都可以接入网络，既不需要身份验证，也不需要对信号解码，使得 802.11b 无线局域网已经成为最容易受到黑客攻击的网络之一。

4.3　IEEE 802.11a 技术

1999 年 IEEE 802.11a 标准制定完成，IEEE 802.11a 标准开始制定的时间要早于 IEEE 802.11。只是因为 IEEE 802.11 标准采用了相对简单的技术，完成得较早；IEEE 802.11a 标准采用了较复杂的正交频分复用（OFDM）技术，反而完成得晚。

IEEE 802.11a 标准规定无线局域网工作频段为 5.15～5.825GHz，数据传输速率达到 54Mb/s 或 72Mb/s，传输距离控制在 10～100m。该标准是 IEEE 802.11 标准的一个补充，扩充了标准的物理层；采用正交频分复用（OFDM）的独特扩频技术和调制方式，可提供 25Mb/s 的无线 ATM 接口和 10Mb/s 的以太网无线帧结构接口，支持多种业务如话音、数据和图像等；一个扇区可以接入多个用户，每个用户可带多个用户终端。虽然 IEEE 802.11a 标准在技术上占有优势，但由于技术成本偏高，产品缺乏价格竞争力；另外 5GHz 频段在一些国家和地区不是开放频段，面临频谱管制的问题。除了成本问题，IEEE 802.11a 标准最大的缺陷就是无法与较早出现的 IEEE 802.11b 标准兼容，使它在市场上的扩展大受限制，这使得 IEEE 802.11b 标准产品占据了较大的市场份额。

IEEE 802.11 标准对于促进无线局域网的发展起到非常重要的作用。但是 2Mb/s 的速率对于一些终端用户来说太慢了，例如视频传输，如果应用程序必须大幅提高带宽的帧速率、像素深度和分辨率，那么它可能要求高的数据速率；另外，巨大的数据块传输也要求高的数据速率以保持传输延迟在合理范围内。为解决 IEEE 802.11 标准的这个问题，IEEE 802.11a 标准（支持的最高速率为 54Mb/s）和 IEEE 802.11b 标准（支持的最高速率是 11Mb/s）应运而生，它们是 IEEE 在 IEEE 802.11 标准上增强了物理层功能的快速以太网，IEEE 802.11a 标准使用不同的物理层编码方案和不同的频段。由于目前 2.4GHz 的 ISM 频带比较拥挤，且带宽比较窄（83.5 MHz），因此 IEEE 802.11a 标准选择工作在 5GHz 的 UNIT 频带上。

4.3.1　IEEE 802.11a 标准简介

1. IEEE 802.11a 标准描述

IEEE 802.11a 标准工作在 5GHz 的频率范围内。FCC 已经为无执照运行的 5GHz 频带内分配了 300MHz 的频带，为 5.15 ～ 5.25GHz、5.25 ～ 5.35GHz 和 5.725 ～

5.825GHz。这个频带被切分为三个工作"域"：第一个 100MHz（5.15～5.25GHz）位于低端，限制最大输出功率为 50mW；第二个 100MHz（5.25～5.35GHz）允许输出功率为 250mW。最高端分配给室外应用，允许最大输出功率为 1W。

虽然是分段的，但是 IEEE 802.11a 标准可用的总带宽几乎是 ISM 频带的 4 倍，ISM 频带只提供 24GHz 范围内的 83.5MHz 的频谱。同时 IEEE 802.11b 标准的频谱受到了来自无绳电话、微波炉和其他融合了无线技术的产品（如蓝牙产品）的干扰。

目前 2.4GHz 的频带在世界各国几乎普遍适用，但是 5GHz 的频谱还没有达到这种程度。在日本只有比较低的 100MHz 的频谱。在欧洲，低端的 200MHz 是与 HiperLAN2 共用的，使用的是高端的 100MHz（为室外应用保留的）。IEEE 802.11a 标准在 54Mb/s 速率上运行需要大约 20MHz 的频谱。这样，美国和欧洲的用户将有多达 10 个频道可以选择，而日本用户只能有 5 个。中国在 2002 年 7 月开放了 5.725～5.85GHz ISM 频带，但是没有按照 UNII 频带开放。

IEEE 802.11a 标准由于工作频率较高而使其性能得到改进。因为频率越高，在空间传播的损耗越大，在相同的发射功率和编码方案的情况下，IEEE 802.11a 标准产品比 IEEE 802.11b 标准产品的发射距离短。为此 IEEE 802.11a 标准产品把 EIRP（有效全向辐射功率）增加到最大的 50mW，克服了一些距离上的损失。

然而，光靠功率是不足以在 IEEE 802.11a 标准环境中维持像 IEEE 802.11b 标准那样的距离的。为此，IEEE 802.11a 标准规定和设计了一种新的物理层编码技术，称为 COFDM（即编码 OFDM）。COFDM 是专为室内无线应用而开发的，而且性能大大超过了广谱解决方案的性能。COFDM 的工作方式是将一个高速的驻波波段分解为几个子载波，然后以并行方式传输，每个高速载波波段是 20MHz 宽，被分解为 52 个子载波，每个大约 300kHz 宽。52 个子载波中的 48 个被 COFDM 用于传输数据，其余的 4 个用于纠错。由于 COFDM 的编码方案和纠错技术，使其具备了较高的速率和高度的多路径反射恢复性能。

OFDM 物理层的主要目的是在 IEEE 802.11a MAC 层的引导下传送 MAC 协议数据单元（MPDUs）。IEEE 802.11a 标准中的 OFDMPHY 分为两部分：物理层汇聚（PLCP）子层和 PMD 子层。

在 PLCP 的引导下，PMD 通过无线媒介提供两个站点向 FHY 实体的实际发送和接收。为了实现这个功能，PMD 必须有无线接口，还要能为帧传送进行调制和解调。PLCP 和 PMD 用服务原语相联系以控制发送和接收功能。

经过 IEEE 802.11a 标准 OFDM 调制，二进制序列信号根据所选数据率的不同，被分成 1bit、2bit、4bit、6bit 的组，并被转换成复杂的数字以表示可用的星座图上的点。例如，如果选定 24Mb/s 的传输速率，那么 PLCP 就将数字比特映射到 16bit 正交调幅的星座图中。

映射以后，PLCP 将复杂的数字规范到 IEEE 802.11a 标准，这样所有的映射都有了同样的平均功率，每个符号的持续时间为 4μs。PLCP 为每个符号分配一个专门的子载波，在传送前通过快速傅里叶反变换（IFFT）将这些子载波进行合成。

和其他基于物理层的 IEEE 802.11 标准一样，在 IEEEE 802.11a 标准中 PLCP 通过指示介质繁忙或空闲完成 CCA（空闲信道分配）协议，或通过服务访问点经由服务原语与 MAC 保持透明。MAC 层利用这一信息来决定是否发送指令进行 MPDU 的实际传输。IEEE 802.11a 标准要求接收机的灵敏度，根据所选速率的不同应该为 −82～65dBm。

IEEE 802.11a 标准中的 MAC 层通过物理层的服务访问点（SAP）经由专门的原语与 PLCP 建立联系，当 MAC 层下达指令时，PLCP 就为传输准备 MPDUs，同时将从无线媒介引入的帧转至 MAC 层。PLCP 子层通过将 MPDUs 映射为适合 PMD 传输的帧结构，以减小 MAC 层对 PMD 子层的依赖。

IEEE 802.11a 标准使用与 IEEE 802.11b 标准相同的 MAC 协议（CSMA/CA），这意味着从 IEEE 802.11b 标准升级到 IEEE 802.11a 标准在技术上没有太大的影响，同时需要设计的部件更少。但是 IEEE 802.11a 标准继承了 IEEE 802.11b 标准的 MAC 协议，也带来了相同的低效率问题。IEEE 802.11b 标准的 MAC 协议只有大约 70% 的效率，目前 IEEE 802.11b 网络的吞吐率大约是 5Mb/s（与不同的厂家有关）。所以在 54Mb/s 下，IEEE 802.11a 标准所能达到的最大吞吐率也只能接近 38Mb/s。另外，考虑到驱动程序的低效率和物理层上的一些附加的开销等因素，实际可期望达到的吞吐率大约是 25Mb/s。与 IEEE 802.11b 标准不同的是，IEEE 802.11a 标准不必以 1Mb/s 的速率发射适配头，因而 IEEE 802.11a 标准在理论上可以获得超过 IEEE 802.11b 标准的效率。

2. 多速率支持

IEEE 802.11a 标准的传输速率为 6Mb/s、9Mb/s、12Mb/s、18Mb/s、24Mb/s、36Mb/s、48Mb/s 或 54Mb/s。在 6Mb/s 速率时，采用 BPSK 调制，每个子载波的速率为 125kb/s，结果得到 6000kb/s，即 6Mb/s 的数据速率。采用 QPSK 调制可实现双倍数据量编码，达到每个子载波 250kb/s，输出 12Mb/s 的数据速率。采用 16QAM（正交调幅）调制，可以达到 24Mb/s 的数据速率。IEEE 802.11a 标准规定，所有适应 IEEE 802.11a 标准的产品都必须支持这些基本数据速率。标准也允许厂商扩充超过 24Mb/s 的调制方式。但是，每赫兹带宽编码的比特数越多，信号就越容易受到干扰和衰减，最终发射范围变短。采用 64QAM（64 级正交调幅）可以达到 54Mb/s 的数据速率，此时每个周期输出 8bit，每个 300kHz 的子载波总输出达到 1.125Mb/s。使用 48 个子载波，最终达到 54Mb/s 的数据速率。

3. 主要描述

IEEE 802.11a 标准的一些主要参数如表 4-9 所示。标准采用 OFDM 技术来抵抗频率选择性衰落，并采用交织技术使宽带衰落信道导致的突发错误随机化。根据信道的传输条件来选择最佳的编码速率和调制方案，收发机的简化流程图如图 4-31 所示。输入的二进制数据首先使用 127bit 的伪随机序列进行扰码，然后进行卷积编码、交织、调制 IFFT（Inverse Fast Fourier Transform，快速傅里叶反变换），复用器实现串/并变换操作，解复用器完成并/串变换操作。

在 6Mb/s 时，扰码后的数据序列采用（2，1，7）卷积编码器进行编码。而在其他速率时，是通过对该编码器的输出进行删除而获得的，删除是从输出数据中删除编码的比特以使得未编码的比特与编码比特的比值大于原来的码（1/2）。例如，为了获得一个 2/3 的编码速率，需要在编码后的序列中从每 4 个比特中删除 1 个比特，编码后的比特再进行交织以避免突发错误进入卷积解码器中，因为存在突发错误时解码器将不能很好地工作。交织后的编码比特组合在一起形成符号，针对不同的数据速率，根据表 4-10 给出的方案之一对这些符号进行调制。

表 4-9　IEEE 802.11a 的主要参数

数据速率	6Mb/s，9Mb/s，12Mb/s，18Mb/s，24Mb/s，36Mb/s，48Mb/s，54Mb/s
调制	BPSK，QPSK ＊ 16QAM，64QAM
编码速率	1/2，2/3，3/4
子载波数	52
导频数	4
OFDM 符号间隔	4μs
IFF17FF1 间隔	3.2μs
保护间隔	0.8μs
子载波间隔	312.5kHz
信号带宽	16.66MHz
信号间隔	30MHz

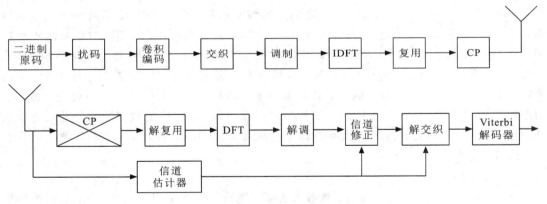

图 4-31　IEEE 802.11a 标准收发机简化流程图

表 4-10　IEEE 802.11a 标准中的速率和调制参数

速率 /（Mb/s）	调制	编码 R	每个子载波上数据的位数 N_{BPSC}	每个 OFDM 符号中已编码的位数 N_{CRPS}	每个 OFDM 符号中将包含的数据的位数 N_{DBPS}
6	BPSK	1/2	1	48	24
9	BPSK	3/4	1	48	36

速率 / (Mb/s)	调制	编码 R	每个子载波上数据的位数 N_{BPSC}	每个 OFDM 符号中已编码的位数 N_{CRPS}	每个 OFDM 符号中将包含的数据的位数 N_{DBPS}
12	QPSK	1/2	2	96	48
18	QPSK	3/4	$\frac{2}{4}$	96	72
24	16QAM	1/2	1	192	96
36	16QAM	3/4	$\frac{4}{4}$	192	144
48	64QAM	2/3	6	288	192
54	64QAM	3/4	6	288	216

调制后的符号映射到 64 点离散傅里叶反变换（IDFT）的子载波上，从而形成一个 OFDM 符号。由于带宽的限制，只有 48 个子载波可用于调制数据，另外的 48 个子载波预留给导频使用，剩余的 12 个子载波并没有使用。在接收机使用导频是为了估计残余的相位误差，IDFT 的输出变换成一个串行序列，并添加了一个保护间隔或周期前缀（CP），这样 OFDM 总的持续时间是周期缀或保护持续时间和有用的符号持续时间之和，保护或周期前缀与前同步信号一起被认为是 OFDM 的帧头，在添加了周期前缀后，整个 OFDM 符号将在信道上传输。只要周期前缀的持续时间长于信道的冲激响应，就可以去除码间干扰（ISI）。

在去除周期前缀之后，接收机还要进行与发射机正好相反的逆操作，在采用任何接收机算法之前首先要恢复时钟。也就是说，接收机的系统时钟必须要与发射机的系统时钟同步，同时要考虑在信道中传输所造成的时延。

除了恢复时钟之外，接收机还要为 A/D 变换器实行自动增益控制（AGC），AGC 的目的是要为 A/D 变换器保持固定的信号功率，以避免 A/D 变换器输出信号的饱和或切断。由于 OFDM 是一种频域的调制技术，因此在接收机中，本质上能够精确地估计由振荡器的不稳定所导致的频率偏移，需要采用信道估计来解调这些符号。在前同步信号中提供了训练序列以实现上述功能。为了减小信道估计中的不确定性，提供了两个携带训练序列的 OFDM 符号：短训练序列用于对时间及频率误差粗略地和精确地估计，长训练序列用来估计信道脉冲响应或信道状态信息（CSI）。采用 CSI 后，可以对接收到的信号进行解调、解交织，再送到 Viterbi 译码器中。

4. 发送

在 IEEE 802.11a 标准系统中为了进行发送，MAC 层向 PLCP 发出一个"请求开始发送"（PHY_TXSTART. request 原语），以通知物理层进入发射状态。物理层在收到该请求后，经 PLME 通过站点管理把物理层设置到合适的工作频率上。其他发射参数，如数据速率和发射功率，则由 PHY_TXSTART. request（TXVECTOR）原语通过物理层服务访问点（PHY-SAP）进行设置。

　　当然，物理层事先已经通过一个 CCA 指令（PHY_CCA-request 原语）向 MAC 层通报了信道空闲的指示。MAC 层只有在确认 CCA 指示的信道空闲后才会向 PLCP 发出"请求开始发送"的消息（PHY_TXSTART. request 原语），而物理层也只有在确认收到 PHY_TXSIART. request（TXVECTOR）原语后才有可能发送 PPDU 数据。该指令的参数 TXVECTOR 中的元素将构成 PLCP 适配头信息的数据速率（RATE）字段、数据长度（LENGTH）字段和服务（SERVICE）字段，并向 PMD 提供发射功率参数（TXPWR_LEVEh）。

　　PLCP 子层向 PMD 子层传递"发射功率电平"（PMD-TXPWRLVL）和"发射数据速率"（PMDRATE）指令，完成对物理层的配置。一旦开始发送前导序列，物理层实体就立即开始对数据进行扰码和编码。此后，MAC 层向物理层发出一系列"请求发送数据"（PHY_DATA. request（DATA）原语），物理层也向 MAC 层发出一系列数据发送确认消息，这样，已被扰码和编码后的数据就可在 MAC 和物理层之间进行交换。

　　物理层把 MAC 送来的数据按一次 8bit 进行处理。PLCP 适配头信息、服务域和 PSDU 被卷积编码器在 PMD 子层，每 8bit 数据以 bit0～bit7 的顺序发送。发送过程能够被 MAC 层用 PHY. TXEND. request 原语提前终止。当最后以为数据 bit 发送出去后，发送过程正常终止。

　　PMD 在每一个 OFDM 符号中，都会插入一个保护间隔 GI，这是一种应对多径传输时产生的延迟扩展的有效策略。

　　5. 接收

　　为了接收数据，必须禁止 PHY_TXSTART. request 原语，以使物理层实体处于接收状态，而且站点管理（通过 PLME）将物理层设置在合适的频率上。其他的接收参数，如 RSSI（接收信号强度指示）和数据速率（RATE）可通过物理层服务点（PHY-SAP）取得。

　　收到 PLCP 前导序列后，PMD 子层用 PMD_RSSI. request 原语告知 PLCP 当前信号的强度值。同样，PLCP 子层用 PHY_RSSL. request 原语向 MAC 告知这一强度值，在正确接受 PLCP 帧之前，物理层还必须用 PHY_CCA. indicate（BUSY）原语告知 MAC：当前介质上有信号正在传输。PMD 用指令 PMD_RSSI 刷新通报给 MAC 的 RSSI 参数。

　　在发出 PHY_CCA. indicate 原语后，物理层实体开始接收"训练序列"符号并搜索信号域，以便得到正确的数据流长度、解调方式和译码码率。一旦检测到信号（SIGNAL），而且奇偶校验也没有错误，就将开始卷积码，而且 PLCP 服务域也将开始被接收和译码（推荐使用 Viterbi 译码器）并按 ITU-TCRC-32 进行冗余校验。如果 ITU-TCRC-32 进行的帧校验（FCS）失败，物理层接收机就进入接收空闲态（RX_1DLE）。如果在接收 PLCP 的过程中，CCA 进入了空闲态，那么 PHY 也将进入接收空闲态。

　　如果 PLCP 适配头信息接收成功（信号域字段完全可识别，也被当前设备支持），那么，物理层就将向 MAC 层发出一个 PHY_RXSTART. indicate（RXVECTOR）原语。与该原语相关的 RXVECTOR 参数包括信号域（SIGNAL）、服务（SERVICE）域、以字节为单位的 PSDU 长度（LENGTH）域和 RSSI。此时，OFDM 物理层将保证 CCA 在信号持续时间内，一直指示介质状态为忙。

将收到的 PSDU 数据 bit 按 8bit 进行重组、解码，并用一系列 PHY_DATA. indicate（DATA）原语传给 MAC 层。当开始接收服务（SERVICE）域时，接收速率将按照由信号域指定的接收速率开始改变，此后物理层将持续接收 PSDU 数据，直到 PSDU 的最后 8bit 数据为止。接收完成后，物理层向 MAC 层发出一个 PHY_RXEND. indicate（NoError）原语，接收机进入接收空闲态。

在有些情况下，在完成 PSDU 接收前，RSSI（接收信号强度指示）的改变会导致 CCA 状态返回空闲态。此时，物理层向 MAC 层发出一个 PHY_RXEiXID. indicate（CanierLost）原语，通报出错原因。

如果信号域指定的速率是不可接收的，物理层就不会向 MAC 层发出"请求接收"（PHY_RXSTART. request 原语），而是发出一个接收错误通知（PHY_RXEND. indicate（Unsupported Rate）），告知 MAC 站点不支持当前数据速率。如果当前 PLCP 适配头信息是可接收的，但 PLCP 适配头信息的奇偶校验无效，也不会发出"请求接收"的 PHY_RXSIART. request 原语，而是代之以一个出错通知 PHY_RXEND. indicate（FomatViolation）原语，告知 MAC 层当前数据格式不对。

任何在规定的数据长度之后接收到的数据都被认为是填充比特数而被放弃。

4.3.2　IEEE 802.11a PLCP 子层

PLCP 子层通过物理层服务访问点（SAP）利用原语和 MAC 层进行通信。物理层服务数据单元（PSDU）附加 PLCP 的前导序列等物理层发送和接收所需的信息形成 PLCP 协议数据单元（PPDU）。IEEE 802.11a 标准的接收设备中，PLCP 的前导序列和适配头对于 PSDU 解调和传输是必不可少的。PLCP 将 MAC 协议数据单元映射成适合被 PMD 传送的格式，从而降低 MAC 层对 PMD 层的依赖程度。

1. PLCP 帧结构

IEEE 802.11a PLCP 子层帧结构如图 4-32 所示，它的 PPDU 格式是 OFDM 物理层所特有的，包括以下几个部分：

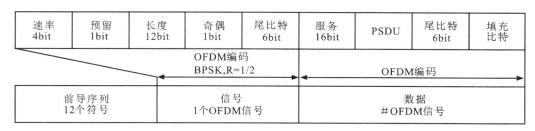

图 4-32　IEEE 8D2.11a PLCP 子层帧结构

PLCP 前导序列（PLCP Preamble）：用于获得引入的 OFDM 信号和序列，并使解调同步。PLCP 前导序列由 12 个训练序列组成，包括 10 个短训练序列和 2 个长训练序列。短训练序列用于接收机的自动增益控制，并粗略估计载波的频率偏移；长训练序列用于精确估计频率偏移。12 个子载波用于短训练序列，53 个子载波用于长训练序列。一个 OFDM 周期为 16ms。PLCP 前导序列采用 BPSK-OFDM 的调制方式，卷积编码率为 1/2，速率可达 6Mb/s。

信号（SIGNAL）：这一部分占 24bit，包含 4bit 速率、1bit 预留、12bit 长度、1bit 奇偶校验、6bit 尾比特。前 4 个（R1～R4）是表示速率的编码，信息包括分组中使用的调制方式和编码速率；接下来的 1bit 是保留比特；12bit 是长度域，规定了 PSDU 中的字节数，取值范围为 1～4095；最后是 1bit 的奇偶校验和 6bit 尾比特，尾比特用来刷新卷积编码器和终止解码器中的码网格。

数据（DATA）：包含服务域、PSDU 数据、6bit 尾比特和填充比特。服务域的前 7bit 为 0，是用来初始化解扰码器的，剩余的 9bit 保留供将来使用。6bit 尾比特全部是加在 PPDU 后的 0，以保证卷积编码器能回归到零状态。信号域指定了分组中数据部分的传输速率。

PLCP 适配头包含 4bit 速率比特、1bit 保留比特、12bit 长度比特、1bit 奇偶校验、6bit 尾比特和 16bit 业务比特。

IEEE 802.11a 标准中数据部分的比特数是每 OFDM 符号的编码比特数（48bit、96bit、192bit 或 288bit）的整数倍，为此，信息的长度必须扩展为每 OFDM 符号的数据比特数的整数倍。因为还要添加尾比特，所以信息后面至少还要附加 6bit。IEEE 802.11a 标准中的 OFDM 符号数 NSYM、数据部分的比特数 NDATA 和填充比特数 NPAD 可以从 PSDU 的长度计算得到。

$$N_{\text{SYM}} = \frac{16 + 8 \times \text{LENGTH} + 6}{N_{\text{DBPS}}} \tag{4-4}$$

$$N_{\text{DATA}} = N_{\text{SYM}} \times N_{\text{DBPS}} \tag{4-5}$$

$$N_{\text{PAD}} = N_{\text{DATA}} - (16 + 8 \times \text{LENGTH} + 6) \tag{4-6}$$

速率、保留比特、长度、奇偶校验位和 6 个 0 尾比特单独构成了一个 OFDM 符号——标志符号，采用 BPSK 调制方式的 1/2 编码率传输。

PLCP 适配头的服务部分和 PSDU（包括 6 个 0 尾比特和附加比特）以适配头中指定的速率传输，并且是 OFDM 符号的整数倍。

尾比特的作用是在接收到尾比特后可以立即对适配头中表示速率和长度的部分译码。速率和长度信息是对包的数据部分解码时所必需的，另外，CCA（Clear Channel Association，空闲信道分配）系统可以根据速率和长度部分的内容确定包的持续时间。

1）PPDU 编码过程

IEEE 802.11a 标准 PPDU 的编码过程非常复杂，下面将介绍其详细步骤。

（1）生成前导序列。先是重复 10 次的短训练序列（用于接收机的自动增益控制 AGC 收敛、分集接收选择、定时捕捉和粗频捕捉），然后插入一个保护间隔（GI），再加上 2 个重复的长前导序列（用于接收机的信道评估、精频捕获）。

（2）生成 PLCP 适配头信息。从 TXVECTOR（来自 PHY_TXSTART. request 原语所带的参数）中取出速率（RATE）、信息长度（LENGTH）和服务（SERVICE）字段，将其填入正确的位字段中。PLCP 适配头信息中的 RATE 和 LENGTH 字段用 R-1/2 码率的卷积码编码，然后映射为一个单独的 BPSK 编码的 OFDM 符号，称为信号（SIGNAL）。为了便于可靠及时地检测到 RATE 和 LENGTH 字段，还要在 PLCP 适配头信息中插入 6 个 "0" 尾比特。把信号字段转变为一个 OFDM 符号的过程为：卷积编码、交织、BPSK 调制、导频插入、傅里叶变换及预设保护间隔（GI）。注意，信号域的内容未进行扰码处理。

（3）根据 TXVECTOR 中的 RATE 字段，计算出每个 OFDM 符号中将包含的数据的位数（N_{DBPS}）、码率（R）、每个 OFDM 子载波上数据的位数（N_{BPSC}）和每个 OFDM 符号中已编码的位数（N_{CBPS}）。

（4）将 PSDU 加在服务（SERVICE）域的后面形成比特串，并在该比特串中加入至少 6bit "0"，使得最终长度为 N_{DBPS} 的倍数。这个比特串就构成了 PPDU 包的数据部分。

（5）用一个伪随机非零种子码进行扰码，产生一个不规则序列，然后与上述的已扩展数据比特串进行逻辑异或（XOR）处理。

（6）用一个已经过扰码处理的 6bit "0" 替换未经扰码处理的 6bit "0"（这些 bit 叫作尾比特，它们使卷积编码器返回 "零状态"）。

（7）用卷积编码器对已扰码的数据串进行编码，按照特定的删除模式从编码器的输出串中剔掉一部分比特数，以获得需要的码率。

（8）把已编码的比特串分组，每组含 N_{DBPS} 个比特数代按照所需速率对应的规则，对每组中的比特数进行交织处理。

（9）再把已编码并做过重新排序处理的数据串进行分组，每组含 N_{DEPS} 个比特数。对每一个组，都按 IEEE 802.11a 标准文本中给定的编码表转换为一个复数。

（10）把复数串进行分组，每组有 48 个复数，如此处理后的每个组对应为一个 OFDM 符号。在每个组中，复数值分别为 0～47，并分别被映射到已用数字标号的 OFDM 的子载波上。这些子载波的号码是：-26～-22，-20～-8，-1～6，8～20，22～26。剩下的 -21、-7、7 和 21 被跳过，它们将被用作插入导频的子载波。中心频率对应的子载波 0 被剔除，并被填上一个零值。

（11）-21、-7、7 和 21 四个位置对应的子载波上，插入四个导频，这样全部子波数就是 52（即 48+4）。

（12）对每个组中 -26～26 的子载波，用傅里叶反变换将其变换到时域。将傅里叶变换后的波形做循环扩展，形成保护间隔（GI）。用时域窗技术从这个周期性波形中截出长度等于一个 CFDM 符号长度的一段。

（13）在表示速率和数据长度的信号（SIGNAL）域后面，把 OFDM 符号一个接一个地加上。

（14）按照所需信道的中心频率，把得到的 "复数基带" 波形向上变频到射频并发射。

2）速率和调制参数

速度和调制参数根据表 4-10 的数据率而定。

3）PLCP 时间参数

表 4-11 是 IEEE 802.11a 标准相关的时间参数。

表 4-11　IEEE 802.11a 标准相关的时间参数

参　数	数　值
N_{SD}：数据子载波数量	48
N_{SP}：导频子载波数量	4
N_{st}：子载波数量	52（$N_{SD}+N_{SP}$）
ΔF：子载波频率间隔	03125MHz（=20MHz764）
T_{FTT}：IFFF/FFT 周期	3.2μs（$1/\Delta F$）
$T_{前导}$：PLCP 前导序列长度	16 μs（$T_{短}+T_{长}$）
$T_{信号}$：BPSK−OFDM 符号信号长度	4.0μs（$T_{GI}+T_{FFT}$）
T_{gi}：GI 长度	0.8μs（$T_{FFT}/4$）
T_{GI2}：GI 训练符号长度	1.6μs（$T_{FFT}/2$）
T_{SYM}：符号间隔	4μs（$T_{GI}+T_{FFT}$）
$T_{短}$：短训练序列长度	8μs（10×7^{4}）
$T_{长}$：长训练序列长度	8μs（$T_{GI2}+2\times T_{FFT}$）

2. PLCP 前导序列

PLCP 前导序列用于使系统同步，它由 10 个短符号和 2 个长符号组成，如图 4-33 所示。

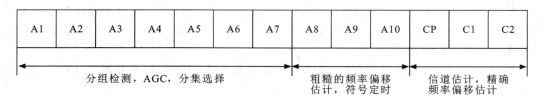

图 4-33　IEEE 802.11a 标准前导序列

A1～A10 为短训练符号，同为 16 取样的长度，CP 为 32 取样循环前缀以保证长训练符号 C1、C2 不受短训练符号间干扰（ISI）的影响。长训练符号同为 64 取样长的 OFDM 符号。

一个 OFDM 短训练符号由 12 个子载波组成，并根据 S 序列元素进行调制，如下所示：

$$S_{(-26,26)} = \sqrt{(13/6)} * \{0, 0, 1+j, 0, 0, 0, -1-j, 0, 0, 0, 1+j, 0, 0, 0, -1$$
$$-j, 0, 0, 0, -1-j, 0, 0, 0, 1+j, 0, 0, 0, 0, 0, 0, 0, 0, -1-j, 0, 0, 0,$$
$$-1-j, 0, 0, 0, 1+j, 0, 0, 0, 1+j, 0, 0, 0, 1+j, 0, 0, 0, 1+j, 0, 0\}$$

乘积因子 $\sqrt{(13/6)}$ 是为了规范所得到的 OFDM 信号的平均功率，是从 52 个子载波中选出 12 个子载波构成的。

OFDM 的长序列符号由 53 个子载波构成（包括直流的零分量），根据 L 序列原理进行调制，如下所示：

L（−26，26）＝（1，1，−1，−1，1，1，−1，1，−1，1，1，1，1，1，1，−1，−1，1，1，−1，1，−1，1，1，1，1，0，1，−1，−1，1，1，−1，1，−1，1，−1，1，−1，−1，−1，−1，−1，1，1，−1，−1，1，−11，−1，1，1，1，1）

3. 信号域

OFDM 训练符号后面是信号（SIGNAL）域，由 TXVECTOR 中的速率（RATE）和长度（LENGTH）域组成。RATE 域传送应用在数据分组中其余部分的调制类型和编码速率的信息。SIGNAL 单一 OFDM 码元的编码将采用子载波的 BPSK 调制和使用 $R=1/2$ 的卷积编码。编码过程包括了卷积编码、交织、映射、导频插入和 OFDM 调制，使用 6Mb/s 的传输数据速率。

信号域由 24 个比特数组成，4 个比特数（0~3）将编码生成 RATE，bit4 将保留将来使用，bit5~bit16 将编码为 TXVECTOR 中的 LENGTH 域，并且首先传输最小信号比特（LSB）。

4. 数据域

数据（DATA）域包含服务（SERVICE）域、PSDU、尾比特域和填充比特。

服务域：IEEE 802.11a 标准的服务域有 16bit，显示为 0~15。服务域中的 bit0~bit6 首先传输，用来初始化解扰码器。剩下的服务域中的 9 个比特数（7~15）将保留供以后使用。所有的保留比特都被置为零。

尾比特域（TAIL）：PPDU 尾比特应该是 6 个 "0"。用于使卷积编码器回到 "零状态"，提高了卷积解码器的误码性能。这里的 6bit "0" 是扰码后的，而前面的 6bit "0"（即信号域中的尾比特）是没有经过扰码的。

填充比特（PAD）：数据域比特的数目应该是 N_{CBPS} 的整数倍，即是一个 OFDM 编码符号（48bit、96bit、192bit 或 288bit）的整数倍。为了满足这个要求，至少要填充 6 个比特数。

5. 编码过程

1）扰码和解扰码

由 SERVICE、PSDU、尾比特域和填充比特组成的数据域应该进行长度为 127bit 的帧同步扰码。帧同步扰码器的伪随机码生成多项式为

$$S(x) = x^7 + x^4 + 1$$

通过扰码器产生的 127bit 伪随机序列为（最左边的为第一位）：00001110 11110010 11001001 00000010 00100110 11110011 11010100 11100111 10110100 00101010 11111010 01010001 10111000 11111111。

解扰码使用和扰码器相同的伪随机序列。当发送时，扰码器的原始状态将被设定为伪随机非零状态，服务域最低的 7 个比特数被置为 0，接收端可以用来判断扰码器的初始状态。

2）卷积编码

在任何一个现代通信系统中，信道编码都是一个非常重要的部分，并且它还使当今有效而可靠的无线通信成为可能。如在 IEEE 802.11a 标准中 6Mb/s 速率时采用 1/2 卷积编码和 BPSK 调制。为了达到 12Mb/s 的速率，我们可以采取两种方法。最简单的方法是不采用信道编码，而在每个子载波上对未编码的数据进行 BPSK 调制，这样每个 OFDM 符号携带 48bit 信息，这个符号的时间为 $4\mu s$，或者每秒 250000 个符号，所以全部数据速率是 $250\,000 \times 48 = 12\text{Mb/s}$。

另外一种方法就是现在 IEEE 802.11a 标准中采用的方法，它可以在使用信道编码的同时获得同样的传输速率。这种方法就是采用 1/2 卷积编码和 QPSK 调制，它可以以非常低的 SNR（信噪比）获得好的 BER（误码率）性能。在误码率为 10 次时它的编码增益接近 5.5dB，这意味着要获得同样的性能，对于每一个传输比特，没有使用信道编码的系统要比使用信道编码的系统多花费 5.5 dB 的能量。

卷积码是目前系统中应用最广泛的一种信道编码，目前使用的主要数字蜂窝移动通信系统都使用卷积信道编码。IEEE 802.11a 标准也采用卷积码，而在 IEEE 802.11b 标准中把它作为一种可选模式。

图 4-34 为 IEEE 802.11a 标准中使用的卷积编码器，这是效率为 1/2、连接为 133₈ 和 171₈ 的编码，这些连接是以八进制来定义的，它的二进制表示为 001011011₂ 和 001111001₂，当进行不同卷积码的连接列表时，通常使用八进制以缩短表示。根据二进制表示可以很容易 地构建该编码器的结构，这些连接是与移位寄存器的末端对齐的，1 表示移位寄存器的输出与编码器的输出比特相连，该编码使用二进制异或运算。在图 4-34 中 133₈ 定义了偶次比特 b_{2n} 的值，而连接 171₈ 则定义了奇次比特 b_{2n+1} 的值。

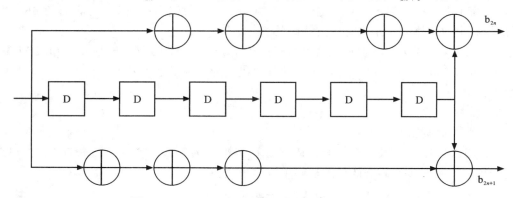

图 4-34　IEEE 802.11a 标准中使用的卷积编码器

为了定义连接值而用来对齐移位寄存器的末端的方法不常用，有些文献中是把连接值与移位寄存器输入的始端对齐，那么图 4-34 中的编码连接是 554₈ 和 744₈，或二进制表示为 101101100₂ 和 111100100₂。二进制表示的长度是在其后面增加零的个数使之成为 3 的倍数，这样可以很方便地得到八进制数，移位寄存器单元的数量决定了卷积码所能获得的编码增益大小。移位寄存器越长，码的功能就越强，但是在译码时最大似然 Viterbi 算法的复杂性随着移位寄存器的数量增加而呈指数增加，复杂性的增加规律把目前采用的卷积码限制在 8 个移位寄存器单元。在 IEEE 802.11a 标准中只使用 6 个移位寄存器单元，这是因为它具有非常高的数据量。

卷积码的性能由码的自由距离决定，任意长编码序列之间的最小汉明距离称为自由距离．卷积码在高信噪比（SNR）处的渐进编码增益可以通过自由距离和码率来计算得到，公式如下：

$$编码增益 = 10 \times \lg（码率 \times 自由距离）\tag{4-7}$$

例如，IEEE 802.11a 标准中采用的卷积码的自由距离是 10，码率为 1/2，其渐进编码增益为 $10 \times \lg（1/2 \times 10）= 7.0$dB。但是这是渐进的结果，Eb/n0 越低，编码增益也越小。渐进结果只有在很高的 SNR 处得到，而实际系统通常不会工作在如此高的 SNR 环境中。

通信系统通常提供一系列可能的数据速率，如 IEEE 802.11a 标准有 8 个不同的速率：6Mb/s、9Mb/s、12Mb/s、18Mb/s、24Mb/s、36Mb/s、48Mb/s 和 54Mb/s。如果不改变编码速率，只通过调整调制的星座图（即不同的多进制调制）来改变数据速率是很困难的，因为星座的数量和最大星座中的点数增加得非常快。另一种解决方法是实现具有不同码率的几个不同卷积编码器，并且改变卷积编码速率和星座。但是这种方法用于接收机时具有很多困难，因为接收机对其采用的所有编码要使用几种不同的解码器。

在此情况下，使用删除型卷积码可以从单一的卷积码来生成另外的编码速率，它采用在编码速率 $R = k/n$ 的卷积码中删除某些信道比特的方法产生 $R = （k+l）/（n+l）$ 的卷积码，使编码率上升，以改善编码的功率和频谱利用率。删除卷积码的基本思想是不传输卷积编码器输出的一些比特，这样提高了编码的速率，减小了码组间的自由距离，但是通常所获得的自由距离与为删除速率所特别设计的卷积码所能达到的最优距离很接近。在接收机中将插入一些虚假比特来取代删除的比特，因此只需要一对编码器/译码器就可以生成几个不同的编码速率。

在某一比特周期中没有被传输的比特是由删除模式定义的。在 IEEE 802.11a 标准中有两种不同的删除模式，第一种模式是用来从速率为 1/2 的母卷积码中产生速率为 3/4 的编码，这种删除模式具有的周期是 6bit，每个周期的第 3 和第 4 个比特数是删除的（即不被传输），删除率等于 4/6 = 2/3，总的编码速率等于（1/2）/（3/4）= 2/3，这是由于最初编码比特只有 2/3 从删除器输出。另一种删除编码的编码速率是 2/3，这种删除模式具有的周期是 4 个比特数，每个周期的第 4 个比特数被删除，删除速率是 3/4，所以总的编码速率是（1/2）/（3/4）= 2/3。

删除型卷积码的一个突出特点是，由同一个码率为 1/2 的卷积码可以变换产生各种 $（n-l）/n$ 卷积码，它们的编码器具有类似的结构形式，因而适合多重码率应用。研究表明，这种删除型卷积码的性能与已知的最好码的性能相当接近，但由于它易于实现，在许多情况下更适宜。

表 4-12 是 IEEE 802.11a 标准中所采用的三种编码速率的自由距离和编码增益，同时还列出了最优的速率为 3/4 和 2/3 的编码。从表中可见，采用删除型编码而不采用最优编码所得到的性能损失是很小的。速率是 1/2 的编码自然是最优编码，这是因为它没有进行删除，最初的编码速率就是 172，因此表中没有列出这种速率下的自由距离和编码增益。

表 4-12　IEEE 802.11a 标准中 64 状态卷积码的自由距离

编码速率	删除汉明距离	删除编码增益	最优汉明距离	最优编码增益
1/2	—	—	10	7.0dB
2/3	6	6.0dB	7	6.7dB
3/4	5	57dB	6	6.5dB

在删除型卷积码被解码前，被去除的比特需要被插回到比特流中。反删除是简单地把虚假比特插入发射机被删除的位置上，虚假比特的值取决于系统使用的是硬判决还是软判决。硬判决系统应该随机地把 1 和 0 比特插入被删除的位置上，软判决接收机要插入一个软判决值 0。在通常带有 Viterbi 算法码的解码中，值为 0 的虚假比特对解码器的结果没有任何影响。

3）交织

采用卷积编码只能用来纠正随机错误，但是在实际通信系统中常常出现突发错误。所谓突发错误，是指一个错误序列，错误序列的长度称为突发长度。交织是一种纠正突发错误的方法，它的目的是在时域或频域或同时在时域、频域上分步传输比特，以便把突发错误变为随机错误，然后再通过卷积编码等信道编码方法进行纠错。

需要什么样的交织模式取决于信道特性，如果系统工作在一个高斯白噪声环境下就不需要交织。因为在这种环境下重新分配比特的位置无法改变误码的分布。通信信道分为快衰落信道和慢衰落信道两种，WLAN 系统通常假定工作环境是衰落非常慢的信道，也称准平稳信道，在一个数据包的持续时间上都没有什么变化。通信信道的另一种分法是平坦或频率选择性衰落信道。如果信道频率响应在传输信号的全部带宽内不变，则此信道是平坦衰落信道；频率选择性信道的频率响应在信号的带宽内则有相当大的变化。WLAN 系统是宽带系统，因此通常是频率选择性信道。OFDM 对慢的频率选择性衰落信道的通信系统是非常合适的。

交织必定在系统中引入了时延，这是因为接收到的比特顺序与信息源发射时的顺序是不相同的，在发射和接收时各有一次变换的过程，总的通信系统通常规定这个系统所能容忍的最大时延，因此也限制了所使用的交织深度。交织深度是分组交织中一组比特的数量。

交织是 IEEE 802.11a 标准中一个非常重要的组件，它采用的是分组交织，选择的交织深度等于一个 OFDM 符号的长度。在 IEEE 802.11a 标准中交织对系统性能的影响是因为频率分集的结果，IEEE 802.11a 标准是宽带通信系统，几乎没有平滑衰落信道，这是能采用频率分集的一个基本要求。交织和卷积编码对系统性能的共同影响是通过频率分集来实现的，频率分集是传输信号的带宽特性所提供的。

交织深度仅有一个 OFDM 符号，这是因为假定信道是准静态的，也就是说，在一个传输数据包的持续时间内假定信道是相同的，因此使用及时的交织不能获得额外的分票增益。此外，增加交织深度将增加基带处理的时延，最大可能的时延是由 IEEE 802.11 MAC 协议中最短帧间隔（SIFS）的定时要求限制的。SIFS 的时间是 $16\mu s$，因此在一个数据包结束后，对它的处理必须要在很短的时间内完成，这是 IEEE 802.11a 标准中最严格的要求。

用比特来衡量的交织深度是根据所采用的调制而变化的：BPSK、QPSK、16QAM 和 64QAM 调制的交织深度分别是 4bit8、96bit、192bit 和 288bit，每种调制方式的交织深度是通过数据子载波的数量与每个符号中比特数的个数相乘而得到的。

4）调制和映射

数字调制只有三种方法：幅度调制、相位调制和频率调制。对于 OFDM 系统不能采用频率调制的方法，这是因为 OFDM 子载波的频率是正交的，并且携带独立的信息，调制子载波频率会破坏这些子载波的正交性。

设计调制的主要问题是采用什么样的星座图。星座是一系列的点，这些点可以在单个符号上传输，所采用的星座会影响一个通信系统的许多重要特性，例如，比特误码率、功率峰值和平均值的比（PAPR）及射频频谱的形状。星座的一个很重要的参数是最小距离，最小距离是指星座中任意两点的最小距离，它决定了系统所能容忍的噪声的最大量。

最小距离的大小取决于多个因素：星座中点的个数、平均功率和星座的形状。其中，最重要的是星座中点的个数，它直接由一个符号中传输的比特数 k 来决定。平均功率使星座放大还是缩小取决于传输的功率大小。

在 IEEE 802.11a 标准系统中，根据传输速率的不同，分别采用 BPSK、QPSK、16QAM 和 64AM 调制方式。经过卷积编码和交织的二进制数字序列按照每个子载波编码比特数进行分组，每组为 1bit、2bit、4bit 或 6bit。然后映射到 BPSK、QPSK、16QAM 或 64QAM 调制的星座点，映射按照格雷码进行。

在每个 OFDM 符号中，四个子载波将作为导频信号，以便能连续监控频率-偏移和相位噪声。这些导频信号在 21、−7、7 和 21 子载波上。它们采用伪随机二进制序列的 BPSK 调制，以防止产生频谱扩散。

PLCP 前导序列利用 OFDM 调制过的固定波形传送。以 BPSKOFDM 调制的信号部分，传输速率为 6Mb/s，则表明了传输 MPDU 所使用的调制和编码速率。发射机（接收机）根据信号部分的速率参数来初始化调制（解调）星座图和编码速率。MPDU 的传输速率则由 TXVECTOR 中的速率参数设置，命令是由 PHY-TXSTART 原语发出的。

4.3.3 PMD 子层

PMD 子层实现 PPDU 和无线电信号之间的转换，提供调制和解调功能。同 IEEE 802.11 标准一样，IEEE 802.11a 标准系统受各个国家和地区的无线电管理部门的政策限制，IEEE 制定了满足互操作性的 PMD 子层的最小技术指标。

IEEE 802.11a 标准中采用的 OFDM 技术及其具体的调制方式（BPSK、QPSK、16QAM 和 64QAM）的原理在前面已经讲过，这里不再赘述。

1. 信道分配

根据 IEEE 的规定，5GHz 频段相邻信道的中心频率相差 5MHz，信道中心频率和信道号码间的关系由下列等式给出：

$$信道中心频率 = 5000 + 5n （MHz） \tag{4-8}$$

式中，n 为信道号，$n = 0, 1, \cdots, 200$。

这个定义为所有 5～6GHz 频段的信道，以 5MHz 为间隔提供了一个唯一的编号系统，同时也灵活地为所有现在和将来的限定范围定义了信道划分方式。

IEEE 802.11a 标准中有效的工作信道号和工作频率见表 4-13。

表 4-13　有效的工作信道号和工作频率

频段	信道号	频率/MHz	最大输出功率
UNII 低频段 5.15～5.25MHz	36	5180	40mW （2.5mW/MHz）
	40	5200	
	44	5220	
	48	5240	
UNII 中频段 5.25～5.35MHz	52	5260	200mW （12.5mW/MHz）
	56	5280	
	60	5300	
	64	5320	
UNII 高频段 5.725～5.825MHz	149	5745	800mW （50mW/MHz）
	153	5765	
	157	5785	
	161	5805	

注意，在表 4-13 中规定的最大输出功率只是针对 WLAN，如果不是应用于 WLAN，则最大输出功率按照本章前面讲过的标准，即 UNII 低频段为 50mW，中频段为 250mW，高频段为 1W。

在总共 200MHz 的带宽中，较低和中间的 UNU 频段提供了 8 个信道。较高的 U-NII 频段在 100MHz 带宽中提供了 4 个信道。较低和中间 UNU 频段信道的中心频率和频段的截止频率相差 30MHz，而较高的 UNII 频段相差 20MHz。

2. 接收性能

在 IEEE 802.11a 标准中规定了不同速率的最小接收电平，即接收灵敏度，表 4-14 规定的是传输数据包的长度为 1000B，PSDU 中的丢包率（PER）小于 10% 时的灵敏度。

表 4-14　IEEE 802.11a 标准最低接收性能

速率/（Mb/s）	最小灵敏度/dBm	邻道干扰抑制/dB	间隔信道抑制/dB
6	−82	16	32
9	−81	15	31
12	−79	13	29
18	−77	11	27
24	−74	8	24
36	−70	4	20
48	−66	6	16
54	−65	−1	15

邻道抑制的测量要求信号强度比表 4-14 中列出的最小灵敏度高 3dB，并且增加干扰信号的功率，直到在数据包长度为 1000B 时 PSDU 的丢包率达到 10%。

为了使接收机在长度为 1000B 的 PSDU 时最大丢包率小于 10%，对于任何基带调制，在天线上测量到的最大输入电平应小于 -30dBm。

4.3.4 802.11a WLAN 的优缺点

与 802.11b WLAN 相比，802.11a WLAN 最主要的优势在于它的高速率、多信道和安全性，802.11a WLAN 使用较高频段（5GHz）及先进的 OFDM 调制方式，可实现更高的信道带宽和更有效的数据传输。802.11a WLAN 的传输速率达到 54Mb/s，几乎是 802.11b WLAN 的 5 倍。802.11a WLAN 工作在更加宽松的 5GHz 频段上，拥有 12 条非重叠信道，能给接入点提供更多的选择，能有效降低各信道之间的"冲突"问题，在信道可用性方面更具优势。而 IEEE 802.11b 有 11 条信道，并且只有 3 条是非重叠的（信道 1、信道 6、信道 11），IEEE 802.11b 标准在协调邻近接入点的特性上也不如 IEEE 802.11a 标准。另外，在抗干扰性方面，IEEE 802.11a 标准专用的 5GHz 工作频段优于 IEEE 802.11b 标准使用的公用 ISM 频段，故 802.11a WLAN 因使用专用频段及更先进的加密算法而具有更高的安全性。

同时，802.11a WLAN 也存在以下弊端：

（1）由于使用 5GHz 较高频段的电磁波，在遭遇墙壁、地板、家具等障碍物时的反射与衍射效果均不如 24GHz 频段的效果好，使得 802.11a WLAN 的传输距离大打折扣。例如，802.11b WLAN 网络无线接入点（AP）的覆盖范围为 100m 左右（室内），而 802.11a WLAN 网络只有 30～50m。

（2）由于标准较高，且使用需付费的 5GHz 频段，基于 IEEE 802.11a 标准的无线产品的成本要比基于 IEEE 802.11b 标准的无线产品高得多，在这个前提下，IEEE 802.11a 很难替代已成主流的 IEEE 802.11b 标准。

（3）IEEE 802.11a 标准网络的兼容性问题，即 IEEE 802.11a 标准的 5GHz 频段无法与 IEEE 802.11b 标准的 2.4GHz 频段兼容。目前全球有几千万个采用 IEEE 802.11b 标准的 WLAN，如果从现有的 802.11b WLAN 过渡到 802.11a WLAN，仅是更换无线 AP 的费用就很巨大，更不用说数量更庞大的无线网卡了。

4.4 IEEE 802.11g 技术

1. IEEE 802.11g 标准

在 IEEE 802.11g 标准草案作为无线局域网的一个可选方案之前，市场上同时并存两个互不兼容的标准：IEEE 802.11b 标准和 IEEE 802.11a 标准。很多终端用户为此感到困惑，他们无法确定究竟哪种技术能够满足未来的需要。而且，许多网络设备生产商也不确定究竟哪种技术是他们未来的开发方向。针对这种情况，2000 年 3 月，IEEE 802.11 标准工作组成立了一个研究小组，专门探讨如何将上述的两个互不兼容的标准进行整合，取两者之所长，从而产生一个新的统一的标准。到 2000 年 7 月，该研究小组升格为正式任务组，叫作 G 任务组（TGg），其任务是制定在 2.4GHz 频段上进行更高速率通信的新一代无线局域网标准。

TGg 任务组考察了许多可用于 IEEE 802.11g 标准的潜在技术方案，最后在 2001 年 5 月的会议上，把选择范围缩小到两个待选方案上。这两个方案一个是 Texaslnstniment 公司提出的被称为 PBCC-22 的方案，它能在 2.4GHz 频段上提供 22Mb/s 的数据传输速率，并能与现有的 WiFi 设备无缝兼容；另一个方案是 InterSil 公司提出的被称为 CCK-OFDM 的方案，它采用与 IEEE 802.11a 类似的 OFDM 调制，以便在 24GHz 频段上获得更高的数据传输率。2003 年 6 月 12 日，正式批准 IEEE 802.11g 标准，随后通过认证的 IEEE 802.11g 产品上市。

IEEE 802.11g 标准使 OFDM 成为一种强制执行技术，以便在 2.4GHz 频段上提供 IEEE 802.11a 的数据传输速率，同时还要求实现 IEEE 802.11b 标准模式，并将 CCK-OFDM 和 PBCC-22 作为可选模式。这种折中反而在 IEEE 802.11b 标准和 IEEE 802.11a 标准两者之间架起了一座清晰的桥梁，提供了一种开发真正意义上的多模无线，局域网产品的更简便的手段。

OFDM 是一种经过验证的高速调制技术，在 UNII 频段提供最高可达 54Mb/s 的吞吐量，覆盖范围大。然而，CCK 系统不能识别 OFDM 网络交换的信号，因此若将 IEEE 802.11b 标准和基于 24GHz 的 OFDM 的版本混合安装就会破坏 CSMA/CA 协议。在此情况下，一种改进的 OFDM 方案可以解决这种信号交换问题，这就是 CCK-OFDM。CCK-OFDM 将 CCK 调制用手包头，而将 OFDM 用于有效信息，这样可以解决 IEEE 802.11b 标准和 IEEE 802.11g 标准混合的兼容性问题，但会降低吞吐速率。这种组合调制的数据速率在所有的通信距离上依然比 IEEE 802.11b 标准快得多，但不如 PBCC 快。

像 CCK-OFDM 一样，PBCC 为了与 IEEE 802.11b 标准系统兼容，使用了 CCK 包头。PBCC 的吞吐量比 CCK-OFDM 大 20%～25%，这取决于传输距离。与 IEEE 802.11 标准的 CCK 调制方式相比，PBCC 的处理增益也高出 3dB。

IEEE 802.11g 标准在 2.4GHz 频段使用正交频分复用（OFDM）调制技术，使数据传输速率提高到 20Mb/s 以上，能够与 IEEE 802.11b 标准的 WiFi 系统互联互通，保障了与 WiFi 的兼容性；并且该标准达到与 IEEE 802.11a 标准相同的传输速率，安全性较 IEEE 802.11b 标准好。IEEE 802.11g 标准采用两种调制方式：IEEE 802.11a 标准中采用的与 IEEE 802.11b 标准中采用的补码键控（Complementary Code Keying，CCK）技术，做到了兼顾 IEEE 802.11a 标准和 IEEE 802.11b 标准。

IEEE 802.11g 标准的兼容性和高数据速率弥补了 IEEE 802.11a 标准和 IEEE 802.11b 标准各自的缺陷，一方面使得 IEEE 802.11b 标准产品可以平稳地向高数据速率升级，满足日益增加的带宽需求；另一方面使得 IEEE 802.11a 标准实现了与 IEEE 802.11b 标准的互通，克服了 IEEE 802.11 标准一直难以进入市场主流的尴尬。因此 IEEE 802.11g 标准一出现就得到了众多厂商的支持。

2.802.11g WLAN 的特点

与 IEEE 802.11b 标准和 IEEE 802.11a 标准相比，IEEE 802.11g 标准比较新，它同时具备了 IEEE 802.11b 标准和 IEEE 802.11a 标准的很多优点：

（1）在数据传输速率方面，IEEE 802.11g 标准达到了 54Mb/s，与 IEEE 802.11a 标准速率相当，并且 IEEE 802.11g 标准支持视频数据流应用，这使它的应用范围更大。

（2）IEEE 802.11g 标准使用了与 IEEE 802.11b 标准网络相同的 2.4GHz 较低频带，提供约 100m 的传输距离（室内），优于 IEEE 802.11a 标准网络。这意味着 IEEE 802.11g 标准在一定的覆盖区域中需要数量更少的接入点，降低了成本。

（3）符合 IEEE 802.11g 标准的产品能够兼容 IEEE 802.11b 标准产品。当用户从 802.11b WLAN 过渡到 802.11g WLAN 时，只需购买相应的无线 AP 即可，原有的 IEEE 802.11b 标准无线网卡仍可继续使用，灵活性较 IEEE 802.11b 标准强，而成本比 IEEE 802.11a 标准低，这对那些已在 IEEE 802.11b 标准做出投资的单位或部门更有吸引力。

3.802.11g WLAN 的主要缺陷

802.11g WLAN 的主要缺陷如下：

（1）总带宽偏低。虽然 802.11g WLAN 和 802.11a WLAN 都拥有最高 54Mb/s 的传输速率，它们的总数据带宽却因为非重叠信道的不同而不同。由前面介绍可知，802.11a WLAN 支持 12 条非重叠信道，因此其总带宽为 54Mb/s×12＝648Mb/s，而 IEEE 802.11g 标准只支持 3 条非重叠信道，其总带宽仅为 54Mb/s×3＝162Mb/s。这就是说，当接入的客户端数目较少时，也许分辨不出 IEEE 802.11a 标准网络和 IEEE 802.11g 标准网络速度的差别，但随着客户端数目的增加，数据流量的增大，IEEE 802.11g 标准网络便会越来越慢，直至带宽耗尽。

（2）802.11g WLAN 的 54Mb/s 高速率和向下兼容。IEEE 802.11b 标准设备的两大优点并不能同时实现。IEEE 802.11 标准的无线局域网是一个"争用型"网络，所有客户端对媒介的使用机会都是相等的。只有当 IEEE 802.11g 标准网络处于"纯 g 模式"时，网络客户端与接入点之间的连接速率才能达到 54Mb/s，而当 IEEE 802.11g 标准客户端与 IEEE 802.11b 标准客户端连接到运作在"b/g 混合模式"的 IEEE 802.11g 标准同一接入点时，IEEE 802.11g 标准客户端所获得使用媒介的机会并不比 IEEE 802.11b 标准客户端多，使 IEEE 802.11g 标准的传输速率会受到极大的影响，即一旦接入点中有 IEEE 802.11b 标准客户端接入，IEEE 802.11g 标准客户端的连接速率立刻会下降到与 IEEE 802.11b 标准同一水准。因此对于期望享受 54Mb/s 高速的用户来说，除了购买 IEEE 802.11g 标准无线 AP 外，还必须将接入点设置成"802.11g only"模式，以防 IEEE 802.11b 标准客户端接入时影响整个网络的运行速度。

4.5　IEEE 802.11 标准系列比较

IEEE 802.11 标准系列规范了 OSI 模型的物理层和 MAC 层，物理层确定了数据传输的信号特征和调制方法，不同的标准采用了不同的调制方式。MAC 层都是利用 CSMA/

CA 协议让用户共享无线媒体。

IEEE 802.11、IEEE 802.11b、IEEE 802.11g 标准都工作在 2.4GHz 的 ISM 频段，并且能够做到向后兼容。在 IEEE 802.11 标准中，规定了三种物理层：FHSS、DSSS 和红外线。在 FHSS 物理层中采用了 GFSK 的调制方式；在 DSSS 物理层中采用了 DBPSK 和 DQPSK 的调制方式和 11 位 Barker 码进行直接序列扩频；在红外线物理层中，采用了 16 PPM 和 4 PPM 的调制方式。为了提高传输速率，在此基础上对物理层进行了扩展，才出现后来的 IEEE 802.11a、IEEE 802.11b 和 IEEE 802.11g 标准。

IEEE 802.11b 标准在速率较高时（5.5Mb/s 和 11Mb/s），采用了 8bit CCK 调制方式。CCK 采用互补序列的正交的复数码组。码片速率与原来的 IEEE 802.11 标准相同，即 11Mb/s，而数据速率是可变的，随信道条件而定，调整的方法是改变扩频系数和调制方式。

为了获得 5.5Mb/s 和 11Mb/s 的传输速率，先要把扩频长度从 11chip 减少到 8chip，把符号速率从 1Msymbol/s 提高到 1.375Msymbol/s。对于 5.5Mb/s 的速率，每个符号传输 4 个比特数，对于 11Mb/s 的速率，每个符号传输 8 个比特数。

IEEE 802.11g 标准中规定的调制方式有两种，包括 CCK-OFDM 与 PBCC。通过规定两种调制方式，既达到用 2.4GHz 频段实现 IEEE 802.11a 标准水平的数据传输速率，也确保了与 IEEE 802.11b 标准产品的兼容。IEEE 802.11g 标准其实是一种混合标准，它既能适应传统的 IEEE 802.11b 标准，在 2.4GHz 频率下提供 11Mb/s 数据传输率，也符合 IEEE 802.11a 标准。在 5GHz 频率下提供 54Mb/s 数据传输率。

目前，在世界上大部分国家 2.4GHz ISM 频段只有 83.5MHz 带宽，占用这一频带的还有许多其他产品，如无绳电话、微波炉、蓝牙、非 IEEE 802.11 标准的无线局域网等，所以如何防止它们之间的干扰是一个大问题。

IEEE 802.11a 标准工作在 5GHz 的 UNII 频段，在 UNII 频段的两个低频段（5.15～5.35GHz）部分，IEEE 802.11a 标准网络可以提供 8 个速率高达 54Mb/s 的独立信道，在 UNIT 的高频段（5.725～5.825GHz），可以提供 4 个独立的非重叠信道。

在 IEEE 802.11a 标准中采用 OFDM（正交频分复用）技术和 BPSK、QPSK、16QAM 和 64QAM 调制方式，而不采用 DSSS，速率从 6Mb/s 到 54Mb/s 动态可调，支持语音、数据、图像业务，能满足室内、室外的各种应用场合。OFDM 发射机生成多个已调制的窄带副载波。一个 IFFT 和一个 FFT 分别对频域中的数据进行编码和解码。

从物理层上看，IEEE 802.11a 标准工作在 5GHz 频段，其他三个标准工作在 2.4GHz 频段；5GHz 频段由于波长较短，办公室内的家具、墙、地板等物理障碍物引起的传播问题较严重。

在 IEEE 802.11a 标准和 IEEE 802.11g 标准中由于采用了 OFDM 技术，使它们具有处理时延扩散和多径效应的能力。由于符号率较低，各符号间的保护间隔较长，采用循环延长（Cyclical Extension）技术还能减少符号间的干扰。而 IEEE 802.11b 标准的覆盖距离通常主要受多径干扰的限制，而不是由信号强度随距离降低来决定的。

IEEE 802.11a 标准还有一个优点，就是不重叠信道数多，所以在组成蜂窝系统时频率规划容易，在给定地区内允许放置更多的接入点而互不干扰，有利于支持移动性和信道切换。

　　另外，IEEE 802.11a 标准不必像 IEEE 802.11b 标准一样与大量的竞争设备共用频段，但 IEEE 802.11a 标准没有属于自己的 UNII 频段，它必须与某些雷达共用 UNII 频段，这样可能造成在不同地域具有不同的性能，因而该波段在世界各地的使用情况也各不相同。

　　IEEE 802.11 标准系列的传输速率见表 4-15。

表 4-15　IEEE 802.11 标准系列的传输速率

速率/(Mb/s)	单/多载波	IEEE 802.11b@2.4GHz		IEEE 802.11g@2.4GHz		IEEE 802.11a@5GHz	
		规定	可选	规定	可选	规定	可选
1	单	Barker		Barker			
2	单	Barker		Barker			
55	单	CCK	PBCC	CCK	PBCC		
6	多			OFDM	CCK-OFDM	OFDM	
9	多				OFDM，CCK-OFDM		OFDM
11	单	CCK	PBCC	CCK	PBCC		
12	多			OFDM	CCK-OFDM	OFDM	
18	多				OFDM，CCK-OFDM		OFDM
22	单				PBCC		
24	多			OFDM	CCK-OFDM	OFDM	
33	单				PBCC		
36	多				OFDM，CCK-OFDM		OFDM
48	多				OFDM，CCK-OFDM		OFDM
54	多				OFDM，CCKOFDM		OFDM

　　但是在互操作性方面，IEEE 802.11a 标准存在一个严重的缺陷。IEEE 802.11a 标准只在北美地区获准在 UNII 频段工作，而 IEEE 802.11b 标准在北美、欧洲和亚洲则全都可以使用 2.4GHz ISM 波段；另外，IEEE 802.11a 与 IEEE 802.11 标准、现在已经普遍应用的 IEEE 802.11b 标准不兼容。IEEE 802.11、IEEE 802.11g、IEEE 802.11a、IEEE 802.11b 等标准构成了目前无线局域网的全系列标准，每一个标准的传输速率及相应的调制方式见表 4-16。

表 4-16　IEEE 802.11、IEEE 80211b、IEEE 802.11g 和 IEEE 802.11a 等标准的比较

	802.11	802.11b	802.11g	802.11a	802.11n	802.11ac
标准发布时间	1997 年	1999 年	2003 年	1999 年	2009 年	2013 年
合法频宽	83.5MHz	83.5MHz	83.5MHz	325MHz	83.5MHz/8325MHz	83.5MHz/8325MHz
频率范围	2.4～2.4835GHz	2.4～2.4835GHz	2.4～2.4835GHz	5.150～5.350GHz 5.725～5.850GHz（中国）	2.4～2.4835GHz 5.150～5.350GHz 5.725～5.850GHz	5.150～5.350GHz 5.725～5.850GHz（中国）
非重叠信道	3	3	3	13（中国 5 个）	2.4G 3 个 5G 13 个	13（中国 5 个）
调制技术	FHSS DSSS	CCK DSSS	CCK OFDM	OFDM	MIMO　OFDM	MIMO OFDM
速率/(Mb/s)	12	1，2，5.5，11	1，2，5.5，11，6，9，12，18，24，36，48，54	6，9，12，18，24，36，48，54	6.5，7.2，…，65，72.2，…，130，135，144.4.150，…，270，300，…，600	293，433，867，1300，3470

4.6　IEEE 802.11 无线局域网的物理层关键技术

随着无线局域网技术的应用日渐广泛，用户对数据传输速率的要求越来越高。但是在室内，这个较复杂的电磁环境中，多径效应、频率选择性衰落和其他干扰源的存在使得实现无线信道中的高速数据传输比有线信道中困难，WLAN 需要采用合适的调制技术。

IEEE 802.11 无线局域网络是一种能支持较高数据传输速率（1～54Mb/s），采用微蜂窝结构的自主管理的计算机局域网络。其关键技术大致有三种：DSSS、PBCC 和 OFDM。每种技术皆有其特点，目前，扩频调制技术正成为主流，而 OFDM 技术由于其优越的传输性能成为人们关注的新焦点。

1. DSSS 调制技术

DSSS 调制技术有三种。最初 IEEE 802.11 标准制定在 1Mb/s 数据速率下采用 DBPSK。第二种技术是在提供 2Mb/s 的数据速率时，要采用 DQPSK，这种方法每次处理两个比特码元，成为双比特。第三种是基于 CCK 的 QPSK，是 IEEE 802.11b 标准采用的基本数据调制方式，它采用了补码序列与直序列扩频技术，是一种单载波调制技术，通过 PSK 方式传输数据，传输速率分为 1Mb/s、2Mb/s、5.5Mb/s 和 11Mb/s，CCK 通过

与接收端的 Pake 接收机配合使用，能够在高效率传输数据的同时有效地克服多径效应。IEEE 802.11b 使用了 CCK 调制技术来提高数据传输速率，最高可达 11Mb/s。但是传输速率超过 11Mb/s，CCK 为了对抗多径干扰，需要更复杂的均衡及调制，实现起来非常困难。因此，IEEE 802.11 工作组为了推动无线局域网的发展，又引入新的调制技术。

2. PBCC 调制技术

PBCC 调制技术是由 IT 公司推出的，已作为 IEEE 802.11g 标准的可选项被采纳。PBCC 也是单载波调制，但它与 CCK 不同，它使用了更多复杂的信号星座图。PBCC 采用 8PSK，而 CCK 使用 BPSK/QPSK；另外，PBCC 使用了卷积码，而 CCK 使用区块码。因此，它们的解调过程是十分不同的。PBCC 可以完成更高速率的数据传输，其传输速率为 11Mb/s、22Mb/s、33Mb/s。

3. OFDM 技术

OFDM 技术是一种无线环境下的高速多载波传输技术。无线信道的频率响应曲线大多是非平坦的，而 OFDM 技术的主要思想是在频域内将给定信道分成许多正交子信道，在每个子信道上使用一个子载波进行调制，并且各子载波并行传输，从而有效地抑制无线信道的时间弥散所带来的 ISI。这样就减少了接收机内均衡的复杂度，有时甚至可以不采用均衡器，仅通过插入循环前缀的方式来消除 ISI 的不利影响。

在 OFDM 系统中各个子信道的载波相互正交，于是它们的频谱是相互重叠的，这样不但减小了子载波间的相互干扰，同时又提高了频谱利用率。OFDM 信号与 FDM 信号的频谱比较如图 4-35 所示。在各个子信道中的这种正交调制和解调可以采用 IFFT 和 FFT 方法来实现，随着大规模集成电路技术与 DSP 技术的发展，IFFT 和 FFT 都是非常容易实现的。FFT 的引入，大大降低了 OFDM 的实现复杂性，提升了系统的性能。OFDM 发送接收机系统结构如图 4-36 所示。

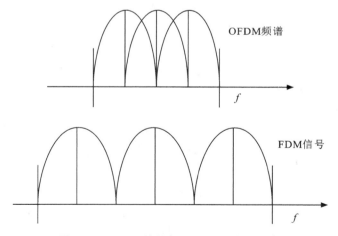

图 4-35　OFDM 信号与 FDM 信号频谱比较

无线数据业务一般存在非对称性，即下行链路中传输的数据量要远远大于上行链路中的数据传输量。因此无论从用户高速数据传输业务的需求，还是从无线通信自身来考虑，都希望物理层支持非对称高速数据传输。而 OFDM 容易通过使用不同数量的子信道来实

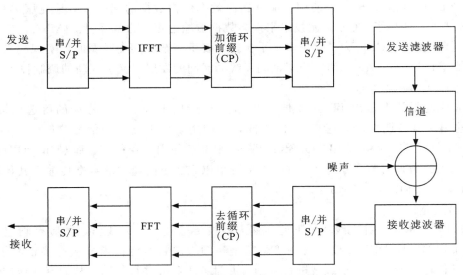

图 4-36 OFDM 发送接收机系统结构

现上行和下行链路中不同的传输速率。

由于无线信道存在频率选择性,所有的子信道不会同时处于比较深的衰落情况,因此可以通过动态比特分配及动态子信道分配的方法,充分利用信噪比高的子信道,从而提升系统性能。由于窄带干扰只能影响一小部分子载波,因此 OFDM 系统在某种程度上能抵抗这种干扰。

另外,同单载波系统相比,OFDM 还存在一些缺点:易受频率偏差的影响,存在较高的 PAR。

OFDM 技术有非常广阔的发展前景,已成为第 4 代移动通信的核心技术。IEEE 802.11a/g 标准为了支持高速数据传输都用了 OFDM 调制技术。目前,OFDM 结合时空编码、分集、干扰(包括符号间干扰 ISI 和邻道干扰 ICI)抑制及智能天线技术,最大程度地提高物理层的可靠性。如再结合自适应调制、自适应编码及动态子载波分配、动态比特分配算法等技术,可以使 OFDM 性能进一步优化。

4. MIMO OFDM 技术

MIMO(多入、多出)技术可以定义为发送端和接收端之间存在多个独立信道,也就是说,天线单元之间存在充分的间隔,因此消除了天线间信号的相关性,提高了信号的链路性能,增加了数据吞吐量。

现代信息论表明:对于发射天线数为 N、接收天线数为 M 的多入多出(MIMO)系统,假定信道为独立的瑞利衰落信道,并设 N、M 很大,则信道容量 C 近似为

$$C = \left[\min(M, N) B \cdot \mathrm{lb}(\rho/2) \right] \tag{4-9}$$

式中,B 为信号带宽;ρ 为接收端平均信噪比;$\min(M, N)$ 为 M、N 的较小者。

上式表明,MIMO 技术能在不增加带宽的情况下,成倍地提高通信系统的容量和频谱利用率。研究表明,在瑞利衰落信道环境下,OFDM 系统非常适合使用 MIMO 技术来提高容量。采用多输入、多输出(MIMO)系统是提高频谱效率的有效方法。我们知道,

多径衰落是影响通信质量的主要因素，但 MIMO 系统能有效地利用多径的影响来提高系统容量。系统容量是干扰受限的，不能通过增加发射功率来提高系统容量。而采用 MIMO 结构不需要增加发射功率就能获得很高的系统容量。因此，将 MIMO 技术与 OFDM 技术相结合是下一代无线局域网发展的趋势。

在 OFDM 系统中采用多发射天线，实际上就是根据需要在各个子信道上应用多发射天线技术，每个子信道都对应一个多天线子系统。一个多发射天线的 OFDM 系统，目前正在开发的设备由 2 组 IEEE 802.11a 收发器、发送天线和接收天线各 2 个（2×2）及负责运算处理过程的 MIMO 系统组成，能够实现最高 108Mb/s 的传输速率：支持 AP 和客户端之间的传输速率为 108Mb/s，客户端不支持该技术时（IEEE 802.11a 客户端的情况），通信速率为 54Mb/s。

4.7　无线局域网的优化方式

近年来，无线局域网技术发展迅速，但无线局域网的性能与传统以太网相比还有一定差距，因此如何提高和优化网络性能显得十分重要。

4.7.1　网络层的优化——移动 IP

1. 移动 IP 概述

由于 Internet 使用域名来转换成 IP 地址，一个发给一个地址的分组总是路由到同一个地方，因此，IP 地址与一个物理网络的位置相对应。传统的 IP 链接方式不能经受任何地址的变化，移动 IP 的引入解决了 WLAN 跨 IP 子网漫游的问题，是网络层的优化方案。可以把移动 IP 归结为一句话：如果用户可以凭一个 IP 地址进行不间断跨网漫游，就是移动 IP（RFC2002）。如前文所述，IEEE 802.11 无线局域而只规定了 MAC 层和物理层。为了保证移动站在扩展服务区之间的漫游，需要在其 MAC 层之上引入移动 IP 技术。

2. 移动 IP 的无线局域网

移动主机（MN）在外地通过外地代理（FA）向位于本地的代理（HA）注册，使 HA 得知 MN 当前的位置，从而实现了移动性。有了移动 IP，主机就可以跨越 IP 子网实现漫游。如图 4-37 所示，IP 子网的网关路由器旁连接一个 FA，FA 负责其下无线网段用户的注册认证。FA 不断地向本地子网发送代理通告，当移动终端进入子网时，接收到 FA 的代理广播，获得当地 FA 的信息，通过当地 FA 向 HA 注册，经过认证后可以被授权接入，访问 Internet。终端在本子网内部移动时，不断监测 AP 和 FA 的信号质量，通过一定的算法得出当前所有 FA 的优先级，再根据指定的切换策略适时发起切换。如果只是在同一网段的 AP 间切换，因所处 IP 子网未变，不需要重新注册，AP 的功能可以支持这种二层的漫游。当终端在跨网段的 AP 间切换时，所处 IP 子网发生改变，此时必须通过新的 FA 向 HA 重新注册，告知当前位置，以后的数据就会被 HA 转发至新的位置。移动 IP 技术大大扩展了 WLAN 接入方案的覆盖范围，提供大范围的移动能力，使用户在移动中时刻保持与 Internet 连接。

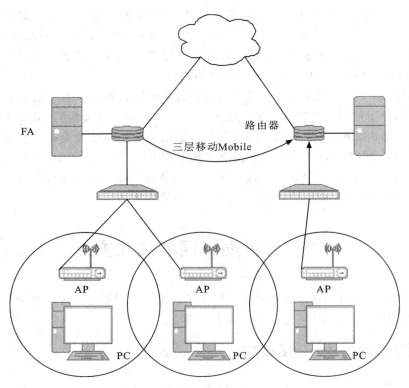

图 4-37　无线局域网移动 IP 的网络结构

3. WLAN 实现移动 IP 的问题

为实现移动 IP，无线局域网要解决以下一些技术问题。

（1）IP 地址分配：用户将获得唯一的 IP 地址，如同使用移动电话时只有唯一的号码。

（2）应用透明性：无论上层应用采用何种上层协议都感觉不到移动的影响，这要求在 IP 层实现无缝移动性。

（3）基础设施：为保证服务品质不受影响，用户在漫游时，带宽和服务质量要有保证。

（4）协议软件：包括网络侧和用户侧的软件，客户端软件须向服务器端软件报告自己的信息，网络侧软件则负责解析用户的实际位置，鉴定用户身份，分配权限，并提供预定的业务。

4.7.2　MAC 层的优化——IEEE 802.11e 标准

1. IEEE 802.11e 标准概述

随着用户的增多，有线网络中提出的业务要求，如视频、语音等实时业务在 WLAN 中也将得到满足。这些实时业务要求 WLAN 的 MAC 层能够提供可靠的分组传输，传输时延低且抖动小。为此，IEEE 802.11 标准工作组的媒体访问控制（MAC）改进任务组（即 E 任务组）着手对目前 802.11 MAC 协议进行改进，使其可以支持具有 QoS（Quality of Service）要求的应用。

2. IEEE 802.11 MAC 协议

普通的 IEEE 802.11 无线局域网 MAC 层有两种通信方式：一种叫分布式协同（DCF），另一种叫点协同方式（PCF）。分布式协同（DCF）基于具有冲突检测的载波侦听多路存取方法（CSMA/CA），无线设备发送数据前，先探测一下线路的忙闲状态，如果空闲，则立即发送数据，并同时检测有无数据碰撞发生。此方法能协调多个用户对共享链路的访问，避免出现因争抢线路而谁也无法通信的情况。它对所有用户一视同仁，在共享通信介质时没有任何优先级的规定。

点协同方式（PCF）是指无线接入点设备周期性地发出信号测试帧，通过该测试帧与各无线设备对网络识别、网络管理参数等进行交互。测试帧之间的时间段被分为竞争时间段和无竞争时间段，无线设备可以在无竞争时间段发送数据。由于这种通信方式无法预先估计传输时间，因此，与分布式协同相比，目前 PCF 用得还比较少。

3. IEEE 802.11e 标准的 EDCF 机制

无论是分布式协同还是点协同，它们都没有对数据源和数据类型进行区分。因此，IEEE 对分布式协同和点协同在 QoS 的支持功能方面进行增补，通过设置优先级，既保证大带宽应用的通信质量，又能够向下兼容普通 802.11 设备。

对分布式协同（DCF）的修订标准称为增强型分布式协同（EDCF）。增强型分布式协同（EDCF）把流量按设备的不同分成 8 类，也就是 8 个优先级。当线路空闲时，无线设备在发送数据前必须等待一个约定的时间，这个时间称为给定帧间时隙（AIFS），其长短由其流量的优先级决定：优先级越高，这个时间就越短。不难看出，优先级高的流量的传输延迟比优先级低的流量小得多。为了避免冲突，在 8 个优先级之外还有一个额外的控制参数，称为竞争窗口，实际上也是一个时间段，其长短由一个不断递减的随机数决定。哪个设备的竞争窗口第一个减到零，哪个设备就可以发送数据，其他设备只好等待下一个线路空闲时段，但决定竞争窗口大小的随机数接着从上次的剩余值减起。

对点协同的改良称为混合协同（HCF），混合查询控制器在竞争时段探测线路情况，确定发送数据的起始时刻，并争取最短的数据传输时间。

4.7.3 物理层的优化——双频多模无线局域网

1. 双频多模 WLAN 的引入

IEEE 802.11 工作组先后推出了 IEEE 802.11a、IEEE 802.11b 和 IEEE 802.11g 物理层标准。丰富多样的标准提升了无线局域网的性能，同时带来了新的问题，如前文所述 IEEE 802.11a 标准和 IEEE 802.11b 标准分别工作在不同频段（IEEE 802.11a 标准工作在 5GHz，而 IEEE 802.11b 标准工作在 2.4GHz），采用不同调制方式（IEEE 802.11a 标准采用 OFDM，而 IEEE 802.11b 标准采用 CCK 方式）。一个采用 IEEE 802.11b 标准设备的工作站进入一个 IEEE 802.11a 标准的小区中（其 AP 节点采用 IEEE 802.11a 的标准设备），无法与 AP 节点进行联系。因此，其必须更换为同比标准的网络设备，才能正常工作或这就是由不同的物理层标准引起的网络兼容性问题。

为了解决上述问题，使不同标准的网络设备可以更自由地移动，出现了一种无线局域网的优化方式——双频多模的工作方式。如同有线网的发展进程，现在有线网络主要工作在多模方式下，例如，10Mb/s 和 100Mb/s 混合的局域网加速了有线网络的发展，成为有线局域网的主要工作方式。WLAN 也开始走向"多模"发展趋势。双频多模无线局域网结构示意图见图 4-38。

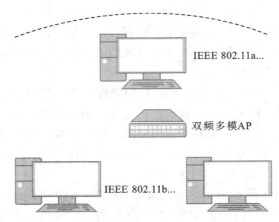

图 4-38　双频多模无线局域网结构示意图

2. 双频多模 WLAN 简述

所谓"双频"产品，是指可工作在 2.4GHz 和 5GHz 的自适应产品，也就是说，可支持 IEEE 802.11a 与 IEEE 802.11b 两个标准的产品。由于 802.11b 和 802.11a 两种标准的设备互不兼容，用户在接入支持 IEEE 802.11a 和 IEEE 802.11b 标准的公共无线网络时，必须随着地点的变动来更换无线网卡，这给用户带来很大的不便。而采用支持 IEEE 802.11a/b 标准双频自适应的无线局域网产品就可以很好地解决这一问题。双频产品可以自动辨认 IEEE 802.11a 标准和 IEEE 802.11b 标准信号并支持漫游连接，使用户在任何一种网络环境下都能保持连接状态。54Mb/s 的 IEEE 802.11a 标准和 11Mb/s 的 IEEE 802.11b 标准各有优劣，但从用户的角度出发，这种双频自适应无线网络产品无疑是将两种无线网络标准有机融合的解决方案，其需要的投资也很大。

随着 IEEE 802.11g 标准的诞生，双频产品随后也将该标准融入其中，成为全方位的无线网络解决方案。而这种可与三个标准互联的产品叫作"双频三模"产品，也称双频多模（Dual Bandand Multimode WLAN）。双频三模，顾名思义就是运行在两个频段，支持三种模式（标准）的产品，即同时支持 IEEE 802.11a/b 三个标准自适应的无线产品。通过该产品，可实现目前大多无线局域网标准的互联与兼容，可使用户顺畅地高速漫游于 IEEE 802.11a/b/g 的无线网络中，横跨于三种标准之上。这类产品目前市面上还比较少见，但是"双频"产品的发展方向，具有良好的前景。双频多模 WLAN 接收发送端组成框图如图 4-39 所示。

3. 双频多模 WLAN 的应用

随着 IEEE 802.11 a/b/g 标准的不断融合，双频多模无线局域网越来越显示出其优越性。首先，如前文所述，IEEE 802.11a/b/g 标准具有各自的优势和特点，以及适合它们的工作环境，双频多模方式根据不同的环境使用不同的标准，最大程度地发挥 IEEE

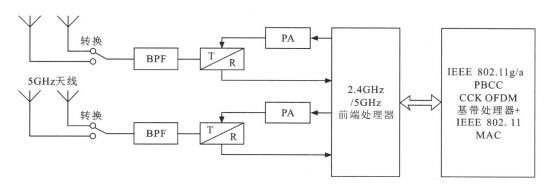

图 4-39 双频多模 WLAN 接收发送端组成框图

802.11 标准各自的优势和特点；其次，在热点地区，如车站、飞机场、仓库、超市等，无线局域网的密度大，小区间的切换频繁，双频多模的工作方式也是解决小区间无缝切换问题的理想方法。

4.8 WiFi 模块编程

WiFi 模块编程通常涉及与 WiFi 模块进行通信，以便通过无线网络发送和接收数据。WiFi 模块可以是独立的硬件组件（如 ESP8266、ESP32、CC3200 等），它们可以通过串行通信（如 UART）与微控制器（如 Arduino、STM32 等）进行交互。WiFi 模块编程的基本步骤和概念如下：

1. 选择合适的 WiFi 模块

ESP8266：一个流行的低成本 WiFi 芯片，广泛用于物联网（IoT）项目。

ESP32：比 ESP8266 更强大，支持蓝牙和更复杂的网络协议。

其他：如 CC3200、W5500 等，根据具体需求选择。

2. 硬件连接

将 WiFi 模块通过 UART（或其他支持的接口）连接到用户的微控制器。

确保电源和地线连接正确。

3. 软件环境

根据用户的微控制器选择合适的开发环境（如 Arduino IDE、STM32CubeIDE 等）。

安装必要的库或 SDK，以支持 WiFi 模块的功能。例如，对于 ESP8266 或 ESP32，你可以使用 Arduino IDE 中的 ESP8266 或 ESP32 社区库。

4. 编写代码

1）初始化 WiFi 模块

初始化 UART 或其他通信接口。

发送命令到 WiFi 模块以进行初始化（如设置模式、SSID、密码等）。

2）连接到 WiFi 网络

编写代码以连接到指定的 WiFi 网络。

处理连接过程中的错误和重试逻辑。

3）发送和接收数据

使用 TCP/IP 协议（如 HTTP、MQTT 等）发送和接收数据。

编写代码以处理网络请求和响应。

示例代码（Arduino ＋ ESP8266）：

```cpp
#include <ESP8266WiFi.h>

const char * ssid ="yourSSID";
const char * password ="yourPASSWORD";

void setup() {
Serial.begin(115200);
WiFi.begin(ssid, password);

while (WiFi.status() ! = WL_CONNECTED) {
delay(500);
Serial.print(".");
}

Serial.println("");
Serial.println("WiFi connected");
Serial.println("IP address: ");
Serial.println(WiFi.localIP());
}

void loop() {
//在这里添加你的逻辑，如发送 HTTP 请求等
}
```

5．调试和测试

使用串行监视器或其他调试工具来查看 WiFi 模块的输出。测试网络连接的稳定性和数据传输的正确性。

6．部署

将编写好的项目部署到实际环境中，并进行进一步的测试和调试。

通过遵循这些基本步骤，可以开始使用 WiFi 模块进行编程，以实现各种物联网应用。同时，每个 WiFi 模块和微控制器的具体实现细节可能会有所不同，因此请参考相应的文档和指南。

思政四　物联网下的无人驾驶汽车

随着当今世界科学的进步，人工智能也在迅速发展。目前，汽车产业以人工智能的发展为依托，正在大力研发无人驾驶技术。无人驾驶技术在减少驾驶员驾驶强度，提高驾驶安全性等方面的突出作用，让这项技术拥有良好的发展前景。无人驾驶技术是传感器、计算机、人工智能、通信、导航定位、模式识别、机器视觉、智能控制等多门前沿学科的综合体。无人驾驶的核心技术体系主要可分为感知、决策、执行三个层面。感知系统相当于人的眼睛、耳朵，负责感知周围的环境，并进行环境信息与车内信息的采集与处理，主要包括车载摄像头、激光雷达、毫米波雷达、超声波雷达等技术。决策系统相当于人的大脑，负责数据整合、路径规划、导航和判断决策，主要包括高精地图、车联网等核心技术。执行系统相当于人的小脑和四肢，负责汽车的加速、刹车和转向等驾驶动作，主要包括线控底盘等核心技术。无人驾驶汽车需要收集和处理大量数据，在这种情况下，通过物联网，无人驾驶汽车共享道路信息，这些信息包括实际路径、交通状况及如何绕过障碍物等。所有这些数据在物联网连接的汽车之间共享，并通过无线网上传到云系统进行分析和使用，从而提高自动化程度。

发展历程

1985 年，一些西欧国家共同成立了一个旨在推动各国在尖端技术领域合作的"开放框架"——"尤里卡"（Eureca），在这个框架之下的"普罗米修斯"计划，旨在推动交通的最高效率和安全性的最大化。

1986 年，奔驰计划通过"普罗米修斯"计划启动开发汽车新技术，其中就包括自动驾驶技术。迪克曼斯和奔驰团队利用奔驰 500 SEL 和第二代动态视觉系统搭建了两台无人驾驶原型车 VITA-1 和 VITA-2。第二代动态系统的特点是：车辆前后配备了由两组 CCD 摄像构成的机双目视觉系统，由 60 个晶片机（transputer）构成计算单元（这在当时是超级计算机的配置），用于图像处理和场景理解。

1994 年 10 月，Dickmanns 的团队带着那两台辆银灰色的奔驰 500 SEL 去戴高乐机场接机。接上多名贵宾驶上 1 号高速路后，他们打开了车辆的自动驾驶模式。当时的情景与现在类似，车辆驾驶席上还是坐着一名工程师，他的手会虚搭在方向盘上以防万一，而真正负责驾驶的是车辆自己。VITA-1 和 VITA-2 在三车道高速公路上以高达 130km/h 的速度行驶了 1000 多千米，成功演示了在自由车道上驾驶、识别交通标志、车队根据车速保持距离驾驶、自动通过左右车道变换等。

1996 年，在"尤里卡"（Eureca）的资助下，VisLab 创始人意大利帕尔马大学的 Alberto Broggi 带领团队启动开发一款名为 ARGO 的无人驾驶原型车。ARGO 以一辆 Lancia Thema 为基础，采用通用芯片、商用 MMX 奔腾 Ⅱ 车载计算机系统，配备了一种相对简单且具有成本效益的视觉系统 Generic Obstacle and Lane Detection（GOLD）。GOLD 采用商用低成本 CCD 摄像机，应用立体视觉检测和定位车辆前方的障碍，通过单目图像获取车辆前方道路的几何参数，通过 I/O 板来获得车辆的速度及其他数据。车道检测算法是从单目灰度图像中提取出道路特征，采用直线道路模型进行匹配。ARGO 提供了三种驾驶模式：正常，辅助和自动。在正常模式下，汽车发现危险就会发出视觉和听觉警报。在辅助模式下，如果驾驶者没有做出反应，汽车会自行控制。在自动模式下，奔腾 200 MMX 处理器会处理来自摄像头的信息，以控制汽车。

1998 年，在意大利汽车百年行活动中，ARGO 试验车沿着意大利的高速公路网进行了 2000km 的道路试验。其中 ARGO 试验车行驶的区域既有平坦区域，也有高架桥和隧道丘陵地区。ARGO 试验车的无人驾驶里程达到总里程的 94％，最高车速为 112km/h。

2015 年 12 月，百度对外宣布其无人驾驶车已在国内首次实现城市、环路及高速道路混合路况下的全自动驾驶。百度公布的路测路线显示，百度无人驾驶车从位于北京中关村软件园的百度大厦附近出发，驶入 G7 京新高速公路，经五环路，抵达奥林匹克森林公园，并随后按原路线返回。百度无人驾驶车往返全程均实现自动驾驶，并实现了多次跟车减速、变道、超车、上下匝道、掉头等复杂驾驶动作及不同道路场景的切换。测试时最高速度达到 100km/h。

2018 年 7 月 4 日，百度与厦门金龙合作生产的全球首款 Level4 级量产自驾巴士"阿波龙"量产下线。"阿波龙"搭载了百度最新 Apollo 系统，拥有高精定位、智能感知、智能控制等功能。达到自动驾驶 L4 级的"阿波龙"巴士，既没有方向盘和驾驶位，更没有油门和刹车，是一辆完全意义上的无人自动驾驶汽车。

2022 年，位于广州生物岛的无人驾驶小巴，已正式全开放运营，为市民提供无人驾驶微循环公交服务，"文远小巴"首期开通两条运营路线，分为南线和北线，后续还将开通西线，进一步覆盖全岛。作为中国首个实现全无人开放运营的智慧出行服务，"文远小巴"是纯电动车型，没有方向盘、油门、刹车，最高时速达 40km。车辆完全由 L4 级无人驾驶系统操控，2 个 64 线激光雷达分布在原后视镜的位置，它可以精准地感知到 200m 以内的任意物体，获取其三维信息，确定其距离、方位和运动状态，并且不受光照条件影响。12 颗高清摄像头 360°无盲区拍摄实时高清影像，检测和识别车道线、交通灯、交通标志等，精准识别道路上的行人和其他车辆。

无人驾驶技术发展对汽车制造业的颠覆性变革作用和对现代工业升级的助推作用将日渐显现。当前，智能辅助驾驶已成为汽车行业转型发展的主流。未来，无人驾驶技术将拉动人工智能、物联网、大数据、云计算等信息科技研发和运用，推动中国经济转型升级进程。

随着谷歌、Uber 和特斯拉这样的公司用事实不断展示技术上的进步，人们已经越来越清晰地意识到，无人驾驶技术即将为汽车商业模式带来颠覆式的改变，这可能是自内燃机发明以来，汽车行业最重大的变化。

引发思考

目前，国内外无人驾驶技术得到飞快发展，汽车上拥有了越来越多的高科技，在很多方面解决了人们日常出行乃至日常生活所遇到的问题。但是目前无人驾驶技术尚未成熟，仍有很多技术难题需要科研人员——攻克，相信在不久的将来，难题会得到解决。这也需要我们不断求知，克服困难，激发努力钻研、为科技强国出力的决心，不断反思，积极进取。

资料来源：https：//zhuanlan.zhihu.com/p/573784793。

第5章 蓝牙技术及应用

5.1 蓝牙技术简介

1998 年 5 月，爱立信联合诺基亚（Nokia）、英特尔（Intel）、IBM 和东芝（Toshiba）4 家公司一起成立蓝牙特殊利益集团（Bluetooth Interest Group SIG），负责蓝牙技术标准的制定、产品测试，并协调各国蓝牙的具体使用。蓝牙 SIG 于 1998 年 5 月提出近距离无线数据通信技术标准。1999 年 7 月蓝牙 SIG 正式公布蓝牙 1.0 版本规范，将蓝牙的发展推进到实用化阶段。2000 年 10 月，蓝牙 SIG 非正式发布 1.1 版本蓝牙规范，直到 2001 年 3 月，1.1 版本正式发布。至 2016 年，蓝牙 SIG 提出蓝牙 5.0 版本。蓝牙 5.0 针对低功耗设备速度有相应提升和优化，蓝牙 5.0 结合 WiFi 对室内位置进行辅助定位，提高传输速度和质量，增加有效工作距离。各版本的蓝牙技术标准可以从蓝牙国际组织的官方网站（http：//www.Bluetooth.org）免费下载。

蓝牙可以用于替代电缆来连接便携和固定设备，同时保证高等级的安全性。配备蓝牙的电子设备之间通过微微网（Piconet）进行无线连接与通信，微微网是由采用蓝牙技术的设备以特定方式组成的网络。当一个微微网建立时，只有一台为主设备，其他均为从设备，最大支持 7 个从设备。蓝牙技术工作于无须许可证的工业、科学与医学频段（ISM），频率范围为 2.4～2.4835GHz。覆盖范围根据射频等级分为三级：等级 3 为 1m，等级 2 为 10m，等级 1 为 100m。

蓝牙技术具有如下 3 种特性。

1. 语音和数据的多业务传输

蓝牙技术具有电路交换和分组交换两种数据传输类型，能够同时支持语音业务和数据业务的传输。基于目前 PSTN 网络的语音业务的实现是通过电路交换，即在发话者和受话者之间建立一条固定的物理链路；而基于互联网络的数据传输为分组交换数据业务，即将数据分为多个数据包，同时对数据包进行标记，通过随机路径传输到目的地之后按照标记进行再次封装还原。蓝牙技术采用电路交换和分组交换技术，支持异步数据信道、三路语音信道及异步数据与同步语音同时传输的信道。语音编码方式为用户可选择的 PCM 或 CVSD（连续可变斜率增量调制）两种方式，每个语音信道数据速率为 64kb/s；通过两种链路模型——SCO（面向链接的同步链路）和 ACL（面向无连接的异步链路）传输话音和数据。ACL 支持对称和非对称、分组交换和多点连接，适合于数据传输；SCO 链路支持对称、电路交换和点对点连接，适用于语音传输。ACL 和 SCO 可以同时工作，每种链路可支持 16 种不同的数据类型。

2. 全球通用的 ISM（工业、科学和医学）频段

蓝牙技术工作于全球共用的 ISM 频段，即 2.4GHz 频段。ISM 频段是指用于工业、科学和医学的全球共用频段，它包括 902～928MHz 和 2.4～2484GHz 两个频段范围，可以免费使用而不用申请无线电频率许可。由于 ISM 频段为对所有无线电系统都开放的频段，为了避免与工作在该频段的其他系统（如 WiFi、ZigBee）或设备（微波炉）产生相互干扰，蓝牙系统通过快速确认和跳频技术保证蓝牙链路的稳定性。跳频技术通过将通信频带划分为 79 个调频信道，相邻频点间隔 1MHz，蓝牙链路建立后发送数据时蓝牙接收和发送装置按照一定的伪随机编码序列快速地进行信道跳转，每秒钟频率改变 1600 次，每个频率持续 625μs。由于其他干扰源不会按照同样的规律变化，同时跳频的瞬时带宽很窄，通过扩频技术扩展为宽频带，使可能产生的干扰降低，因此蓝牙系统链路可以稳定工作。

3. 低功耗、低成本和低辐射

由于蓝牙设备定位于短距离通信，射频功率很低，蓝牙设备在通信连接状态下，有 4 种工作模式：激活（Active）模式、呼吸（Sniff）模式、保持（Hold）模式和休眠（Park）模式。激活模式是正常的工作状态，另外三种模式是为了节能所规定的低功耗模式。呼吸模式下的从设备周期性地被激活；保持模式下的从设备停止监听来自主设备的数据分组，但保持其激活成员地址；休眠模式下的主从设备间仍保持同步，但从设备不需要保留其激活成员地址。这三种模式中，Sniff 模式的功耗最高，对于主设备的响应最快；Park 模式的功耗最低，但是对于主设备的响应最慢。

蓝牙设备的功耗能够根据使用模式自动调节，正常工作功率为 1mW，发射距离为 10m，当传输数据量减少或者无数据传输时，蓝牙设备将减少处于激活状态的时间，而进入低功率工作模式，这种模式将比正常工作模式节省 70% 的发射功率。蓝牙的最大发射距离可达 100m，基本可以满足常见的短距离无线通信需要。

小型化是蓝牙设备的另外一大特点。结合现代芯片制造技术，将蓝牙系统组成蓝牙模块，以 USB 或者 RS232 接口与现有设备连接，或者直接将蓝牙设备内嵌入其他信息设备中，可以降低蓝牙设备的成本和功耗。蓝牙模块一般包括射频单元、基带处理单元、接口单元和微处理器单元等。

5.2　蓝牙技术基带与链路控制器规范

蓝牙标准的主要目标是实现一个可以适用于全世界的短距离无线通信标准，故其使用的是在大多数国家可以自由使用的 ISM 频段，容易被各国政府接受。此外，各个厂商生产的蓝牙设备应遵循同一个标准，使得蓝牙能够实现互联，为此物理层必须统一。本节简

单介绍蓝牙的基带和链路控制器规范。

蓝牙协议标准采用了国际标准化组织（International Standard Organization，ISO）的开放系统互联参考模型（Open System Interconnection/Reference Mode，OSI/RM）的分层思想，各个协议层只负责完成自己的职能与任务，并提供与上下各层之间的接口。蓝牙射频部分主要处理空中数据的收发。

5.2.1   蓝牙基带概述

1. 蓝牙基带在协议堆栈中的位置

蓝牙基带在协议堆栈中的位置如图 5-1 所示。蓝牙设备发送数据时，基带部分将来自高层协议的数据进行信道编码，向下传给射频进行发送；接收数据时，射频将经过解调恢复空中数据并上传给基带，基带再对数据进行信道解码，向高层传输。

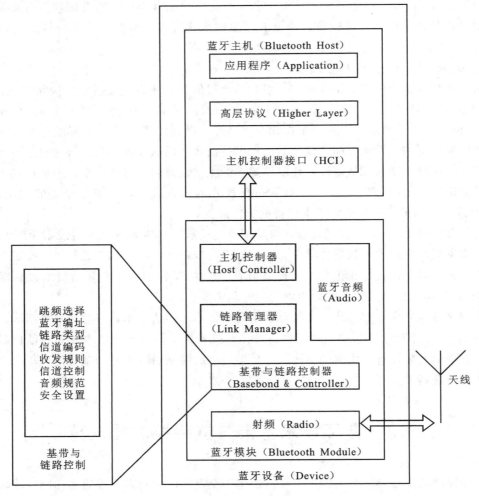

图 5-1   蓝牙基带在协议堆栈中的位置

2. 蓝牙基带分组编码格式

蓝牙基带分组编码遵循小端格式（Little Endian），如图 5-2 所示。b_0 是最低有效位 LSB（Least Significant Bit），MSB（Most Significant Bit）是最高有效位，LSB 写在最左边，MSB 写在最右边。射频电路最先发送 LSB，最后发送 MSB。基带控制器认为来自高层协议的第 1 比特是 b_0，射频发送的第 1 比特也是 b_0。各数据段（如分组头、有效载荷等）由基带协议负责生成，都是以 LSB 最先发送的。例如，二进制序列 $b_2 b_1 b_0 = 011$ 中的"1"（b_0）首先发送，最后才是"0"（b_2）。

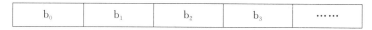

b_0	b_1	b_2	b_3	……

图 5-2 蓝牙基带分组编码遵循的小端格式

3. 蓝牙设备编址

每个计算机网络接口卡（Network Interface Card，NIC）都由 IEEE 802 标准唯一地指定了一个媒体访问控制（MAC）地址，用以区别网络上数据的源端和目的端。与此相类似，全世界每个蓝牙收发器都被唯一地分配了一个遵循 IEEE 802 标准的 48 位蓝牙设备地址（Bluetooth Device Address，BD_ADDR），其格式如图 5-3 所示。其中，LAP（Lower Address Part）是低地址部分，UAP（Upper Address Part）是高地址部分，NAP（Non-significant Address Part）是无效地址部分。NAP 和 UAP 共同构成了确知设备的机构唯一标识符（Organization Unique Identifier，OUI），由 SIG 的蓝牙地址管理机构分配给各个蓝牙设备制造商。各个蓝牙设备制造商有权对自己生产的产品进行编号，编号放置在 LAP 中。图 5-3 中的 NAP＝0xACDE，UAP＝0x48，LAP＝0x000080。蓝牙设备地址的地址空间有 2^{32}（约 42.9 亿）个，这样大的数值保证了全世界所有蓝牙设备的 BD_ADDR 都是唯一的。

制造商分配的产品编号						Bluetooth SIG 分配的制造商编号					
LAP（24bit）						UAP（8bit）		NAP（16bit）			
0000	0001	0000	0000	0000	0000	0001	0010	0111	1011	0011	0101

图 5-3 蓝牙设备地址格式

4. 设备、微微网和散射网

无连接的多个蓝牙设备相互靠近时，若有一个设备主动向其他设备发起连接，它们就形成了一个微微网。主动发起连接的设备称为微微网的主设备，对主设备的连接请求进行响应的设备称为从设备。

微微网的最简单组成形式就是两个蓝牙设备的点对点连接。微微网是实现蓝牙无线通信的最基本方式，微微网不需要类似于蜂窝网基站和无线局域网接入点之类的基础网络设施。

一个微微网只有一个主设备，一个主设备最多可以同时与 7 个从设备进行通信，这些从设备称为激活从设备（Active Slave）。但是同时还可以有多个隶属于这个主设备的休眠（Parked）从设备。这些休眠从设备不进行实际有效数据的收发，但是仍然和主设备保持时钟同步，以便将来快速加入微微网。不论是激活从设备还是休眠从设备，信道参数都是由微微网的主设备进行控制的。图 5-4 所示的是两个独立的微微网。

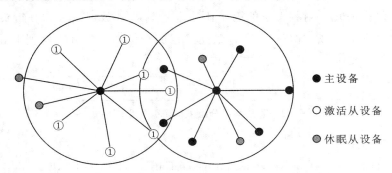

图 5-4 多个蓝牙设备组成的两个独立的微微网

散射网（Scatter Net）是多个微微网在时空上相互重叠组成的比微微网覆盖范围更大的蓝牙网络，其特点是微微网间有互联的蓝牙设备，如图 5-5 所示。虽然每个微微网只有一个主设备，但是从设备可以基于时分复用（Time Multiplexing）机制加入不同的微微网，而且一个微微网的主设备可以成为另一个微微网的从设备。每个微微网都有自己的跳频序列，它们之间并不跳频同步，这样就避免了同频干扰。

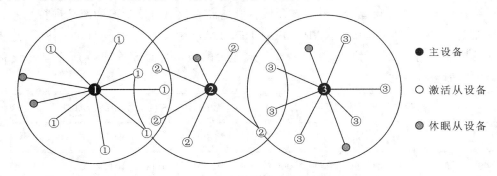

图 5-5 多个微微网组成散射网

5. 蓝牙时钟

每个蓝牙设备都有一个独立运行的内部系统时钟，称为本地时钟（Local Clock），用于决定收发器定时和跳频同步。本地时钟无法进行调整，也不会关闭。为了与其他的设备同步，就要在本地时钟上加一个偏移量（Offset），以提供给其他设备实现同步。内部系统的时钟频率为 32kHz，时钟分辨率小于蓝牙射频跳频周期分辨率的一半（312.5μs）。蓝牙时钟周期大约是一天（24h），它使用一个 28bit 的计数器，循环周期为 $2^{28}-1$。

微微网中的定时和跳频选择由主设备的时钟决定。建立微微网时，主设备的时钟传送给从设备，每个从设备给自己的本地时钟加一个偏移量，实现与主设备的同步。因为时钟本身从不进行调节，所以必须对偏移量进行周期性更新。

工作在不同模式和状态下的蓝牙设备时钟具有不同的表现形式：CLKN 表示本地时钟频率（N：Native，本地的）；CLKE 表示估计的时钟频率（E：Estimated，估计的）；CLK 表示主设备实际运行时钟频率。CLKN 是其他时钟的参考基准频率，在高功率活动状态，CLKN 由一个标准的晶体振荡器产生，精度要优于 $\pm 20\text{ppm}$（$1\text{ppm}=10^{-6}$）；在低功率状态［如待机（Stand by）、保持（Hold）和休眠（Park）］下，由低功耗振荡器产生本地时钟频率，精度可放宽至 $\pm 250\text{ppm}$。CLK 和 CLKE 是由 CLKN 加上一个偏移量得到的。CLKE 是主设备对从设备的本地时钟的估计值，即在主设备的 CLKN 的基础上增加一个偏移来近似从设备的本地时钟。这样主设备可以加速连接的建立过程。

CLK 是微微网中主设备的实际运行时钟，用于调度微微网中所有的定时和操作。所有的从设备都使用 CLK 来调度自己的收发，CLK 是由 CLKN 加上一个偏移量得到的，主设备的 CLK 就是 CLKN，而从设备的 CLK 是根据主设备的 CLKN 得到的。尽管微微网内所有蓝牙设备的 CLK 的标称值都相等，但存在的漂移使得 CLK 不够精确，因此从设备的偏移量必须周期性地进行更新，使其 CLK 基本上与主设备的 CLKN 相等。

5.2.2　蓝牙物理链路

通信设备之间物理层的数据连接通道就是物理链路。蓝牙系统中有两种物理链路：异步无连接链路 ACL（Asynchronous Connectionless）和同步面向连接链路 SCO（Synchronous Connection Oriented）。ACL 链路是微微网主设备和所有从设备之间的同步或异步数据分组交换链路，主要用于对时间要求不敏感的数据通信，如文件数据或控制信令等。SCO 链路是一条微微网中由主设备维护的点对点、对称的同步数据交换链路，主要用于对时间要求很高的数据通信，如语音等。ACL 链路和 SCO 链路有着各自的特点、性能与收发规则。

1. ACL 链路

1）ACL 链路的特点及性能

ACL 链路在主从设备间以分组交换（Packet-Switched）方式传输数据，既可以支持异步应用，也可以支持同步应用。一对主从设备只能建立一条 ACL 链路。ACL 通信的可靠性可以由分组重传来保证。由于是分组交换，在没有数据通信时，对应的 ACL 链路就保持静默。

微微网中的主设备可以与每个与之相连的从设备都建立一条 ACL 链路。双向对称连接 ACL 链路传输率为 433.9kb/s；双向非对称传输数据时，正向 5 时隙分组（DH5）链路可以达到最大传输率 723.2kb/s，反向单时隙链路传输率为 57.6kb/s。

2）ACL 链路的收发规则

主设备在主→从 ACL 时隙内发送的 ACL 分组含有接收从设备的设备地址（$(001)_b \sim (111)_b$ 之间的一个）；在随后的从→主 ACL 时隙内，从设备发送 ACL 分组到主设备。如果从设备未能从接收到的主→从 ACL 分组头解析从设备地址，或者解析到的地址与自身不匹配，那么它就不能在紧跟地从→主 ACL 时隙发送 ACL 分组。ACL 链路允许广播发送数据，此时主→从 ACL 分组头的从设备地址被设为 $(000)_b$，微微网中每一个接收到的从设备都可以接受并读取，但不作响应。

2. SCO 链路

1）SCO 链路的特点及性能

SCO 链路在主设备预留的 SCO 时隙内传输，因而其传输方式可以看作电路交换（Circuit-Switched）方式。SCO 分组不进行重传操作，一般用于像语音这样的实时性很强的数据传输。

只有建立了 ACL 链路后，才可以建立 SCO 链路，一个微微网中的主设备最多可以同时支持三条 SCO 链路（这三条 SCO 链路可以与同一从设备建立，也可以与不同从设备建立）；一个从设备与同一主设备最多可以同时建立三条 SCO 链路，或者与不同主设备建立两条 SCO 链路。为了充分保证语音通信的质量，每一条 SCO 链路的传码率都是 64kb/s。

2）SCO 链路的收发规则

主设备在预留的主→从 SCO 时隙内，向从设备发送 SCO 分组，分组头含有应该作出响应的激活从设备地址。在紧跟的从→主 SCO 时隙内，对应的从设备向主设备发送 SCO 分组。与 ACL 分组不同的是，即使从设备未能从接收到的分组头解析出从设备地址，也允许在其预留的 SCO 时隙返回 SCO 分组。

5.3 蓝牙主机控制器接口协议

蓝牙主机控制器接口（Host Controller Interface，HCI）是蓝牙主机-主机控制器应用模式中蓝牙模块和主机间的软硬件接口，它提供了控制基带与链路控制器、链路管理器、状态寄存器等硬件功能的指令分组格式（包括响应事件分组格式），以及进行数据通信的数据分组格式。

5.3.1 蓝牙主机控制器接口概述

蓝牙技术集成到各种数字设备中的方式有两种：一种是单微控制器方式，即所有的蓝牙低层传输协议（包括蓝牙射频、基带与链路控制器、链路管理器）与高层传输协议（包括逻辑链路控制与适配协议、服务发现协议、串口仿真协议、网络封装协议等）及用户应用程序都集成到一个模块中，整个处理过程由一个微处理器来完成；另一种是双微控制器方式，即蓝牙协议与用户应用程序分别由主机和主控制器来实现（低层传输协议一般通过蓝牙硬件模块实现，模块内部嵌入式的微处理器称为主机控制器，高层传输协议和用户应用程序在写入的个人计算机或嵌入的单片机、DSP 等上运行，称为主机），主机和主机控制器间通过标准的物理总线接口（如通用串行总线 USB、串行端口 RS232）来连接，如图 5-6 所示。

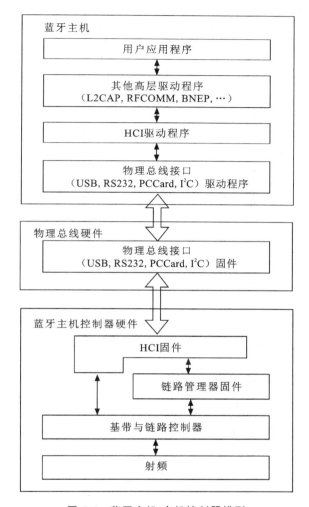

图 5-6 蓝牙主机-主机控制器模型

在蓝牙的主机-主机控制器连接模型当中，HCI 作为蓝牙软件协议堆栈中软硬件之间的接口，提供了一个控制基带与链路控制器、链路管理器、状态寄存器等硬件的统一接口。当主机和主机控制器通信时，HCI 层以上的协议在主机上运行，而 HCI 层以下的协议由蓝牙主机控制器硬件来完成，它们通过 HCI 传输层进行通信。主机和主机控制器中都有 HCI，它们具有相同的接口标准。主机控制器中的 HCI 解释来自主机的信息并将信息发向相应的硬件模块单元，同时还将模块中的信息（包括数据和硬件/固件信息）根据需要向上转发给主机。蓝牙设备通过 HCI 进行数据收发通信的过程如图 5-7 所示。

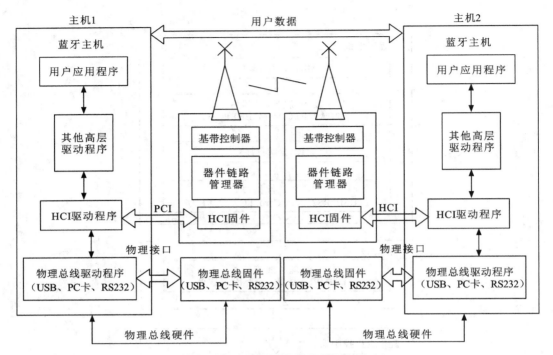

图 5-7　蓝牙软件协议堆栈的数据传输过程

5.3.2　蓝牙主机控制器接口数据分组

1. HCI 分组概述

主机和主机控制器之间是通过 HCI 收发分组（Packet）的方式进行信息交换的。主机控制器执行主机指令后产生结果信息，主机控制器通过相应的事件分组将此信息发给主机。

主机与主机控制器通过指令应答（Command Response）方式实现控制，主机向主机控制器发送指令分组。主机控制器执行指令后，通常会返回给主机一个指令完成事件分组（Command Complete Event Packet），该分组携带指令完成信息；对于有些分组，不返回指令完成事件分组，但返回指令状态事件分组（Command Status Event Packet），用以说明主机发出的指令已经被主机控制器接收并开始处理；如果指令执行出错，返回的指令状态事件分组就会指示相应的错误代码。

2. HCI 分组类型

HCI 分组有三种类型：指令分组（Command Packet）、事件分组（Event Packet）和数据分组（Data Packet）。

指令分组是主机发向主机控制器的指令，分为链路控制指令、链路策略指令、主机控制器与基带指令、信息参数指令、状态参数指令和测试指令。

事件分组是主机控制器向主机报告指令分组的执行情况的分组，包括通用事件（包括指令完成事件和指令状态事件）、测试事件、出错事件（如缓存刷新（Flush Occurred）

160

和数据缓冲区溢出（Data Buffer Overflow））三种。

数据分组在主机和主机控制器间双向传输，分为异步无连接（ACL）数据分组和同步面向连接（SCO）数据分组两种。

5.3.3 蓝牙主机控制器接口

HCI 的六种指令分组为链路控制指令、链路策略指令、主机控制器与基带指令、信息参数指令、状态参数指令和测试指令。

1. 链路控制（Link Control）指令

主机控制器在建立和保持蓝牙微微网和散射网时，通过链路控制指令来控制与其相连的蓝牙设备的连接。链路控制指令的 OGF 代码都为 0x01。部分链路控制指令的简要描述列于表 5-1 中。

表 5-1　链路控制指令简表

指　令	OCF	指 令 简 述
Inquiry	0x0001	使蓝牙设备进入查询模式，用于搜索邻近的蓝牙设备
Inquiry_Cancel	0x0002	使处于查询模式的蓝牙设备取消查询
Periodic_Inquiry_Mode	0x0003	使蓝牙设备能够根据指定周期自动查询
Exit_ Periodic_Inquiry__Mode	0x0004	如果本地设备处于周期查询状态时使设备终止周期查询模式
Create_Connection	0x0005	按指定蓝牙设备 BD_ADDR 创建 ACL 链路
Disconnect	0x0006	终止现有连接
Add_Sco_Connection	0x0007	利用连接句柄参数指定的 ACL 连接创建 SCO 连接
Accept_Connection_Request	0x0009	接收新的呼入连接请求
Reject_Connection_Request	0x000A	拒绝新的呼入连接请求
Link_Key_Requset_Reply	0x000B	应答从主机控制器发出的链路密钥请求事件，并指定存储在主机上的链路密钥作为与 BD_ADDR 指定的蓝牙设备进行连接使用的链路密钥
Link _ Key _ Requset _ Negative _Rcply	0x000C	如果主机上没有存储的链路密钥作为与 BD_ADDR 指定的蓝牙设备进行连接使用的链路密钥，就应答从主机控制器发出的链路密钥请求事件
PIN_Code_Request_Reply	0x000D	应答从主机控制器发出的 PIN 请求事件，并指定用于连接的 PIN

续表

指　　令	OCF	指 令 简 述
PIN _ Codc _ Request _ Negative _Reply	0x000E	当主机不能指定用于连接的 PIN 时，应回答从主控制器发出的 PIN 请求事件
Change_Connection_Packet_Type	0x000F	改变正在建立的连接的分组类型
Authentication_Requested	0x0011	在指定连接句柄关联的两个蓝牙设备之间建立身份鉴权
Set_Connection_Encryption	0x0013	建立和取消连接加密

2. 链路策略（Link Policy）指令

蓝牙主机控制器提供策略调整机制来支持多种链路模式，链路策略指令为主机控制器提供了如何管理微微网链路的方法，链路管理器使用链路策略指令来建立和维护蓝牙微微网和散射网。这些策略指令既能改变链路管理器的状态，又能使蓝牙远程设备链路连接发生变化。所有链路策略指令的 OGF 为 0x02。链路策略指令列于表 5-2 中。

表 5-2　链路策略指令简表

指　　令	OCF	指 令 简 述
Hold_Mode	0x0001	改变 LM 状态和本地及远程设备为主模式的 LM 位置
Sniff_Mode	0x0003	改变 LM 状态和本地及远程设备为呼吸模式的 LM 位置
Exit_Sniff_Mode	0x0004	结束连接句柄在当前呼吸模式里的呼吸模式
Park_Mode	0x0005	改变 LM 状态和本地及远程设备为休眠模式的 LM 位置
Exit_Park_Mode	0x0006	切换从休眠模式返回到激活模式的蓝牙设备
QoS_Setup	0x0007	指出连接句柄的服务质量参数
Role_Discovery	0x0009	蓝牙设备连接后确定自己的主从角色
Switch_Role	0x000B	蓝牙设备切换当前正在履行指定蓝牙设备特殊连接的设备角色
Read_Link_Policy_Setting	0x000C	为指定连接句柄读链路策略设置，链路策略设置允许主机控制器指定用于指定连接句柄的 LM 连接模式
Write_Link_Policy_Setting	0x000D	为指定连接句柄写链路策略设置，链路策略设置允许主机控制器指定用于指定连接句柄的 LM 连接模式

3. 主机控制器与基带指令

主机控制器与基带指令提供了识别和控制各种蓝牙硬件的能力，包括控制蓝牙设备、主机控制器、链路管理器及基带，主机可利用这些指令改变本地设备的状态。所有主机控制器和基带指令的 OGF 都为 0x03。主机控制器与基带部分指令列于表 5-3 中。

表 5-3 主机控制器与基带部分指令

指 令	OCF	指 令 简 述
Set_Even_mask	0x0001	使主机可以过滤 HCI 产生的事件
Reset	0x0003	复位蓝牙主机控制器、链路管理器和基带链路管理器
Set_Even_Filter	0x0005	使主机指定不同事件过滤器
Flush	0x0008	针对指定连接句柄放弃所有作为当前的待传输数据，甚至当前是属于多个在主机控制器里的 L2CAP 指令的数据块
Read_Pin_Type	0x0009	主机读取指定主机的 PIN 类型是可变的还是固定的
Write_pin_Type	0x000A	主机写入指定主机支持的 PIN 类型是可变的还是固定的
Creat_New_Unit_Key	0x000B	创建新的单一密钥
Read_Stone_Link_Key	0x000D	提供读取存放在蓝牙主机控制器里的单个或多个链路密钥的能力
Write_Stone_Link_Key	0x0011	提供写入存放在蓝牙主机控制器里的单个或多个链路密钥的能力
Delete_Stone_Link_Key	0x0012	提供删除存放在蓝牙主机控制器里的单个或多个链路密钥的能力
Change_Local_Name	0x0013	修改蓝牙设备名称
Read_Local_Name	0x0014	读取存储的蓝牙设备名称的能力
Read_Connection_Accept_Timeout	0x0015	读取连接识别超时参数值，定时器终止后蓝牙硬件自动拒绝连接
Write_Connection_Accept_Timeout	0x0016	写入连接识别超时参数值，定时器终止后蓝牙硬件自动拒绝连接
Read_Page_Timeout	0x0017	读取寻呼响应超时参数值，本地设备返回连接失败前，该值是允许蓝牙硬件定义等待远程设备连接申请的时间
Write_Page_Timeout	0x0018	写入寻呼响应超时参数值，本地设备返回连接失败前，该值是允许蓝牙硬件定义等待远程设备连接申请的时间

指　　　令	OCF	指 令 简 述
Read_Scan_Enable	0x0019	读出允许扫描参数值，用于控制蓝牙设备是否周期性地对来自其他监牙设备的寻呼（和/或查询请求）进行扫描
Write_Scan_Enable	0x001A	写入允许扫描参数值，用于控制蓝牙设备是否周期性地对来自其他蓝牙设备的寻呼（和/或查询请求）进行扫描

4. 信息参数指令

信息参数是蓝牙硬件制造商固化在蓝牙芯片中的有关蓝牙芯片、主机控制器、链路管理器、基带等信息，这些信息是只读的，主机不能修改。信息参数指令的 OGF 都为 0x04。

5. 状态参数指令

状态参数是有关主机控制器、链路管理器和基带当前状态的信息。主机不能修改这些参数（除复位为指定参数），但是主机控制器可以修改它们。所有状态参数指令的 OGF 都为 0x05。

6. 测试指令

测试指令用于测试蓝牙硬件的功能和设置测试条件。所有测试指令的 OGF 都为 0x06。

5.3.4　蓝牙主机控制器接口事件分组

事件分组是主机控制器向主机返回的用于说明指令执行状态和执行结果的分组。表 5-4 列出部分 HCI 事件分组（长度为 1B）。

表 5-4　部分 HCI 事件分组

事　　件	事件码	时 间 简 述
查询完成事件	0x01	表示查询已完成
查询结果事件	0x02	表示在当前查询进程中已有一个或多个蓝牙设备应答
连接完成事件	0x03	指示构成连接的两主机已建立一个新的连接
连接请求事件	0x04	用于表示正在建立一个新的呼入连接
连接断开完成事件	0x05	当连接终止时连接
鉴权完成事件	0x06	当指定连接鉴权完成时发生
远程命令请求事件	0x07	用于表示远程命名请求已完成
加密改变事件	0x08	用于表示对于由 Connection_Handle 事件参数指定的连接句柄已完成加密事件

事　　件	事件码	时　间　简　述
链路密钥改变完成事件	0x09	用于表示由 Connection_Handle 参数指定连接句柄的链路密钥改变已经完成
主单元链路密钥完成事件	0x0A	用于表示蓝牙主单元的临时链路密钥或半永久链路密钥改变已经完成
远端支持特性读取完成事件	0x0B	用于表示链路管理器进程已完成，该链路管理器包括由 Connection_Handle 事件参数指定远程蓝牙设备支持的特性
远程版本信息读取完成事件	0x0C	用于表示链路管理器进程已完成，该链路管理器包括由 Connection_Handle 事件参数指定远程蓝牙设备的版本信息
QoS 启用完成事件	0x0D	用于表示启用 QoS 的链路管理器进程已完成，该过程由 Connection_Handle 事件参数指定的远程蓝牙设备完成
指令完成事件	0x0E	由主机控制器为每一 HCI 指令传递指令返回状态和其他事件参数
指令状态事件	0x0F	用于表示已收到 Command_OpCode 参数所描述的指令而且主机控制器正在执行该指令任务
硬件故障事件	0x10	用于表示蓝牙设备硬件故障类别
刷新事件	0x11	表示对于指定连接句柄，要传输的当前用户数据已删除

5.4　蓝牙逻辑链路控制与适配协议

基带协议和链路管理器协议属于低层的蓝牙传输协议，其侧重语音与数据无线通信在物理链路的实现，在实际的应用开发过程中，这部分功能集成在蓝牙模块中，对于面向高层协议的应用开发人员来说，并不关心这些低层协议的细节。同时，基带层的数据分组长度较短，而高层协议为了提高频带的使用效率通常使用较大的分组，二者很难匹配。因此，需要一个适配层来为高层协议与低层协议之间不同长度的 PDU（协议数据单元）的传输建立一座桥梁，并且为较高的协议层屏蔽低层传输协议的特性。这个适配层经过发展和丰富，就形成了现在蓝牙规范中的逻辑链路控制与适配协议层（Logic Link Control & Adapatation Protocol），即 L2CAP 层。本节将介绍 L2CAP 层提供的高层协议的多路复用、数据分组的分段与重组及服务质量信息的传递等功能。

5.4.1　蓝牙逻辑链路控制与适配协议概述

L2CAP 层位于基带层之上，它将基带层的数据分组转换为便于高层应用的数据分组格式，并提供协议复用和服务质量交换等功能。L2CAP 层屏蔽了低层传输协议中的许多特性，有些概念对于 L2CAP 层已经变得没有意义，例如对于 L2CAP 层，主设备和从设备的通信完全是对等的，并不存在主从关系的概念。

图 5-8 表示 L2CAP 层在典型的蓝牙设备通信模型中所处的位置。需要指出的是，并不是所有的蓝牙设备一定包含主机控制器和 HCI 层，此外，HCI 层也可以位于 L2CAP 层之上。

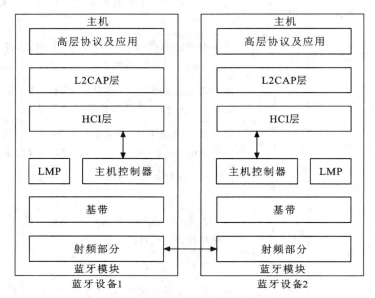

图 5-8　L2CAP 层在典型的蓝牙设备通信模型中的位置

L2CAP 层只支持 ACL（异步无连接）数据的传输，而不支持 SCO（同步面向连接）数据的传输。L2CAP 层可以和高层应用协议之间传输最大为 64kB 的数据分组（L2CAP 层上的 DU），L2CAP 层上的 DU 到达基带层之后被分段，并由 ACLBB_PDU 传送。

L2CAP 层本身不提供加强信道可靠性和保证数据完整性的机制，其信道的可靠性依靠基带层提供。如果要求可靠性，则基带的广播数据分组将被禁止使用，因此，L2CAP 层不支持可靠的多点传输信道。

L2CAP 层的主要功能归纳如下。

1. 协议复用 （Protocol Multiplexing）

由于低层传输协议没有提供对高层协议的复用机制，因而对于 L2CAP 层，支持高层协议的多路复用是一项重要功能。L2CAP 层可以区分其上的 SDP、RFCOMM 和 TCS 等协议。

2. 分段与重组 （Segmentation and Reassembly）

L2CAP 层帮助实现基带的短 PDU 与高层的长 PDU 的相互传输，但事实上，L2CAP 层本身并不完成任何的 PDU 的分段与重组，具体的分段与重组由低层和高层来完成。一方面，L2CAP 层在其数据分组中提供了 L2CAP 层 PDU 的长度信息，使得其在通过低层传输之后，重组机制能够检查出是否进行了正确的重组；另一方面，L2CAP 层将其最大分组长度通知高层协议，高层协议依此对数据分组进行分段，保证分段后的数据长度不超过 L2CAP 层的最大分组长度。

3.服务质量（Quality of Service，QoS）信息的交换

在蓝牙设备建立连接过程中，L2CAP 层允许交换蓝牙设备所期望的服务质量信息，并在连接建立之后通过监视资源的使用情况来保证服务质量的实现。

4.组抽象（Group Abstraction）

许多协议包含地址组（a Group of Addresses）的概念。L2CAP 层通过向高层协议提供组抽象，可以有效地将高层协议映射到基带的微微网上，而不必让基带和链路管理器直接与高层协议打交道。

5.4.2　蓝牙逻辑链路控制与适配协议的信道

不同蓝牙设备的 L2CAP 层之间的通信是建立在逻辑链路的基础上的。这些逻辑链路被称为信道，每条信道的每个端点都被赋予一个信道标识符（Channel Identifier，CID）。CID 在本地设备上的值由本地管理，为 16bit 的标识符。当本地设备与多个远端设备同时存在多个并发的 L2CAP 信道时，本地设备上不同信道端点的 CID 不能相同。由本地设备在分配 CID 时不受其他设备的影响（一些固定的和保留的 CID 除外），这就是说，已经分配给本地的某个 CID 也可以被与之相连的远端设备分配给其他信道，这不影响本地设备与这些端点的通信。

L2CAP 信道有三种类型：①面向连接（Connection Oriented，CO）信道，用于两个连接设备之间的双向通信；②无连接（Connection Less，CL）信道，用来向一组设备进行广播式的数据传输，为单向信道；③信令（Signaling）信道，用于创建 CO 信道，并可以通过协商过程改变 CO 信道的特性。信令信道为保留信道，在通信前不需要专门地连接建立过程，其 CID 被固定为"0x0001"。CO 信道通过在信令信道上交换连接信令来建立，建立之后，可以进行持续的数据通信，而 CL 信道则为临时性的。CID 对于信道的分配规则参见表 5-5。此外，0x0000 没有分配，0x0003～0x003F 为预留的 CID，用于特定的 L2CAP 功能。

表 5-5　CID 对于信道的分配规则

信道类型	本地 CID	远端 CID
CO 信道	动态分配：0x0040～0xFFFF	动态分配：0x0040～0xFFFF
CL 信道	动态分配：0x0040～0xFFFF	0x0002
信令信道	0x0001	0x0001

图 5-9 演示了三个蓝牙设备间的 L2CAP 信道及各自端点的 CID。图中设备 1 与设备 3、设备 2 与设备 3 之间的信令信道未标出。为了说明 CID 的分配原则，图中有意使用了重复的 CID 值 0x0347 和 0x0523。事实上，只要任意两个蓝牙设备间的一组 L2CAP 信道的端点没有相同的 CID 值即可，而这些 CID 值允许被相连的第三方蓝牙设备的 L2CAP 信道的本地端点重复使用。

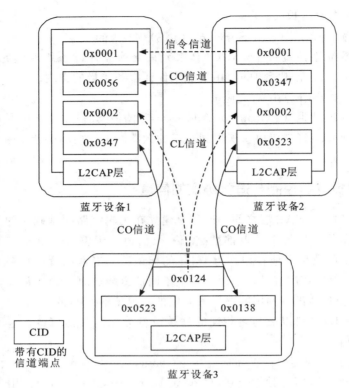

图 5-9　三个蓝牙设备间的 L2CAP 信道示意图

5.4.3　蓝牙逻辑链路控制与适配协议的分段与重组

前面已经简单介绍了分段与重组的机制，在本小节中，将更详细地讨论有关分段与重组的过程。高层协议数据通过 L2CAP 层向低层传输时，由 L2CAP_PDU 的有效载荷字段携带，该字段长度不能超过 L2CAP 层所规定的最大传输单元（MTU）的值。如果使用 HCI 层，则 HCI 层支持最大缓冲区的概念，L2CAP_PDU 在经过 HCI 层之后被分割为许多"数据块"（Chunk），每个数据块的长度不超过最大缓冲区支持的数据长度，远端的 L2CAP 层通过数据分组头和 HCI 层提供的信息将这些数据块重组为原来的 L2CAP_PDU，参见图 5-10。

执行分段和重组对基带的数据分组来说，只使用了很小的协议开销，只是在 L2CAP BB_PDU 的有效载荷的第一个字节（也可以叫帧头）中使用了 2bit 的 L_CH 来标定 L2CAP_PDU 在分段后的起始和后续部分。其中"10"表示起始分段，"01"表示后续分段，参见图 5-11。

1. 分段过程

L2CAP_PDU 在传送到低层协议时将被分段。如果直接位于基带层之上，则分段为基带数据分组（BB_PDU），再通过空间信道进行传输；如果位于 HCI 层之上，则被分段为数据块，并送到主机控制器，在主机控制器中再将这些数据块转化为基带数据分组。当同一个 L2CAP_PDU 分段后的所有数据块都送到基带后，其他发往同一个远端设备的

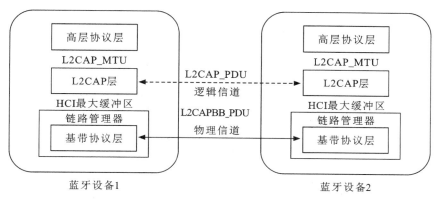

图 5-10　层间数据分组传输

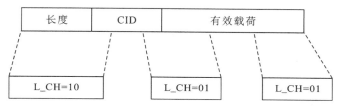

图 5-11　L2CAP 分段

L2CAP_PDU 才可以传送。

2. 重组过程

基带协议按顺序发送 ACL 分组并使用 16bit CRC 码来保证数据的完整性，同时基带还使用自动重传请求（ARQ）来保证连接的可靠性。基带可以在每收到一个基带分组时都通知 L2CAP 层，也可以累积到一定数量的分组时再通知 L2CAP 层。

L2CAP_PDU 分组头中的长度字段用于进行一致性校验。如果不要求信道的可靠性，长度不匹配的分组将被丢弃；如果要求信道的可靠性，则出现分组长度不匹配时必须通知高层协议信道已不可靠。

3. 分段与重组示例

图 5-12 给出了一个分段与重组的示例，演示了一个单独的 L2CAP_PDU 如何通过各层的分段与重组到达基带，并通过空中接口发送出去（Air 1，Air 2，…，Air k）。前面提到重组时多是指本地设备对来自远端设备的数据分组进行重组，事实上，一个 L2CAP_PDU 在从本地设备发往远端设备之前就可能经过分段与重组的过程，此处就是一个这样的例子。

图 5-12 中将软件分为主机软件和嵌入式软件，分别对应于主机和蓝牙模块。主机和蓝牙模块通过 USB 总线相连，二者之间经过 HCI 层及 HCI 层提供的 USB 接口传输数据。L2CAP_PDU 首先在到达 HCI 层时分组为 HCI 层的数据分组形式，然后通过 HCI 层的 USB 接口到达主机 USB 驱动器并转化为 USB 的数据分组形式，再通过 USB 总线到蓝牙模块中的 USB 驱动器，接着通过 HCI 层的 USB 接口重组为 HCI 层分组形式，即恢复为主机中 L2CAP 层上 DU 分段后的 HCI 层数据分组，最后通过链路管理器和链路控制器（其中集成了 LMP 和基带协议）转化为基带分组形式，进行无线传送。

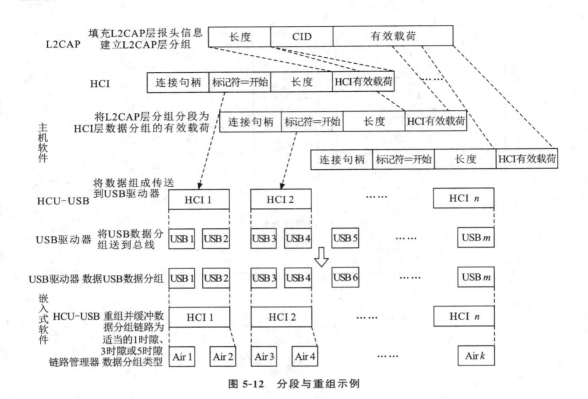

图 5-12 分段与重组示例

5.4.4 蓝牙逻辑链路控制与适配协议的数据分组格式

对应于三种信道类型，L2CAP 层有两种数据分组类型：一种是用于 CO 信道的分组类型，另一种是用于 CL 信道的分组类型。信令信道实际上使用的是 CO 信道的分组类型。L2CAP_PDU 的字段使用小端格式进行组织（即最低字节先传输）。

1．CO 信道的 L2CAP_PDU

图 5-13 所示为 CO 信道的 L2CAP_PDU 格式。其中长度（Length）字段为 2B，表示了这一 PDU 中有效载荷的字节数；信道 ID 为 2B，表示目的端点的 CID。信道 ID 和长度字段一起构成 L2CAP 层的分组头。有效载荷为携带信息的数据段，最大长度为 65535B。

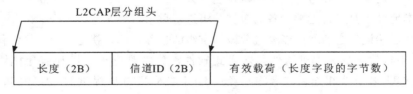

图 5-13 CO 信道的 L2CAP_PDU 格式

CO 信道的 MTU（MTU_{cno}）的最小值在信道配置过程中进行协商，信令信道的 MTU（MTU_{sig}）的最小值为 48B。

2．CL 信道的 L2CAP_PDU

前面说过，L2CAP 层支持组抽象的概念，CL 信道就是面向"组"的信道，组中的成员映射了不同的远端设备。L2CAP 通过组服务接口（Group Service Interface）完成基本的组管理机制，包括创建组、增加组成员、删除组成员，但是不能预先定义组，比如"All Radios in Ranged"。事实上，非组内成员也可以接收组内的数据传输，并且可以通过更高层或链路层的加密措施来支持私有（Private）通信。图 5-14 所示为 CL 信道的 L2CAP_PDU 格式，其中，长度字段的值为 PSM 字段与有效载荷长度之和，CL 信道的 ID 定为 0x0002。

图 5-14　CL 信道的 L2CAP_PDU 格式

PSM 意为协议/服务复用器（Protocol/Service Multiplexer），长度最小为 2B，用来通知远端接收设备该 L2CAP_PDU 发往哪个协议，一般为 SDP、RFCOMM、TCS 等中介协议，从而实现协议的复用。PSM 字段的最低字节的最低位为 1，最高字节的最低位为 0。PSM 字段有两个取值区间，第一个取值区间为小于 0x1000 的值，由蓝牙 SIG 指定，标识具体的蓝牙协议，其中 0x0001 对应于 SDP，0x0003 对应于 RFCOMM，0x0005 对应于 TCS，其他值保留；第二个取值区间为大于 0x1000 的值，为动态分配并与 SDP 一同使用，可以区分某一特定协议的不同应用，如一个蓝牙设备上的两个面向不同应用的 RFCOMM 协议。动态分配的取值区间还用于那些尚未标准化的正处于试验阶段的协议。

有效载荷的最大长度为 65535B 减去 PSM 字段的长度。在一般情况下，CL 信道的 MTU 的最小值为 670B，不过也可能有例外。

5.4.5　蓝牙逻辑链路控制与适配协议的信令

L2CAP 层信令信道的 CID 为 0x0001，有效载荷携带信令指令，通过这些信令指令，来建立、配置和断开 CO 信道。信令指令包括请求指令和响应指令两种形式。在一条 L2CAP_PDU 中可以携带多条指令，如图 5-15 所示。在经过测试可以接收更大的数据分组之前，信令分组的有效载荷不能超过 48B。

图 5-15　信令数据分组

图 5-15 中的指令格式如图 5-16 所示，各字段仍然采用小端模式的字节顺序。
代码（Code）用于标识指令的类型，目前有 11 种指令，分别对应于 0x01~0x0B。
标识符（Identifier）为响应指令与请求指令的匹配标志，请求设备对此字段进行设

图 5-16　信令指令格式

置，应答设备在响应中使用同样的标识符。在使用某一标识符的指令发送之后，360s 内该标识符不能重复使用。由超时引起指令重发时，重发指令仍使用原指令的标识符。含有无效标识符的响应将被丢弃，0x0000 为非法标识符，不得使用。长度字段的值为数据字段的长度大小，数据字段格式由指令类型决定。

1．信道配置过程

我们可以将信道的配置过程总结为三个步骤：

（1）本地设备将期望值不是默认值的参数包含在配置请求指令中通知远端设备，未包含在配置请求指令中的参数则表明期望值为默认值。

（2）远端设备返回配置响应指令，通知请求方是否同意配置请求指令中的参数值和未包含在配置请求指令中的默认值。如果不同意，则可以重复步骤（1）和（2）对配置参数进行协商，直到达成一致。

（3）请求方和响应方互换角色，在相反的方向上重复步骤（1）和（2）。

请求方在超时之前未收到响应，则重发这一请求。是否重发及超时周期的长短由实际情况决定，超时周期最短为 1s，最长为 60s。如果响应方由于鉴权等原因，暂时无法作出决定，也可以通过配置响应通知请求方，这时请求方可以多等 300s。

在信道配置成功之后，即可在该 CO 信道上传输数据分组，在数据通信过程中，仍然能够重新启动信道配置过程，对信道的参数进行协商。信道的任何一方都可以通过断开连接指令发起断开连接的过程。

2．信令指令

以下详细介绍各条指令。

1）拒绝指令（Command_Reject，Code＝0x01）

拒绝指令用于对代码字段未知的指令进行响应，或在不适合发送相关的响应时发送，其指令格式如图 5-17 所示。

图 5-17　Command_Reject 指令格式

图 5-17 中，原因字段为 2B，描述了请求指令被拒绝的原因，参见表 5-6。数据字段的长度和内容由原因字段决定：原因字段取 0x0000 时，没有数据字段；原因字段取

0x0001 时，数据字段为 2B，表示响应方所能接受的 MTU$_{sig}$；原因字段取 0x0002 时，数据字段为 4B，前两个字节为信道的本地 CID，后两个字节为信道的远端 CID，取自被拒绝的请求指令。

表 5-6　原因字段描述

原因字段取值	描　　述
0x0000	请求指令未被理解
0x0001	长度超过信令 MTU
0x0002	请求指令的 CID 无效
其他	保留

2）连接请求（Connection_Request，Code＝0x02）

连接指令用于创建本地设备到远端设备间的 CO 信道，指令格式如图 5-18 所示。

图 5-18　Connection_Request 指令格式

图 5-18 中，长度字段的典型值为 0x0004，PSM 字段最小为 2B，如果大于 2B，则长度字段也相应增加。源 CID（Source_CID）代表了本地设备上发送请求和接收响应的信道端点。

3）连接响应（Connection_Respouse，Code＝0x03）

设备在收到连接请求指令后必须返回连接响应指令，指令格式如图 5-19 所示。

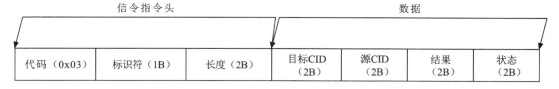

图 5-19　Connection_Response 指令格式

图 5-19 中，长度字段的值为 0x0008。目标 CID 代表发送该响应指令的本地设备的信道端点，源 CID 代表发送连接请求指令的远端设备的信道端点。在本节后面的部分，源 CID 均代表发送请求和接收响应的设备上的信道端点，目标 CID 均代表接收请求和发送响应的设备上的信道端点。

结果字段包含了请求连接的结果，0x0000 表示连接请求成功，非零值表示连接请求失败或待决（Pending），参见表 5-7。若拒绝连接请求，则目标 CID 和源 CID 字段将被忽略。

表 5-7　Connection_Response 结果字段的描述

结果字段取值	描　　述
0x0000	连接成功
0x0001	连接待决
0x0002	拒绝连接：不支持 PSM 的值
0x0003	拒绝连接：安全保护
0x0004	拒绝连接：没有可用资源
其他	保留

状态字段用于对待决作进一步的解释，0x0001 表示鉴权待决，0x0002 表示授权待决，0x0000 则不包含任何信息，其他值保留。

4）配置请求（Configuration_Request，Code=0x04）

配置请求指令用于在连接建立后对信道进行配置，指令格式如图 5-20 所示。标志（Flags）字段的最低位是一个称为 C-bit 的连续标志位。C-bit 为 1，表示配置选项不能放入一个单独的 MTU_{sig} 之中，而需要多条配置请求指令来传输，否则 C-bit 为 0。配置指令中的每个配置选项（Option）都必须是完整的，不能传送不完整的选项。当一个配置请求包含多条请求指令时，接收设备在收到其中的每条指令后，既可以返回含有同样配置选项的配置响应，也可以返回不含任何配置选项的"成功"（Success）响应，等待配置选项继续发送，直到收到完整的配置请求。标志字段中的其他位保留，应全部置零，在应用过程中这些位均被忽略。

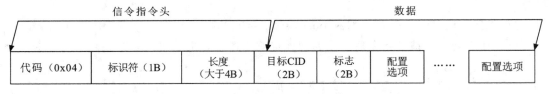

图 5-20　Configuration_Request 指令格式

在连接请求成功后必须进行信道配置，在配置完成后的数据通信过程中，也可以重新启动配置过程。重新启动配置过程后，信道中的所有数据通信都将中止，直到配置过程结束。如果设备收到配置请求的时候正在等待其他响应，配置响应的发送不能受到影响，否则配置过程将陷入死锁状态。

配置请求指令中的所有参数都面向相同的信道方向，不是与流入数据有关，就是与流出数据有关，返回的配置响应中的参数具有相同的方向性。如果要对相反的数据流方向进行配置，则请求方与响应方互换角色，在相反的方向上发送配置请求指令。配置过程所需的时间由实际应用情况决定，但不能超过 120s。

5）配置响应（Configuration_Response，Code=0x05）

配置响应中的参数值是对配置请求中对应的参数值的一种调整，因此，二者对应着同样的信道数据流方向，指令格式如图 5-21 所示。

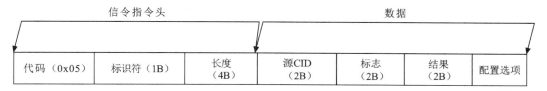

图 5-21　Configuration_Response 指令格式

标志字段的最低位为 C-bit，其他位保留。如果配置请求指令的 C-bit 为 1，则对应的配置响应指令的 C-bit 也为 1；如果配置请求指令的 C-bit 为 0，而对应的配置响应指令的 C-bit 为 1，则表明响应设备有更多的选项要发送，这时请求设备将接着发送不含配置选项且 C-bit 为 0 的配置请求指令，直到配置响应指令的 C-bit 为 0。

结果字段反映了配置请求是否被接受，表 5-8 给出了其取值规则。

表 5-8　结果字段取值规则

结果字段取值	含　　义
0x000	配置成功
0x001	配置失败：有参数值不被支持
0x002	配置失败：配置被拒绝（不提供理由）
0x003	配置失败：含有未知的配置选项
其他	保留

当结果字段为 0x0001 时，那些不被支持的参数值将重新调整，并在配置响应中返回；未包含在配置请求中的参数将取其最近被接受的值，但如果需要改变，也可以在配置响应中发送。

当结果字段为 0x0003 时，未知的配置选项将被跳过，并且不包含在配置响应中，也不能单独成为拒绝配置请求的原因。

6）断开连接请求（Disconnection_Request ，Code＝0x06）

断开连接请求用于终止 L2CAP 信道，指令格式如图 5-22 所示。

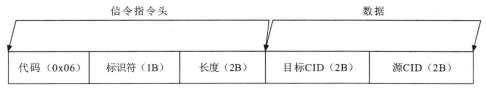

图 5-22　Disconnection_Request 指令格式

在开始断开连接过程之前，接收方必须确保目标 CID 和源 CID 与信道相匹配，如果不能识别目标 CID，则返回原因字段为"CID 无效"的指令拒绝响应；如果目标 CID 匹配但源 CID 不匹配，则这条请求指令将被丢弃。一旦请求方发出断开连接请求，则在这一信道上，所有的流入数据都将被丢弃，并且禁止数据流出。

7）断开连接响应（Disconnection_Response，Code＝0x07）

如果断开连接请求指令中的目标 CID 和源 CID 都匹配，则返回断开连接响应指令，指令格式如图 5-23 所示。

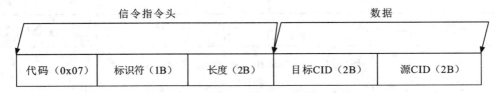

图 5-23　Disconnection_Response 指令格式

8）回应请求（Echo_Request，Code＝0x08）

回应请求指令用于请求远端 L2CAP 层实体的应答，以进行链路测试或通过数据字段传递厂商信息，指令格式如图 5-24 所示，数据字段可选并由实际应用决定，L2CAP 层实体将忽略该字段的内容。

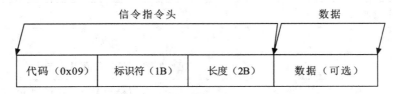

图 5-24　Echo_Resquest 指令格式

9）回应响应（Echo_Response，Code＝0x09）

回应响应指令在收到回应请求后发送，指令格式如图 5-25 所示。数据字段可选并由实际应用决定，其内容可以是回应请求中数据字段的内容，也可以完全不同，或没有数据字段。

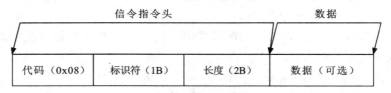

图 5-25　Echo_Response 指令格式

10）信息请求（Information_Requet，Code＝0x0A）

信息请求指令用于请求远端 L2CAP 层实体返回特定的应用信息，指令格式如图 5-26 所示，信息类型字段指出了所请求的信息的类型，取值为 0x0001 时表示无连接 MTU（MTU_{cnl}），其他值保留。

11）信息响应（Information_Response，Code＝0x0B）

信息响应指令用于对信息请求作出应答，指令格式如图 5-27 所示，其中信息类型字段与信息请求中相同。

结果字段指出信息请求是否成功：若取值为 0x0000，表示请求成功，数据字段将包含 2B 的远端 L2CAP 层实体可接受的 MTU_{cnl} 值；若取值为 0x0001，表示请求不被支持，

图 5-26 Information_Request 指令格式

图 5-27 Information_Response 指令格式

数据字段将不返回任何数据；其他值保留。

5.5 蓝牙服务发现协议

在蓝牙设备的网络环境中，本地设备发现、利用远端设备所提供的服务和功能，并向其他蓝牙设备提供自身的服务，这是网络资源共享的途径，也是服务发现要解决的问题。服务发现协议（Service Discovery Protocol，SDP）提供了服务注册的方法和访问服务发现数据库的途径。在实际应用中，几乎所有的应用框架都支持 SDP。本节将介绍 SDP 所定义的服务记录表及服务搜索和服务浏览方法。

5.5.1 蓝牙服务发现协议概述

在蓝牙规范提出之前，服务发现协议已经存在，但由于蓝牙的无线网络与传统的网络有很大不同，因此 SIG 针对蓝牙网络灵活、动态的特点开发了一个蓝牙专用 SDP 协议。由于"服务"的概念范围非常广泛，且蓝牙的应用框架和涉及的服务类型在不断扩充，这就要求蓝牙 SDP 具有很强的可扩充性和足够多的功能。因此，SDP 对"服务"采用了一种十分灵活的定义方式，以支持现有的和将来可能出现的各种服务类型和服务属性。

SDP 定义了两种服务发现模式：①服务搜索，查询具有特定服务属性的服务；②服务浏览，简单地浏览全部可用的服务。

在蓝牙的临时网络中，设备组成和提供的服务经常发生变化，要求客户端应能对通信范围内服务的动态改变作出反应，但 SDP 本身并不提供相应的通知机制。对于新增服务器，须通过 SDP 之外的方法通知客户端，使客户端可以通过 SDP 查询该服务器的服务信息；对于无法再使用的服务器，客户端可以通过 SDP 对服务器进行轮询，如果服务器长时间无响应，则认为服务器已经无效。

虽然 SDP 提供了发现服务和相关的服务属性的手段，但 SDP 本身不提供访问这些服务的手段。在发现服务之后，如何访问这些服务取决于服务选择的不同方法，包括使用其他的服务发现和访问机制。

客户端和服务器是 SDP 中定义的两种设备：客户端是查找服务的实体；服务器是提供服务的实体。图 5-28 是服务发现机制的简单示意图。服务器中有一份服务记录（Service Record）列表，其中包含了与服务器相关的服务及其特征。客户端通过发送 SDP 请求从服务记录列表中获得服务记录信息，如果客户端决定使用其中的某一服务，它必须与该服务的提供者建立单独连接。

图 5-28 服务发现机制简图

每台蓝牙设备可以同时具有服务器和客户端的功能，但最多只能包含一个蓝牙服务器，也可以只作为蓝牙客户端。一个 SDP 服务器可以代表蓝牙设备上的多个服务提供者来处理客户端对这些服务信息的请求；类似地，一个 SDP 客户端也可以代表蓝牙设备上的多个客户应用实体对服务器进行查询。

5.5.2 蓝牙服务发现协议服务记录

SDP 服务器以服务记录的形式对每一个服务进行描述，每一条服务记录都包含一个服务记录句柄（Service Record Handle）和一组服务属性，所有的服务记录组成一份服务记录列表，如图 5-29 所示。

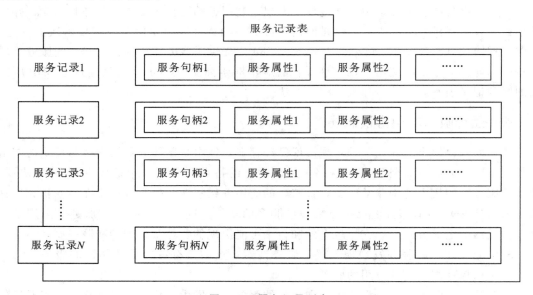

图 5-29 服务记录列表

事实上，服务句柄可以看成一条服务属性，和其他的服务属性一样，它由属性 ID 和属性值两部分组成。属性 ID 是一个 16bit 的无符号整型数，用于标识一条服务记录中的不同服务属性。每个服务属性 ID 有一个与之相关的属性值，属性 ID 和服务类共同确定了属性值的类型和含义。

SDP 中定义了通用、Service Discovery Server 服务类和 Browse Group Descriptor 服

务类三种属性。在 SDP 协议中只定义了直接支持 SDP 服务器的服务类，更多的服务类在其他文档或将来的协议版本中定义。在对三种服务属性分别进行讨论之前，首先介绍服务属性中将涉及的"数据元""UUID"和"服务类"的概念。

1. 发现协议基本概念

1）数据元（Data Element）

数据元是 SDP 对属性值中的数据进行描述的一个基本结构单元，它使属性值能够表示各种可能类型和复杂度的数据信息。数据元由头（Header）字段和数据（Data）字段两部分组成。头字段占 1B，由类型描述符（Type Descriptor，高 5bit）和尺寸描述符（Size Descriptor，低 3bit）两部分组成，前者确定了数据字段的含义，后者确定了数据字段的长度。表 5-9 是已经定义的数据元类型。

表 5-9   已定义的数据元类型

类型描述符	尺寸描述符的可能值	数据类型描述
0	0	Nil，即空类型
1	1，2，3，4	无符号整数
2	1，2，3，4	两个有符号整数
3	1，2，3，4	UUID，通用唯一标识符（Universally Unique Identifier）
4	5，6，7	文本串（Text String）
5	0	布尔数
6	5，6，7	数据元序列（Data Element Sequence），被数据元的数据字段定义为数据元的序列
7	5，6，7	可选数据元，被数据元的数据字段定义为数据元的序列，从数据元序列中选出一个数据元
8	5，6，7	URL，统一资源定位器（Unifom Resource Locator）
9～31		保留

尺寸描述符的值实际上为数据字段长度大小的索引值，索引值为 5、6、7 时，还将附加 8bit、16bit、32bit 的长度值，参见表 5-10。

表 5-10   尺寸描述符取值与数据字段大小的对应关系

大小索引值	附加比特数	数 据 大 小
0	0	1B（一个例外是当数据类型为 Nil 时，为 0B）
1	0	2B
2	0	4B
3	0	8B

续表

大小索引值	附加比特数	数据大小
4	0	16B
5	8	数据大小包含在附加的 8bit 中，为无符号整数
6	16	数据大小包含在附加的 16bit 中，为无符号整数
7	32	数据大小包含在附加的 32bit 中，为无符号整数

图 5-30 是一个数据元的例子。数据字段为 ASCII 码"Hat"，类型描述符取值 4 对应的数据类型为文本串，因而附加长度位取值为 3，表示有 3 个字符，而不是取 24（bit）。

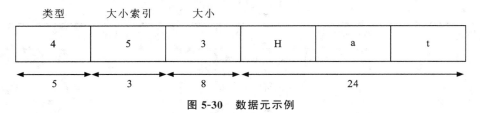

图 5-30　数据元示例

2）通用唯一标识符（UUID）

UUID 是国际标准化组织（ISO）提出的通用唯一标识符，长度为 128bit，每一个 UUID 值都可以保证绝对的唯一性。SDP 在服务属性中采用 UUID，就可以以一种标准的方法来标识服务。为了降低存储和传输负担，已预先分配了一部分 UUID 值。根据蓝牙号码分配文件（Bluetooth Assigned Numbers Document），预先分配的第一个 UUID 称为蓝牙基本 UUID（Bluetooth Base UUID），为 00000000-0000-1000-8000-00805F9B34FB。预先分配的 UUID 值都以 16bit 或 32bit 值表示，称为 16bit UUID 或 32bit UUID。事实上，它们代表的是 128bit 的 UUID 值，换算公式为

$$128bit\ 值=16bit\ 值 \times 2^{96}+蓝牙基本\ UUID\ 值$$
$$128bit\ 值=32bit\ 值 \times 2^{96}+蓝牙基本\ UUID\ 值$$

通过将 16bit 值零扩展为 32bit 值，可以将 16bit UUID 转换为 32bit UUID 形式。相同形式的 UUID（同为 16bit、32bit 或 128bit）可以直接比较，不同形式的 UUID 进行比较时，须将短的 UUID 形式转换为长的 UUID 形式。

3）服务类

服务类是一个很重要的概念，每一条服务记录都代表了一个服务类的实例，服务类确定了服务记录中各属性的含义和格式，每个服务类用一个 UUID 表示，包含在 ServiceClassIDList 属性中。

服务属性包括适用于所有服务类的通用属性和不同服务类的特有属性。在使用服务类的特有属性之前应该先检查或验证 ServiceClassIDList 属性中是否含有该服务类的 UUID。 ServiceClassIDList 属性中的所有服务类应是互相相关的，也可以理解为父类和子类的关系。子类保留有父类的所有属性和专门为子类定义的属性，向服务类的某些实例添加新的属性将创建一个该服务类的子类。对 ServiceClassIDList 属性中的服务类标识符，按照从

特殊类到一般类（从子类到父类）的顺序列出。

2．服务属性

下面分别介绍三种服务属性。

1）通用（Universal）属性

通用属性是指适用于所有服务记录的服务属性。并不是每一条服务记录都必须包含所有的通用服务属性，其中 ServiceRecordHandle 和 ServiceClassIDList 属性是所有服务记录都具有的，而其他的属性可选。各种通用属性的定义如表 5-11 所列。属性 ID 的取值区间 0x000D～0x01FF 保留。属性值类型中的 URL 为统一资源定位器（Uniform Resource Locator），是在 Internet 的 WWW 服务程序上用于指定信息位置的标识。

表 5-11　通用属性的定义

属 性 名	属性 ID	属性值类型
ServiceRecordHandle	0x0000	32 位无符号整型
ServiceClassIDList	0x0001	数据元序列或数据元变量
ServiceRecordState	0x0002	32 位无符号整型
ServiceID	0x0003	UUID
ProtocolDescriptorList	0x0004	数据元序列或可选数据元
BrowseGroupList	0x0005	数据元序列
LanguageBaseAttributeIDList	0x0006	数据元序列
ServiceInfoTimeToLive	0x0007	32 位无符号整型
ServiceAvailability	0x0008	8 位无符号整型
BluetoothProfileDescriptorList	0x0009	数据元序列
DocumentationURL	0x000A	URL
ClientExecutableURL	0x000B	URL
IconURL	0x000C	URL
ServiceName	0x0000（偏移量①）	字符串
ServiceDescription	0x0001（偏移量）	字符串
ProviderName	0x0002（偏移量）	字符串

注：①定义的属性 ID 偏移量和 LanguageBaseAttributeIDList 中定义的基本属性 ID 相加得到实际的属性 ID。

表 5-11 中各属性的说明如下：

（1）ServiceRecordHandle。服务记录句柄唯一地标识了 SDP 服务器中的每一条服务记录，不同的服务器中的服务记录句柄是完全独立的。

（2）ServiceClassIDList。该属性由一个数据元序列组成，其中每个数据元是一个

UUID，代表一个服务类，称为服务类标识符。服务类互相相关，并按照从特殊到一般的顺序给出。

（3）ServiceRecordState。该属性用于帮助缓存（Caching）服务属性，它反映服务记录中其他属性的增减或修改；客户端只要通过检查该属性值的变化，就能知道服务记录是否有改变。

（4）ServiceID。该属性值唯一地标识了服务记录所对应的服务实例，这在多个 SDP 服务器对同一个服务实例进行描述时尤其有用。

（5）ProtocolDescriptorList。该属性用于描述一个或更多的可以用来访问该服务的协议栈。如果该属性仅描述了一个协议栈，则其所含数据元序列的每一个数据元都是一个协议描述符（Protocol Descriptor）。每个协议描述符又是一个数据元序列，其第一个数据元为唯一标识该协议的 UUID，后续的数据元为协议的参数，为可选项，例如，L2CAP 的协议复用器（PSM）和 RFCOMM 的服务器信道编号（CN）等。协议描述符按照从低层协议到高层协议的顺序排列。如果该属性包含的协议栈多于一个，则属性值采用可选数据元的形式，其中每个可选的数据元采用单一协议栈所采用的数据元序列的形式。

（6）BrowseGroupList。该属性值为数据元序列，每个数据元为一 UUID，代表了该服务记录所属的服务浏览组。

（7）LanguageBaseAttributeIDList。该属性用于支持在可读性服务属性中使用多种语种，每一个语种都分配了一个基本属性 ID，这些可读性服务属性的属性 ID 通过基本属性 ID 加上偏移量得到。属性值为数据元序列，每个数据元是一个三元组（Triplet），三元组的每一个元素（Element）为 16bit 无符号整型。三元组的第一个元素为该语言的标识符，第二个元素为特征编码（Character Encoding）标识符，第三个元素为该语言在服务记录中的基本属性 ID。

为了便于用主要语言对可读性属性进行检索，服务记录支持的首选语言的基本属性 ID 设为 0x0100，也就是第一个数据元的基本属性 ID 必须为 0x0100。

（8）ServiceInfoTimeToLive。该属性值包含了希望服务记录中的信息保持有效和不变的时间长度（以 s 为单位），用于帮助客户端为重新检索服务记录内容确定一个适当的轮询间隔。

（9）ServiceAvailability。该属性值代表了目前服务的可利用率，取值 0xFF 表示服务目前没有被使用，取值 0x00 表示目前服务不接受新的客户。对于同时可以支持多个并行用户的服务，0x00～0xFF 之间的中间值以线性的方式表示服务的可利用率。例如，假设服务可支持最多 3 个客户，则 0xFF、0xAA、0x55 和 0x00 分别表示有 0 个、1 个、2 个和 3 个客户在使用服务。

（10）BluetoothProfileDescriptorList。该属性值由数据元序列组成，每个数据元是一个应用框架描述符（Profile Descriptor），包含了服务所遵循的蓝牙应用框架信息。每个应用框架描述符为一数据元序列，其中第一个数据元是分配给该应用框架的 UUID，第二个数据元是应用框架版本号。应用框架版本号为 16bit 无符号整型，高 8bit 为主版本号字段，低 8bit 为次版本号字段。应用框架第一版的主版本号为 1，次版本号为 0。在做向上兼容的改变时，增加次版本号；做不兼容的改变时，增加主版本号。

（11）DocumentationURL。该属性为指向服务上的文档的 URL。

（12）ClientExecutableURL。该属性值所包含的 URL 代表了可能使用该服务的应用位置，首字节的值为 0x2A（ASCT 码的 "＊"）。在使用该 URL 之前，客户端的应用将使用一个代表它所要求的操作环境的字符串来替代该字节的值。蓝牙号码分配文件给出了代表操作环境的标准字符串列表。例如，假设该属性值为 http：//my.fake/public/＊/client.exe，在可以执行 SH3 WindowsCE 文件的设备上，该 URL 将变为 http：//my.fake/public/sh3-niicrosoft-wince/clienLexe；在能够执行 Windows 98 的设备上，该 URL 将变为 http：//my.fake/public/i86microsoft-win98/client.exe。

（13）IconURL。该属性值所包含的 URL 代表了可能用来代表服务的图标位置，首字节的值为 0x2A（ASCII 码的 "＊"）。在使用该 URL 之前，客户端的应用将使用一个代表它所要求的图标信息的字符串来替代该字节的值。蓝牙号码分配文件给出了代表图标信息的标准字符串列表。例如，假设该属性值为 http：//my.fake/public/ic ons/＊，在使用 256 色 24×24 图标的设备上，该 URL 将变为 http：//my.fake/public/icons/24×24×7.png；在使用单色 10×10 图标的设备上，该 URL 将变为 http：//my.fake/public/icons/10×10×1.png。

（14）ServiceName。该属性值包含了代表服务名称的字符串，要求其简短并适于和代表服务的图标一起显示。

（15）ServiceDescription。该属性值包含了对服务进行简短说明的字符串，长度不超过 200 字符。

（16）ProviderName。该属性值包含了提供服务的人员和组织名称的字符串。

2）ServiceDiscoveryServer 服务类属性

ServiceDiscoveryServer 服务类描述了那些包含 SDP 服务器本身属性的服务记录。所有的通用服务属性都可以包含在该服务类的服务记录中。该服务类中的 ServiceRecordHandle 属性取值为 0x00000000，ServiceClassIDList 属性中应包含代表 ServiceDiscoveryServer 服务类 ID 的 UUID。有以下两个专门定义的服务属性，属性 ID 的取值区间 0x0202～0x02FF 保留。

（1）VersionNumberList。该属性值为一数据元序列，每个数据元为 SDP 服务器支持的版本号。

（2）ServiceDataBaseState。该属性用于反映服务器上服务记录的增删，类似于通用属性中的 ServiceRecordState 属性，但后者反映的是服务记录中属性值的增删。通过查询该属性值，并与上一次查询时相比，可以知道服务记录有无增删。在 SDP 服务器的连接重新建立之后，使用前一次连接期间获得的服务记录句柄之前，客户端应该先查询该属性值。

3）BrowseGroupDescriptor 服务类属性

BrowseGroupDescriptor 服务类用于定义新的服务浏览组。所有的通用服务属性都可以包含在该服务类的服务记录中。ServiceClassIDList 属性中应包含代表 ServiceGroupDescriptor 服务类 ID 的 UUID。专门定义的属性为 GroupID 属性，该属性用于对浏览组的服务定位，属性 ID 的取值区间 0x0201～（M）2FF 保留。

5.5.3 服务搜索和服务浏览

1. 服务搜索

服务搜索允许客户按特定的服务属性值来获得相匹配的服务记录句柄，用于服务搜索的服务属性值的类型必须为 UUID，其他类型的服务属性值不具有搜索能力。

用来搜索服务记录的一组 UUID 的列表称为服务搜索图（Pattern），如果其中的 UUID 都可以在某个服务记录的属性值中找到（是服务记录属性值的一个子集，并且没有排列顺序要求），则认为该服务记录与该服务搜索图像匹配。

2. 服务浏览

服务搜索用于查找包含某些特定属性的服务记录，服务浏览则用于查找 SDP 服务器所提供的服务类型。服务浏览机制是基于通用属性 BrowseGroupList 实现的，它的属性值是一个 UUID 列表，每个 UUID 代表一个浏览组。

客户端开始进行服务浏览时首先创建一个服务搜索图，其中包含了代表根浏览组的 UUID，服务浏览总是从根浏览组开始。所有在 BrowseGroupList 属性中包含根浏览组 UUID 的服务都是根浏览组的成员。通常 SDP 服务器提供的服务并不多，因此可以都放在根浏览组中；如果提供的服务较多，则可以定义更多的位于根浏览组下层的浏览组，而使所有的服务呈现一种层次结构。根浏览组下层的浏览组通过 BrowseGroupDescriptor 服务类的服务记录来定义，因此，要浏览这些新定义的浏览组中的服务，必须能够浏览相应的 BrowseGroupDescriptor 服务类的服务记录。

图 5-31 是一个假设的服务浏览层次结构，其中 BrowseGroupDescriptor 服务类的服务记录用 G 表示，其他的服务记录用 S 表示。表 5-12 列出了实现该服务浏览层次结构所必需的服务记录和服务属性。

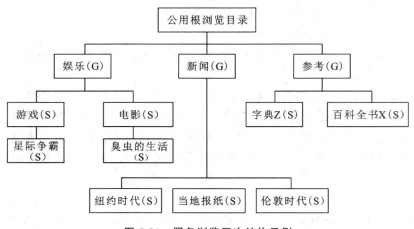

图 5-31　服务浏览层次结构示例

表 5-12 服务浏览层次结构所需的服务记录和服务属性

服 务 名	服 务 类	属 性 名	属 性 值
娱乐	BrowseGroupDescriptor	BrowseGroupList	PublicBrowseRoot
		GroupID	EntertainmentID
新闻	BrowseGroupDescriptor	BrowseGroupList	PublicBrowseRoot
		GroupID	NewsID
参考	BrowseGroupDescriptor	Brow seGroupList	PublicBrowseRoot
		GroupID	ReferenceID
游戏	BrowseGroupDescriptor	BrowseGroupList	EntertainmentID
		GroupID	GamesID
电影	BrowseGroupDescriptor	BrowseGroupList	EntertaimnentID
		GroupID	MoviesID
星际争霸	视频游戏类 ID	BrowseGroupList	GamesID
臭虫的生活	电影类 ID	BrowseGroupList	MoviesID
字典 Z	字典类 ID	BrowseGroupList	ReferenceID
百科全书 X	百科全书类 ID	BrowseGroupList	ReferenceID
纽约时代	报纸类 ID	BrowseGroupList	NewspaperID
伦敦时代	报纸类 ID	BrowseGroupList	NewspaperID
当地报纸	报纸类 ID	BrowseGroupList	NewspaperID

5.5.4 蓝牙服务发现协议说明

由于服务发现被广泛地应用于几乎每一个蓝牙的应用框架中，因而服务发现的过程应该尽可能简单，避免延长通信的初始化时间。

服务发现的过程是通过发送 SDP 请求和返回 SDP 响应来完成的。当 SDP 与 L2CAP 一起使用时，对于 SDP 客户端到服务器的每个连接，只能有一个处理中的 SDP 请求存在，也就是说，必须在收到每个请求 PDU 的响应后，才能发送下一个请求 PDU，这实际上是一种简单的流控（Flow Control）形式。

SDP 定义了三种用于获得服务记录的属性值的事务（Transaction）：服务搜索事务、服务属性事务和服务搜索属性事务。前两种事务一起完成查询属性的目的，首先通过服务搜索事务获得服务记录句柄，再通过服务属性事务获得服务记录句柄对应的相关服务属性；第三种事务是将前两种事务的功能放在一个事务中完成。需要指出的是，SDP 发送多字节的字段时与其他蓝牙协议不同，它是按照标准的网络字节顺序 Big Endian 发送的，即字段中的高字节先于低字节发送。

1. SDP_PDU 格式

SDP_PDU 由头和参数组成，参见图 5-32。头由 PDU ID、事务 ID（Transaction ID）和参数长度三个字段组成。

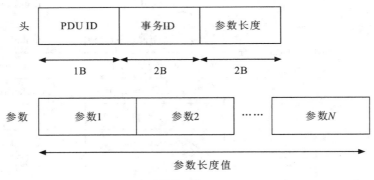

图 5-32　SDP_PDU 格式

PDU ID 定义的 SDP_PDU 类型见表 5-13。

表 5-13　PDU ID 定义的 SDP_PDU 类型

PDU ID 取值	描　　述
0x00	保留
0x01	SDP_ErrorResponse，错误响应
0x02	SDP_ServiceSearchRequest，服务搜索请求
0x03	SDP_ServiceSearchResponse，服务搜索响应
0x04	SDP_ServiceAttributeRequest，服务属性请求
0x05	SDP_ServiceAttributeResponse，服务属性响应
0x06	SDP_ServiceSearchAttributeRequest，服务搜索属性请求
0x07	SDP_ServiceSearchAttributeResponse，服务搜索属性响应
0x08～0xFF	保留

事务 ID 是唯一请求 PDU 的标识，响应 PDU 使用事务 ID 与请求 PDU 匹配。客户端可以在 0x0000～0xFFFF 范围内任意选择传输 ID 值，只要使所有的请求 PDU 的该值不同。

参数长度字段的值是该 PDU 中所有参数的总字节数。

2. 部分响应和续传状态

某些请求 SDP 的响应可能无法放入一个单独的响应 PDU 中，这时，SDP 服务器就会产生部分（Partial）响应，其中包含续传状态（Continuation Status）参数。续传状态参数可以在用于获得完整响应的后续部分的后续请求中给出。续传状态参数为可变长度字段，其格式如图 5-33 所示，其首字节为信息长度（InfoLength）字段，包含紧接着的后续信息（Continuation Information）的字节数，而后续信息字节的形式对于 SDP 服务器来说并没有统一的标准，每个续传状态参数只对产生它的 SDP 服务器有意义。

在客户端收到部分响应及其中包含的续传状态参数后，它将重发最初的请求，注意该请求包含新的传输 ID，并在此请求中包含续传状态参数，以通知服务器客户端要求得到前一响应的后续部分。信息长度字段的最大值为 16（0x10）。

图 5-33 续传状态参数格式

3. 出错处理

当服务器发现收到的客户端请求的格式不正确，或由于某些原因不能用适当的 PDU 类型作出响应时，服务器就返回一个出错响应 SDP_ErrorResponse。该 PDU 的 PDU ID 为 0x01，包含两个参数：错误码（ErrorCode）和错误信息（ErrsInfo）。错误码的定义见表 5-14。错误信息字段的形式与含义是由错误码决定的，目前还没有定义与错误码对应的错误信息字段的形式。

表 5-14　错误码的定义

错　误　码	说　明
0x0000	保留
0x0001	无效的或不支持的 SDP 版本
0x0002	无效的服务记录句柄
0x0003	无效的请求语法
0x0004	无效 PDU 的大小
0x0005	无效的续传状态
0x0006	没有足够的资源来满足请求
0x0007～0xFFFF	保留

4. 服务搜索事务

服务搜索事务是通过发送 SDP_Service SearchRequest 和返回 SDP_ServiceSearch Response 来完成的。

1）SDP_ServiceSearchRequest

该 PDU 的 PDU ID 为 0x02，其参数包括服务搜索图、最大服务记录数和续传状态。客户端发送该请求 PDU 是用来寻找与服务搜索图相匹配的服务记录，SDP 服务器在收到该请求后，检查它的服务记录数据库（服务记录列表），然后将与服务搜索图匹配的服务记录的句柄包含在 SDP_ServiceSearchResponse 中返回。服务搜索图所能包含的最大的 UUID 数为 12 个。

最大服务记录数为一个 16bit 的数，取值范围为 0x0001～0xFFFF 规定了该请求的响应所能返回的最多的服务记录句柄数。如果有超过最大服务记录数的服务记录与服务搜索图相匹配，则由 SDP 服务器决定返回哪些服务记录句柄。

如果没有后续信息需要传输，则信息长度字段设为 0。

2）SDP_ServiceSearchResponse

SDP 服务器在收到 SDP_ServiceSearchRequest 之后，返回该响应 PDU，其中包含了与服务搜索图相匹配的服务记录句柄列表。如果用部分响应来传输，分割 PDU 时必须保证服务记录句柄都是完整的。

该响应 PDU 的 PDU ID 为 0x03，其参数包括服务记录总数（TotalserviceRecordCount）、当前服务记录数（CurrentServiceRecordCount），用于记录句柄列表（Service RecordHandleList）和续传状态。

服务记录总数为与服务搜索图相匹配的服务记录数目，取值范围为 0x0000～0xFFFF，该参数值不能大于请求中的最大服务记录数。

当前服务记录总数为该条响应 PDU 中包含的服务记录句柄的数目，取值范围为0x0000～0xFFFF，小于或等于服务记录总数，因为搜索到的全部服务记录的句柄可能使用多个部分响应来传递。

5．服务属性事务

服务属性事务通过发送 SDP_ServiceAttributeRequest 和返回 SDP_ServiceAttributeResponse 来完成。

1）SDP_ServiceAttributeRequest

客户端使用该 PDU 来从特定的服务记录中获取指定的属性值，PDU ID 为 0x04，其参数包括服务记录句柄、最大属性字节数（MaximumAttributeByteCount）、属性 ID 列表（AttributeIDList）和续传状态。

服务记录句柄是通过前面的 SDP_ServiceSearch 事务获得的。

最大属性字节数给出了响应中返回的属性数据允许的最大字节数，取值范围为0x0007～0xFFFF。如果需要返回的属性数据大于该参数规定的字节数，则由 SDP 服务器来决定如何将其分段，这时客户端可以发送包含续传状态参数的请求，以请求后续的分段。

属性 ID 列表为一数据元序列，其中的每一个数据元是一个属性 ID，或者是一个属性 ID 的取值范围。属性 ID 为 16bit 的无符号整型，属性 ID 取值范围为 32bit 的无符号整型，其中高 16bit 表示属性 ID 范围的起始段，低 16bit 表示属性 ID 范围的终止段。该参数中的属性 ID 须以升序排列，而且不能有重复的属性 ID。可以通过指定属性 ID 范围为0x0000～0xFFFF 来查询所有的属性。

2）SDP_ServiceAttributeResponse

该 PDU 用来响应 SDP_ServiceAttributeRequest，PDU ID 为 0x05，其参数包括属性列表字节数（AttributeListByteCount）、属性列表（AttributeList）和续传状态。

属性列表字节数为属性列表参数所包含的字节数，取值范围为 0x0002～0xFFFF，大小不能超过请求中指定的最大属性字节数。

属性列表为一数据元序列，包含有属性 ID 和属性值。该序列的第一个数据元为返回的第一个属性的属性 ID，第二个数据元为该属性的属性值，后面按属性 ID 和属性值依次排列，这些属性按照属性 ID 升序排列。该参数中的属性值只能包括那些在服务记录中非空的属性，如果属性在服务记录中没有值，则其属性 ID 和属性值都不可以包含在该参数中。

6. 服务搜索属性事务

服务搜索属性事务将服务搜索和服务属性事务的功能合二为一，在一个事务中先后完成查找服务记录句柄和获得相应的服务属性的功能。

1）SDP_ServiceSearchAttributeRequest

该请求 PDU 综合了 SDP_ServiceSearchRequest 和 SDP_ServiceAttributeRequest 二者的功能，因此该请求及其响应都比其他两个事务复杂，需要更多的字节数。但是，使用该事务可以减少总的 PDU 的交换，特别是在搜索多条服务记录时效果明显。

该请求的 PDU ID 为 0x06，其参数包括服务搜索图、最大属性字节数、属性 ID 列表和续传状态。在前面的事务中已经定义这些参数，这里不再重复。

2）SDP_ServiceSearchAttributeResponse

该响应的 PDU ID 为 0x07，其参数为属性列表字节数、属性列表和续传状态，在前面的事务中已经定义这些参数，这里不再重复。

5.6 蓝牙链路管理器

蓝牙链路管理器（Link Manager，LM）主要负责完成设备功率管理、链路质量管理、链路控制管理、数据分组管理和链路安全管理五个方面的任务。链路管理器运行在蓝牙模块中，蓝牙设备用户通过链路管理器可以对本地或远端蓝牙设备的链路情况进行设置和控制，实现对链路的管理。点对点通信的一对蓝牙设备中链路管理器的全局视图如图 5-34 所示。

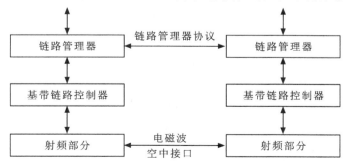

图 5-34 链路管理器的全局视图

5.6.1 蓝牙链路管理器概述

1. 链路管理器在协议堆栈中的位置

链路管理器在协议堆栈中的位置如图 5-35 所示。链路管理器的功能是对本地或远端蓝牙设备的链路性能进行设置和管理。

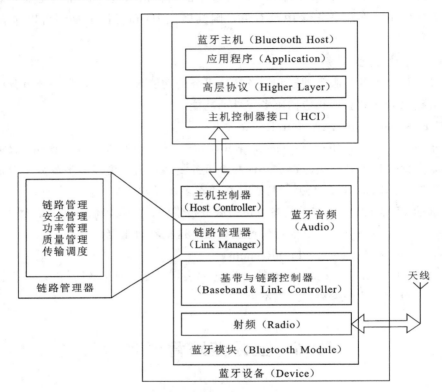

图 5-35 链路管理器在蓝牙协议堆栈中的位置

2. 链路管理器协议数据单元（LMP_PDU）

蓝牙设备的链路管理器接收到高层的控制信息后，不是向自身的基带部分发送控制信息，就是与另一设备的链路管理器进行协商。这些控制信息封装在链路管理器协议数据单元（LMP_PDU）中。LMP_PDU 由 ACL 分组的有效载荷（ACL 分组中 L_CH＝11）携带，通过单时隙的 DM1 分组或 DV 分组传输。接收方设备的链路管理器负责解释 ACL 分组，若发现 L_CH 等于 11，就不将信息继续转发到高层。虽然 LMP_PDU 的优先级高于 L2CAP 分组甚至 SCO 分组，但它们的交互是非实时的，允许的最大时延为 30s。LMP_PDU 的格式如图 5-36 所示，各数据段的含义列于表 5-15 中。

图 5-36 LMP_PDU 的格式

表 5-15　LMP_PDU 各字段的含义

段名称	长度	含　义
TransactionID	1bit	表示 LMP_PDU 的协商发起（1 代表主设备发起，0 代表从设备发起）
OpCode	7bit	表示 LMP_PDU 的内容类型
Content	0～17B	LMP_PDU 的有效载荷（当 Content 长度小于 9B 时，LMP_PDU 可以由 DV 分组承载）

3. 协商过程

链路管理器对蓝牙设备链路性能管理的实现过程为：设备 A 向设备 B 发送协商请求（LMP_PDU Request），设备 B 根据自身情况作出接受（LMP_Accepted PDU）或者不接受（LMP_Not_Accepted PDU）的响应（当不接受时，同时给出不接受的原因）。典型的链路管理器协商过程如图 5-37 所示。

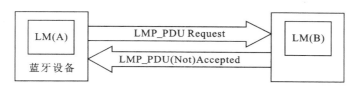

图 5-37　典型的链路管理器协商过程

5.6.2　蓝牙链路管理器协议规范

1. 设备功率管理

蓝牙设备可以根据接收信号强度指示（Received Signal Strength Indicator，RSSI）判断链路的质量，从而请求对方调整发射功率。处于连接状态的设备可以调节自己的功率模式以节省功耗。下面分别介绍蓝牙设备的三种节能模式：保持模式、呼吸模式与休眠模式。

1）保持模式（Hold Mode）

保持模式下，蓝牙主从设备间的 ACL 链路可以在一段指定的保持时间内不进行 ACL 分组通信。处于保持模式的设备行为不受保持信息控制，而由设备自身决定。处于保持模式的设备，SCO 链路传输不受任何影响。保持时刻（Hold Instant）参数设定保持模式开始生效的时刻。下面介绍进入保持模式的三种方法。

（1）主设备强制进入保持模式。主设备链路管理器首先终止 L2CAP 传输，然后选择保持时刻并将 LMP_Hold PDU 发给链路控制器以排队等候传输。随后启动一个定时器直到保持时刻到来，定时器截止时连接进入保持模式。从设备链路管理器收到 LMP_Hold PDU 时，把保持时刻与当前主设备时钟相比较。如果前者较大，它就启动一个定时器，定时器截止时进入保持模式。协商过程如图 5-38 所示。主从设备链路管理器退出保持模式时，将恢复 L2CAP 传输。

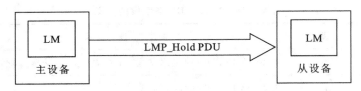

图 5-38　主设备强制进入保持模式

（2）从设备强制进入保持模式。从设备链路管理器首先终止 L2CAP 传输，然后选择保持时刻并将 LMP_Hold PDU 发给链路控制器以排队等候传输。随后等待主设备发出的 LMP_Hold PDU。主设备链路管理器收到 LMP_Hold PDU 时，首先结束带有 L2CAP 信息的当前 ACL 分组的传送并终止 L2CAP 传输。然后检查保持时刻，如果该值在 $6T_{poll}$（T_{poll} 指连接中的轮询间隔）时隙之前，主设备链路管理器将修改它，使在其 $6T_{poll}$ 时隙之后，随后主设备链路管理器发送 LMP_Hold PDU。协商过程如图 5-39 所示。主从设备链路管理器退出保持模式后，将恢复 L2CAP 传输。

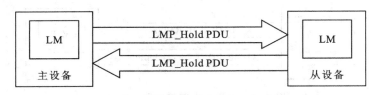

图 5-39　从设备强制进入保持模式

（3）主设备或从设备请求进入保持模式。主设备或从设备都可以请求进入保持模式。主从设备收到请求后，可以修改参数并发回同样的请求，或者终止协商。若主从设备达成一致，就发送 LMP_Accepted PDU 结束协商，ACL 链路进入保持模式；否则，就发送 LMP_Not_Accepted PDU 拒绝协商。

发起方链路管理器首先结束带有 L2CAP 信息的当前 ACL 分组的传送并终止 L2CAP 传输。接收方链路管理器收到 LMP_Hold_Req PDU 之后，首先结束带有 L2CAP 信息的当前 ACL 分组的传送并终止 L2CAP 传输。发送 LMP_Hold_Req PDU 的链路管理器选择保持时刻（该值至少在 $9T_{poll}$ 之后），如果它是对以前 LMP_Hold_Req PDU 的响应，而且包含的保持时刻在 $9T_{poll}$ 之后，就采用这个保持时刻的取值。LMP_Hold_Req PDU 将传给链路控制器并排队等候传输，同时定时器启动。如果定时器截止前其链路管理器没有收到 LMP_Not_Accepted PDU 或 LMP_Hold_Req PDU，那么定时器截止时连接就要进入保持模式。如果收到 LMP_Hold_Req PDU 的链路管理器同意进入保持模式，将发回 LMP_Accepted PDU 并启动定时器。定时器截止时进入保持模式。协商过程如图 5-40 所示。主从设备链路管理器退出保持模式时，将恢复 L2CAP 传输。

2）呼吸模式（Sniff Mode）

正常通信模式下的从设备必须在每个偶数时隙的开始时刻进行监听，以观察主设备是否给自己发送了数据，呼吸模式下的从设备能够放宽对 ACL 链路的要求。主从设备先协商呼吸间隔（Sniff Interval，T_{sniff}）和呼吸偏移（Sniff Offset，D_{Sniff}）。D_{Sniff} 决定第一个

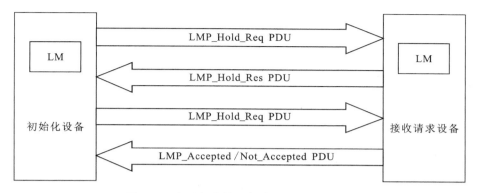

图 5-40　主设备或从设备请求进入保持模式

呼吸时隙的时间，在此之后，呼吸时隙随着 T_{sniff} 周期性出现。为了避免初始化期间时钟环绕的问题，第一个呼吸时隙的计算有两个选项供选择。主设备发出的信息中的定时控制标志指明了使用哪一种选项。

当链路处于呼吸模式时，主设备只能在呼吸时隙开始传输。有两个参数控制从设备的监听行为：呼吸尝试（Sniff Attempt）参数决定从呼吸时隙开始算起从设备必须监听的时隙数，即使它未收到包含自己 AM_ADDR 的分组，也必须如此；呼吸超时（Sniff Timeout）参数决定从设备在连续收到只包含自己 AM_ADDR 分组的情况下必须监听的额外时隙数。

（1）主设备或从设备请求进入呼吸模式。主设备或从设备都可以请求进入呼吸模式。设备收到请求后，可以将参数修改并回应同样的请求，或者终止协商。如果协商达成一致，就发送 LMP_Accepted PDU 结束协商，ACL 链路立即进入呼吸模式；否则，就发送 LMP_Not_Accepted PDU。协商过程如图 5-41 所示。

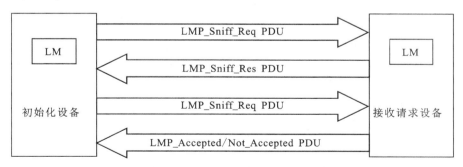

图 5-41　呼吸模式协商过程

（2）从设备从呼吸模式进入激活模式。要结束从设备的呼吸模式，需发送 LMP_Unsniff_Req PDU，被请求的设备也必须用 LMP_Accepted PDU 回应。如果从设备发出请求，那么收到 LMP_Accepted PDU 后它就进入激活模式。如果主设备发出请求，从设备收到 LMP_Unsniff_Req PDU 后就进入激活模式。协商过程如图 5-42 所示。

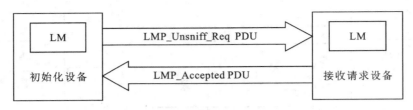

图 5-42　从设备从呼吸模式进入激活模式

3）休眠模式（Parked Mode）

从设备不需要加入信道但仍希望保持跳频同步时，就进入休眠模式。该模式下的从设备放弃蓝牙激活成员地址（AM_ADDR），与微微网间的数据通信分离。休眠模式下的从设备再次加入微微网时，就可以不必经过查询与寻呼过程，很快重新进入微微网中。

微微网主设备给进入休眠模式的从设备分配了两个 8 位的临时地址：休眠成员地址（Parked Member Address，PM_ADDR）和接入请求地址（Access Request Address，AR_ADDR）。PM_ADDR 用于区分 255 个休眠从设备，主设备用它来快速唤醒休眠从设备。同时，经过 PM_ADDR 的编码，各个休眠从设备可以很好地排序，以减少重新加入微微网时的冲突。

主设备定义了带宽很窄的信标（Beacon）信道，用以向所有休眠从设备周期性地发送广播分组，从设备进入休眠模式前，利用信标信息中的定时参数就能知道何时醒来接收主设备的分组。

（1）主设备请求从设备进入休眠模式。主设备可以请求从设备进入休眠模式。主设备首先结束携带 L2CAP 信息的当前 ACL 分组的传送并终止 L2CAP 传输，然后发送 LMP_Park_Req PDU。如果从设备同意，它也将结束带有 L2CAP 信息的当前 ACL 分组的传送并终止 L2CAP 传输，然后以 LMP_Accepted PDU 响应；如果从设备不同意进入休眠模式，它将用 LMP_Not_Accepted PDU 进行回应，主设备就恢复 L2CAP 传输。协商过程如图 5-43 所示。

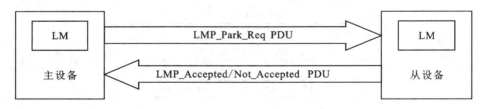

图 5-43　主设备请求从设备进入休眠模式

（2）从设备请求进入休眠模式，从设备可以请求进入休眠模式。从设备首先结束带有 L2CAP 信息的当前 ACL 分组的传送并终止 L2CAP 传输，然后发送 LMP_Park_Req PDU。如果主设备同意，它将结束带有 L2CAP 信息的当前 ACL 分组的传送并终止点到点 L2CAP 传输，然后发送 LMP_Park_Res PDU，其中的参数可能与从设备发送的不同。如果从设备接收这些参数，它将以 LMP_Accepted PDU 响应；如果主设备不同意从设备进入休眠模式，将用 LMP_Not_Accepted PDU 回应，从设备将恢复 L2CAP 传输；如果从设备不接收主设备提出的参数，将用 LMP_Not_AccePted PDU 回应，主从设备都将恢复 L2CAP 传输。协商过程如图 5-44、图 5-45、图 5-46 所示。

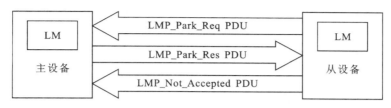

图 5-44 从设备请求进入休眠模式并得到主设备同意后成功进入

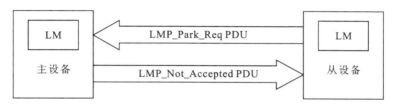

图 5-45 从设备请求进入休眠模式并得到主设备同意后拒绝进入

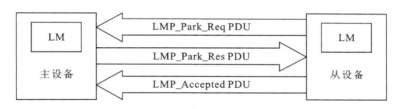

图 5-46 从设备请求进入休眠模式但受到主设备拒绝

（3）主设备解除从设备的休眠状态（Unpark）。主设备要解除一个或多个从设备的休眠状态，需发送 LMP 广播信息，其中包含这些从设备的 PM_ADDR 或 BD_ADDR，以及主设备指派给这些从设备的 AM_ADDR。然后，主设备轮询（发送 Poll 分组）检查各个从设备是否已成功解除休眠，以便允许各个从设备接入信道。在此之后，已经脱离休眠状态的从设备必须用 LMP_Accepted PDU 响应。如果在规定时间内未收到从设备的响应，那么 Unpark 失败，主设备仍然认为从设备处于休眠模式。Unpark 成功后，双方设备即恢复 L2CAP 的传输。协商过程如图 5-47、图 5-48 所示。

图 5-47 主设备根据 BD-ADDR 解除从设备休眠状态

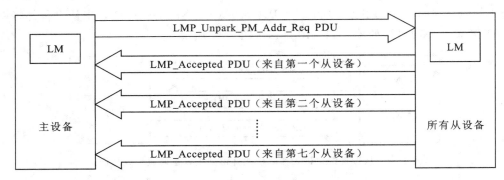

图 5-48　主设备根据 PM_ADDR 解除从设备休眠状态

2. 发射功率控制

如果接收信号强度指示（RSSI）与蓝牙设备设定值相差太大，它可以请求另一方设备的发射功率增加或减少。功率调整请求可以在成功地完成一次基带寻呼过程后的任何时刻进行。如果设备不支持功率控制请求，会在其特征列表中注明，因而，在所支持的特征请求得到响应后，就不会再向它发出该请求。在此之前，可能会发送功率控制调整请求，若收方不支持，它可以发 LMP_Max_Power 响应 LMP_Incr_Power_Req，发 LMP_Min_Power 响应 LMP_Decr_Power_Res，收方也可以发送 LMP_Not_Accepted。收到该消息后，输出功率增加或减少一个步进值。主设备对各个从设备的发射功率都是不一样的，由主设备和每个从设备的通信质量独立确定。协商过程如图 5-49 所示。

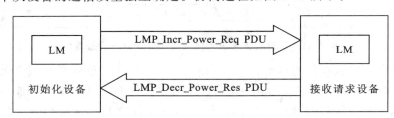

图 5-49　设备 1 请求设备 2 改变发射功率

收到 LMP_Incr_Power_Req 的一方如果已经以最大功率发射信号，它将发回 LMP_Max _Power_Res。此时只有在至少已经请求功率降低一次的情况下，才能再申请其增加功率。依此类推，收到 LMP_Decr_Power_Req 的一方如果已经以最小功率发射信号，它将发回 LMP_Min_Power_Res。那么，只有在至少已经请求功率增加一次的情况下，才能再申请其降低功率。协商过程如图 5-50、图 5-51 所示。

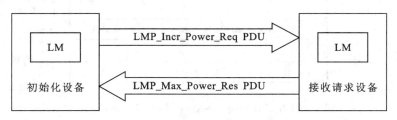

图 5-50　发射功率已经达到最大值

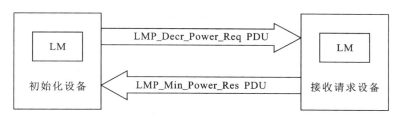

图 5-51 发射功率已经到最小值

3. 链路质量管理

链路管理器具有管理链路服务质量（QoS）的能力。链路管理器对 ACL 和 SCO 链路的质量管理是分别进行的。

1）ACL 链路

（1）服务质量由主设备通知从设备。主设备使用 LMP_Quality_of_Service PDU 强制从设备使用新的轮询间隔和 N_{BC}，从设备不能拒绝该通知。轮询间隔 T_{poll} 用于控制带宽的分配和等待时间。除了寻呼、寻呼扫描、查询、查询扫描时可能发生冲突以外，在正常的激活模式下轮询间隔都可以得到保证。协商过程如图 5-52 所示。

图 5-52 主设备通知从设备服务质量

（2）请求新的服务质量。主设备或从设备可以使用 LMP_Quality_of_Service_Req PDU 请求新的轮询间隔和 NBC。协商过程如图 5-53 所示。

图 5-53 设备请求新的服务质量

2）SCO 链路

主从设备间的 ACL 链路可用于两设备间至多三个 SCO 链路的建立。主设备为 SCO 链路的通信保留 SCO 时隙 T_{SCO}。每个 SCO 链路都有一个唯一标识此链路的 SCO 句柄（SCO Handle），以便与其他 SCO 链路区分开。建立和释放 SCO 链路有以下 5 种情况。

（1）主设备请求建立 SCO 链路。主设备想要建立一个 SCO 链路时，向从设备发送一个 LMP_SCO_Link_Req PDU 请求，其中包含 SCO 链路的定时、分组类型和编码方式等参数。蓝牙支持三种不同的语音编码格式：μ 率对数脉冲编码调制（Pulse Code

Modulation，PCM）码、A 率对数 PCM 码和连续可变斜率增量调制（Continuous Variable Slope Delta，CVSD）码。若不使用 PCM 和 CVSD，就可以获得一个速率为 64kb/s 的透明同步数据链路。若从设备不接受 SCO 链路，但愿意考虑另一个可能的 SCO 参数集，它将在 LMP_Not_Accepted PDU 的拒绝原因中指明不能接受的参数。这样，主设备就可以在修改参数后重新发起请求。协商过程如图 5-54 所示。

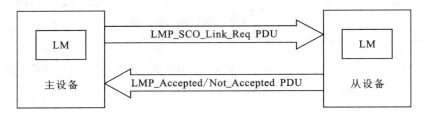

图 5-54　主设备发起建立 SCO 链路

（2）从设备请求建立 SCO 链路，从设备发出 LMP_SCO_Link_Req PDU 请求，其中的定时控制标志、SCO 时隙定时偏置 D_{sco} 和 SCO 句柄等参数是无效的，而且 SCO 句柄为 0。如果主设备不接受请求，它将用 LMP_Not_Accepted PDU 响应；否则，它将发回 LMP_SCO_Link_Res PDU，该消息包括定时控制标志、SCO 时隙定时偏置 D_{sco} 和 SCO 句柄。至于其他参数，主设备应尽量采用从设备申请的相同参数，从设备必须用 LMP_Accepted 或 LMP_Not_Accepted PDU 回答。协商过程如图 5-55、图 5-56 所示。

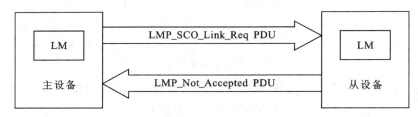

图 5-55　主设备拒绝从设备建立 SCO 链路的请求

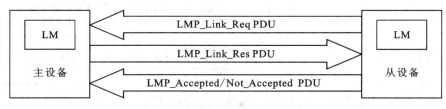

图 5-56　主设备同意从设备建立 SCO 链路的请求

（3）主设备请求改变 SCO 参数。主设备可以请求改变 SCO 参数。主设备发送 LMP_SCO_Link_Req，其中的 SCO 句柄是它要改变参数的 SCO 链路的句柄。若从设备接收新的参数，它就以 LMP_Accepted 进行响应，同时更改 SCO 链路参数为新参数；否则，从设备以 LMP_Not_Accepted 进行响应。从设备在 LMP_Not_Accepted 的拒绝原因中指明它所不能接受的参数，主设备可以修改参数后重新请求改变 SCO 链路参数。

（4）从设备请求改变 SCO 参数。从设备也可以请求改变 SCO 参数。从设备发送

LMP_SCO_Link_Req，其中的 SCO 句柄是它要改变参数的 SCO 链路的句柄，但是定时控制标志、D_{sco} 是无效的。如果主设备不接受，它将用 LMP_Not_Accepted 相应；否则，它将以 LMP_SCO_Link_Res 响应，其中必须采用从设备申请的参数，从设备若不同意就以 LMP_Not_Accepted 响应，否则用 LMP_Accepted 回答，同时更改 SCO 链路参数为新参数。

（5）释放 SCO 链路。主从设备都可以通过发送 LMP_Remove_SCO_Link_Req PDU 请求释放一个 SCO 链路。请求中包含要释放的 SCO 链路的句柄和释放的原因。接收方必须用 LMP_Accepted 响应，同意释放指定的 SCO 链路。

4. 链路控制管理

链路控制管理包括设备寻呼、主从角色的转换、时钟和计时器设置、信息交换、连接的建立和链路释放等功能的管理。

1）设备寻呼

蓝牙有强制和可选两种寻呼方式。链路管理器协议提供了一个协商寻呼方式的方法，协商的结果可以保留到下次寻呼时使用。

（1）寻呼模式（Page Mode）。两个蓝牙设备可以相互协商下一次寻呼的模式。设备 A 向设备 B 发送 LMP_Page_Mode_Req PDU，用来说明设备 A 下一次所希望的寻呼模式，设备 B 可以接受也可以拒绝，若拒绝，则维持原来的寻呼模式不变。协商过程如图 5-57 所示。

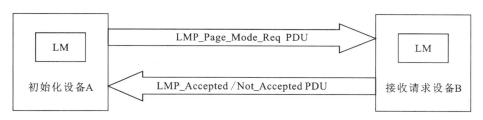

图 5-57 寻呼模式协商

（2）寻呼扫描模式（Page Scan Mode）。与协商寻呼模式类似，两个蓝牙设备可以相互协商下一次寻呼扫描的模式。设备 A 向设备 B 发送 LMP_Page_Scan_Mode_Req PDU，用来说明设备 A 下一次所希望的寻呼扫描模式，设备 B 可以接受也可以拒绝，若拒绝，则维持原来的寻呼扫描模式不变。协商过程如图 5-58 所示。

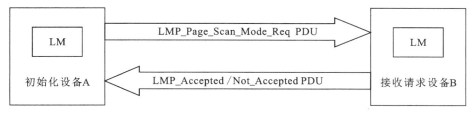

图 5-58 寻呼扫描模式协商

2）主从角色转换

发起寻呼的设备通常为微微网的主设备，但是为了完成某些特定的功能，有时需要主从角色的转换。如果从设备发起主从转换，它将首先结束带有 L2CAP 信息的当前 ACL 分组的传送并终止 L2CAP 传输，在发送 LMP_Slot_Offset PDU 之后立即发送 LMP_Switch_Res PDU。若主设备接受该请求，它将结束带 L2CAP 信息的当前 ACL 分组的传送并终止 L2CAP 传输，以 LMP_Accepted PDU 响应。主从角色转换完成后，不论成功与否，主从双方将恢复 L2CAP 传输。若主设备拒绝从设备的请求，它将以 LMP_Not_Accepted PDU 回应，从设备恢复 L2CAP 传输。协商过程如图 5-59 所示。

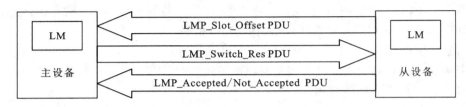

图 5-59　从设备发起主从转换

如果主设备发起主从转换，它将首先结束带有 L2CAP 信息的当前 ACL 分组的传送，终止 L2CAP 的传输，并发送 LMP_Switch_Req PDU。如果从设备接受该请求，它将结束带有 L2CAP 信息的当前 ACL 分组的传送并终止 L2CAP 传输，在 LMP_Accepted PDU 之后立即以 LMP_Slot_Offset_Res PDU 响应主从角色转换完成后，不论成功与否，主从双方将恢复 L2CAP 传输。如果从设备拒绝，它将以 LMP_Not_Accepted PDU 回应，主设备恢复 L2CAP 传输。协商过程如图 5-60 所示。

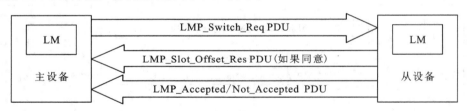

图 5-60　主设备发起主从转换

3）时钟和计时器设置

（1）时钟偏移请求。主设备通过发送 LMP_Clock_Offset_Req PDU 可以得到从设备返回的当前偏移量，这个偏移量是从设备本地时钟与其记录的主设备时钟之间的差值。主设备可以在随后的寻呼进程中使用这个偏移量来优化寻呼时间。主从设备必须支持这一功能。协商过程如图 5-61 所示。

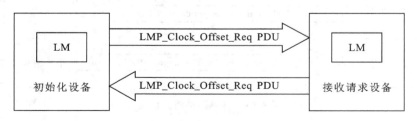

图 5-61　时钟偏移请求

（2）时隙偏移信息。主从角色转换的过程中，一方设备通过发送 LMP_Clock_Offset PDU 来通知对方自己的时隙偏移信息。时隙偏移等于主设备发送时隙的开始时刻与从设备相应的发送时隙的开始时刻之间的差值，单位为 μs。协商过程如图 5-62 所示。

图 5-62 时隙偏移信息

（3）定时精度信息。一个设备可以通过发送 LMP_Timing_Accuracy_Req PDU 得到接收设备时钟的抖动（Jitter，μs 级）与漂移量（Drift，10^{-6} 量级）。这些参数用来优化处于保持、呼吸或休眠模式的设备的唤醒进程。这种功能是可选的，在被请求设备不支持这个 PDU 时，请求设备应该假定最大抖动量为 $10\mu s$，最大漂移量为 250×10^{-6}。协商过程如图 5-63、图 5-64 所示。

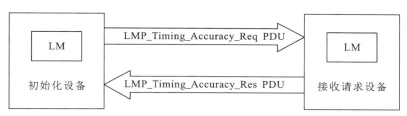

图 5-63 被请求设备支持定时精度信息

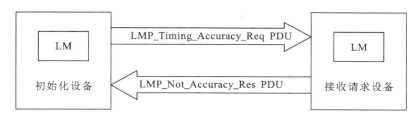

图 5-64 被请求设备不支持定时精度信息

（4）链路监控超时。每个蓝牙链路都有一个定时器用于链路监控。该定时器用来检测蓝牙设备移到通信范围以外、断电或其他原因引起的链路丢失。主设备通过发送 LMP_Supervision_Timeout PDU 设置监控超时值。协商过程如图 5-65 所示。

4）信息交换

（1）LMP 版本信息。蓝牙设备可以通过发送 LMP_Version_Req PDU 请求得到被请求蓝牙设备的 LMP 版本信息。被请求设备的响应 LMP_Vetsion_Res PDU 包含 3 个参数：VersNr、Compld 和 SubVersNr。VersNr 是该设备支持的 LMP 协议的版本号，Compld 为公司代号，SubVersNr 是公司对每一个 LMP 建立的一个唯一编号。在基带寻呼过程成功之后的任何时间，都可以请求 LMP 版本信息。协商过程如图 5-66 所示。

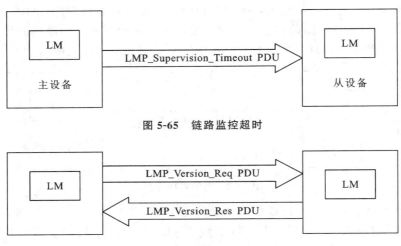

图 5-65　链路监控超时

图 5-66　LMP 版本信息

（2）支持的特征。蓝牙射频和基带链路控制器可能只支持蓝牙规范规定的部分分组类型和特征，可以使用 LMP_Features_Req 和 LMP_Features_Res 这两种 PDU 交换这些信息。在一次成功的基带寻呼后，可以在任何时间请求对方设备所支持的特征。一个蓝牙设备在了解到另一蓝牙设备支持的特征之前，只能发送 ID、FHS、Null、Poll、DM1 和 DH1 分组。特征请求完成后，双方就可以进行共同支持特征数据的收发。协商过程如图 5-67 所示。

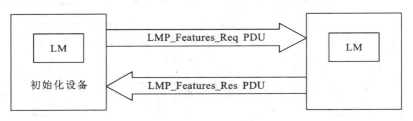

图 5-67　支持的特征

（3）设备命名请求。一个设备可以通过向另一个设备发送 LMP_Name_Req PDU 来请求命名。命名按照 UTF-8 标准编码（最长 248B），它可以分段封装在一个或多个 DM1 分组中。LMP_Name_Req 中包含了分段的名称偏移参数。回应的 LMP_Name_Res 中携带有同样的名称偏移、名称长度（指明名称的字节数）和名称分段。一旦基带寻呼成功，就可以在任何时间进行命名请求。协商过程如图 5-68 所示。

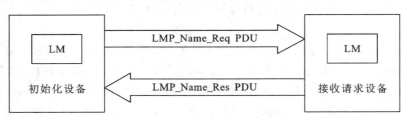

图 5-68　设备命名请求

5）建立连接

寻呼结束后，主设备必须用最大轮询间隔来轮询从设备，随后执行时钟偏移请求、LMP 版本请求、支持特征请求、命名请求和断开连接等 LMP 协商过程，如图 5-69 所示。

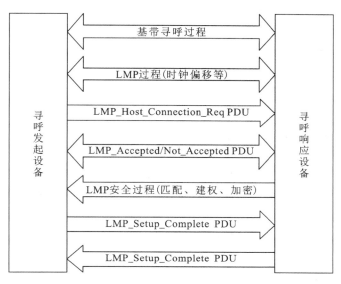

图 5-69 建立连接

寻呼设备若要建立链路管理器上层的连接，就向远端设备发送 LMP_ Host_ Connection_ Req PDU。远端设备收到该请求以后，就通知其主机（Host）。远端设备可以接受或拒绝建立连接的请求。若从设备需要进行主从转换，在收到 LMP_ Host_ Connection_Req PDU 后向主设备发送 LMP_Slot_Offset PDU 和 LMP_Switch_Req PDU。主从转换成功完成后，原先的从设备再用 LMP_Accepted PDU 或 LMP_Not_Accepted PDU 来响应 LMP_Host_ Connection_Req PDU。

如果从设备接受 LMP_Host_Connection_Req PDU，就可以与主设备协商 LMP 安全过程（匹配、鉴权和加密）。如果一个设备不想在建立连接期间发起更多的安全过程，它将发送 LMP_Setup_Complete PDU。主从设备都发送 LMP_Setup_Complete PDU 后，就可以进行数据通信。

6）链路释放（Link Release）

释放链路发起方的链路管理器首先结束带有 L2CAP 信息的前 ACL 分组传送并终止 L2CAP 传输，然后发送 LMP_Detach PDU，启动 $6T_{poll}$ 时隙的定时器。如果发起方链路管理器在定时器截止前收到基带层的确认，它将启动 $3T_{poll}$ 时隙的定时器。当该定时器截止时（发起方链路管理器是主设备），就可以重新使用 AM_ADDR。如果最初的定时器截止，发起方链路管理器将结束连接，并启动 $T_{Link\ Supervision\ Timeout}$ 定时器，随后 AM_ADDR 也可以重新使用（如果发起方是主设备）。接收方链路管理器收到 LMP_Detach PDU 后，若它是主（从）设备，将启动 $6T_{poll}$（$3T_{poll}$）时隙的定时器，定时器截止时，链路断开。若接收方是主设备，AM_ADDR 可以重新使用。若没有接收到 LMP_Detach 应用，链路监控将会超时，链路也会断开。协商过程如图 5-70 所示。

图 5-70　链路释放

5. 数据分组管理

本章 5.2 节介绍了蓝牙基带的分组类型，链路管理器提供了对这些分组的控制与管理，包括多时隙分组的控制和 DH 信道与 DM 信道间的切换。

1）多时隙分组的控制

一个设备发送含有最大多时隙数目的 LMP_Max_Slot PDU，可以限制接收设备使用的最大时隙数目。每个设备都可以通过发送 LMP_Max_Slot_Req PDU，请求能够使用的最大时隙数目。建立新连接后，由于寻呼、寻呼扫描、主从切换或解除休眠等操作，最大时隙数目的默认值变为 1。LMP_Max_Slot、LMP_Max_Slot_Req 这两个 PDU 用于多时隙分组的控制，在连接建立后的任何时刻都可以发送这两个 PDU。

2）DH 与 DM 间的信道切换

某一类型的分组数据吞吐量依赖射频信道的质量。测量接收器的质量可以动态控制远程设备发送的分组类型，以优化数据吞吐量。如果设备 A 想让远程设备 B 拥有控制权，它将发送一个 LMP_Auto_Rate PDU。这样，每当设备 B 欲改变设备 A 所发送的分组类型时，就可发送 LMP_Preferred_Rate PDU。该 PDU 内的一个参数可决定首选的编码方式（使用或不使用 2/3 比例 FEC）和时隙中的首选分组大小。设备 A 不必一定按照指定的参数来改变分组类型。若首选的尺寸大于最大所允许的时隙数目，它也不能发送大于后者的分组。协商过程如图 5-71、图 5-72 所示。连接完全建立后，这些 PDU 可以在任何时刻发送。

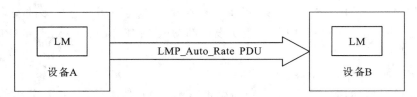

图 5-71　配置设备 A 在 DM 和 DH 之间自动切换

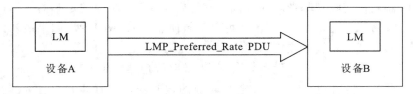

图 5-72　设备 A 希望设备 B 改变自己的分组类型

5.7　蓝牙模块编程

蓝牙编程通常涉及与蓝牙设备进行通信,以实现数据的发送和接收。以下介绍蓝牙编程的一些基本步骤和概念。

1. 选择合适的开发环境

移动应用:如果开发者正在为智能手机或平板电脑开发蓝牙应用,可能会使用 Android Studio(针对 Android 设备)或 Xcode(针对 iOS 设备)。

桌面应用:对于 Windows、macOS 或 Linux 桌面应用,可以使用各自平台的开发工具和库。

嵌入式系统:对于嵌入式设备,如基于 ARM 或 RISC-V 的微控制器,我们可能会使用 C/C++ 语言和相应的开发工具链。

2. 了解蓝牙协议栈

蓝牙协议栈是一组协议,它定义了蓝牙设备如何相互通信。蓝牙核心规范(Bluetooth Core Specification)是这些协议的基础。

了解蓝牙协议栈的不同层(如物理层、链路层、网络层、逻辑链路控制和适配协议层、主机控制器接口层等)对于深入理解蓝牙通信非常有帮助。

3. 使用蓝牙 API

大多数操作系统提供了蓝牙 API,允许开发者编写与蓝牙设备通信的应用程序。

Android:在 Android 中,可以使用 Bluetooth API 来扫描设备、连接设备、管理蓝牙服务和数据交换。

iOS:iOS 也提供了 Core Bluetooth 框架,用于与蓝牙低功耗(BLE)设备进行通信。

Windows:Windows 10 及更高版本提供了 Bluetooth APIs for Windows,允许开发者编写与蓝牙设备交互的桌面和 UWP 应用。

Linux:Linux 系统通常使用 BlueZ 作为蓝牙堆栈,提供了命令行工具和库(如 BluePython、PyBlueZ 等)来进行蓝牙编程。

4. 编写代码

设备发现:编写代码以扫描附近的蓝牙设备。

连接设备:与选定的蓝牙设备建立连接。

数据交换:编写代码以发送和接收数据。这可能涉及读取和写入蓝牙设备的特性(Characteristics)或描述符(Descriptors)。

错误处理:处理连接失败、数据传输错误等异常情况。

5. 测试和调试

使用真实的蓝牙设备或模拟器来测试应用程序。检查数据传输的准确性和完整性。

调试任何可能的问题,如连接问题、数据丢失等。

6. 部署

将编写好的应用程序部署到目标设备上,并进行最终测试。确保应用程序在目标设备上运行稳定且符合预期。

以下是一个简单的 Android 蓝牙扫描示例：

java 编写

```
BluetoothAdapter bluetoothAdapter =
BluetoothAdapter. getDefaultAdapter();
if (bluetoothAdapter == null || ! bluetoothAdapter. isEnabled()) {
// Bluetooth is not available or not enabled
}

IntentFilter filter = new
IntentFilter(BluetoothDevice. ACTION_FOUND);
registerReceiver(mReceiver, filter);

boolean startDiscovery = bluetoothAdapter. startDiscovery();
if (! startDiscovery) {
// Discovery failed to start
}

//...

private final BroadcastReceiver mReceiver = new BroadcastReceiver() {
public void onReceive(Context context, Intent intent) {
String action = intent. getAction();
if (BluetoothDevice. ACTION_FOUND. equals(action)) {
// Device found
BluetoothDevice device =
intent. getParcelableExtra(BluetoothDevice. EXTRA_DEVICE);
// Do something with the device
}
}
};
```

请注意，这只是一个非常基本的示例，实际的蓝牙编程会更加复杂，特别是当开发者需要处理蓝牙低功耗（BLE）设备时。

思政五　从"万物互联"到"万物智联"，5G 向 6G 发展

基本概念

6G，即第六代移动通信标准，是一个概念性无线网络移动通信技术，也被称为第六代移动通信技术，可促进产业互联网、物联网的发展。

6G 网络将是一个地面无线与卫星通信集成的全连接世界。通过将卫星通信整合到 6G 移动通信，实现全球无缝覆盖，网络信号能够抵达任何一个偏远的乡村，让深处山区的病人能接受远程医疗，让孩子们能接受远程教育。此外，在全球卫星定位系统、电信卫星系统、地球图像卫星系统和 6G 地面网络的联动支持下，地空全覆盖网络还能帮助人类预测天气、快速应对自然灾害等。这就是 6G 未来。6G 通信技术不再是简单的网络容量和传输速率的突破，它更是为了缩小数字鸿沟，实现万物互联这个"终极目标"，这便是 6G 的意义。

6G 的数据传输速率可能达到 5G 的 50 倍，时延缩短到 5G 的 1/10，在峰值速率、时延、流量密度、连接数密度、移动性、频谱效率、定位能力等方面远优于 5G。

6G 通信技术发展的意义

推进 6G 技术的意义在于其将为全球通信和信息技术带来重大变革，具体包括以下几个方面。

（1）技术革新：6G 不仅仅是 5G 的升级版本，它代表了一种全新的技术革新。预计 6G 将提供比 5G 快得多的数据传输速度、更低的延迟和更高的可靠性，这将为实时通信、自动驾驶、远程医疗等应用提供前所未有的可能性。6G 技术的革新也带来了不同技术的深度融合与交叉创新。通过将这些技术与通信技术相结合，可以实现更智能、更灵活、更自适应的通信网络，为各种应用场景提供更好的支持。

（2）融合应用：6G 技术的革新也带来了不同技术的深度融合与交叉创新。6G 有望深度融合人工智能（AI）、物联网（IoT）、边缘计算等前沿技术，构建一个更加智能、互联、自适应的通信网络。这将有助于实现更高效的资源分配、更智能的数据处理及更广泛的设备连接。

（3）全球合作：美英等 10 国发表联合声明及 AI-RAN 联盟的合作表明，全球正在形成一个共同的愿景和标准，以推动 6G 的研发和应用。这种合作有助于避免技术碎片化，确保全球互操作性，并加速 6G 的商业化进程。全球统一的标准和合作意味着全球资源和智慧的整合，将有助于降低设备兼容性和互操作性的问题，进而推动数字经济的普及和发展，为全球各行业带来更多的创新应用和商业机会，为全球数字化转型提供更加稳定、高效的基础设施支撑，推动数字经济的快速增长和社会进步。

6G 在中国的发展现状和未来走势

中国作为全球通信技术领域的重要参与者和领导者，已经意识到下一代通信技术的重要性，并正在积极布局和推动相关研究与发展。中国的 6G 发展现状和未来的走势值得去探讨和分析。

研究领先：中国在 6G 领域的研究成果之所以领先全球，得益于长期的投资、庞大的市场需求及政府的大力支持。中国的科研机构、高校和企业在 6G 关键技术领域展开了深入的研究，涉及超高频通信、量子通信、智能天线、人工智能应用等方面。并在 6G 关键技术的研发上取得了显著进展，为全球 6G 标准的制定作出重要贡献。

专利布局：中国在 6G 领域的研究成果依然领先全球。在全球 6G 专利排行方面，中国以 40.3％的 6G 专利申请量占比高居榜首。拥有高比例的 6G 专利申请量不仅展示了中国在技术研发上的实力，也为未来在 6G 标准制定和商业化中占据有利地位奠定了基础。这些专利涵盖了从基础通信协议到具体应用场景的多个方面。

未来走势

随着中国数字经济的持续发展和对 6G 技术应用的足够重视和不断探索，预计中国在 6G 领域的领先地位将进一步巩固，并呈现出积极、稳健的态势。同时，中国将继续加强与国际合作伙伴的交流与合作，共同推动全球 6G 技术的发展和应用，为 6G 技术的商业化和产业化奠定坚实基础，助力中国通信产业的全球领先地位。

资料来源：https：//baijiahao. baidu. com/s？id＝1792119112233609571＆wfr＝spider＆for＝pc；https：//baike. baidu. com/item/6G/16839792？fr＝ge_ala；https：//baijiahao. baidu. com/s？id＝1792567605488153832＆wfr＝spider＆for＝pc。

第6章 ZigBee 技术

对于多数的无线网络来说,无线通信技术应用的目的在于提高所传输数据的速率和传输距离。而在诸如工业控制、环境监测、商业监控、汽车电子、家庭数字控制网络等应用中,系统所传输的数据量小、传输速率低,系统所使用的终端设备通常为采用电池供电的嵌入式,如无线传感器网络。因此,这些系统必须要求传输设备具有成本低、功耗小的特点。

本章将详细介绍 ZigBee 技术的体系结构、网络结构、协议栈和应用等内容,通过对本章的学习,读者会对 ZigBee 技术有更详细的认识,为实际应用做好准备。

6.1 ZigBee 技术简介

ZigBee 是一种新兴的近距离、低复杂度、低功耗、低数据速率、低成本的无线网络技术,它是一种介于无线标记技术和蓝牙之间的技术提案,主要用于近距离无线连接。

ZigBee 技术的名字来源于蜂群使用的赖以生存和发展的通信方式,蜜蜂通过跳 ZigZag 形状的舞蹈来通知发现新食物源的位置、距离和方向等信息。ZigBee 过去又称为 "HomeRF Lite" "RF-EasyLink" 或 "FireFly" 无线电技术,目前统一称为 ZigBee 技术,中文译名通常称为 "紫蜂" 技术。

电气与电子工程师协会 IEEE 于 2000 年 12 月成立了 802.15.4 工作组,这个工作组负责制定 ZigBee 的物理层和 MAC 层协议,2001 年 8 月成立了开放性组织——ZigBee 联盟,一个针对 WPAN 网络而成立的产业联盟,Honeywell、Invensys、三菱电器、摩托罗拉、飞利浦是这个联盟的主要支持者,如今已经吸引了上百家芯片研发公司和无线设备制造公司,并不断有新的公司加盟。ZigBee 联盟负责 MAC 层以上网络层和应用层协议的制定和应用推广工作。2003 年 11 月,IEEE 正式发布了该项技术物理层和 MAC 层所采用的标准协议,即 IEEE 802.15.4 协议标准,作为 ZigBee 技术的物理层和媒体接入层的标准协议。2004 年 12 月,ZigBee 联盟正式发布了该项技术标准。该技术希望被部署到商用电子、住宅及建筑自动化、工业设备检测、PC 外设、医疗传感设备、玩具以及游戏等其他无线传感和控制领域中。标准的正式发布,加速了 ZigBee 技术的研制开发工作,许多公司和生产商已经陆续地推出了自己的产品和开发系统,如飞思卡尔的 MC13I92、Chipcon 公司的 CC2420、Atmel 公司的 ATh6RF210 等,其发展速度之快,远远超出了人们的想象。

　　根据 IEEE 802.15.4 标准协议，ZigBee 的工作频段分为 3 个频段，这 3 个工作频段相距较大，而且在各频段上的信道数目不同，因而，在该项技术标准中，各频段上的调制方式和传输速率也不同。3 个频段分别为 868MHz、915MHz 和 2.4GHz。其中 2.4 GHz 频段分为 16 个信道，该频段为全球通用的工业、科学、医学（Industrial，Scientific and Medical，ISM）频段，该频段为免付费、免申请的无线电频段，在该频段上，数据传输速率为 250kb/s。表 6-1 为 ZigBee 频带和频带传输率情况。

表 6-1　ZigBee 频带和频带传输率

频　　带	使用范围	数据传输率	信道数
2.4GHz（ISM）	全世界	250kb/s	16
868MHz	欧洲	20kb/s	1
915MHz（ISM）	美国	40kb/s	10

　　在组网性能上，ZigBee 设备可构造为星形网络或者点对点网络，在每一个 ZigBee 组成的无线网络内，链接地址码分为 16bit 短地址或者 64bit 长地址，可容纳的最大设备个数分别为 2^{16} 个和 2^{64} 个，具有较大的网络容量。

　　在无线通信技术上，采用免冲突多载波信道接入（CSMACA）方式，有效地避免了无线电载波之间的冲突。此外，为保证传输数据的可靠性，建立了完整的应答通信协议。

　　ZigBee 设备为低功耗设备，其发射输出为 0～3.6dBm，通信距离为 30～70m，具有能量检测和链路质量指示能力，根据这些检测结果，设备可自动调整设备的发射功率，在保证通信链路质量的条件下，最小地消耗设备能量。

　　为保证 ZigBee 设备之间通信数据的安全保密性，ZigBee 技术采用通用的 AES-128 加密算法，对所传输的数据信息进行加密处理。

　　ZigBee 技术是一种可以构建一个由多达数万个无线数传模块组成的无线数传网络平台，十分类似现有的移动通信的 CDMA 网或 GSM 网。每一个 ZigBee 网络数传模块类似移动网络的一个基站，在整个网络范围内，它们之间可以进行相互通信；每个网络节点间的距离可以从标准的 75m 扩展到数百米，甚至数千米；另外，整个 ZigBee 网络还可以与现有的其他各种网络连接。例如，可以通过互联网在北京监控云南某地的一个 ZigBee 控制网络。

　　与移动通信网络不同的是，ZigBee 网络主要是为自动化控制数据传输而建立的，而移动通信网主要是为语音通信而建立的。每个移动基站的成本一般在 100 万元以上，而每个 ZigBee "基站" 的成本却不到 1000 元；每个 ZigBee 网络节点不仅本身可以与监控对象，如与传感器连接直接进行数据采集和监控，它还可以自动中转别的网络节点传过来的数据资料；除此之外，每一个 ZigBee 网络节点（FFD）还可在自己信号覆盖的范围内，和多个不承担网络信息中转任务的孤立的子节点（RFD）进行无线连接。每个 ZigBee 网络节点（FFD 和 RFD）可以支持多达 31 个传感器和受控设备，每一个传感器和受控设备最终可以有 8 种不同的接口方式。

　　一般而言，随着通信距离的增大，设备的复杂度、功耗及系统成本都在增加。相对于现有的各种无线通信技术，ZigBee 技术将是最低功耗和低成本的技术。同时，由于 ZigBee 技术拥有低数据速率和通信范围较小的特点，这也决定了 ZigBee 技术适用于承载数据流量较小的业务。ZigBee 技术的目标就是针对工业、家庭自动化、遥测遥控、汽车自动化、农业自动化和医疗护理等，例如灯光自动化控制，传感器的无线数据采集和监控，油田、电力、矿山和物流管理等应用领域。另外，它还可以对局部区域内的移动目标，比如对城市中的车辆进行定位。

通常，符合如下条件之一的应用，就可以考虑采用 ZigBee 技术做无线传输：①需要数据采集或监控的网点多；②要求传输的数据量不大，而要求设备成本低；③要求数据传输可靠性高、安全性高；④设备体积很小，电池供电，不便放置较大的充电电池或者电源模块；⑤地形复杂，监测点多，需要较大的网络覆盖；⑥现有移动网络的覆盖盲区；⑦使用现存移动网络进行低数据量传输的遥测遥控系统；⑧使用 GPS 效果差或成本太高的局部区域移动目标的定位应用。

ZigBee 技术具有以下多个特点。

（1）功耗低。两节五号电池可支持长达 6 个月至 2 年左右的使用时间。

（2）可靠。采用了碰撞避免机制，同时为需要固定带宽的通信业务预留了专用时隙，避免了发送数据时的竞争和冲突。

（3）数据传输速率低。只有 $10\sim250\mathrm{kb/s}$，专注于低传输应用。

（4）成本低。因为 ZigBee 数据传输速率低，协议简单，所以大大降低了成本，且 ZigBee 协议免收专利费，采用 ZigBee 技术产品的成本一般为同类产品的几分之一，甚至 $1/10$。

（5）时延短。针对时延敏感的应用做了优化，通信时延和从休眠状态激活的时延都非常短，通常时延为 $15\sim30\mathrm{ms}$。

（6）优良的网络拓扑能力。ZigBee 具有星形、网状和丛树状网络结构能力。ZigBee 设备实际上具有无线网络自愈能力，能简单地覆盖广阔范围。

（7）网络容量大。可支持多达 65000 个节点。

（8）安全。ZigBee 提供了数据完整性检查和鉴权功能，加密算法采用通用的 AES-128。

（9）工作频段灵活。使用的频段分别为 2.4GHz、868MHz（欧洲）及 915MHz（美国），均为免执照频段。

6.2 ZigBee 技术组网特性

利用 ZigBee 技术组成的无线个人区域网（WPAN）是一种低速率的无线个人区域网（LR-WRAN），这种低速率无线个人区域网的网络结构简单、成本低廉，具有有限的功率和灵活的吞吐量。在一个 LR-WPAN 网络中，可同时存在两种不同类型的设备，一种是具有完整功能的设备（FFD），另一种是简化功能的设备（RFD）。

在网络中，FFD 通常有 3 种工作状态：①作为一个主协调器；②作为一个协调器；

③作为一个终端设备。一个 FFD 可以同时和多个 RFD 或多个其他的 FFD 通信，而一个 RFD 只能和一个 FFD 进行通信。RFD 的应用非常简单、容易实现，就好像一个电灯的开关或者一个红外线传感器，由于 RFD 不需要发送大量的数据，并且一次只能同一个 FFD 连接通信，因此，RFD 仅需要使用较小的资源和存储空间，这样就可非常容易地组建一个低成本和低功耗的无线通信网络。

在 ZigBee 网络拓扑结构中，最基本的组成单元是设备，这个设备可以是一个 RFD，也可以是一个 FFD；在同一个物理信道的 POS（个人工作范围）通信范围内，两个或者两个以上的设备就可构成一个 WPAN。但是，在一个 ZigBee 网络中至少要求有一个 FFD 作为 PAN 主协调器。

IEEE 802.15.4/ZigBee 协议支持 3 种网络拓扑结构，即星形结构（Star）、网状结构（Mesh）（对等拓扑网络结构）和丛树状结构（Cluster Tree），如图 6-1 所示。其中：Star 网络是一种常用且适用于长期运行使用操作的网络；Mesh 网络是一种高可靠性监测网络，它通过无线网络连接可提供多个数据通信通道，即它是一个高级别的冗余性网络，一旦设备数据通信发生故障，则存在另一个路径可供数据通信；Cluster Tree 网络是 Star/Mesh 的混合型拓扑结构，结合了上述两种拓扑结构的优点。

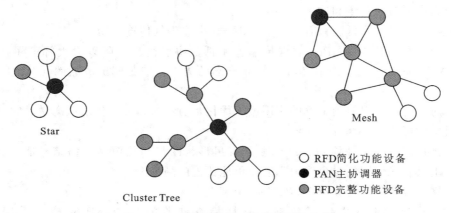

图 6-1　ZigBee 技术的 3 种网络拓扑结构

星形网络拓扑结构由一个称为 PAN 主协调器的中央控制器和多个从设备组成，主协调器必须是一个具有 FFD 完整功能的设备，从设备既可为 FFD 完整功能设备，也可为 RFD 简化功能设备。在实际应用中，应根据具体应用情况，采用不同功能的设备，合理地构造通信网络。在网络通信中，通常将这些设备分为起始设备或者终端设备，PAN 主协调器既可作为起始设备、终端设备，也可作为路由器，它是 PAN 网络的主要控制器。在任何一个拓扑网络上，所有设备都有唯一的 64 位的长地址码，该地址码可以在 PAN 中用于直接通信，或者当设备之间已经存在连接时，可以将其转变为 16 位的短地址码分配给 PAN 设备。因此，在设备发起连接时，应采用 64 位的长地址码，只有在连接成功，系统分配了 PAN 的标识符后，才能采用 16 位的短地址码进行连接，因而，短地址码是一个相对地址码，长地址码是一个绝对地址码。在 ZigBee 技术应用中，PAN 主协调器是主要的耗能设备，而其他从设备均采用电池供电，星形拓扑结构通常在家庭自动化、PC

外围设备、玩具、游戏以及个人健康检查等方面得到应用。

在网状网络结构中，同样也存在一个 PAN 主设备，但该网将不同于星形拓扑网络结构，在该网络中的任何一个设备只要是在它的通信范围之内，就可以和其他设备进行通信。网状网络结构能够构成较复杂的网络结构，例如，网孔拓扑网络结构，这种对等拓扑网络结构在工业监测和控制、无线传感器网络、供应物资跟踪、农业智能化，以及安全监控等方面都有广泛的应用。一个网状网络的路由协议可以是基于 Ad hoc 技术的，也可以是自组织式的，并且，在网络中各个设备之间发送消息时，可通过多个中间设备中继的传输方式进行传输，即通常称为多跳的传输方式，以增大网络的覆盖范围。其中，组网的路由协议，在 ZigBee 网络层中没有给出，这样为用户的使用提供了更灵活的组网方式。

无论是星形拓扑网络结构，还是网状网络结构，每个独立的 PAN 都有一个唯一的标识符，利用该 PAN 标识符，可采用 16 位的短地址码进行网络设备间的通信，并且可激活 PAN 网络设备之间的通信。

上面已经介绍，ZigBee 网络结构具有两种不同的形式，每一种网络结构有自己的组网特点，本小节将简单地介绍它们各自的组网特点。

（1）星形网络结构的形成。

星形网络的基本结构如图 6-1 所示。当一个具有完整功能的设备（FFD）第一次被激活后，它就会建立一个自己的网络，将自身成为一个 PAN 主协调器。所有星形网络的操作独立于当前其他星形网络的操作，这就说明了在星形网络结构中只有一个唯一的 PAN 主协调器，通过选择一个 PAN 标识符确保网络的唯一性，目前，其他无线通信技术的星形网络没有采用这种方式。因此，一旦选定了一个 PAN 标识符，PAN 主协调器就会允许其他从设备加入它的网络，无论是具有完整功能的设备，还是简化功能的设备都可以加入这个网络。

（2）网状网络结构的形成。

在网状拓扑结构中，每一个设备都可以与在无线通信范围内的其他任何设备进行通信。任何一个设备都可定义为 PAN 主协调器，例如，可将信道中第一个通信的设备定义成 PAN 主协调器。未来的网络结构很可能不仅仅局限为对等的拓扑结构，而是在构造网络的过程中，对拓扑结构进行某些限制。

例如，树簇拓扑结构是对等网络拓扑结构的一种应用形式，在对等网络中的设备可以是完整功能设备，也可以是简化功能设备。而在树簇中的大部分设备为 FFD，RFD 只能作为树枝末尾处的叶节点上，这主要是由于 RFD 一次只能连接一个 FFD。任何一个 FFD 都可以作为主协调器，并为其他从设备或主设备提供同步服务。在整个 PAN 中，只要该设备相对于 PAN 中的其他设备具有更多计算资源，比如具有更快的计算能力，更大的存储空间以及更多的供电能力等，就可以成为该 PAN 的主协调器，通常称该设备为 PAN 主协调器。在建立一个 PAN 时，首先，PAN 主协调器将其自身设置成一个簇标识符（CID）为 0 的簇头（CLH），然后，选择一个没有使用的 PAN 标识符，并向邻近的其他设备以广播的方式发送信标帧，从而形成第一簇网络。接收到信标帧的候选设备可以在簇头中请求加入该网络，如果 PAN 主协调器允许该设备加入，那么主协调器会将该设备作为子节点加到它的邻近表中，同时，请求加入的设备 PAN 主协调器作为它的父节点加到邻近表中，成为该网络的一个从设备；同样，其他的所有候选设备都按照同样的方式，可请求加入到该网络中，作为网络的从设备。如果原始的候选设备不能加入该网络。那么它将寻找其他的父节点，在树簇网络中，最简单的网络结构是只有一个簇的网络，但是多数网络结构由多个相邻的网络构成。一旦第一簇网络满足预定的应用或网络需求时，PAN 主协调器将会指定一个从设备为另一簇新网络的簇头，使得该从设备成为另一个 PAN 的主协调器，随后其他的从设备将逐个加入，并形成一个多簇网络，如图 6-2 所示，图中的直线表示设备间的父子关系，而不是通信流。多簇网络结构的优点在于可以增加网络的覆盖范围，而随之产生的缺点是会增加传输信息的延迟时间。

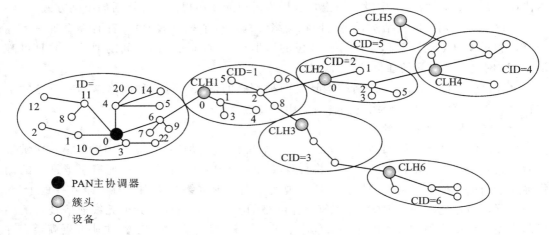

图 6-2 多簇网络

6.2.1 ZigBee 技术的体系结构

ZigBee 技术是一种可靠性高、功耗低的无线通信技术，在 ZigBee 技术中，其体系结构通常由层来量化它的各个简化标准。每一层负责完成所规定的任务，并且向上层提供服务。各层之间的接口通过所定义的逻辑链路来提供服务。ZigBee 技术的体系结构主要由物理（PYH）层、媒体接入控制（MAC）层、网络/安全层及应用框架层组成，其各层之间的协议分布如图 6-3 所示。

从图 6-3 不难看出，ZigBee 技术的协议层结构简单，不像诸如蓝牙和其他网络结构通常分为 7 层，而 ZigBee 技术仅为 4 层。在 ZigBee 技术中，PHY 层和 MAC 层采用 IEEE 802.15.4 协议标准，其中，PHY 提供了两种类型的服务，即通过物理层管理实体接口（PLME）对 PHY 层数据和 PHY 层管理提供服务。PHY 层数据服务可以通过无线物理信道发送和接收物理层协议数据单元（PPDU）来实现。PHY 层的特征是启动和关闭无线收发器、能量检测、链路质量、信道选择、清除信道评估（CCA），以及通过物理媒体对数据包进行发送和接收。

同样，MAC 层也提供了两种类型的服务：通过 MAC 层管理实体服务接入点（MLME-SAP）向 MAC 层数据和 MAC 层管理提供服务。MAC 层数据服务可以通过 PHY 层数据服务发送和接收 MAC 层协议数据单元（MPDU）。MAC 层的具体特征是：

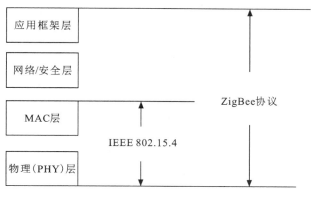

图 6-3　ZigBee 技术协议组成

信标管理、信道接入、时隙管理、发送确认帧、发送连接及断开连接请求。除此之外，MAC 层为应用合适的安全机制提供一些方法。

ZigBee 技术的网络/安全层主要用于 ZigBee 的 LR-WPAN 网的组网连接、数据管理及网络安全等；应用框架层主要为 ZigBee 技术的实际应用提供一些应用框架模型等，以便对 ZigBee 技术开发应用。在不同的应用场合，其开发应用框架不同，目前来看，不同的厂商提供的应用框架是有差异的，应根据具体应用情况和所选择的产品来综合考虑其应用框架结构。

6.2.2　低速无线个域网的功能分析

本小节主要介绍低速无线个域网的功能，包括超帧结构、数据传输模式、帧结构、鲁棒性、功耗及安全性。

1. 超帧结构

在无线个域网网络标准中，允许有选择性地使用超帧结构。由网络中的主协调器来定义超帧的格式。超帧由网络信标来限定，并由主协调器发送，如图 6-4 所示，它分为 16 个大小相等的时隙，其中，第一个时隙为 PAN 的信标帧。如果主设备不使用超帧结构，那么，它将关掉信标的传输。信标主要用于使各从设备与主协调器同步，识别 PAN 及描述超帧的结构。任何从设备如果想在两个信标之间的竞争接入期间（CAP）进行通信，则需要使用具有时隙和免冲突载波检测多路接入（CSMACA）机制同其他设备进行竞争通信。需要处理的所有事务将在下一个网络信标时隙前处理完成。

为减小设备的功耗，将超帧分为两个部分，即活动部分和静止部分。在静止部分时，主协调器与 PAN 的设备不发生任何联系，进入一个低功率模式，以达到减小设备功耗的目的。

在网络通信中，在一些特殊（如通信延迟小，数据传输率高）情况下，可采用 PAN 主协调器的活动超帧中的一部分来完成这些特殊要求。该部分通常称为保护时隙（GTS）。多个保护时隙构成一个免竞争时期（CFP），通常在活动超帧中，在竞争接入时期（CAP）的时隙结束处后面紧接着 CFP，如图 6-5 所示。PAN 主协调器最多可分配 7 个 GTS，每个 GTS 至少占用一个时隙。但是，在活动超帧中，必须有足够的 CAP 空间，

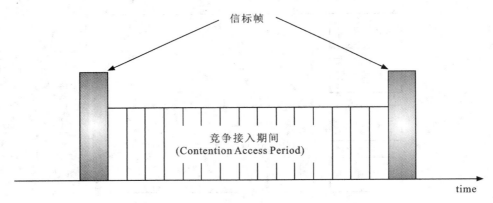

图 6-4　超帧结构

以保证为其他网络设备和其他希望加入网络的新设备提供竞争接入的机会，但是所有基于竞争的事务必须在 CFP 之前执行完成。在一个 GTS 中，每个设备的信息传输必须保证在下一个 GTS 时隙或 CFP 结束之前完成，在以后的章节中将详细地介绍超帧的结构。

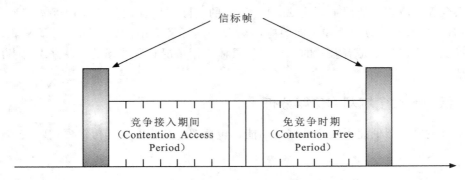

图 6-5　有 GTS 的超帧结构

2. 数据传输模式

ZigBee 技术的数据传输模式分为三种数据传输事务类型：第一种是从设备向主协调器传送数据；第二种是主协调器发送数据，从设备接收数据；第三种是在两个从设备之间传送数据。对于星形拓扑结构的网络来说，由于该网络结构只允许在主协调器和从设备之间交换数据，因此，只有前两种数据传输事务类型。而在对等拓扑结构中，允许网络中任何两个从设备之间进行交换数据，因此，在该结构中可能包含这三种数据传输事务类型。

每种数据传输的传输机制还取决于该网络是否支持信标的传输。通常在低延迟设备之间通信时，应采用支持信标的传输网络，例如 PC 的外围设备。如果在网络不存在低延迟设备时，在数据传输时可选择不使用信标方式传输。值得注意的是，在这种情况下，虽然数据传输不采用信标，但在网络连接时仍需要信标，才能完成网络连接。数据传输使用的帧结构将在后文中介绍。

1）数据传送到主协调器

这种数据传输事务类型是由从设备向主协调器传送数据的机制。

当从设备希望在信标网络中发送数据给主设备时，首先，从设备要监听网络的信标，当监听到信标后，从设备需要与超帧结构进行同步；在适当的时候，从设备将使用有时隙的 CSWCA 向主协调器发送数据帧，当主协调器接收到该数据帧后，将返回一个表明数据已成功接收的确认帧，以此表明已经执行完成该数据传输事务。图 6-6 描述了该数据传输事务执行的顺序。

当某个从设备要在非信标的网络发送数据时，仅需要使用非时隙的 CSMACA 向主协调器发送数据帧，主协调器接收到数据帧后，返回一个表明数据已成功接收的确认帧。图 6-7 描述了该数据传输事务执行的顺序。

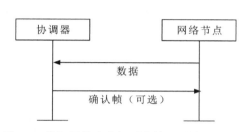

图 6-6　信标网络中数据到主协调器的通信顺序

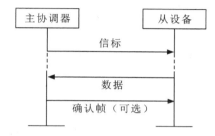

图 6-7　无信标网络中数据到主协调器的通信顺序

2）主协调器发送数据

这种数据传输事务是由主协调器向从设备传送数据的机制。

当主协调器需要在信标网络中发送数据给从设备时，它会在网络信标中表明存在要传输的数据信息，此时，从设备处于周期地监听网络信标状态；当从设备发现存在主协调器要发送给它的数据信息时，将采用有时隙的 CSMACA 机制，通过 MAC 层指令发送一个数据请求命令；主协调器收到数据请求命令后，返回一个确认帧，并采用有时隙的 CSMACA 机制，发送要传输的数据信息帧。从设备收到该数据帧后，将返回一个确认帧，表示该数据传输事务已处理完成；主协调器收到确认帧后，将该数据信息从主协调器的信标未处理信息列表中删除。图 6-8 描述了该数据传输事务的执行顺序。

当主协调器需要在非信标网络中传输数据给从设备时，主协调器存储着要传输的数据，将与从设备建立数据连接，由从设备先发送请求数据传输命令后，才能进行数据传输。其具体传输过程如下所述。

首先，采用非时隙 CSMACA 方式的从设备，以所定义的传输速率向主协调器发送一个请求发送数据的 MAC 层命令，主协调器收到请求数据发送命令后，返回一个确认帧，如果在主协调器中存在要传送给该从设备的数据时，主协调器将采用非时隙 CSMACA 机制，向从设备发送数据帧；如果在主协调器中不存在要传送给该从设备的数据，则主协调器将发送一个净荷长度为 0 的数据帧，以表明不存在要传输给该从

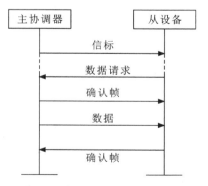

图 6-8　在信标网络中主协调器设备传输数据的通信顺序

设备的数据。从设备收到数据后，返回一个确认帧，以表示该数据传输事务已处理完成。图 6-9 描述了该数据处理事务的执行顺序。

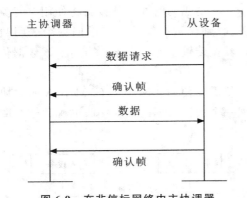

图 6-9　在非信标网络中主协调器
设备传输数据的通信顺序

3）对等网络的数据传输

在对等网络中，每一个设备都可与在其无线通信范围内的任何设备进行通信。由于设备与设备之间的通信随时都可能发生，因此，在对等网络中各通信设备之间必须处于随时可通信的状态，设备必须处于如下两种工作状态中的任意一种：①设备始终处于接收状态；②设备间保持相互同步。在第一种状态下，设备采用非时隙的 CSMA-CA 机制来传输简单的数据信息；在第二种状态下，需要采取一些其他措施，以确保通信设备之间相互同步。

3. 帧结构

在通信理论中，一种好的帧结构能够在保证其结构复杂性最小的同时，在噪声信道中具有很强的抗干扰能力。在 ZigBee 技术中，每一个协议层都增加了各自的帧头和帧尾，在 PAN 网络结构中定义了如下四种帧结构：

- 信标帧，主协调器用来发送信标的帧。
- 数据帧，用于所有数据传输的帧。
- 确认帧，用于确认成功接收的帧。
- MAC 层命令帧，用于处理所有 MAC 层对等实体间的控制传输。

下面将分别介绍这四种帧类型的结构，并且用图示的方式，说明各协议层中所对应的帧结构。物理层以下所描述的包结构以比特表示，为实际在物理媒体上所发送的数据。

1）信标帧

在信标网络中，信标由主协调器的 MAC 层生成，并向网络中的所有从设备发送，以保证各从设备与主协调器同步，使网络的运行成本最低，即采用信标网络通信，可减少从设备的功耗，保证正常的通信，信标帧的结构如图 6-10 所示。

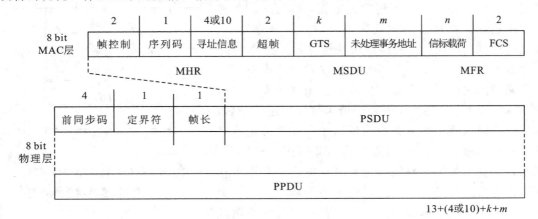

图 6-10　信标帧结构示意图

通常设备中的 MAC 层服务数据单元（MSDU）包括超帧格式、未处理事务地址格式、地址列表及信标载荷。如果在 MSDU 前面加上 MAC 层帧头 MHR，在 MSDU 结尾后面加上 MAC 层帧尾 MFR，则 MHR、MSDU 和 MFR 共同构成了 MAC 层信标帧，即 MAC 层协议数据单元——MPDU。其中，MHR 包括 MAC 帧的控制字段、信标序列码（BSN）及寻址信息，MFR 包含 16bit 帧校验序列（FCS）。

在 MAC 层生成的 MAC 层信标帧作为物理层信标包的载荷（PSDU）发送到物理层。同样，在 PSDU 前面，需要加上一个同步帧头 SHR 和一个物理层帧头 PHR。其中，SHR 包括前同步帧序列和帧起始定界符 SFD；在 PHR 中，包含有 PSDU 长度的信息。使用前同步码序列的目的是使从设备与主协调器达到符号同步，因此，SHR、PHR 及 PSDU 共同构成了物理层的信标包 PPDU。

通过上述过程，最终在 PHY 层形成了网络信标帧，一个帧信号在 MAC 层和 PHY 层分别要加上所对应层的帧头和帧尾，最后在 PHY 层形成相应的帧信号。

2）数据帧

在 ZigBee 设备之间进行数据传输时，传输的数据由应用层生成，经数据处理后，发送给 MAC 层作为 MAC 层的数据载荷 MSDU，并在 MSDU 前面加上一个 MAC 层帧头 MHR，在其结尾后面加上一个 MAC 层帧尾 MFR。其中，MHR 包括帧控制、序列码及寻址信息，MFR 为 16bit FCS 码。这样，由 MHR、MSDU 和 MFR 共同构成了 MAC 层数据帧 MPDU。

MAC 的数据帧作为物理层载荷 PSDU 发送到物理层。在 PSDU 前面，加上一个 SHR 和一个 PHR。其中，SHR 包括前同步码序列和 SFD，PHR 包含 PSDU 的长度信息。同信标帧一样，前同步码序列和数据 SFD 能够使接收设备与发送设备达到符号同步。SHR、PHR 和 PSDU 共同构成了物理层的数据包 PPDU。数据帧结构如图 6-11 所示。

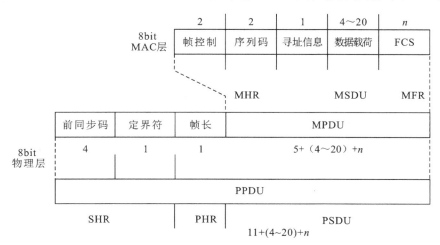

图 6-11　数据帧结构示意图

3）确认帧

在通信接收设备中，为保证通信的可靠性，通常要求接收设备在接收到正确的帧信息后，向发送设备返回一个确认信息，以向发送设备表示已经正确地接收到相应的信息。接收设备将接收到的信息经 PHY 层和 MAC 层后，由 MAC 层经纠错解码后，恢复发送端的数据，如没有检查出数据的错误，则由 MAC 层生成的一个确认帧，发送回发送端。确认帧结构如图 6-12 所示。

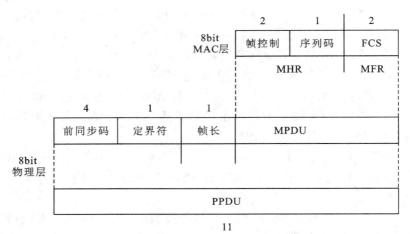

图 6-12　确认帧结构示意图

MAC 层的确认帧是由一个 MHR 和一个 MFR 构成的，其中，MHR 包括 MAC 帧控制字段和数据序列码字段；MFR 由 16bit FCS 构成。MHR 和 MFR 共同构成了 MAC 层的确认帧 MPDU。

MPDU 作为物理层确认帧载荷（PSDU）发送到物理层。在 PSDU 前面加上 SHR 和 PHR。其中，SHR 包括前同步码序列和 SFD 字段，PHR 包含 PSDU 长度的信息。SHR、PHR 以及 PSDU 共同构成了物理层的确认包 PPDU。

4）MAC 层命令帧

在 ZigBee 设备中，为了控制设备的工作状态，同网络中的其他设备进行通信，根据应用的实际需要，对设备进行控制，控制命令由应用层产生，在 MAC 层根据控制命令的类型，生成的 MAC 层命令帧。MAC 层命令帧结构如图 6-13 所示。

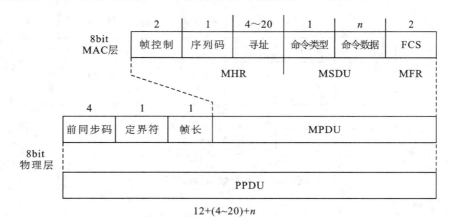

图 6-13　MAC 命令帧结构示意图

包含命令类型字段和命令数据的 MSDU 叫作命令载荷。同其他帧一样，在 MSDU 前面加上一个帧头 MHR，在其结尾后面加上一个帧尾 MFR。其中，MHR 包括 MAC 层帧控制、数据序列码及寻址信息字段，MFR 由 16bit FCS 构成。MHR、MSDU 和 MFR 共同构成了 MAC 层命令帧 MPDU。

MPDU 作为物理层命令帧发送到物理层。PSDU 前加上一个 SHR 和一个 PHR。其中，SHR 包括前同步码序列和 SFD 字段，PHR 包含 PSDU 长度的信息。前同步码序列能够使接收机达到符号同步。SHR、PHR 和 PSDU 共同构成了物理层命令包 PPDU。

4. 鲁棒性

在 LR-WPAN 中，为保证数据传输的可靠性，采用了不同的机制，如 CSMA-CA 机制、确认帧及数据校验等。下面分别简要介绍这些机制。

1）CSMA-CA 机制

正如上面所述，ZigBee 网络分为信标网络和非信标网络，对不同的网络工作方式将采用不同的信道接入机制。在非信标网络工作方式下，采用非时隙 CSMA-CA 信道接入机制，采用该机制的设备，在每次发送数据帧或 MAC 层命令时，要等待一个任意长的周期，在这个任意的退避时间之后，如果设备发现信道空闲，就会发送数据帧和 MAC 层命令；反之，如果设备发现信道正忙，将等待任意长的周期后，再次尝试接入信道。而对于确认帧，在发送时，不采用 CSMA-CA 机制，即在接收到数据帧后，接收设备直接发送确认帧，而不管当前信道是否存在冲突，发送设备根据是否接收到正确的确认帧来判断数据是否发送成功。

在信标网络工作方式下，采用有时隙的 CSMA-CA 信道接入机制，在该网络中，退避时隙恰好与信标传输的起始时间对准。在 CAP 期间发送数据帧时，首先，设备要锁定下一个退避时隙的边界位置。然后，在等待任意个退避时隙后，如果检测到信道忙，则设备还要再等待任意个退避时隙，才能尝试再次接入信道；如果信道空闲，设备将在下一个空闲的退避时隙边界发送数据。对于确认帧和信标帧的发送，则不需要采用 CSMA-CA 机制。

2）确认帧

在 ZigBee 通信网络中，在接收设备成功地接收和验证一个数据帧和 MAC 层命令帧后，应根据发送设备是否需要返回确认帧的要求，向发送设备返回确认帧，或者不返回确认帧。但如果接收设备在接收到数据帧后，无论任何原因造成对接收数据信息不能进一步处理时，都不返回确认帧。

在有应答的发送信息方式中，发送设备在发出物理层数据包后，要等待一段时间来接收确认帧，如没有收到确认帧信息，则认为发送信息失败，并且重新发送这个数据包。在经几次重新发送该数据包后，如果仍没有收到确认帧，发送设备将向应用层返回发送数据包的状态，由应用层决定发送终止或者重新再发送该数据包。在非应答的发送信息方式中，不论结果如何，发送设备都认为数据包已发送成功。

3）数据核验

为了发现数据包在传输过程中产生的比特错误，在数据包形成的过程中，均加入 FCS 机制，在 ZigBee 技术中，采用 16bit ITU-T 的循环冗余检验码来保护每一个帧信息。

5. 功耗

将 ZigBee 技术与其他通信技术比较，我们不难看出，其主要技术特点之一就是功耗低，可用于便携式嵌入式设备中。在嵌入式设备中，大部分设备采用电池供电的方式，频繁地更换电池或给电池充电是不实际的。因此，功耗就成为一个非常重要的因素。

显然，为减小设备的功耗，必须尽量减少设备的工作时间，增加设备的休眠时间，即使设备在较高的占空比（Duty Cycling）条件下运行，以减小设备的功耗为目的，因此，就不得不使这些设备大部分的时间处于休眠状态。但是，为保证设备之间的通信能够正常工作，每个设备要周期性地监听其无线信道，判断是否有需要自己处理的数据消息，这一机制使得我们在实际应用中必须在电池消耗和信息等待时间之间进行综合考虑，以获得它们之间的相对平衡。

6. 安全性

在无线通信网络中，设备与设备之间通信数据的安全保密性是十分重要的，ZigBee 技术中，在 MAC 层采取了一些重要的安全措施，以保证通信最基本的安全性。通过这些安全措施，为所有设备之间的通信提供最基本的安全服务。这些最基本的安全措施用来对设备接入控制列表（ACL）进行维护，并采用相应的密钥对发送数据进行加/解密处理，以保护数据信息的安全传输。

虽然 MAC 层提供了安全保护措施，但实际上，MAC 层是否采用安全性措施由上层来决定，并由上层为 MAC 层提供该安全措施所必需的关键资料信息。此外，对密钥的管理、设备的鉴别及对数据的保护、更新等都必须由上层来执行。下面简要介绍一些 ZigBee 技术安全方面的知识。

1）安全性模式

在 ZigBee 技术中，可以根据实际的应用情况，即根据设备的工作模式及是否选择安全措施等情况，由 MAC 层为设备提供不同的安全服务。

（1）非安全模式。在 ZigBee 技术中，可以根据应用的实际需要来决定对传输的数据是否采取安全保护措施，显然，如果选择设备工作模式为非安全模式，则设备不能提供安全性服务，对传输的数据无安全保护。

（2）ACL 模式。在 ACL 模式下，设备能够为同其他设备之间的通信提供有限的安全服务。在这种模式下，通过 MAC 层判断所接收到的帧是否来自所指定的设备，如不是来自指定的设备，上层都将拒绝所接收到的帧。此时，MAC 层对数据信息不提供密码保护，需要上层执行其他机制来确定发送设备的身份。在 ACL 模式中，所提供的安全服务即为前面所介绍的接入控制。

（3）安全模式。在安全模式下，设备能够提供前面所述的任何一种安全服务。具体的安全服务取决于所使用的一组安全措施，并且，这些服务由该组安全措施来指定。在安全模式下，可提供如下安全服务：接入控制，数据加密，帧的完整性，有序刷新。

2）安全服务

在 ZigBee 技术中，采用对称密钥（Symmetric-Key）的安全机制，密钥由网络层和应用层根据实际应用的需要生成，并对其进行管理存储输送和更新等。密钥主要提供如下 4 种安全服务。

（1）接入控制。接入控制是一种安全服务，为一个设备提供选择同其他设备进行通信的能力。在网络设备中，如采用接入控制服务，则每一个设备将建立一个接入控制列表，并对该列表进行维护，列表中的设备为该设备希望通信连接的设备。

（2）数据加密。在通信网络中，对数据进行加密处理，以安全地保护所传输的数据，在 ZigBee 技术中，采用对称密钥的方法来保护数据，显然，没有密钥的设备不能正确地解密数据，从而达到保护数据安全的目的。数据加密可能是一组设备共用一个密钥（通常作为默认密钥存储）或者两个对等设备共用一个密钥（一般存储在每个设备的 ACL 实体中）。数据加密通常为对信标载荷、命令载荷或数据载荷进行加密处理，以确保传输数据的安全性。

（3）帧的完整性。在 ZigBee 技术中，采用了一种称为帧的完整性的安全服务。所谓帧的完整性，就是利用一个信息完整代码（MIC）来保护数据，该代码用来保护数据免于没有密钥的设备对传输数据信息的修改，从而进一步保证了数据的安全性。帧的完整性由数据帧、信标帧和命令帧的信息组成。保证帧完整性的关键在于一组设备共用保护密钥（一般默认密钥存储状态）或者两个对等设备共用保护密钥（一般存储在每个设备的 ACL 实体中）。

（4）有序刷新。有序刷新技术是一种安全服务，该技术采用一种规定的接收帧顺序对帧进行处理。当接收到一个帧信息后，得到一个新的刷新值，将该值与前一个刷新值进行比较，如果新的刷新值更新，则检验正确，并将前一个刷新值刷新成该值；如果新的刷新值比前一个刷新值更旧，则检验失败。这种服务能够保证设备接收的数据信息是新的数据信息，但是没有规定一个严格的判断时间，即对接收数据多长时间进行刷新，需要根据在实际应用中的情况来进行选择。

3）原语的概念

从上面的介绍中，我们不难得知 ZigBee 设备在工作时，各不同的任务在不同的层次上执行，通过层的服务完成所要执行的任务。每一层的服务主要完成两种功能：一种是根据它的下层服务要求，为上层提供相应的服务；另一种是根据上层的服务要求，对它的下层提供相应的服务口各项服务通过服务原语来实现。这里我们利用图 6-14 来描述原语的基本概念，图中描述了一个具有 N 个用户的网络中，两个对等用户以及他们与 M 层（或子层）对等协议实体建立连接的服务原语。

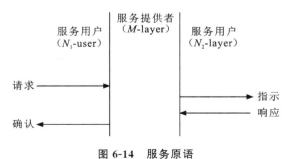

图 6-14 服务原语

服务是由 N 个用户和 M 层之间信息流的描述来指定的。该信息流由离散的瞬时事件构成，以提供服务为特征。每个事件由服务原语组成，它将在一个用户的某一层，通过该层的服务接入点（SAP）与建立对等连接的用户的根同层之间传送。服务原语通过提供一种特定的服务来传输必需的信息。这些服务原语是一个抽象的概念，它们仅仅指出提供的服务内容，而没有指出由谁来提供这些服务。它的定义与其他任何接口的实现无关。

由代表其特点的服务原语和参数的描述来指定一种服务。一种服务可能有一个或多个相关的原语，这些原语构成了与具体服务相关的执行命令。每种服务原语提供服务时，根据具体的服务类型，可能不带有传输信息，也可能带有多个传输必需的信息参数。

原语通常分为如下四种类型：

Request（请求原语）：从第 N_1 个用户发送到它的第 M 层，请求服务开始。

Indication（指示原语）：从第 N_1 个用户的第 M 层向第 N_2 个用户发送，指出对于第 N_2 个用户有重要意义的内部 M 层的事件。该事件可能与一个遥远的服务请求有关，或者可 能是由一个 M 层的内部事件引起的。

Response（响应原语）：从 N_2 用户向它的第 M 层发送，用来表示对用户执行上一条原语调用过程的响应。

Confirm（确认原语）：从第 M 层向第 N_1 个用户发送，用来传送一个或多个前面服务请求原语的执行结果。

6.3　ZigBee 物理层协议规范

6.3.1　ZigBee 工作频率的范围

众所周知，在世界多数国家蓝牙技术采用统一的频率范围，其范围为 2.4GHz 的 ISM 频段上，调制采用快速跳频扩频技术。而 ZigBee 技术不同，对于不同的国家和地区，为其提供的工作频率范围不同，ZigBee 所使用的频率范围主要分为 868MHz、915MHz 和 2.4GHz ISM 频段，各个具体频段的频率范围如表 6-2 所示。

表 6-2　国家和地区 ZigBee 频率工作的范围

工作频率范围/MHz	频段类型	国家和地区
868～868.6	ISM	欧洲
902～928	ISM	北美
2400～2483.5	ISM	全球

由于各个国家和地区采用的工作频率范围不同，为提高数据传输速率，IEEE 802.15.4 标准对于不同的频率范围规定了不同的调制方式，因而在不同的频率段上，其数据传输速率不同，具体调制和传输率如表 6-3 所示。

表 6-3 频段和数据传输率

频段/MHz	扩 展 参 数		数 据 参 数		
	码片速率/（kc/s）	调制	比特速率/（kb/s）	符号速率/（kBaud/s）	符号
868～868.6	300	BPSK	20	20	二进制
902～928	600	BPSK	40	40	二进制
2400～2483.5	2000	O-QPSK	250	62.5	16 相正交

6.3.2 信道分配和信道编码

根据上述内容，ZigBee 使用了 3 个工作频段，每一频段宽度不同，其分配信道的个数也不相同，IEEE 802.15.4 标准定义了 27 个物理信道，信道编号从 0 到 26，在不同的频段其带宽不同。其中，2450MHz 频段定义了 16 个信道，915MHz 频段定义了 10 个信道，868MHz 频段定义了 1 个信道。这些信道的中心频率定义如下：

$f_c = 868.3\text{MHz}$　　　　　　　　$(k=0)$

$f_c = 906 + 2(k-1)\text{MHz}$　　　　$(k=1，2，\cdots，10)$

$f_c = 2405 + 5(k-1)\text{MHz}$　　　$(k=11，12，\cdots，26)$

其中，k 是信道编号，其频率和信道分布状况如图 6-15 所示。

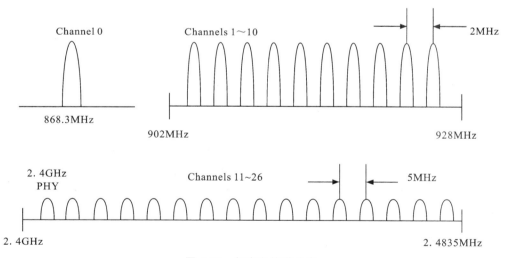

图 6-15 频率和信道分布

通常 ZigBee 不能同时兼容这 3 个工作频段，在选择 ZigBee 设备时，应根据当地无线管理委员会的规定，购买符合当地所允许使用频段条件的设备。我国规定 ZigBee 的使用频段为 2.4GHz。

6.3.3　发射功率和接收灵敏度

ZigBee 技术的发射功率也有严格的限制，其最大发射功率应该遵守不同国家所制定的规范。通常 ZigBee 的发射功率范围为 0～10dBm，通信距离范围通常为 10m，可扩大到约 300m，其发射功率可根据需要，利用设置相应的服务原语进行控制。

众所周知，接收灵敏度是在给定接收误码率的条件下，接收设备的最低接收门限值，通常用 dBm 表示。ZigBee 的接收灵敏度的测量条件为在无干扰条件下，传送长度为 20B 的物理层数据包，其误码率小于 1% 的条件下，在接收天线端所测量的接收功率为 ZigBee 的接收灵敏度，通常要求为 −85dBm。

6.3.4　ZigBee 物理层服务

ZigBee 物理层通过射频固件和射频硬件提供了一个从 MAC 层到物理层无线信道的接口。在物理层中，包含一个物理层管理实体（PLME），该实体通过调用物理层的管理功能函数，为物理层管理服务提供接口，同时，还负责维护由物理层所管理的目标数据库。该数据库包含有物理层个域网络的基本信息。

ZigBee 物理层的结构及接口模型如图 6-16 所示。

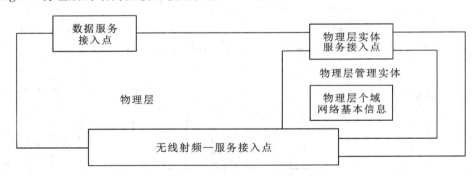

图 6-16　物理层结构及接口模型

从图 6-16 可以看出，在物理层中，存在数据服务接入点和物理层实体服务接入点，通过这两个服务接入点提供如下两种服务：①通过物理层数据服务接入点（PD-SAP）为物理层数据提供服务；②通过物理层管理实体（PLME）服务的接入点（PLME-SAP）为物理层管理提供服务。

6.3.5　物理层协议数据单元的结构

本小节主要介绍 ZigBee 物理层协议数据单元（PPDU）数据包的格式。

在 PPDU 数据包结构中，最左边的字段优先发送和接收。在多个字节的字段中，优先发送或接收最低有效字节，而在每一个字节中优先发送最低有效位（LSB）。同样，在物理层与 MAC 层之间数据字段的传送也遵循这一规则。

每个 PPDU 数据包都由以下 3 个基本部分组成：

• 同步包头 SHR：允许接收设备锁定在比特流上，并且与该比特流保持同步。

- 物理层包头 PHR：包含帧长度的信息。
- 物理层净荷：长度变化的净荷，携带 MAC 层的帧信息。

PPDU 数据包的格式如图 6-17 所示。

4B	1B	1B		变量
前同步码	帧定界符	帧长度（7bit）	预留位（1bit）	PSDU
同步包头		物理层包头		物理层净荷

图 6-17　PPDU 数据包的格式

1. 前同步码

收发机根据前同步码引入的消息，可获得码同步和符号同步的信息，在 IEEE 802.15.4 标准协议中，前同步码由 32 个二进制数组成。

2. 帧定界符

帧定界符由一个字节组成。用来说明前同步码的结束和数据包数据的开始。帧定界符的格式如图 6-18 所示，为一个给定的十六进制值 0xE7。

bit：0	1	2	3	4	5	6	7
1	1	1	0	0	1	0	1

图 6-18　帧定界符的格式

3. 帧长度

帧长度占 7bit，它的值是 PSDU 中包含的字节数（即净荷数），该值在 $0\sim$aMaxPHYPacketSize 之间。表 6-4 给出了不同帧长度值所对应的净荷类型。

表 6-4　帧长度值及其净荷类型

帧长度值	净荷类型	帧长度值	净荷类型
$0\sim4$	预留	5	MPDU（确认）
$6\sim7$	预留	$8\sim$aMaxPHYPacketSize	MPDU

4. 物理层服务数据单元 PSDU

物理层服务数据单元的长度是可以变化的，并且该字段能够携带物理层数据包的数据。如果数据包的长度类型为 5B 或大于 8B，那么，物理层服务数据单元携带 MAC 层的帧信息（即 MAC 层协议数据单元）。

6.4　ZigBee MAC 层协议规范

MAC 层处理所有物理层无线信道的接入，其主要的功能包括：

（1）网络协调器产生网络信标；

（2）与信标同步；

（3）支持个域网（PAN）链路的建立和断开；

（4）为设备的安全性提供支持；

（5）信道接入方式采用免冲突载波检测多址接入（CSMA-CA）机制；

（6）处理和维护保护时隙（GTS）机制；

（7）在两个对等的 MAC 实体之间提供一个可靠的通信链路。

6.4.1　MAC 层的服务规范

MAC 层在服务协议汇聚层（SSCS）和物理层之间提供了一个接口。从概念上说，MAC 层包括一个管理实体，通常称为 MAC 层管理实体（MLME），该实体提供一个服务接口，通过此接口可调用 MAC 层管理功能。同时，该管理实体还负责维护 MAC 层固有管理对象的数据库。该数据库包含 MAC 层的个域网信息数据库（PIB）信息。图 6-19 描述了 MAC 层的结构和接口。

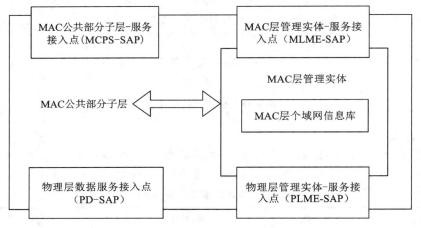

图 6-19　MAC 层的结构和接口

从图 6-19 中可以看出，在 MAC 层中，MAC 层通过它的两个不同的服务接入点为它提供两种不同的 MAC 层服务：MAC 层通过它的公共部分子层服务接入点为它提供数据服务；通过它的管理实体服务接入点为它提供管理服务。

这两种服务为服务协议汇聚层和物理层之间提供了一个接口，这个接口通过物理层中的数据服务接入点（PD-SAP）和管理实体服务接入点（PLME-SAP）来实现。除了这些外部接口，在 MAC 层管理实体和公共服务子层之间还存在一个隐含的接口，MAC 层管理实体通过此接口使用 MAC 的数据服务。

MAC 层公共子层-服务接入点（MCPS-SAP）支持在对等的服务协议汇聚层（SSCS）实体之间传输服务协议汇聚层的协议数据单元（SPD）。

所有的设备都要为 MCPS-SAP 的原语提供一个接口。

6.4.2 MAC 帧结构

MAC 层帧结构，即 MAC 层协议数据单元，由以下 3 个基本部分组成：

（1）MAC 帧头，包括帧控制、序列号和地址信息；

（2）可变长度的 MAC 载荷，不同的帧类型有不同的载荷，确认帧没有载荷；

（3）MAC 帧尾，包括帧校验序列（FCS）。

MAC 层的帧按特定的序列组成。本节所描述的 MAC 层帧的顺序与在物理层中传输帧的顺序相同，为从左到右，即首先传输最左边的数据位。帧域中的位按 0～（$k-1$）编号（0 为最低位，在最左端；$k-1$ 为最高位，在最右端），k 为域的比特位数。在传输多于 8bit 的域时，由最低位到最高位传输字节。

1. MAC 层帧结构概述

MAC 层帧结构由 MAC 层帧头、MAC 载荷和 MAC 层帧尾组成。MAC 层帧头的子域顺序是固定的，然而，在所有的帧中可以不包含地址子域，MAC 层帧结构如图 6-20 所示。

2B	1B	0B、2B	0B、2B、8B	0B、2B	0B、2B、8B	可变	2B
帧控制	序列号	目的 PAN 标识符	目的地址	源 PAN 标识符	源地址	帧载荷	FCS
		地址域					
MHR（MAC 帧层头）						MAC payload	MFR

图 6-20 MAC 层帧结构

2. 帧控制子域（Frame Control）

帧控制子域位长为 16bit，包括帧类型的定义、地址子域和其他控制标志。帧控制子域格式如图 6-21 所示。

bit：0～2	3	4	6	7～9	10～11	12～13	14～15
Frame Type	Security Enabled	Frame Pending	Intra-PAN	Reserved	Dest Addressing Mode	Reserved	Source Addressing Mode

图 6-21 帧控制子域格式

帧类型子域（Frame Type）位长为 3bit，其值及其所表示的类型如表 6-5 所示。

表 6-5 帧类型子域描述

帧类型 $b_2 b_1 b_0$	描 述
000	信标帧（Beacon）
010	确认帧（Acknowledgement）

续表

帧类型 $b_2b_1b_0$	描　述
100~111	保留位（Reserved）
001	数据帧（Data）
011	MAC 命令（Command）

安全允许位为 1bit，若 MAC 层没有对该帧进行加密保护，则该位置为 0。如果该位置 1，则将通过存储在 MAC 层中的 PAN 信息库中的密钥对该帧进行安全加密保护。根据安全要求而选定一组安全方案对该帧进行加密，如果对于该安全要求没有相对应的一套加密方案，则此位置为 0。

帧未处理标记位为 1bit，如果发送设备方在当前帧传输后，还有数据要发往接收方，则该位置为 1；如果有更多未处理数据，接收方需向发送设备方发送数据请求命令，从而取回这些数据。若发送设备方没有数据发往接收方，则该位置为 0。

帧未处理标记位仅在下面两种情况下使用：①在支持信标的 PAN 中，设备传输帧的竞争接入期间；②在不支持信标的 PAN 中，设备传输帧的任何时候。在其他任何时候，传输时此位为 0，接收时忽略此位。

请求确认标记（Ack. Request）位为 1bit，表示当接收到数据帧或 MAC 命令帧时，接收方是否需要发送确认信息。如该位为 1，则接收方在接收到有效帧后，将发送确认帧（有关有效帧所满足的条件将在后文中介绍）；否则，当该位为 0 时，接收方不需向发送方发送确认帧。

内部 PAN 标记位为 1bit，将指定该 MAC 帧是在内部个域网传输，还是传输到另外一个个域网。在目的地址和源地址都存在的情况下，若该位为 1，则帧中不包含源 PAN 标识符；反之，若该位为 0，帧中将包含目的和源 PAN 标识符。

目的地址模式子域为 2bit，其值及描述如表 6-6 所示。

表 6-6　目的地址模式值

地址模式值 b_1b_0	描　述	地址模式值 b_1b_0	描　述
00	标识符和地址子域不存在	01	保留
10	包含 16bit 短地址子域	11	包含 64bit 扩展地址子域

若该子域为 0，且在帧类型子域中未指明该帧为确认帧或者为信标帧，则在源地址模式子域不为 0 的情况下，意味着该帧所指向的 PAN 协调器的 PAN 标识符为源 PAN 标识符。

源地址模式子域与目的地址模式子域一样，为 2bit。

若该子域为 0，且在帧类型子域中未指明该帧为确认帧，目的地址模式不为 0，则意味着产生该帧的协调器标识符为目的 PAN 标识符。

3. 序列号子域

MAC 层帧的序列号子域为 8bit，为 MAC 层帧的唯一的序列标识符。

对于信标帧，此域为信标序号（BSN）值。每一个协调器随机初始化信标序号，并将该信标序号存储在 MAC 层 PAN 信息库的属性 macBSN 中。协调器将属性 macBSN 的值赋予信标帧的序列号子域。每生成一个信标帧，该子域值加 1。

对于数据帧、确认帧或者 MAC 命令帧，该子域指定了一个数据序列号（DSN），用来使确认帧与数据帧或 MAC 命令帧相匹配。每个设备仅支持一个数据序列号，不管它期望与多少个设备通信。每一个设备随机初始化数据序列号，并将该数据序列号存储在 MAC 层的 PIB 属性 macDSN 中。设备将属性 macBSN 的值赋予数据帧或 MAC 命令帧的序列号子域。每生成 10 个帧，此子域值依次加 1。

如果需要确认，接收方将接收到的数据帧或 MAC 命令帧中的 DSN 值赋给相对应的确认帧的 DSN 子域。如果在 macAckWaitDuration 期内没有收到确认帧，发送方将使用原来的数据序列号重传该帧信息。

4. 目的 PAN 标识符子域

目的 PAN 标识符子域为 16bit，描述了接收该帧信息的唯一 PAN 的标识符，PAN 标识符值为 0xFFFF，代表以广播传输方式，这时对当前侦听该信道的所有 PAN 设备都有效，即在该通信信道上的所有 PAN 设备都能接收到该帧信息。

只有在帧控制子域的目的地址模式域为非 0 时，此子域才存于 MAC 层帧中。

5. 目的地址子域

目的地址子域为 16bit 或 64bit，其长度由帧控制子域中目的地址模式子域的值限定，该地址为接收设备的地址。当该地址值为 0xFFFF 时，代表短的广播地址，此广播地址对所有当前侦听该通信信道的设备均有效。

只有在帧控制子域的目的地址模式域为非 0 时，此子域才存于 MAC 层帧中。

6. 源 PAN 标识符子域

源 PAN 标识符子域为 16bit，代表帧发送方的 PAN 标识符。该子域仅在帧控制子域的源地址模式子域为非 0 和内部 PAN 标记位为 0 时，才存在于 MAC 层帧中。

设备的 BAN 标识符在个域网建立时确定，若在个域网中的 PAN 标识符发生冲突后，可对它进行改变。

7. 源地址子域

源地址子域为 16bit 或者 64bit，它的长度由帧控制子域中的地址模式子域的值来决定，代表帧的发送方的设备地址。该子域仅在帧控制子域的源地址模式子域为非 0 时，才存在于 MAC 层帧中。

8. 帧载荷子域

帧载荷子域长度是可变的，不同类型的帧包含不同的信息，若帧的安全允许子域为 1，则帧载荷将采用相应的安全加密方案对其进行保护。

9. 帧校验序列子域（FCS）

帧校验序列子域为 16bit，包含 16bit 的 FTU-T CRC 码。帧校验序列子域由层帧的载荷部分计算得到。

在 ZigBee 设备中，帧校验子域由下面的 16 次方多项式生成：

$$G_{16}(x) = x^{16} + x^{12} + x^5 + 1$$

帧校验序列的生成算法如下：

令 $M(x) = b_0 x^{k-1} + b_1 x^{k-2} + \cdots + b_{k-2} x + b_{k-1}$ 表示待计算校验和的序列。

$M(x)$ 乘以 x^{16}，得到多项式 $x^{16} M(x)$。对多项式 $x^{16} M(x)$ 进行模 2 除以 $(x^{16} + x^{12} + x^5 + 1)$ 运算，得余式 $R(x)$。余式 $R(x)$ 的系数即是 FCS 域的值。

例　一个没有载荷、MAC 层帧头为 3B 的确认帧如下：

0100 0000 0000 0000 01010110　　　［最低位 b_0 先传输］

b_0　　　　　　　　　　　　　　b_{23}

经计算得帧校验序列为：

0010 0111 1001 1110　　　　　［最低位 r_0 先传输］

r_0　　　　　　　　　　　　r_{15}

图 6-22 描述了一个典型的 FCS 生成框图。

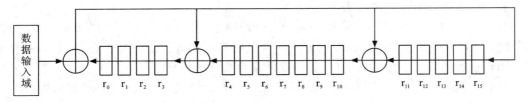

图 6-22　典型的 FCS 生成框图

CRC-16 生成多项式为：

$$G_{16}(x) = x^{16} + x^{12} + x^5 + 1$$

帧校验序列的生成过程如下：

（1）初始化：$r_0 \sim r_{15}$ 寄存器置为 0。

（2）按由低到高的顺序，将 MAC 层帧头和载荷依次移入 FCS 序列生成器。

（3）当数据的最后一位移入后，寄存器的值即为 FCS 码。

（4）得到的 FCS 码 r_0 在前，附加在数据后。

10．不同类型帧的结构

在 ZigBee 技术标准协议中定义了 4 种类型帧：信标帧、数据帧、确认帧和 MAC 命令帧。下面详细描述这 4 种帧。

1）信标帧的结构

信标帧的结构如图 6-23 所示。

字节：2	1	4/10	2	变量	变量	变量	2
Frame Control	Sequence Number	Addressing Fields	Superframe Specification	GTS Field	Pending Address Field	Beacon Payload	FCS
MHR				MAC payload			MFR

图 6-23　信标帧的结构

GTS 子域格式如图 6-24 所示，未处理地址子域格式如图 6-25 所示。

字节：1	0/1	变量
GTS Specification	GTS Directions	GTS List

图 6-24 GTS 子域格式

字节：1	变量
Pending Address Specification	Address List

图 6-25 未处理地址子域格式

信标帧的 MHR 子域与 MAC 层帧头子域相同，包括帧控制（Frame Control）子域，序列号（Sequence Number）子域，源 PAN 标识符子域和源地址子域。在帧控制子域中，帧类型子域取图 6-24 所列的值，表示一个帧的类型，源地址模式子域的设置与传输信标帧的协调器的地址相适应。如果信标帧使用安全机制，安全允许子域置为 1，所有其他子域将置为 0，在接收时将忽略不计。

序列号子域将包含当前的 macBSN 值，即为当前 MAC 层的信标序号。

地址子域仅包含源地址子域。源 PAN 标识符和源地址子域分别包含传输信标帧设备的 PAN 标识符和地址。

超帧描述（Superframe Specification）子域为 16bit，格式如图 6-26 所示。

bit: 0~3	4~7	8~11	12	13	14	15
Beacon Order	Superframe Order	Final CAP Slot	Battery Life Extension	Reserved	PAN Coordinator	Association Permit

图 6-26 超帧描述子域格式

信标序列（Beacon Order）子域为 4bit，用来指定信标帧的传输间隔。假定 BO 为信标序列值，信标帧间隔为 BI，其计算如下：

$$BI = aBaseSuperframeDuration * 2B0 \quad (0 \leq BO \leq 14)$$

如果 BO＝15，表示协调器不传输信标帧，除非在接收到请求传输信标的命令后，才能传输信标命令，如信标请求命令。

超帧序列（Superframe Order）子域为 4bit，指定了超帧为激活状态的时间段（例如接收机接收期间），该时间段包括信标帧的传输时间。协调器仅在活动的超帧期与 PAN 设备之间进行交互。若 SO 是超帧序列的值，且 0＜SO＜14，则超帧持续期 SO 计算如下：

$$SD = aBaseSuperfirameDuration * 2SO$$

如果 SO＝15，表示超帧在传输信标帧后将处于非激活状态。

最终的竞争接入期时隙（Final CAP Slot）子域为 4bit，指定了竞争接入期（CAP）所使用的最终超帧时隙。此子域所暗示的竞争接入期的持续期，将大于或等于 aMinCAPLength 所指定的值。除非在为了满足执行保护时隙维护需要的情况下，可适当

233

地暂时增加信标帧的长度。

电池寿命扩展（Battery Life Extension）子域为 1bit，在信标的帧间隔期（IFS）后，如果要求在竞争接入期中传输的信标帧在第 6 个退避期（Backoff）时或该时间之前开始传输的话，那么此子域置为 1；否则，此子域置为 0。

PAN 协调器（PAN Coordinate）子域为 1bit，如果信标帧由 PAN 协调器传输，则此子域置为 1；否则，PAN 协调器子域置为 0。

连接允许（Association Permit）子域为 1bit，如果 macAssociationPermit 为 TRUE（即协调器接受 PAN 范围内设备的连接），则此子域为 1；如果协调器当前不接受自身网络内的连接请求，则此子域为 0。

GTS 描述（GTS Specification Fields）子域为 8bit，格式如图 6-27 所示。

bit: 0～2	3～6	7
GTS 描述符计数	保留	GTS 允许位

图 6-27　GTS 描述子域格式

GTS 描述符计数（GTS Descriptor Count）子域长度为 3bit，指定了信标帧内 GTS 列表域（GTS List Field）中 3B 的 GTS 描述符的个数。如果此子域值大于 0，则允许竞争接入期的大小可低于 aMinCAPLength 值，以便适应信标帧的长度暂时增大。如果此子域值为 0，则 GTS 定向域和 GTS 列表域将不存在。

GTS 允许子域为 1bit，如果 macGTSPermit 为真（即 PAN 协调器接受 GTS 请求），此子域置为正，否则置为 0。

GTS 定向（GTS Direction）子域为 8bit，其格式如图 6-28 所示。

bit: 0～6	7
GTS 定向掩码	保留

图 6-28　GTS 定向子域格式

GTS 定向掩码（GTS Direction Mask）子域为 7bit，用来指定超帧中 GTS 定向标识（即为接收或者发送）。掩码的最低位对应于信标帧 GTS 列表域中的第一个 GTS 的定向。掩码其余位依次与列表其他 GTS 相对应。如果仅接收保护时隙，则相应的位置为 1；如果仅发送保护时隙，则相应位置为 0。GTS 的定向与设备传输数据帧的方向相关。

GTS 列表子域（GTS List Fields）的大小由信标帧的 GTS 描述域所给定的值来决定，它包含 GTS 描述符列表，该表说明了要维持的保护时隙，GTS 描述符的最大数量为 7 个。

每一个 GTS 描述符位长 24bit，格式如图 6-29 所示。

bit: 0～15	16～19	20～23
设备短地址码	GTS 起始时隙	GTS 长度

图 6-29　GTS 描述符格式

设备短地址码子域为 16bit，为设备的短地址，该短地址为 GIS 描述符所使用的地址。

GTS 起始时隙（GTS Starting Slot）子域长度为 4bit，指定了在超帧内 GTS 的起始时隙位置。

GTS 长度（GTS Length）子域长度为 4bit，该子域指定了连续超帧时隙的数目，在这期间，保护时隙处于激活状态。

未处理地址描述（Pending Address Specification）子域格式如图 6-30 所示。

bit：0～2	3	4～6	7
未处理短地址码个数	保留	未处理扩展地址码个数	保留

图 6-30 未处理地址描述子域格式

未处理短地址码个数（The Number of Short Address Pending）子域长度为 3bit，指定了包含在信标帧的地址列表域内短地址码的个数。

未处理扩展地址码个数（The Number of Extended Address Pending）子域长度为 3bit，指定了包含在信标帧的地址列表域内的 64bit 扩展地址码的个数。

地址列表（Adress List）子域的大小由信标帧内未处理地址描述域的值所决定，它包含当前那些需要与协调器传输未处理或等待消息的设备的地址列表。地址列表不包括广播地址短码 0xFFFF。

未处理地址的最大数量为 7 个，包括短地址码和扩展地址码。在地址列表中，所有的短地址码排列在扩展地址码之前。如果协调器能存储多达 7 个事务，那么它将遵循先到先服务的原则，确保信标帧包含最多 7 个地址。

信标载荷（Beacon Payload）子域为一个可变序列，其最大长度为 aMaxBeaconPayload Length 个字节，其内容来源于 MAC 层的上层。如果 macBeaconPayloadLength 非 0，那么，包含在 macBeaconPayload 中的一组字节信息将存入该子域。

如果输出的信标帧有安全要求，那么，信标载荷域的一组字节将按照与 aExtendedAddress 相对应的安全方案进行安全处理。

如果输入帧的信标控制子域的安全允许子域为 0，那么，信标载荷域所包含的一组字节可直接传输到上层。如果该子域为 1，设备将根据相应的安全方案，对信标载荷域进行处理，从而得到要传输到上层的一组字节。这里的安全方案应根据输入帧的源地址来确定。

如果设备接收到有载荷的信标帧时，首先向上层发送接收到信标载荷的通告，再处理超帧描述子域和地址列表子域的信息。如果 MAC 层接收到无载荷的信标帧时，将立即解释和处理含在超帧描述子域和地址列表子域的信息。

2）数据帧的结构

数据帧的结构如图 6-31 所示。

字节：2	1	可变	2
帧控制	序列号	地址域	数据载荷	FCS
MHR		MAC 载荷	MFR

图 6-31 数据帧的结构

数据帧的结构顺序与通用 MAC 帧的结构顺序一致。

数据帧的 MAC 层帧头域包括帧控制子域、序列号子域、目的 PAN 标识符/地址子域，以及源 PAN 标识符/地址子域。

在帧控制子域中，帧类型子域取前面所列举的 MAC 枚举类型的值，用来表示一个帧的类型。其他所有子域设置为与数据帧配置相对应的值。

序列号子域包含当前 macDSN 的值。

地址子域包含目的地址子域和（或）源地址子域，它们取决于帧控制域的配置。

数据帧载荷（Data Payload）子域包含上层要求 MAC 层传输的一组数据字节。

如果要求输出的数据帧具有安全性能，则数据帧载荷域的一组数据字节将根据目的地址所对应的安全方案进行加密处理，如果没有目的地址信息域，将根据 macCoord-ExtendedAddress 来确定安全加密方案。

同信标帧一样，如果输入的数据帧的帧控制子域的安全允许子域为 0，则数据帧的载荷子域中的数据就是要传输到上层的数据。如果此子域置为 1，则设备应根据所选定的安全方案对数据帧载荷子域的数据进行处理，处理后所得到的数据才是要传输到上层的数据。

3）确认帧的结构

确认帧的结构如图 6-32 所示。

字节	1	2
帧控制	序列号	FCS
MHR		MFR

图 6-32　确认帧的结构

确认帧的结构顺序与通用 MAC 帧的结构顺序一致。确认帧的 MAC 层帧头域仅包括帧控制子域和序列号子域。

在帧控制子域中，帧类型子域取前面所列举的 MAC 枚举类型的值，表明此帧为确认帧。

帧未处理子域的设置将依照发送确认帧的设备是否有发送给接收端的未处理数据而定。所有其他子域将均置为 0，在接收时忽略这些子域。

序列号子域为接收到的有确认要求的帧序列号。

4）MAC 命令帧的结构

MAC 命令帧的结构如图 6-33 所示。

字节	1	1	1	可变	2
帧控制	序列号	地址域	命令帧标识符	命令帧载荷	FCS
MHR			MAC 载荷		MFR

图 6-33　MAC 命令帧的结构

MAC 命令帧的结构顺序与通用 MAC 帧的结构一致。

MAC 命令帧的 MAC 层帧头域包括帧控制子域、序列号子域、目的 PAN 标识符/地址域及（或）源 PAN 标识符/地址域。

在帧控制子域中，帧类型子域取前面所列举的 MAC 枚举类型的值，表明此帧为 MAC 命令帧。其他所有子域设置为与命令帧所使用的配置相对应的值。

序列号子域为当前 macDSN 的值。

地址子域包含目的地址域和（或）源地址域，其取值由帧控制子域的配置决定。

命令帧标识符子域表示所用到的 MAC 命令，其值如表 6-7 所示。

表 6-7　MAC 命令帧

命令帧标识符	命 令 名	RFD	
		T_x	R_x
0x01	连接请求	X	
0x02	连接响应		X
0x03	断开连接通告	X	X
0x04	数据请求	X	
0x05	PAN ID 冲突报告	X	
0x06	独立通告	X	
0x07	信标请求		
0x08	协调器重新调整		X
0x09	GTS 请求		
0x0A～0xFF	保留		

命令帧载荷子域包含 MAC 命令本身。

如果要求输出的 MAC 命令帧具有安全加密性能，那么其帧载荷子域的一组数据字节将按照相应的安全方案进行加密处理。若含有目的地址信息，此安全方案将根据目的地址来确定；如果没有目的地址信息域，将依照 macCoordExtendedAddress 来确定。

如果输入帧的帧控制子域的安全允许子域为 0，那么，MAC 命令帧载荷域为所希望的 MAC 层命令。如果此子域置为 1，设备将根据所选定的安全方案，对数据帧载荷子域进行处理，处理后所得到的数据才为 MAC 层命令。

MAC 层定义的命令帧如表 6-7 所示，完整功能的设备能够发送和接收 ZigBee 所定义的所有类型命令帧，而对于简化功能设备来说，所执行的命令帧将有所限制，在前面帧类型子域描述表（表 6-5）中给出了其相应的说明。对于支持信标的个域网，MAC 命令只能在竞争接入期间发送；而在不支持信标的个域网中，MAC 命令则可以在任何时间发送。

6.4.3　MAC 层与物理层之间的信息序列图

本小节以信息序列图的方式，描述在 IEEE 802.15.4 标准协议中主要任务的流程，通过信息序列图描述了每一个任务原语的执行流程。图 6-34 描述了发送数据包所执行的流程图。图 6-35 描述了接收数据包所执行的流程。

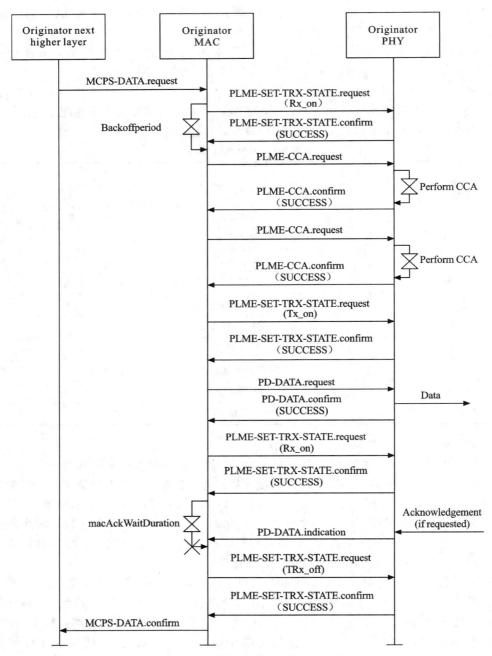

图 6-34　数 据 传 输 信 息 流 程 图——发 送

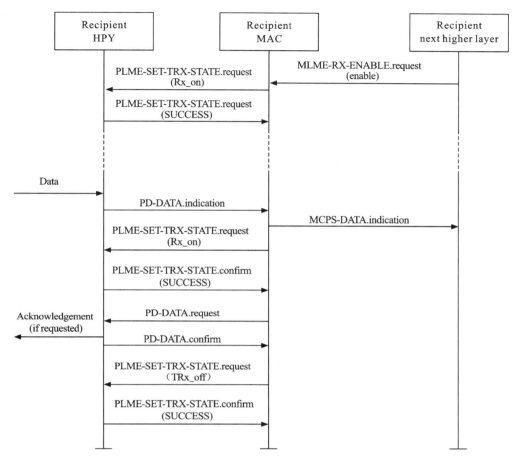

图 6-35 数据传输信息流程图——接收

6.5 ZigBee 网络层

6.5.1 ZigBee 网络层概述

本小节主要介绍 ZigBee 网络层的体系结构、网络拓扑结构及网络层服务功能。

1. ZigBee 体系结构

正如前面所述，ZigBee 的体系结构由称为层的各模块组成。每一层为其上层提供特定的服务：由数据服务实体提供数据传输服务；由管理服务实体提供所有的其他管理服务。每个服务实体通过相应的服务接入点（SAP）为其上层提供一个接口，每个服务接入点通过服务原语来完成所对应的功能。

ZigBee 的体系结构如图 6-36 所示，以开放系统互联（OSI）7 层模型为基础，但它只定义了和实际应用功能相关的层。采用了 IEEE 802.15.4—2003 标准制定了两个层，即物理层（PHY）和媒体接入控制层（MAC）作为 ZigBee 技术的物理层和 MAC 层，ZigBee 联盟在此基础之上建立 ZigBee 技术的网络层（NWK）和应用层的框架。这个应用层框架包括应用支持层（APS）、ZigBee 设备对象（ZDO）和制造商所定义的应用对象。

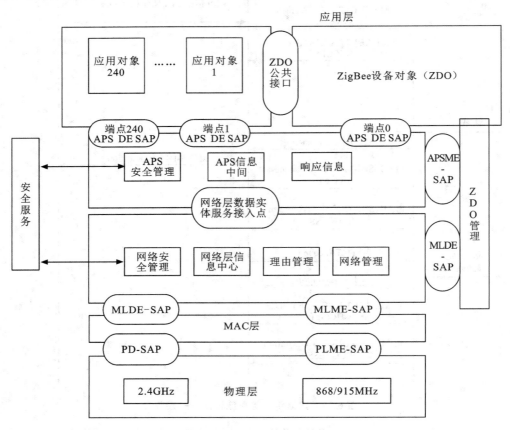

图 6-36　ZigBee 的体系结构

　　ZigBee 网络层的主要功能包括设备连接和断开网络时所采用的机制，以及在帧信息传输过程中所采用的安全性机制。此外，还包括设备之间的路由发现和路由维护及转交。并且，网络层完成对一跳（One-hop）邻居设备的发现和相关节点信息的存储。一个 ZigBee 协调器创建一个新的网络，为新加入的设备分配短地址等。

　　ZigBee 应用层由应用支持层、ZigBee 设备对象和制造商所定义的应用对象组成。应用支持层的功能包括维持绑定表、在绑定的设备之间传送消息。所谓绑定，就是基于两台设备的服务和需求将它们匹配地连接起来。ZigBee 设备对象的功能包括：定义设备在网络中的角色（如 ZigBee 协调器和终端设备），发起和（或）响应绑定请求，在网络设备之间建立安全机制。ZigBee 设备对象还负责发现网络中的设备，并且决定向它们提供何种应用服务。

　　2. 网络拓扑结构

　　ZigBee 网络层支持星形、树形和网状拓扑结构。在星形拓扑结构中，整个网络由一个称为 ZigBee 协调器（ZigBee Coordinator）的设备来控制。ZigBee 协调器负责发起和维持网络正常工作，保持同网络终端设备通信。在网状和树形拓扑结构中，ZigBee 协调器负责启动网络以及选择关键的网络参数，同时，也可以使用 ZigBee 路由器来扩展网络结构。在树形网络中，路由器采用分级路由策略来传送数据和控制信息。树形网络可以采用基于信标的方式进行通信，详细情况已在前面章节进行了介绍。网状网络中，设备之间使用完全对等的通信方式。在网状网络中，ZigBee 路由器将不发送通信信标。

这里只对内部个域网（Intra-PAN Networks）进行介绍，所谓内部个域网，就是指网络的通信开始和结束都在同一个网络中进行。

3. 网络层服务功能

ZigBee 网络层的主要功能就是提供一些必要的函数，确保 ZigBee 的 MAC 层正常工作，并且为应用层提供合适的服务接口。为了向应用层提供其接口，网络层提供了两个必需的功能服务实体，它们分别为数据服务实体和管理服务实体。网络层数据实体（NLDE）通过网络层数据实体服务接入点（NLDE-SAP）提供数据传输服务，网络层管理实体（NLME）通过网络层管理实体服务接入点（NLME-SAP）提供网络管理服务。网络层管理实体利用网络层数据实体完成一些网络的管理工作，并且网络层管理实体完成对网络信息库（NIB）的维护和管理，下面分别介绍它们的功能。

1）网络层数据实体

网络层数据实体为数据提供服务，在两个或者更多的设备之间传送数据时，将按照应用协议数据单元（APDU）的格式进行传送，并且这些设备必须在同一个网络中，即在同一个内部个域网中。

网络层数据实体提供如下服务：

（1）生成网络层协议数据单元（NPDU），网络层数据实体通过增加一个适当的协议头，从应用支持层协议数据单元中生成网络层的协议数据单元。

（2）指定拓扑传输路由，网络层数据实体能够发送一个网络层的协议数据单元到一个合适的设备，该设备可能是最终目的通信设备，也可能是在通信链路中的一个中间通信设备。

2）网络层管理实体

网络层管理实体提供网络管理服务，允许应用与堆栈相互作用。网络层管理实体应该提供如下多项服务：

（1）配置一个新的设备。为保证设备正常工作的需要，设备应具有足够的堆栈，以满足配置的需要。配置选项包括对一个 ZigBee 协调器和连接一个现有网络设备的初始化操作。

（2）初始化一个网络，使之具有建立一个新网络的能力。

（3）连接和断开网络，具有连接或者断开一个网络的能力，以及为建立一个 ZigBee 协调器或者 ZigBee 路由器，具有要求设备同网络断开的能力。

（4）寻址。ZigBee 协调器和 ZigBee 路由器具有为新加入网络的设备分配地址的能力。

（5）发现邻居设备，具有发现、记录和汇报有关一跳邻设备信息的能力。

（6）发现路由，具有发现和记录有效传送信息的网络路由的能力。

（7）接收控制，具有控制设备接收机接收状态的能力，即控制接收机什么时间接收、接收时间的长短，以保证 MAC 层的同步或者正常接收等。

6.5.2　网络层服务协议图

图 6-37 给出了网络层各组成部分和接口。网络层通过两种服务接入点提供相应的两种服务，它们分别是网络层数据服务和网络层管理服务。网络层数据服务通过网络层数据实体服务接入点接入，网络层管理服务通过网络层管理实体服务接入点接入。这两种服务通过 MCPS-SAP 和 MLME-SAP 接口为 MAC 层提供接口。除此之外，通过 NLDE-SAP 和 NLME-SAP 接口为应用层实体提供接口服务。

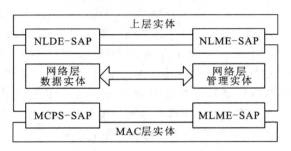

图 6-37　网络层各组成部分和接口

网络层数据实体服务接入点支持对等应用实体之间的应用协议数据单元的传输。网络层数据实体服务接入点所支持的函数原语为请求确认和指示原语，具体见表 6-8。

表 6-8　网络层数据实体服务接入点所支持的原语

原　　语	功 能 描 述
NLED-DATA. request	用于请求从本地应用支持层实体到单个或者多个对等的应用支持层实体的协议数据单元传输
NLED-DATA. confirm	提供了从本地应用支持层实体到一个对等应用支持层实体传送 NSDU 包请求原语的结果
NLED-DATA. indication	表示一个 NSDU 包从网络层到本地应用支持层实体的传送

网络层管理实体服务接入点为其上层和网络层管理实体之间传送管理命令提供接口。NLME 支持 NLME-SAP 接口原语，这些原语包括网络发现、网络的形成、允许设备连接、路由器初始化、设备同网络的连接等原语。

6.5.3　帧格式

网络层帧的格式，即网络协议数据单元（NPDU）的格式，由下列基本部分组成：

（1）网结层帧报头，包含帧控制、地址和序列信息。

（2）网络层帧的可变长有效载荷，包含帧类型所指定的信息。

网络层帧是一种按指定顺序排列的序列。本节中所有的帧格式都按 MAC 层的传播顺序来描述，即从左到右，最左的 bit 最先发送。长度为 K bit 的帧，按从 0（最左为最低位）到 $K-1$（最右为最高位）进行编号。帧长度大于一个 8bit 的帧，将按照最小序号的

bit 组到最大序号的 bit 组顺序传送到 MAC 层。

1. 通用网络层帧的格式

网络层帧的格式通常由一个网络层帧报头和一个网络层有效载荷组成。尽管不是所有的帧都包含地址和序列域，但网络层帧的报头域还是按照固定的顺序出现。通用的网络层帧格式如图 6-38 所示。

字节：2	2	2	0/1	0/1	可变长
帧控制	目的地址	源地址	广播半径域	广播序列号	帧载荷
	路由帧				
网络层帧报头					网络层有效载荷

图 6-38　通用的网络层帧格式

1）帧控制域

帧控制域为 16bit，包含所定义的帧类型、地址，序列域及其他控制标记，帧控制域的格式如图 6-39 所示。

bit：0～1	2～5	6	7～8	9	10～15
帧类型	协议版本	发现路由	保留	安全	保留

图 6-39　帧控制域的格式

（1）帧类型子域。帧类型子域为 2bit，其值为表 6-9 中所列的非保留值。

表 6-9　帧类型子域的值

帧类型值 $b_1 b_0$	帧 类 型 名
00	数据
01	网络层命令
10，11	保留

（2）协议版本子域。协议版本子域为 4bit，设置值反映了所使用的 ZigBee 网络层协议版本号。特定设备上所使用的协议版本应像固定网络层协议版本号一样，基于目前 ZigBee 网络层协议标准的版本号为 0x01。

（3）发现路由子域。发现路由子域根据数据帧接收的结果来支持或抑制路由发现。当该子域的值为 0 时，表示抑制路由发现；当该值为 1 时，表示支持路由发现。

（4）安全子域。该安全子域值为 1 时，该帧才具有网络层安全操作的能力。如果该帧的安全性由另一个层来完成或者完成被禁止，则该值为 0。

2）目的地址域

在网络层帧中必须要有目的地址域，其长度为 2B，其值为 16bit 的目的设备网络地址或者为广播地址（0xFFFF）。值得注意的是，设备的网络地址与在 IEEE 802.15.4 协议中所规定的 MAC 层 16bit 短地址相同。

3）源地址域

在网络层帧中必须要有源地址域，其长度为 2B，其值为 16bit 源设备的网络地址。值得注意的是，设备的网络地址与在 IEEE 802.15.4 协议中所规定的 MAC 层 16bit 短地址相同。

4）广播半径域

仅在帧的目的地址为广播地址（0xFFFF）时，广播半径域才存在，如果存在，其长度为 1B，并且限定了广播传输的范围。每个接收设备接收一次该帧，则该值减 1。

5）广播序列号域

仅在帧的目的地址为广播地址（0xFFFF）时，广播序列号域才存在，其长度为 1B，该域规定了广播帧的序列号。每传送一个新的广播帧，该序列号就会增加 1。

6）帧的有效载荷域

帧有效载荷的长度是可变的，包含各种类型帧的具体信息。

2. **各种类型帧的格式**

在 ZigBee 网络协议中，定义了两种类型的网络层帧，它们分别是数据帧和网络层命令帧。下面将对这两种帧类型进行讨论。

1）数据帧的格式

数据帧的格式如图 6-40 所示。

字节：2	2	2	0/1	0/1	可变长
	目的地址	源地址	广播半径域	广播序列号	
帧控制	路由域				数据载荷
网络层帧报头					有效载荷

图 6-40 数据帧的格式

（1）数据帧网络层报头域。数据帧的网络层报头域由帧控制域和根据需要适当组合而得到的路由域组成。

（2）数据的有效载荷域。数据帧的数据载荷域包含字节的序列，该序列为网络层上层要求网络层传送的数据。

2）网络层命令帧的格式

网络层命令帧的格式如图 6-41 所示。

字节：2	2	2	0/1	0/1	1	可变长
	目的地址	源地址	广播半径域	广播序列号		
帧控制	路由域				网络层命令标识符	网络层命令载荷
网络层帧报头					有效载荷	

图 6-41 网络层命令帧的格式

（1）网络层帧报头域。网络层命令帧中的网络层帧报头域由帧控制域和根据需要适当组合得到的路由域组成。

（2）网络层命令标识符域。网络层命令标识符域表明所使用的网络层命令，其值为表6-10 中所列的非保留值之一。

表 6-10　网络层命令帧

命令帧标识符	命令名称
0x01	路由请求
0x02	路由应答
0x03	路由错误
0x00，0x04～0xFF	保留

（3）网络层命令帧的有效载荷域。网络层命令帧的网络层命令载荷域包含网络层命令本身。

6.6　Zigbee 模块编程

Zigbee 模块编程主要涉及与 Zigbee 设备（如传感器、执行器等）的通信，以构建低功耗、自组织的无线网络。Zigbee 是一种基于 IEEE 802.15.4 标准的无线通信技术，专为低功耗、低成本的无线个人区域网络（WPAN）设计。以下介绍一些基本步骤和概念，用于 Zigbee 模块的编程。

1. 选择合适的 Zigbee 模块

硬件选择：市场上有很多 Zigbee 模块可供选择，如 XBee、CC2530、CC2650 等。这些模块通常包括 Zigbee 芯片、天线及必要的接口（如 UART、SPI 等）。

2. 硬件连接

将 Zigbee 模块通过适当的接口（如 UART）连接到微控制器或开发板上。确保电源和地线连接正确，以及所有必要的通信引脚都已正确连接。

3. 软件环境

选择合适的开发环境。对于基于 CC2530 或 CC2650 的 Zigbee 模块，TI（德州仪器）提供了 Code Composer Studio（CCS）作为开发环境。

安装必要的驱动程序和库文件，以便能够与 Zigbee 模块进行通信。

4. 编写代码

配置 Zigbee 协议栈：大多数 Zigbee 模块附带了预编译的协议栈（如 Z-Stack），需要根据需求进行配置。

初始化 Zigbee 网络：编写代码以初始化 Zigbee 网络，包括设置网络类型（如协调器、路由器、终端设备等）、信道、PAN ID 等。

设备发现与绑定：编写代码以发现网络中的其他 Zigbee 设备，并与它们建立绑定关系。

数据通信：编写代码以实现数据的发送和接收。这通常涉及定义消息格式、处理网络事件及管理设备间的通信。

5. 调试和测试

使用开发环境中的调试工具来跟踪和调试代码。测试 Zigbee 网络的连接性、稳定性和数据传输的可靠性。

6. 部署

将编写好的 Zigbee 应用程序部署到实际环境中，并进行进一步的测试和调试。

由于 Zigbee 编程通常涉及复杂的协议栈和底层通信细节，这里只提供一个概念性的示例来说明如何开始。示例代码（概念性）：

C 语言

```
//假设这是 Zigbee 协调器的初始化代码
void initializeZigbeeCoordinator() {
//初始化 Zigbee 协议栈
ZStackInit();

//设置网络参数
uint8_t networkType = ZG_DEVICE_COORDINATOR;
uint16_t panId = 0x1234;
uint8_t channel = 11;

//配置并启动网络
ZDO_StartDevice(networkType, panId, channel, 0, NULL, NULL);

//循环等待网络事件
while (1) {
osal_start_timerEx(ZDAppTaskID, ZDO_STATE_CHANGE_EVT, 1000);
osal_run_system();
}
}


//注意:这只是一个非常简化的示例,实际代码中需要处理更多的细节和错误
情况。
```

Zigbee 编程通常比较复杂，因为它涉及底层通信协议和网络管理的细节。强烈建议读者阅读 Zigbee 联盟的官方文档和所选 Zigbee 模块的参考手册。如果使用的是基于 CC2530 或 CC2650 的模块，TI 的官方文档和示例代码将是宝贵的资源。同时，可考虑使用现成的 Zigbee 解决方案或库来简化开发过程。

思政六　无人机引领低空经济"展翅高飞"

近年来，从物流、交通、应急到植保、测绘，从消费级无人机到工业级无人机，无人机应用场景日益丰富。特别是消费级无人机的规模化应用，不仅带动了消费级应用的发展，也反作用于市场，不断催生出新的应用需求。无人机与各行各业融合发展，促进了"低空经济＋"场景多元化。

"付款后 11 分钟送达，准时且快速。无人机取餐点就在宿舍楼下，能够节省不少时间。"近日，美团无人机北京大学深圳研究生院首条航线开航，该校学生李萌体验了一番后感觉很方便。据悉，目前无人机可配送商品已近百种，与校园内现有商业生态形成互补。

物流、交通、应急、植保、测绘……无人机应用场景日益丰富，推动着低空经济产业发展。"从农业场景，到电力工人巡线、应急救援物资配送、数据采集等，低空经济产业已渗透到百业百态中，提高了生产效率。"中国交通运输协会低空交通与经济专业委员会华南区常务秘书长刘立波认为，从长远来看，低空经济产业是一个万亿级赛道。

无人机功能越来越强大

"国内无人机产业发展可分为 3 个阶段。从 2000 年初到 2010 年为初步发展阶段，由航模玩具向消费级、工业级民用无人机转变；2010 年到 2019 年，工业级民用无人机快速发展；2019 年底至今，走向高速、高质量发展。"深圳市无人机行业协会会长杨金才告诉《工人日报》记者。在杨金才看来，无人机产业发展初期，是野蛮生长阶段，在创业者喜好、市场需求共同推动下快速发展。"这是好事情，企业发展需要一定的自由。"

大疆高级企业战略总监兼新闻发言人张晓楠介绍，大疆从 2012 年发布了精灵 1 代，开启了消费级无人机的新时代，让更多普通消费者能够上手即飞。2016 年发布全球首款可折叠无人机 Mavic Pro，进一步把消费级无人机缩小到矿泉水瓶的大小，将无人机带向了更多的应用场景，无人机的功能也越来越强大。

成立于 2014 年的深圳市道通智能航空技术股份有限公司（以下简称道通智能）一直致力于避障技术攻克。避障技术，对无人机而言意味着安全。道通智能市场总监刘国正说："过去，无人机飞行门槛高，非常依赖飞手技术。"2018 年道通智能发布的 EVO 一代产品，是该公司第一款可折叠便携式无人机，实现了前后双向避障；2020 年发布的 EVO Ⅱ系列无人机，实现了全向避障；2023 年发布的 EVO Max 系列无人机，采用"双目鱼眼视觉＋毫米波雷达"的多源传感器融合感知技术，是目前业内极少数拥有全天候导线级避障绕障功能的无人机产品。

资料来源：https：//www.dji.com/cn? from ＝ store-nav；http：//www.ce.cn/cysc/newmain/yc/jsxw/202403/26/t20240326_38947857.shtml。

第 7 章　无线自组织网络技术

7.1　Ad hoc 网络原理

7.1.1　基本概念

移动通信网络通常可以分为两类。第一类是有基础设施（Infrastructure）的移动网络，网内包含固定的或有线的网关。移动节点通过空中接口与其通信范围内最近的基站通信，并享受有线网络资源。由于基站和移动终端仅有"一跳"的距离，因而有基础设施的移动无线网络又被称为"单跳"（Single-Hop）无线网，如常规的 GSM、GPRS 等蜂窝无线系统，以及无线局域网等。第二类是无基础设施的移动网络，也就是移动 Ad hoc 网络，它是一种自治的无线多跳网，整个网络没有固定的基础设施，也没有固定的路由器。在这种网络环境中移动节点间可通过空中接口直接通信，由于终端的无线覆盖范围的有限性，两个不在彼此无线覆盖范围内、无法直接进行通信的用户终端可能需要借助其他多个中间节点进行中继通信。因此无基础设施的移动无线网有时被称为"多跳"（Multi-Hop）无线网。图 7-1 所示为单跳无线网和多跳无线网的拓扑图。

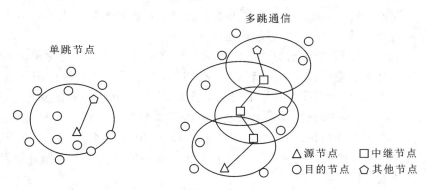

图 7-1　单跳无线网和多跳无线网的拓扑图

根据前面所述，Ad hoc 网络是一种特殊的无线移动网络。网络中所有节点的地位平等，无须任何预设的基础设施和任何的中心控制节点。网络中的节点具有普通移动终端的功能，而且具有分组转发能力。

Ad hoc 网络的前身是分组无线网 PRNET（Packet Radio Network）。早在 1972 年，美国国防部高级研究规划署（DARPA）就启动了分组无线网项目 PRNET，研究在战场环境下利用分组无线网进行数据通信。在此之后，DARPA 于 1983 年启动了高残存性自适应网络项目（Survivable Adaptive Network，SURAN），研究如何将 PRNET 的研究成果加以扩展，以支持更大规模的网络。1994 年，DARPA 又启动了全球移动信息系统 GloMo（Global Mobile Information Systems）项目，旨在对能够满足军事应用需要的、可快速展开、高抗毁性的移动信息系统进行全面深入的研究。IEEE 802.11 标准委员会采用了"Ad hoc 网络"一词来描述这种特殊的自组织对等式多跳移动通信网络，Ad hoc 网络就此诞生。IEEE 也将 Ad hoc 网络称为 MANET（移动 Ad hoc 网络）。Ad hoc 网络是一种没有有线基础设施支持的移动网络，网络中的节点均由移动主机构成。由于无线通信和终端技术的不断进步，Ad hoc 网络在民用环境下也得到了发展，如需要在没有有线基础设施的地区进行临时通信时，可以很方便地通过搭建 Ad hoc 网络实现。

Ad hoc 的意思是"for this"，引申为 for this purpose only，解释为"为某种目的设置的，特别的"意思，即 Ad hoc 网络是一种有特殊用途的网络。Ad hoc 网络是由一组带无线收发装置的移动终端组成的一个多跳临时性自治系统，移动终端具有路由功能，可以通过无线连接构成任意的网络拓扑，这种网络可以独立工作，也可以与 Internet 或蜂窝无线网络连接。在后一种情况中，Ad hoc 网络通常是以末端子网（树桩网络）的形式接入现有网络，考虑到带宽和功率的限制，MANET 一般不适合作为中间传输网络，它只允许产生于或目的地是网络内部节点的信息进出，而不让其他信息穿越本网络，从而大大减少了与现存 Internet 互操作的路由开销。Ad hoc 网络中，每个移动终端兼备主机和路由器两种功能：作为主机，终端需要运行面向用户的应用程序；作为路由器，终端需要运行相应的路由协议，根据路由策略和路由表参与分组转发和路由维护工作。在 Ad hoc 网络中，节点间的路由通常由多个网段（跳）组成，由于终端的无线传输范围有限，两个无法直接通信的终端节点往往通过多个中间节点的转发来实现通信。所以，它又被称为多跳无线网，自组织网络、无固定设施的网络或对等网络。Ad hoc 网络同时具备移动通信和计算机网络的特点，可以看作一种特殊类型的移动计算机通信网络。

与常见的有线固定网络及基础设施移动无线网络相比，Ad hoc 网络具有如下基本特征：

（1）网络自主性。Ad hoc 网络相对于常规通信网络而言，最大的区别就是网络的部署或展开无须依赖任何预设的基础设施。节点通过分层协议和分布式算法协调各自的行为，它们可以快速、自主地组成一个独立的网络。这也是个人通信的一种体现形式，它可以满足随时随地信息交互的需求，从而真正实现了人们在任何时间、任何地点以任何一种方式与任何一个人进行通信的梦想。

（2）多跳通信。由于无线接收机的信号传播范围有限，Ad hoc 网络要求支持"多跳"通信，即当移动节点与它们的目的地不能直接进行通信时，它们将借助中间节点对它们发送的分组进行转发。与同等网络规模的单跳网络相比，"多跳"的构网方式将大大降低网络节点的发射功率，不仅可以减小功耗电磁干扰及成本，而且可以提高移动终端的灵活性和便携性。

（3）动态拓扑。Ad hoc 网络是一个动态的网络，网络中的节点可以随时随地移动，也可以随时开机和关机，这种任意移动性及无线传播环境随时间的不确定性都将导致网络拓扑以不可预测的方式任意、快速地改变。图 7-2 表示了节点频繁移动导致网络拓扑频繁改变的情形（即动态拓扑结构）。

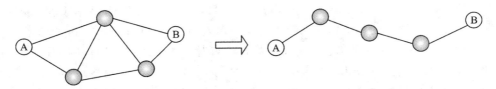

图 7-2　动态拓扑结构

（4）分布式控制。Ad hoc 网络中的移动节点兼备主机和路由功能，不存在一个网络中心控制点，用户节点之间的地位是平等的，节点可以随时加入和离开网络。网络路由协议通常采用分布式控制方式，因而具有很强的鲁棒性和抗毁性，任何节点发生故障都不会影响整个网络的运行。如图 7-3 所示，即使节点 B 出现故障。节点 5 仍然能够借助节点 3 与节点 A 进行通信，或借助节点 6 和节点 7 与节点 C 进行通信。

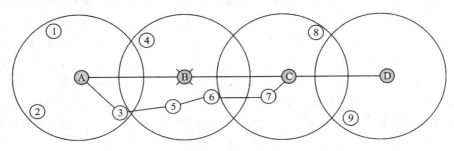

图 7-3　分布式控制结构

（5）带宽限制和变化的链路容量。Ad hoc 网络采用无线传输技术作为底层通信手段，相对于有线信道，无线信道由于受带宽的限制导致容量较低，并且由于多路访问、多径衰落，噪声和信号干扰等多种因素无线链路的容量将更加有限，这使得移动节点可得到的实际带宽远小于理论上的最大带宽值。

（6）应用广域化。进入 21 世纪，Ad hoc 网络技术及应用正朝多元化方向发展，如图 7-4 所示，移动 Ad hoc 网络支持 CDMA、GPRS 等各类无线通信网络。

7.1.2　Ad hoc 网络的应用

Ad hoc 网络的应用范围很广，总体上说，它可以用于以下场合：

（1）没有有线通信设施的地方，如没有建立硬件通信设施或有线通信设施遭受破坏。

（2）需要分布式特性的网络通信环境。

（3）现有有线通信设施不足，需要临时快速建立一个通信网络的环境。

（4）作为生存性较强的后备网络。

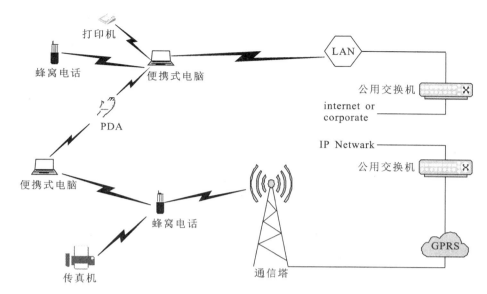

图 7-4　移动 Ad hoc 网络技术支持 CDMA、GPRS 等各类无线通信网络

　　Ad hoc 网络的应用总体上可以归纳为以下几类。

　　（1）军事应用：Ad hoc 网络技术的研究最初是为了满足军事应用的需要，军队通信系统需要具有抗毁性、自组性和机动性。在战争中，通信系统很容易受到敌方的攻击，因此需要通信系统能够抵御一定程度的攻击。若采用集中式的通信系统，一旦通信中心受到破坏，将导致整个系统的瘫痪。分布式的系统可以保证部分通信节点或链路断开时，其余部分还能继续工作。在战争中，战场很难保证有可靠的有线通信设施，因此，通过通信节点自己组合，组成一个通信系统是非常有必要的。此外，机动性是部队战斗力的重要部分，这要求通信系统能够根据战事需求快速组建和拆除。Ad hoc 网络满足了军事通信系统的这些需求。Ad hoc 网络采用分布式技术，没有中心控制节点的管理。当网络中某些节点或链路发生故障时，其他节点还可以通过相关技术继续通信。Ad hoc 网络由移动节点自由组合，不依赖有线设备，因此，具有较强的自组性、机动性，很适合战场的恶劣通信环境。目前，一些发达国家为作战人员配备了尖端的个人通信系统，在恶劣的战场环境中，很难通过有线通信机制或移动 IP 机制来完成通信任务，但可以通过 Ad hoc 网络来实现。因此，研究 Ad hoc 网络对军队通信系统的发展具有重要的应用价值和长远意义，可以说军事应用是 Ad hoc 网络技术的主要应用领域。因其特有的无须架设网络设施、可快速展开、抗毁性强等特点，Ad hoc 网络是数字化战场通信的首选技术，并已经成为战术互联网的核心技术。

　　（2）传感器网络：传感器网络是 Ad hoc 网络技术应用的另一大领域。对于很多应用场合来说，传感器网络只能使用无线通信技术，并且传感器的发射功率很小。分散的传感器通过 Ad hoc 网络技术组成一个网络，可以实现传感器之间和与控制中心之间的通信，这种网络具有非常广阔的应用前景。

　　近年来，Ad hoc 网络的研究在民用和商业领域也受到重视，分述如下：

（1）紧急和突发场合：在发生了地震、水灾、火灾或遭受其他灾难后，固定的通信网络设施都可能无法正常工作。而 Ad hoc 网络可以用于灾难救助，此时 Ad hoc 网络能够在这些恶劣和特殊的环境下提供通信支持，对抢险和救灾工作具有重要意义。此外，当刑警或消防队员紧急执行任务时，可以通过 Ad hoc 网络来保障通信指挥顺利进行。

（2）偏远野外地区：当处于边远或野外地区，由于造价、地理环境等原因往往没有有线通信设施，无法依赖固定或预设的网络设施进行通信。而 Ad hoc 网络可以解决这些环境中的通信问题。Ad hoc 网络技术具有单独组网能力和自组织特点，是这些场合通信的最佳选择。

（3）临时场合：Ad hoc 网络的快速、简单组网能力使得它可以用于临时场合的通信。比如会议、庆典、展览等场合，可以免去布线和部署网络设备的工作。

（4）动态场合和分布式系统：通过无线连接远端的设备、传感节点和激励器，Ad hoc 网络可以方便地用于分布式控制，特别适用于调度和协调远端设备的工作，减少分布式控制系统的维护和重配置成本。Ad hoc 无线网络还可被用于在自动高速公路系统（AHS）中协调和控制车辆，对工业处理过程进行远程控制等。

（5）个人通信：个人局域网（PAN）是 Ad hoc 网络技术的又一应用领域，用于实现 PDA、手机、便携式电脑等个人电子通信设备之间的通信，并可以构建虚拟教室和讨论组等崭新的移动对等应用（MP2P）。考虑到电磁波的辐射问题，个人局域网通信设备的无线发射功率应尽量小，这样 Ad hoc 网络的多跳通信能力将再次展现它的独特优势。

（6）商业应用：Ad hoc 网络还可以用于临时的通信需求，如商务会议中需要参会人员之间互相通信交流，在现有的有线通信系统不能满足通信需求的情况下，可以通过 Ad hoc 网络来完成通信任务，组建家庭无线网络、无线数据网络，移动医疗监护系统和无线设备网络，开展移动和可携带计算以及无所不在的通信业务等。

（7）其他应用：考虑到 Ad hoc 网络具有很多优良特性，它的应用领域还有很多，这需要我们进一步去挖掘。比如，它可被用来扩展现有蜂窝移动通信系统的覆盖范围，实现地铁和隧道等场合的无线覆盖，实现汽车和飞机等交通工具之间的通信，用于辅助教学和构建未来的移动无线城域网和自组织广域网等。

Ad hoc 网络在研究领域也很受关注，近几年的网络国际会议基本有 Ad hoc 网络专题随着移动技术的不断发展和人们日益增长的自由通信需求，Ad hoc 网络会受到更多的关注，得到更快速的发展和普及。

7.2　Ad hoc 网络协议

7.2.1　移动 Ad hoc 网络 MAC 协议

无线频谱是无线移动通信的通信媒体，是一种广播媒体，属于稀缺资源。在移动 Ad hoc 网中，可能会有多个无线设备同时接入信道，分组之间相互冲突，使接收机无法分辨出接收到的数据，导致信道资源浪费，吞吐量显著下降。为了解决这些问题，就需要 MAC

（媒体接入控制）协议。所谓 MAC 协议，就是通过一组规则和过程来更有效、有序和公平地使用共享媒体。因此，MAC 协议在移动 Ad hoc 网中起着很重要的作用。应该注意的是，由于移动 Ad hoc 网中节点运动的不确定性，给 MAC 协议的实现带来了很大的影响。

从广义上说，无线网络是由以无线电波作为传输介质、进行分组交换的节点构成的网络。这些分组的发送可能采取两种方式：单播分组包含传送给特定节点的信息；组播分组将信息分发给一组节点。MAC 协议仅仅决定一个节点应该什么时候发送分组，以及控制所有到物理层的接入。在协议栈中，MAC 协议位于数据链路层的底部、物理层的上部，由于无线通信的特性，无线网络 MAC 协议的实现面临很大的挑战。无线电波通过非导向介质传播，这种介质没有绝对的和看得见的边界，很容易被外界的干扰破坏掉。所以无线链路通常有较高的误码率，并表现出非对称的信道特性。采用信道编码、位交织、频率/空间分集及均衡技术，使信息在通过无线链路进行传输的过程中仍能保持较高的正确率，但是非对称的信道特性却严重地限制了节点之间的合作。

无线传输信号的强度会随与发射机距离的增加而急剧下降，这就意味着发送的检测和接收依赖发射机和接收机之间的距离，只有节点位于发送节点的信号覆盖范围之内，才能检测到信道上的信号。这种依赖位置的载波侦听将导致隐藏和暴露终端问题。隐藏终端问题导致接收机端的信号冲突增加，而暴露终端问题却导致了不必要的禁止节点接入信道操作。

信号的传播延迟（信号从发送节点到达接收节点的时间）也会影响无线网络的性能。依赖载波侦听的协议对传播延迟非常敏感，如果传播延迟很大，接收节点在规定的时间内接收不到信号，就会以为信道空闲而发送信号，而实际上只是信号没有及时到达。这样信道的冲突就会加剧，致使网络性能恶化。

即使已经建立起来可靠的无线链路，无线 MAC 还需要考虑额外的硬件限制。大多数无线收发机仅仅允许在单一的频率上以半双工方式通信，当一个无线节点进行发送时，很大一部分信号的能量泄露到接收路径上。在同一频率上，信号发射的功率远远超过接收到的信号功率。所以，由于无线信号的"捕捉"（Capture）特性，发送节点在发送的同时只能检测到自己发送的信号。这样，传统的局域网协议 CSMA/CD 不能用于无线环境。另外，收发机接收和发送的转换时间对网络的性能影响很大，尤其是高速系统。

对于移动 Ad hoc 网络来说，信道接入的控制必须是分布式的。每个移动节点必须知道自己的周围环境中发生了什么，而且需要和其他节点合作，实现网络业务传输。因为移动 Ad hoc 网中的节点常常是移动的，所以 MAC 协议的复杂性较高。由于这种分布式的特性，移动 Ad hoc 网的信道接入需要在竞争节点之间协调。因此，需要采用某些分布式协商机制来得到高效率的 MAC 协议，其中，协商中需要的时间和带宽等信道资源是影响网络性能的重要因素。

综上所述，移动 Ad hoc 网 MAC 协议的设计一定要考虑无线传输的特性。以下将介绍一些 MAC 协议的实现机制，了解协议如何解决无线链路中产生的问题。

1. 隐藏终端与暴露终端问题

隐藏终端是基于竞争机制的协议中一个著名的问题，在 ALOHA、时隙 ALOHA、CSMA、IEEE 802.11 等协议中均存在。当两个节点向同一个节点发送数据的时候，如果在接收节点处导致冲突,就认为这两个节点相互隐藏(互相不在对方的信号范围之内)。
图 7-5 所示的节点 A、C 相对节点 B 就是隐藏终端。

　　为了避免冲突,所有接收节点的邻节点需要得到信道将被占用的通知,通过使用控制
信息可以让节点预先留出信道,即使用握手协议。RTS(Request To Send,请求发送)
分组可以用来表示节点请求发送数据。如果接收节点允许发送,就用 CTS(Clear To
Send,同意发送)分组表示同意。由于消息的广播特性,发送者和接收者的所有邻节点都
被通知信道要被占用,这样就可以实现禁止它们发送,避免了冲突。图 7-6 表示了 RTS/
CTS 交互的概念。

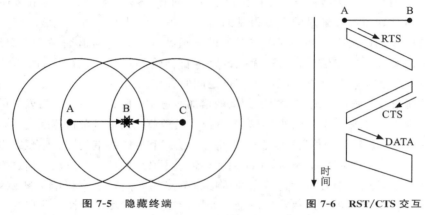

图 7-5　隐藏终端　　　　　　　　　图 7-6　RST/CTS 交互

　　RTS/CTS 交互的方法从一定程度上缓解了冲突的矛盾,但并没有完全解决隐藏终端
问题。下面有不同节点发送的 RTS 帧和 CTS 帧发生冲突的实例。如图 7-7 所示,节点 B
发送 CTS,响应节点 A 发送的 RTS 帧,与节点 D 发送的 RTS 在节点 C 处发生了冲突。
此时,节点 D 是节点 B 的隐藏终端。因为节点 D 没有接收到节点 C 的 CTS 应答,所以定
时器超时,重传 RTS。当节点 A 收到节点 B 的 CTS 时,并不知道发生在节点 C 处的冲
突,所以继续向节点 B 发送数据帧。在此情形中,数据帧和节点 C 发出的 CTS(应答节
点 D 的 RTS)发生了冲突。

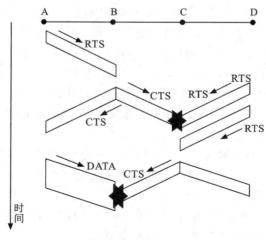

图 7-7　冲突情形 1

另外一个有问题的情形如图 7-8 所示，两个节点在不同的时刻发送 RTS，节点 A 发送 RTS 给节点 B，当节点 B 用 CTS 应答 A 时，节点 C 向节点 B 发送 RTS。因为节点 C 在向节点 D 发送 CTS 时，不可能监听到节点 B 发出来的 RTS，所以节点 C 不知道节点 A、B 之间的通信。节点 D 用 CTS 应答节点 C 的 RTS。所以，最后节点 A 和节点 C 的数据帧发生了冲突。

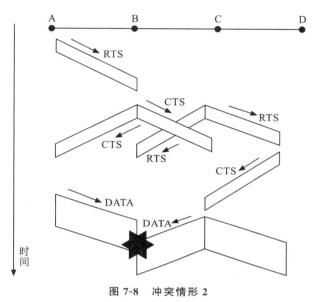

图 7-8　冲突情形 2

如果一个节点监听到邻节点在进行数据发送，它就自动禁止向其他节点发送数据，这就是所谓的暴露终端问题。暴露终端问题导致了系统的"过激"反应，即引入了不必要的禁止接入。一个暴露终端即一个节点在发射机的范围之内，在接收机的范围之外。图 7-9 所示的节点 A 即为暴露终端。

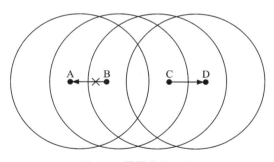

图 7-9　暴露终端问题

隐藏终端问题降低了网络的可用性和系统的吞吐量。解决隐藏终端问题可以使用控制信道和数据信道分离的方法，以及使用定向天线的方法。前者将在 PAMAS 和 DBTMA 部分中讨论；对于后者，如果使用定向天线，这个问题可以得到缓解。如图 7-10 所示，节点 A 可以与节点 B 进行通信而不影响节点 C、D 之间的通信。定向天线的方向性提供了全向天线所不能提供的空间复用和连接分离，具体方法在定向天线部分讨论。

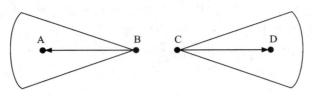

图 7-10   两对节点同时传输

2. MACA 与 MACAW 协议

MACA 协议是 Karn Phil（1990）在其业余分组无线电的研究中提出的。当时的业余分组无线电只能使用单一频率的信道，饱受隐藏终端和暴露终端问题的困扰。于是 Phil Karn 提出了 MACA 协议来减轻这些问题。同时 MACA 协议也可以加以扩展，使发射机能自动进行功率控制。

在当时业余分组无线电使用的 CSMA/CA 协议中，采用物理载波侦听（CSMA）信道与 RTS/CTS 握手来进行冲突避免（CA）。但是，当隐藏终端存在时，移动节点没有侦听到信道载波并不是总意味着发送没有问题。同样，当暴露终端存在时，也不总是表示此时不能发送。换句话说，载波侦听经常是不起作用的，所以 Karn 就提出一个"激进"的建议：将 CSMA/CA 中的 CS 去除，就是不采用物理载波侦听，将剩下的 MA/CA 称为 MACA，即带冲突避免的多址接入。MAC 冲突避免的核心就是 RTS/CTS 分组对信道上其他移动节点的影响。当一个移动节点"无意中听到"（Overhear，以下简称"听到"）一个发送给其他节点的 RTS 分组时，就停止自己的发射机的发送，直到这个 RTS 分组的目的节点响应了 CTS 分组为止。当一个移动节点听到一个发送给其他节点的 CTS 分组时，就停止自己的发射机的发送，直到另外一个节点发送完数据为止。一个节点听到 RTS 或者 CTS 之后，即使没有听到对 RTS 或者 CTS 的响应分组（CTS 和 DATA），这个节点也必须等待适当的时间。图 7-11 所示为一个示例，其中，节点 C 不能收到节点 A 发送的分组，但能收到节点 B 发送的分组。如果节点 C 听到了节点 B 发给节点 A 的 CTS 分组，那么节点 C 就需要等待一段时间，直到节点 B 已经接收完来自节点 A 的数据为止。节点 C 如何确定需要等待的时间？可以在发送者 A 的 RTS 分组中包含待发数据的长度，然后接收者 B 将这个长度数据复制到 CTS 中，节点 C 通过计算即可以知道需要等待的时间。所以，只要网络中每一对链路都是对称的（即如果节点 A 能收到节点 B 的发送，而且节点 B 也能收到节点 A 的发送，那么节点 A、节点 B 之间的链路就称为对称链路），那么听到其他节点之间交互 CTS 的移动节点就知道邻节点要有数据分组传送，MACA 协议就遏止了其他移动节点发送分组的"企图"。这样，MACA 就减轻了隐藏终端问题。

相应地，一个移动节点如果听到了一个 RST（不是发给自己的），但是没有听到这个 RTS 的应答，那么它就会假定 RTS 的接收者不在其接听范围以内，或者已经关机。例如，在图 7-12 中，节点 A 在节点 B 的发送范围之内，而在节点 C 的发送范围之外。当节点 B 向节点 C 发送 RTS 的时候，节点 A 可以听到，但是不能听到节点 C 的 CTS 应答。于是节点 A 就可以发送分组，而不必担心干扰节点 B 的数据发送。但在这种情况下，如果使用 CSMA 协议就不必要禁止节点 B 的发送，所以 MACA 协议减轻了暴露终端问题。但是 MACA 协议并没有完全消除分组之间的冲突。

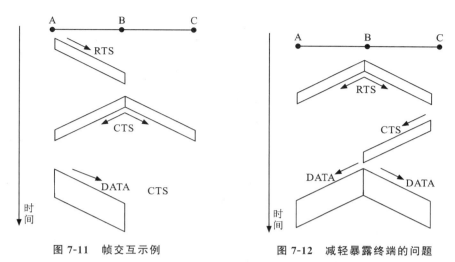

图 7-11　帧交互示例　　　　图 7-12　减轻暴露终端的问题

通过采用与 CSMA 相似的随机指数退避策略，可以将冲突的概率降低。因为 MACA 没有使用载波侦听，所以每一个节点都需要在原有的等待时间（由于听到了其他节点对的 RTS 或者 CTS）的基础上再加一段随机时间。这种机制可以尽量避免多个节点同时争用信道，使相互冲突的机会减少。

显然，如果数据分组的长度和 RTS 分组长度相当，那么 RTS/CTS 对话的开销就会很大。此时，移动节点可以省略 RTS/CTS 对话的过程，直接发送数据分组。当然，如果听到了 RTS 或者 CTS，这个移动节点还是需要推迟自己的发送。不过，这种机制中数据分组仍然存在冲突的风险。但是对于小分组来说，仍是一种不错的折中的方法。

如果对 MACA 协议进行扩展，可以增加发射机功率控制的功能。经过每一次 RTS/CTS 交互，发送者都会更新到达接收者需要的功率估计值，以后发送分组时（包括本次对话中的数据分组）就可以将其发射功率调节到最有效的发射功率值。在 MACAW 协议中，Bharghavan 等（1994）建议使用 RTS-CTS-DS-DAIA-ACK 的消息交换机制发送数据分组。相比 MACA 协议来说，MACAW 增加了 DS 和 ACK 两个控制分组。当一个节点收到目的节点发来的 CTS 分组的时候，就发送 DS 分组。这个分组用来通知收发节点的邻节点：RTS/CTS 交互已经成功完成，马上要发送数据分组。对于新增的 ACK 分组，则是希望通过使用 ACK 分组，尽量使节点在 MAC 层就快速重传冲突的分组，而不需要在传输层进行重传，这提高了网络的性能。为了进一步改善上述退避策略的性能，学者在 MACAW 中还引入一种新的退避机制——MILD 算法，这个算法提高了信道接入的公平性。

3. IEEE 802.11 MAC 协议（DCF）

IEEE 802.11 MAC 协议是 IEEE 802.11 无线局域网（WLAN）标准的一个部分（另一部分是物理层规范）由其主要功能是信道分配、协议数据单元（PDU）寻址、成帧、检错、分组分片和重组等。IEEE 802.11 MAC 协议有两种工作方式：一种是分布式控制功能（Distributed Coordination Function，DCF）；另一种是中心控制功能（Point Coordination Function，PCF）。由于 DCF 采用竞争接入信道的方式，而且目前 IEEE 802.11 WLAN 有比较成熟的标准和产品，因此目前在移动 Ad hoc 网络研究领域中，很多的测试和仿真分析都基于这种方式。

　　DCF 是用于支持异步数据传输的基本接入方式，它以"尽力而为"（Best Effort）方式工作。DCF 实际上就是 CSMA/CA（带冲突避免的载波侦听多址接入）协议。为什么不用 CSMA/CD（带冲突检测的载波侦听多址接入）协议呢？因为冲突发生在接收节点，一个移动节点在传输的同时不能听到信道发生了冲突，自己发出的信号淹没了其他的信号，所以冲突检测无法工作。DCF 的载波侦听有两种实现方法：第一种实现是在空中接口，称为物理载波侦听；第二种实现是在 MAC 层，叫作虚拟载波侦听。物理载波侦听通过检测来自其他节点的信号强度，判别信道的忙碌状况。节点通过将 MAC 层协议数据单元（MPDU）的持续时间放到 RTS、CTS 和 DATA 帧头部来实现虚拟载波侦听。MPDU 是指从 MAC 层传到物理层的一个完整的数据单元，它包含头部、净荷和 32bit 的 CRC（循环冗余校验）码，持续期字段表示目前的帧结束以后，信道用来成功完成数据发送的时间。移动节点通过这个字段调节网络分配矢量（Network Allocation Vector，NAV）。NAV 表示目前发送完成需要的时间。无论是物理载波侦听，还是虚拟载波侦听，只要其中一种方式表明信道忙碌，就将信道标注为"忙"。

　　接入无线信道优先级用帧之间的间隔表示，称为 IFS（Inter Frame Space），它是传输信道强制的空闲时段。DCF 方式中的 IFS 有两种：一种为 SIFS（Short IFS），另一种为 DIFS（DCF-IFS），DIFS 大于 SIFS。一个移动节点如果只需要等待 SIFS 时间，就会比等待 DIFS 时间的节点优先接入信道，因为前者等待的时间更短。对于 DCF 基本接入方式（没有使用 RTS/CTS 交互），如果移动节点侦听到信道空闲，它还需要等待 DIFS 时间，然后继续侦听信道。如果此时信道继续空闲，那么移动节点就可以开始 MPDU 的发送。接收节点计算校验和确定收到的分组是否正确无误。一旦接收节点正确地接收到分组，将等待 SIFS 时间后，将一个确认帧（ACK）回复给发送节点，以此表明已经成功接收到数据帧。图 7-13 所示为在 DCF 基本接入方式中，成功发送一个数据帧的定时图。当一个数据帧发送出去的时候，其持续期字段让听到这个帧的节点（目的节点除外）知道信道的忙碌时间，然后调整各自的网络分配矢量（NAV）。这个 NAV 里也包含一个 SIFS 时间和后续的 ACK 持续期。

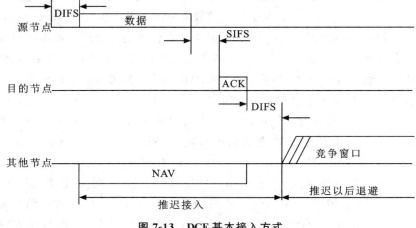

图 7-13　DCF 基本接入方式

　　一个节点无法知道自己的发送产生了冲突，所以即使冲突产生，也会将 MPDU 发送完。假如 MPDU 很大，就会浪费宝贵的信道带宽。解决的办法是在 MPDU 发送之前，采用 RTS/CTS 控制帧实现信道预留，减少冲突造成的带宽损耗。因为 RTS 为 20B，CTS 为 14B，而数据帧最大为 2346B，所以 RTS/CTS 相对较小。如果源节点要竞争信道，则首先发送 RTS 帧，周围听到 RTS 的节点从中解读出持续期字段，相应地设置它们的网络分配矢量（NAV）。经过 SIFS 时间以后，目的节点发送 CTS 帧。周围听到 CTS 的节点并从中解读出持续期字段，相应地更新它们的网络分配矢量（NAV）。一旦成功地收到 CTS，经过 SIFS 时间，源节点就会发送 MPDU。正像我们已经在 MACA 协议中提到的那样，周围节点通过 RTS 和 CTS 头部中的持续期字段更新自己的 NAV，可以缓解"隐藏终端"问题。图 7-14 所示为 RTS/CTS 交互，然后发送 MPDU 的定时图。移动节点可以选择不使用 RTS/CTS，也可以要求只有在 MPDU 超过一定的大小时才使用 RTS/CTS，或者不管什么情况下均使用 RTS/CTS。一旦冲突发生在 RTS 或者 CTS，带宽的损失也是很小的。然而，对于低负荷的信道，RTS/CTS 的开销会增加时延。

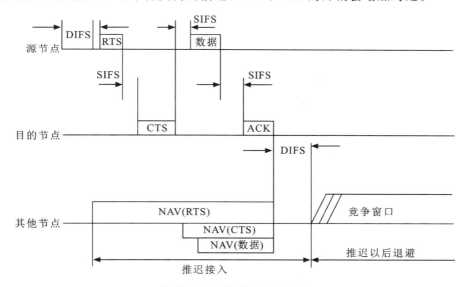

图 7-14　RTS/CTS 交互方式

　　在大的 MPDU 从逻辑链路层传到 MAC 层以后，为了增加传输的可靠性，会将其分片（Fragment）发送。那么，怎么确定是否进行分片呢？用户可以设定一个分片阈值（Fragxnent_Threshold），一旦 MPDU 超过这个阈值就将其分成多个片段，片段的大小和分片阈值相等，其中最后一个片段是变长的，一般小于分片阈值。当一个 MPDU 被分片以后，所有的片段按顺序发送，如图 7-15 所示。信道只有在所有的片段传送完毕或者目的节点没有收到其中一个片段的确认（ACK）时才被释放，目的节点每接收到一个片段，都要向源节点回送一个 ACK。源节点每收到一个 ACK，经过 SIFS 时间，再发送另外一个数据帧片段。所以，在整个数据帧的传输过程中，源节点一直通过间隔 SIFS 时间产生的优先级来维持信道的控制。如果已经发送的数据帧片段没有得到确认，源节点就停止发送过程，重新开始竞争接入信道。一旦接入信道，源节点就从最后未得到确认的数据片段开始发送。如果分片发送数据时要使用 RTS/CTS 交互，那么只有在第一个数据片段发送时才进行 RTS/CTS 交互。

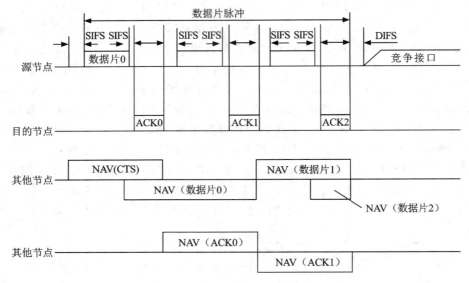

图 7-15　分片交互方式

RTS/CTS 头部中的持续期只到第一个片段的 ACK 被接收到为止，此后其他周围的节点从后续的片段中提取持续期，来更新自己的网络分配矢量（NAV）。CSMA/CA 的冲突避免的功能由随机指数退避过程实现。如果一个移动节点准备发送一个数据帧，并且侦听到信道忙，节点就一直等待，直到信道空闲了 DIFS 时间为止，接着计算随机退避时间。在 IEEE 802.11 标准中，时间用划分的时隙表示。在时隙 ALOHA 中，时隙和一个完整分组的传输时间相同。但是在 IEEE 802.11 中，时隙远比 MPDU 小得多，与 SIF 时间相同，被用来定义退避时间。需要注意的是，时隙的大小和具体的硬件实现方式有关。我们将随机退避时间定义为时隙的整数倍，开始时，在 [0，7] 范围内选择一个整数。当信道空闲了 DIFS 时间以后，节点用定时器记录消耗的退避时间，一直到信道重新忙或者退避时间定时器超时为止。如果信道重新忙，并且退避时间定时器没有超时，节点就将冻结定时器。当定时器时间减到零时，节点就开始发送信息帧。假如两个邻近或者更多个邻近节点的定时器时间同时减到零，就会发生冲突。每个节点必须在 [0，15] 范围内随机选择一个整数作为退避时间。对于每次重传，退避时间按 2^{2+i} ranf () 增长，其中 i 是节点连续尝试发送一个 MPDU 的次数，ranf () 是 (0，1) 之间的随机数。经过 DIFS 空闲时间以后的退避时间称为竞争窗口（Contention Windows，CW），这种竞争信道方式的优点是提高了节点之间的公平性。一个节点每当发送 MPDU 时，都需要重新竞争信道。经过 DIFS 时间之后，每个节点都有同样的概率接入信道。

4. 带信令的功率感知多址协议（PAMAS）

在移动 Ad hoc 网中，一个节点不管是在发送、接收或者处于空闲模式，都会消耗功率。一个节点处在发送时，其所有的邻节点都会听到它的发送。这样，即使不是发送的目的节点，这些邻节点也要消耗功率进行接收。基于这种现象，Raghavendra 等（1998）提出 PAMAS 协议。这个协议源于 MACA 协议，但是带有一个分离的信令信道，该协议的主要特点是当节点没有处于发送和接收状态时，智能地将节点关闭，以节省节点功率的消耗。

在 PAMAS 协议中，假定 RTS/CTS 信息交换在信令信道上进行，数据分组在数据信道上传送，两个信道之间是分离的，信令信道决定了节点什么时候关闭，以及关闭多长时间。图 7-16 所示是 PAMAS 协议的状态转换图，比较详细地描述了协议的行为。

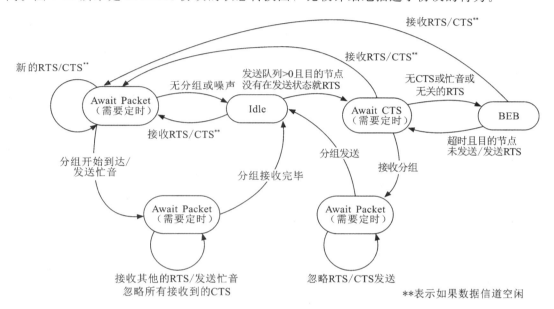

图 7-16　PAMAS 协议状态转换图

从图 7-16 中可以看到，一个节点可能处于 6 种状态，即 Idle（空闲）、Await CTS（等待 CTS）、BEB（H 进制指数退避）、Await Packet（等待分组）、Receive Packet（分组接收）和 Transmit Packet（分组发送）状态。当一个节点没有处在发送、接收分组状态或者没有分组要发送，或者有发送但不能发送（原因可能是一个邻节点正在接收）则这个节点就处于 Idle 状态。当这个节点有分组需要发送时，就发送 RTS，接着进入 Await CTS 状态。假如等待的 CTS 没有到达，节点就跳转到 BEB 状态。要是等待的 CTS 到达了，节点就开始发送分组，进入 Transmit Packet 状态。目的节点一旦发出 CTS，就跳转到 Await Packet 状态。假如数据分组在一个往返时间（加上处理时间）内没有到达目的节点，目的节点就回到 Idle 状态。

当一个节点在 Idle 状态收到一个 RTS，如果没有邻节点处于 Transmit Packet 状态或者 Await CTS 状态时，就用 CTS 应答。对一个节点来说，很容易确定它的邻节点是否处于 Transmit Packet 状态。但是，很难确定它的邻节点是否处于 Await CTS 状态。在 PAMAS 协议中，假如节点在 RTS 到来的时间里在信令信道上听到噪声，就不应答 CTS。然而如果在下一个时间周期里没有听到一个分组开始传输，就假定没有邻节点处于 Await CTS 状态。现在考虑一个处于 Idle 状态的节点有一个分组要发送的情形。在一个节点发送了一个 RTS 后，进入 Await CTS 状态。然而，如果一个邻节点正在接收，并发出一个忙音（2 倍的 RTS/CTS 长度），则会和这个节点接收的 CTS 冲突，导致节点被强制转入 BEB 状态，并且不能发送分组。如果没有邻节点发送忙音，且 CTS 正确接收，则可以发送分组，节点跳转到 Transmit Packet 状态。

若是一个节点发出 RTS，但没有收到 UTS，则进入 BEB 状态，并等待 RTS 重传。然而，如果某个其他邻节点发送一个 RTS 给这个节点，它就离开 BEB 状态，发送 CTS（假设没有邻节点在发送分组或者处于 Await CTS 状态），并进入 Await Packet 状态（如等待一个分组的到来）。当分组到达时，节点进入 Receive Pack 状态。若在期望的时间（到发射机的往返时间＋很短的接收机处理延迟）里没有收到分组，它就返回 Idle 状态。

当一个节点开始接收分组的时候，进入 Receive Packet 状态，并立即发送一个忙音（比 CTS 的两倍要长）。若一个节点在接收一个分组时听到一个 RTS 的传输（来自其他节点）或噪声在控制信道上传输时，这个节点就会发送一个忙音，确保发送 RTS 的节点不能收到 CTS 应答，阻塞其发送。

为了节省移动节点的能量消耗，延长工作时间，PAMAS 协议要求一个节点在听到信息传输时关闭。节点可以在下列两种条件下关机：

（1）若一个节点的邻节点开始发送且这个节点无分组发送，那么这个节点就关机。

（2）若一个节点至少有一个邻节点在发送，还有一个邻节点在接收，则节点应该关闭。因为此时这个节点既不能发送，也不能接收（即使其发送队列不为空）。系统中的每个节点都是独立地决定是否关闭节点知道一个邻节点是否正在发送，因为它可以在数据信道上听到发送。同样，一个节点（其发送队列不为空时）知道一个或者多个它的邻节点是否在接收，因为当它（或它们）开始接收时会发送一个忙音，这样节点会很容易地决定什么时候关机。问题是关机多长时间呢？若一个邻节点要向一个已经关闭的节点发送分组，则必须等待这个节点重新开启。因为如果提前开启，就会在这个节点处发生分组冲突。对于关机时间，在 PAMAS 协议中有如下规定：

①当一个节点的周围发生了一次分组发送，它会知道传输的持续期（如 1），如果此时节点的发送队列为空，就关闭 1 时间。

②可能存在这样一种情况，一个节点在关闭时，周围可能开始新的数据传输。当这个节点的电源恢复时，会听到周围数据信道的传输。PAMAS 协议使用探测（Probe）分组的交互，通过折半查找的方法，决定节点继续关闭多长时间。应当注意的是，探测分组在控制信道上可能发生冲突，因为存在多个节点同时重新开启的可能，在这种情况下，可以使用 P-坚持型 CSMA 来解决。

PAMAS 协议也提出了一种简化的探测方式。其假设节点仅仅关闭数据接口，但一直将信令接口开启，这使得节点一直能够了解新的分组发送的长度，在适当的时候关闭数据接口。图 7-17 所示为 PAMAS 协议控制框图。在这里，信令接口侦听所有的 RT（Request To）、S（Send）、I（Information）、C（Control）、T（Transition）和 ICT（In Circuit Testing）信号，是否有忙音发送，以及每个发送和接收分组长度的记录。这些信息（包括发送队列的长度）被传送给功率感知逻辑，它会决定数据接口的开启和关闭。

5. 基于移动 Ad hoc 网络的其他 MAC 协议

前面已经介绍了多个移动 Ad hoc 网的 MAC 协议，包括单信道协议、控制和数据信

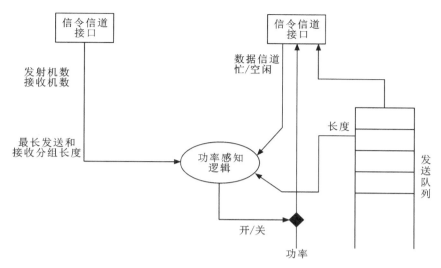

图 7-17　PAMAS 协议控制框图

道分离的协议、功率控制和定向 MAC 协议。这些协议都在一定程度上解决了无线链路接入的问题。但是，随着用户各种业务的需求越来越广泛，对移动 Ad hoc 网的性能要求也越来越高，因此，移动 Ad hoc 网的 MAC 协议也在不断发展。目前 MAC 协议主要的发展方向集中于以下几个方面：支持多信道（指数据信道）、支持 QoS、支持多种速率等。

移动 Ad hoc 网多信道 MAC 协议一般支持多个数据信道，节点根据周围的情况，自己选择发送的信道，这就类似于蜂窝网络中频率在空间上复用的概念，使得网络中能够有多对相邻的节点同时进行数据传输，提高了网络的吞吐量，降低了网络的延迟。某些使用多波束智能天线的移动 Ad hoc 网 MAC 协议，也可以划分到多信道 MAC 协议中。

目前，由于网络技术的进步，很多用户开始使用多媒体传输业务，如语音和视频等。但是，很多的 MAC 协议不支持 QoS，所以就不能提供多媒体业务。目前 MAC 的 QoS 的主要研究集中在信道接入的公平性和支持多媒体业务上。QoS 主要通过 Intserv 与 DiffServ 机制实现。比如在 MACA/PR（带搭载预留的多址冲突避免）协议中，对于非实时的分组，一个节点首先应等待一个预留表（RT），然后才能按照 RTS/CTS/DATA/ACK 的方式进行收发。对于实时的分组，首先进行 RTS/CTS 交互，再进行 DATA/ACK 交互。对于以后的分组，则不再进行 RTS/CTS 交互，只进行 DATA/ACK 交互。在 DATA 和 ACK 分组的头部搭载了实时调度的信息，用来进行资源的预留。IEEE 802.11b MAC 协议中的 PCF 模式也采用了类似的 QoS 机制。

由于通信设备的飞速发展，要求很多不同设备能够相互通信，而不同的通信设备采用的发送和接收的速率也不尽相同。为了支持它们之间的通信，要求 MAC 协议必须支持多种速率的信道。这样，用户就可以手工或者由节点自动进行速率的转换，有利于多种设备之间的通信。但是也应该看到，很多新的 MAC 机制或多或少地提高了对硬件的要求。相信随着技术的发展，硬件成本会降低，这样，很多复杂但性能更好的 MAC 协议将会得到应用。

7.2.2　移动 Ad hoc 网络路由协议

移动 Ad hoc 网是一种分布式的无线通信网，其最大的特点是没有网络基础设施，完全由一些移动节点临时构成网络，并且在节点移动、网络拓扑结构发生变化后能够迅速地建立新的传输通道，即能重建路由移动 Ad hoc 网为小范围内的移动或无线主机连接提供了灵活的解决方案。由于移动 Ad hoc 网络本身特殊的拓扑结构，因而其路由问题就显得尤为重要，路由方案的好坏直接关系到整个网络性能的优劣。目前对移动 Ad hoc 网络路由的研究已经成为无线通信网的热点之一，对这种网络路由方法的讨论也越来越深入，并且已经提出了多种针对移动 Ad hoc 网的路由方案。

移动无线网络有两种基本结构。第一种是有基础设施的移动无线网（Infrastructured Network），即整个网络中有一些固定的节点，其位置不会变化，充当网关和中继的作用，负责该节点所在区域内的所有移动节点的管理和通信等任务。这种结构的实质就是把整个网络区域分成若干个小的区域，每个小的区域内由一个固定的节点充当管理者，负责该区域内的移动节点之间以及该区域和其他区域的移动节点之间的相互通信。这样做的好处是网络的结构比较清楚，容易实现。因而节点位置固定，所以管理起来也较简单，特别是路由的管理，更可以借鉴原来计算机网络（固定节点网络）的一些方法，即整个大的网络区域可以看成是类似于计算机网络的固定节点相互连接在一起，而在每一个小的自治区域内却是一个移动的无线网络，移动节点（如手机）可以在该小区内自由移动，还可以从一个固定节点覆盖的区域移动到另一个固定节点覆盖的区域，并且还能通话，这样就从真正意义上实现了移动性，所以这种网络可以算是一种移动无线网络，虽然它的基础设施是有线和固定的。

第二种移动无线网络可以说是一种真正意义上的移动网，因为它最大的一个特点就是没有基础设施，事先不需要任何的架设、布线、安放基站等措施。整个网络只由移动节点构成，网络中所有的元素都是移动的。这些移动节点可以临时构成一个网络。当网络中的一部分节点撤出该网络、有新的节点加入该网络或者网络中的节点变化了自己的位置（这些变化是随机的，事先无法估计的）时，网络中的各个节点可以按照 MAC 层的媒体接入协议与网络层的路由协议等发现网络的变化，及时得知新的网络状态，以便继续与网络中的其他节点通信。这就是我们通常所说的移动 Ad hoc 网。

移动 Ad hoc 网是一种非常特殊、具有高度灵活性和智能化的移动无线网络。由于移动 Ad hoc 网本身的特殊性，网络中所有的节点都会移动。可能会不断地生成新的网络，因此每个节点都必须具有路由的功能，即每个节点都能充当路由器，能够发现和识别相邻节点，转发其他节点发来的数据，并能与其他节点交换路由信息。正是由于移动 Ad hoc 网本身的特殊性，因而这种网络的路由问题就显得尤为重要和复杂，路由问题解决的好坏直接关系到移动 Ad hoc 网的性能。因为移动 Ad hoc 网是无基础设施的移动网络，所以它所涉及的路由问题也比有线固定网络复杂得多。

因为移动 Ad hoc 网络中没有基础设施，所以网络中各节点之间的通信只能由网络中的各移动节点来代为转发。此时，这些节点充当了路由器的功能。与此同时，这些节点又都是可移动的，在某一时间段位于某一位置，过了一段时间后又可能移动到新的位置，而且这些节点的移动应该是随机的，事先无法估计。所以两节点之间为传输数据而建立起来的路由并不像有线网络中那样是一成不变的，而是随时可能会断开，同时新的路由又可能会随时形成。因为整个路由上某一个或某几个节点可能已经移开，并且移动到了一个新的位置。当建立起来的路由已经变得不可用时，必须有一种方法能快速而准确地找到新的中继节点来代替原来的节点，即找到一条新的路由来继续传输数据，路由恢复的时间越短越好，但这也与网络中节点的移动速度有关。若节点移动速度非常快，以致新建的路由无法存在一段稳定的时间，那么，就只能使用泛洪（Flooding）的方法来传输数据。当然，这样做的代价是很大的，而且整个网络的性能很差。当网络中节点的移动速度较快（如20m/s）时，应该采用临时建立路由的方法，即按需建立路由法。因为每条路由都只具备很短的时效性，没有必要在每个节点的内存中建立庞大的路由缓存库；而当网络中各节点的移动速度较慢（如5m/s）时，应该采用事先建立一定量的路由缓存方式，即网络中的各节点周期性地对整个网络的路由状态作出测试，了解整个网络中各节点的位置状态，然后建立一定量的路由信息存于自己的缓存中。当需要发送数据时，可以先在自己的缓存中查找有无目的节点的路由信息：如果有，则直接将数据发送至路由表中下一个节点处；如果没有，则再建立路由。这种方法在计算机网络中普遍采用，因为计算机网络由一些固定节点构成，是一个静态网络。这种方案较适用于移动性较小的网络，因为每条路由维持的时间较长，事先存储一定量的路由信息在自己的缓存中，可以减少要发送数据而寻找路由的时间，提高了整个网络的性能。

目前，随着移动 Ad hoc 网路由协议研究的深入，人们对临时建立路由的方法进行了改进，主要就是加入事先建立缓存信息的思想，并且对其中的每条路由信息加上生存期（TTL）。发送数据时，首先查找路由表，看是否有可用信息，如果有就直接用；如果没有，就从源节点发起路由请求，并且中间节点收到请求后，首先查看自己的缓存中是否有到目的节点的路由，如果有，则直接返回其路由，如果没有再继续转发。这种改进的算法明显比原始的按需建立路由法好得多。不但路由建立的时间可大大缩短，而且整个网络的控制信息的开销也会少得多，不会轻易使用泛洪策略，有利于减轻网络负担。然而这样做唯一的缺点是会增加网络成本，因为我们不得不为每个节点增加更多的内存。但是，随着半导体工业的发展和存储器价格的不断下降，其成本问题将变得无足轻重。

总体来说，不同的移动性环境下应该采用不同的路由策略，以便达到最好的网络使用。

传统的路由建立及维护方法是靠周期性地发送控制信息来更新网络节点的路由表（主要是表驱动类型）。这种方法对于静态网络节点位置不发生变化或变化很慢的网络结构非常适用。但对于移动 Ad hoc 源网络这样具有特殊要求的移动无线网络来说，这样的做法无疑会消耗很多的资源。因为其中很大一部分路由信息是很少使用，甚至无用的，即很多信息由于节点的移动已经过期，从而造成很大的资源浪费。

目前，人们已经提出多达10～20种移动 Ad hoc 网络路由协议，但最基本的、具有原创性的仅有几种，如 DSR、TORA、AODV、DSDV、CGSR 和 ABR 等。其中有根据 Ad hoc 网络的特点所创建的与传统路由协议完全不同的方法，如 DSR；有的则是根据原来已存在的路由方法进行改进，使之适应移动 Ad hoc 网络对路由的要求，如 DSDV；有的则是把前面两者的优点结合在一起而形成的新的路由协议，如 AODV。图 7-18 所示是对移动 Ad hoc 网络路由协议的简单分类。

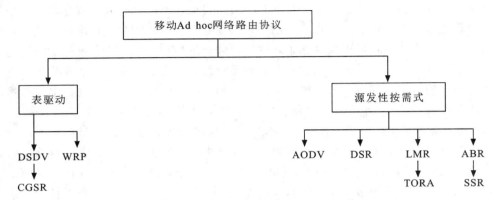

图 7-18　移动 Ad hoc 网络路由协议分类

1. 目的排序距离矢量（DSDV）协议

DSDV（Destination Sequenced Distance Vector）协议对 Bellman-Ford 路由算法即距离矢量（Distance Vector，DV）算法进行了改进。在传统的 DV 算法中，每个节点同时保存两个矢量表，一个是该节点到网络中其他节点的距离 D（i）（可以是跳数，也可以是时延）；另一个保存的是要到此目的节点需要经过的下一跳节点，即 N（i）。每个节点周期性地发送自己的 DV 表，即 D（i），其他节点根据自己的 DV 表和从邻节点收到的 DV 表来更新自己的路由表，即对任意一个节点 k，$d_{ki}=\min\ [d_{kj}+d_{ji}]$，$j \in A$，$A$ 为节点收到的相邻节点的 DV。

在 DV 路由中，每个节点周期性地将以它为起点的到其他目的节点的最短距离广播给它的邻节点，收到该信息的邻节点将计算出到某个目的节点的最短距离与自己已知的距离相比较，若比已知的小，则更新路由表。与链路状态相比较，DV 算法在计算上是非常有效的，更容易实现，所需的存储空间也大大减少。然而，我们知道，DV 算法既会形成暂时性的路由环，也会形成长期的路由环。

而 DSDV 则是在 DV 算法中加入了目的节点序列号，此序列号由目的节点产生。目的节点每次因位置发生改变而与某相邻节点的连接断开后会把其序列号加 1，而该邻点也会把其序列号加工，并设其到目的节点的距离为∞。当节点收到多个不同的矢量表数据包时，采用序列号较大的，即较新的来计算；如果序列号相同，则看谁的路径更短。目的节点序列号可以区别新旧路由，避免产生环路。图 7-19 所示为 DSDV 路由协议示意图。

如图 7-19（a）所示，节点 A 和节点 B 的路由表中到节点 D 的入口分别如下：

节点 A 的路由表		
目的节点	下一跳	跳计数
D	B	3

节点 B 的路由表		
目的节点	下一跳	跳计数
D	C	2

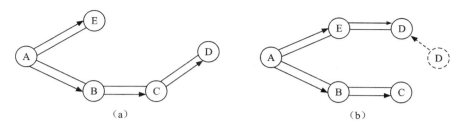

图 7-19 DSDV 路由协议示意图

但是，如图 7-19（b）所示，如果当节点 D 移动到新的位置，节点 C 到节点 D 的连接不存在了。那么，如果按照传统的 DV 算法，节点 A 和节点 B 相互交换各自的路由信息。此时，节点 B 已经收到节点 C 的更新消息，把到节点 D 的距离设为无穷。当与节点 A 互相交换路由信息后，就会把到节点 D 的距离设为节点 A 到节点 D 的距离加上节点 B 到节点 A 的距离，如下所示：

更新前节点 B 的路由表		
目的节点	下一跳	跳计数
D		C0

更新后节点 B 的路由表		
目的节点	下一跳	跳计数
D	A	4

这样就造成路由环的现象，即节点 A 或节点 B 想向节点 D 发送的数据，会在节点 A 和节点 B 之间来回地转发，根本发不出去。显然，这是我们不愿看到的，解决这一问题的方法就是在每条路由记录中加入序列号。序列号由目的节点产生，并且每次当目的节点的链路发生改变时，目的节点便会把自己的序列号加 1。如图 7-19（b）所示，当节点 D 与节点 E 建立新的连接时，节点 E 到节点 D 的路由便会采用新的序列号值，说明此路由比原来的路由新。与其相连的节点就会产生路由更新，在更新路由的同时，会把这条更新的路由记录的序列号加 1。节点之间相互交换路由信息时，如果需要更新，首先要检查序列号的大小，如果收到的更新数据的序列号比本节点上该路由记录的序列大，则马上更新；如果相同，则比较路由的距离，像传统的路由矢量一样；如果小于自己的路由记录的序列号，则拒绝更新，因为被更新的路由已经是旧的路由，已无效。在 DSDW 中，路由表的表项除了包括目的节点、跳计数外，还有目的节点的序列号。当网络拓扑如图 7-19（a）所示时，原节点 A、B 的路由表分别如下：

节点 A 的路由表			
目的节点	下一跳	跳计数	序列号
D	B	3	1000

节点 B 的路由表			
目的节点	下一跳	跳计数	序列号
D	C	2	1000

当节点 D 移走，节点 C 和节点 D 的连接中断时，节点 C 到节点 D 的路由会被更新，在路由更新时，序列号也被加 1。更新前后的路由表如下：

节点 C 更新前的路由表			
目的节点	下一跳	跳计数	序列号
D	D	1	1000

节点 C 更新后的路由表			
目的节点	下一跳	跳计数	序列号
D		∞	1001

当节点 B 收到节点 C 的路由更新后，其相应的路由信息也会被更新。更新前后的路由表如下：

节点 B 更新前的路由表			
目的节点	下一跳	跳计数	序列号
D	B	1	1000

节点 B 更新后的路由表			
目的节点	下一跳	跳计数	序列号
D		00	100

当节点 B 收到节点 A 的交换路由信息后，由于其序列号小于当前序列号，因此不更新。这样就避免产生路由环路，也不会造成死锁。同理，节点 A 的相应路由也会被更新，因为其序列号较小，表明已经过期。更新前后的路由表如下：

节点 A 更新前的路由表			
目的节点	下一跳	跳计数	序列号
D	B	3	1000

节点 A 更新后的路由表			
目的节点	下一跳	跳计数	序列号
D		∞	1001

当节点 E 与移动到新位置的节点 D 建立连接以后，也会更新路由表，假设原序列号也为 1000（由节点 A 得知），更新前后的路由表如下：

节点 E 更新前的路由表			
目的节点	下一跳	跳计数	序列号
D	A	4	1000

节点 E 更新后的路由表			
目的节点	下一跳	跳计数	序列号
D	D	1	1001

由于节点 A 和节点 E 会周期性地交换路由信息，当节点 A 收到节点 E 的路由更新后，在序列号相同时，则会根据 DV 算法来判断是否更新路由，显然，节点 A 会更新路由。更新前后的路由表如下：

节点 A 更新前的路由表			
目的节点	下一跳	跳计数	序列号
D		∞	1001

节点 A 更新后的路由表			
目的节点	下一跳	跳计数	序列号
D	E	2	1001

以上是 DSDV 建立路由的基本过程，其主要思想就是在 DV 算法基础上加上目的节点的序列号，用于防止由于节点移动而产生的路由环和死锁等问题。但因为相邻节点之间必须周期性地交换路由表信息，所以会占据很大一部分网络资源，存储开销过大。当然也可以根据路由表的改变来触发路由更新。路由表更新有两种方式：一种是全部更新，即拓扑更新消息中将包括整个路由表，这种方式主要应用于网络拓扑变化较快的情况；另一种

方式是部分更新，即更新消息中仅包含变化的路由部分，通常适用于网络变化较慢的情况。

在 DSDV 中，只使用序列号最高的路由，如果两个路由具有相同的序列号，那么将选择最优（如跳数最少）的路由。

2. Ad hoc 按需距离矢量（AODV）协议

AODV（Ad hoc On Demand Distance Vector）路由算法是专为移动 Ad hoc 网设计的一种路由协议，它可以说是按需式和表驱动式的一种结合，具备两种方式的优点。它的处理过程简单，存储开销很小，能对链路状态的变化作出快速反应。AODV 通过引入序列号的方法解决了传统 DV 协议中的一些问题，如"计算到无穷，确保了在任何时候都不会形成路由环，这一点与 DSDV 很相似。

AODV 路由算法属于按需路由算法，即仅当有源节点需要向某目的节点通信时，才在节点间建立路由，路由信息不会一直被保存，具有一定的生命期（TTL），这是由移动 Ad hoc 网本身的特点所决定的。若某条路由已不需要，则会被删除。通过使用序列号，AODV 可以保证不会形成路由环，原理同前面的 DSDV，在此不再赘述。

AODV 支持单播、多播和广播通信，在相邻节点之间只使用对称链路。通过使用特殊的路由错误信息，可以快速删除非法路由。AODV 能及时对影响动态路由的拓扑变化作出反应。另外，在建立路由时，除了路由控制分组外，没有其他的网络开销，路由开销也很小。

在实现上，AODV 包括七大部分：路由的发现、扩展环搜索、路由表的维护、本地连接性管理、节点重启后的动作、AODV 对广播的支持、AODV 协议的特点。

1）路由的发现

AODV 中的路由搜索完全是按需进行的，是通过路由请求—回复过程实现的，其中 RREQ（Route Request packet，路由请求分组）消息用于建立路由的请求信息，RREP（Route Reply packet，路由回复分组）消息用于返回建立的路由信息。路由发现的基本过程可以归纳如下：

（1）当一个节点需要一个到某一个目的节点的路由时，就广播一条 RREQ 消息。

（2）任何具有到当前目的节点路由的节点（包括目的节点本身）都可以向源节点单播一条 RREP 消息。

（3）由路由表中的每个节点来维护路由信息。

（4）通过 RREQ 和 RREP 消息所获得的信息与路由表中的其他路由信息保存在一起。

（5）序列号用于减少过期的路由。

（6）含过时序列号的路由从系统中去除。

当一个源节点想向某一目的节点发送分组，而又不存在已知路由时，它就会启动路由发现过程来寻找到目的节点的路由。为了开始搜索过程，源节点首先创建一个 RREQ，其中含有源节点的 IP 地址、源节点的序列号、广播 ID、源节点知道的到目的节点的最新序列号（该序列号对应的路由是不可用的）；然后，源节点将 RREQ 广播给它的相邻节点，邻节点收到该分组后，又转发给它们的邻节点。如此循环，直到找到目的节点，或找到足够新的路由（目的节点序列号足够大）的节点；最后设置定时器，等待回复。所有节点都保存 RREQ 的源 IP 地址和广播 ID，当它们收到已经接收过的分组时，就不再重发，图 7-20（a）所示为路由请求分组的传播过程（广播形式）。

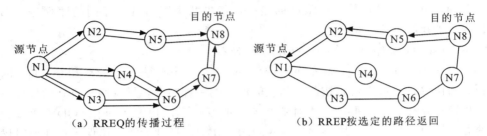

图 7-20　AODV 路由建立过程

中继节点在转发 RREQ 的同时，会在其路由表中为源节点建立反向路由入口，即记录下相邻节点的地址，以及源节点的相关信息。其中包括源节点的 IP 地址、序列号、到源节点所需的跳数、接收到的 RREQ 上游节点的 IP 地址。每个节点在建立路由入口的同时，会设置一个路由定时器，若该路由入口在定时器设定的计时周期内从未使用过该入口，则该路由就会被删除。

若收到 RREQ 的节点就是目的节点，或该节点已有到目的节点的路由，并且该路由的序列号要比 RREQ 所包含的序列号大或者相同，则该节点就用单播方式向源节点发送一个 RREP；否则，它会继续广播接收到的 RREQ 消息。

当 RREQ 到达一个拥有到目的节点路由的中继节点时，该节点首先会检查该 RREQ 分组是否是从双向链路上接收到的，因为 AODV 只支持对称链路。若一个中间节点有到目的节点的路由入口，则它需要判定该路由是否是最新的。其方法是将路由表中存储的该路由的序列号与 RREQ 分组中的序列号相比较，若后者大于前者，说明该中继节点的路由信息已陈旧，则该中间节点就不能利用它所记录的路由来对 RREQ 作出回答，而是继续转发 RREQ 分组；仅当中间节点的序列号大于或等于 RREQ 中的序列号时，才对 RREQ 作出回答，即对源节点发送 RREP 分组。

当 RREQ 到达一个能提供到目的节点路由的节点时，一条到源节点的反向路径就会被建立，随着 RREP 向源节点的反向传输，每一个该路径上的节点都会设置一个指向上一个节点的前向指针和到目的节点的路由入口，更新到源节点和目的节点的路由入口的超时时间，并且记录到目的节点的最新的序列号。图 7-20（b）所示为随着 RREP 从目的节点向源节点传输，反向路径的建立过程。其他不在返口路径上的转发节点的路由信息会在经过 ACTIVE_ROUTE_TIMEOUT（如 3000ms）时间之后，由于超时而被删除。

若一个节点收到多个 RREP 分组，则按照先到优先的原则进行选择。但是，如果新到的 RREP 分组比原来的 RREP 分组具有更大的目的地序列号，或虽然两者的序列号相等，但新到的 RREP 的跳数比原来的小，则源节点会增加一条到目的节点的新的路由。

2）扩展环搜索

每当一个节点启动路由发现过程来发现新的路由时，它都会在网络中广播 RREQ 分组。这种广播方式对于小型网络的影响较小，但对于规模较大的网络，广播发送 RREQ 分组就会对网络性能造成很大的影响，严重时可能会造成整个网络的瘫痪，即节点发送的

RREQ 占用了所有网络资源，而真正需要传送的数据却发送不出去。为了控制网络中的消息泛洪，源节点可以使用一种被称为扩展环搜索（Expanding Ring Search）的方法，其工作原理如下：开始时，源节点通过设置 ttl_start 值来为 RREQ 设置初始 TTL 值，此时的 TTL 值较小，若未收到 RREP 消息，则源节点会广播一个 TTL 更大的 RREQ，如此反复，直到找到路由或 ITL 已达到阈值。若 ITLB 达阈值，则说明不存在到达目的节点的路由。

3）路由表的维护

AODV 需要为每个路由表入口保存以下信息：

（1）Destination IP Address：目的节点的 IP 地址。

（2）Destination Sequence Number：目的节点的序列号。

（3）Hop Count：到达目的节点所需的跳数。

（4）Next HoP：下一跳邻节点，对于路由表入口，该节点被设计用于向目的节点转发分组。

（5）Life Time：生命期，即路由的有效期。

（6）Active Neighbour：活动邻节点。

（7）Request Buffer：请求缓冲区。

在 AODV 中，一条已经建立起来的路由会一直被维护，直到源节点不再需要它为止，移动 Ad hoc 网中节点的移动只影响含有该节点的路由，这样的路径被称为活动路径。不在活动路径上的节点的移动不会使协议产生任何动作，因为它不会对路由产生任何影响。如果是源节点移动了，就可以重新启动路由发现过程，来建立到目的节点的新的路由。当目的节点或某些中间节点移动时，受影响的源节点就会收到一个连接失败 RERR（Route Error packet）消息，即到目的节点的跳数为无穷大的 RREP 消息。该 RERR 是由已经移走节点的上游节点发起的，该上游节点会将此连接失败的信息继续向它的上游节点转发（因为可能有多条路由需要该上游节点和已经移走的节点作为中继节点）。然后，收到信息的那些上游节点以同样的方式向它们的上游节点再转发，这样层层向上转发。最终，源节点会收到该信息，于是，源节点会重新发起路由建立过程，来建立一条通向目标节点的新路径。

图 7-21 所示为 AODV 的路由维护过程。图 7-21（a）是最初的路由，图 7-21（b）是变化后的路由，在图 7-21（a）中，从源节点到目的节点的最初路由要经过节点 N2、N3 和 N4，当 N4 移动到位置 N4′后，节点 N3 与 N4 之间的连接就被破坏掉了。节点 N3 观察到这种情况后，将向节点 N2 发送一条 RERR 消息，节点 N2 在收到该 RERR 消息后会将该路由标记为非法路由，同时将 RERR 转发给源节点。源节点在收到 RERR 后，认为它仍需要该路由，将重新启动路由发现过程。如图 7-21（b）所示是通过节点 N8 发现的新的路由。

4）本地连接性管理

一个节点通过接收周围节点的广播消息（Hello 消息）来获得它周围邻节点的信息。当一个节点收到来自邻节点的广播消息之后，就会更新它的本地连接信息，以确保它的本地连接中包含该相邻节点。若在它的路由表中，没有邻节点的入口，则它会为邻节点创建

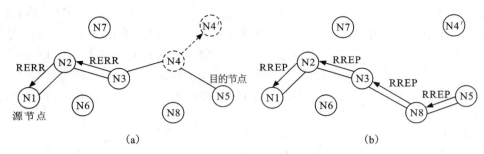

图 7-21　AODV 的路由维护过程

一个入口。若一个节点在 hello_interval（握手间隔）时间内未向下游节点发送任何数据分组，则它会向其邻节点广播一个 hello_message（握手消息），其中包含了它的身份信息和它最新的序列号，hello_message 的跳数为 1，这样就可以防止该分组被广播到邻节点以外的节点。如果在几个 hello_message 的传输时间里仍未收到邻节点的回复，则认为该邻节点已经移开，或此连接已经断开，则对于该邻节点的路由信息应更新，把到该节点的距离设为无穷大。

5）节点重启后的动作

由于一些突发性的事故（如死机或者更换电池等因素），一个节点在重启后会丢失先前的序列号，以及丢失到不同目的节点的最新序列号，由于相邻节点可能正将当前节点作为处于活动状态的下一跳，这样就会形成路由环。为了防止路由环的形成，重启后的节点会等待一段时间，该段时间被称为 delete_period（删除期），在此期间，它对任何路由分组都不作反应。然而，如果它收到的是数据分组，就会广播一个 RERR 消息，并且重置等待定时器（生命期），其方法是在当前时间上加上一个 delete_period。

6）AODV 对广播的支持

AODV 支持以广播方式传播分组，当一个节点欲广播一个数据分组时，它将数据分组送向一个众所周知的广播地址 255.255.255.255。

当一个节点收到一个地址为 255.255.255.255 的数据分组之后，会检查源节点的 IP 地址，以及分组的 IP 报头的段偏移，然后检查它的广播列表入口，以确定是否曾接收该分组，从而判定该分组是否已被重传。若无匹配的入口，则该节点将重传该广播分组；否则，不对该分组作出任何反应。

7）AODV 协议的特点

AODV 能高效地利用带宽（将控制和数据业务的网络负荷最小化），能对网络拓扑的变化作出快速反应，规模可变，不会形成路由环。

3. 动态源路由协议

动态源路由协议（Dynamic Source Routing，DSR）也是一种按需路由协议，它允许节点动态地发现到达目的节点的多跳路由。所谓源路由，是指在每个数据分组的头部携带在到达目的节点之前所有分组必须经过的节点的列表，即分组中含有到达目的节点的完整路由。这一点与 AODV 不同，在 AODV 中，分组中仅包含下一跳节点和目的节点的地址。在 DSR 中，不用周期性地广播路由控制信息，这样能减少网络的带宽开销，节约了电池能量消耗，避免了移动 Ad hoc 网中大范围的路由更新。

1）路由的建立

DSR 协议主要包括路由发现和路由维护两大部分。为实现路由发现，源节点发送一个含有自己的源路由列表的路由请求（Route Request）分组，此时，路由列表中只有源节点。收到此分组的节点继续向前传送此请求分组，并在已记录了源节点的路由列表中加入自己的地址，此过程一直重复，直到目的节点收到请求分组，或某中间节点收到分组并且能够提供到达目的节点的有效路径。如果一个节点不是目的节点或者路由中的某一跳，它就会一直向前传送路由请求分组。

每个节点都有一个用于保存最近收到的路由请求的缓存区，以实现不重复转发已收到的请求分组，每个节点都会存储已获得的源路由表，这样可以减少路由开销。当节点收到请求分组时，首先查看路由存储器中有没有合适的路由，如果有，就不再转发，而是回传一个路由应答（Route Reply）分组到源节点，其中包含了源节点到目的节点的路由；如果请求分组被一直转发到目的节点，那么，目的节点就回传一个路由应答，其中也包含了从源节点到目的节点的路由，因为沿途经过的节点把自己的地址加入此分组请求中，这样就完成了整个路由发现的过程。图 7-22 所示为整个路由发现的过程。

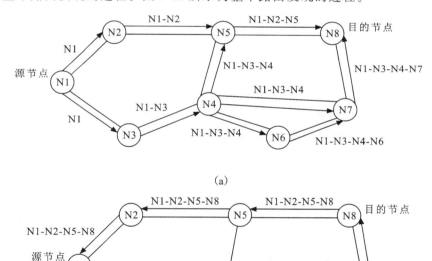

图 7-22 DSR 路由发现的过程

当一个节点 S 希望与目的节点 D 通信时，S 就会依赖路由发现机制来获得到达 D 的路由。为了建立一条路由，S 首先广播一个具有唯一请求 ID 的 RREQ 消息。该分组被所有处于 S 传输范围内（一跳范围内）的节点收到。当该 RREQ 消息被目的节点或一个具有到 D 的路由信息的中间节点收到之后，就会发送一条含有到 D 的路由信息的 RREP 消息给 S。每一个节点的"路由缓存"（Route Cache）都会记录该节点所侦听到的路由信息。

当一个节点收到一个 RREQ 消息时，它按以下步骤对该 RREQ 消息进行处理：

（1）如果在节点最近的请求分组列表中有该 RREQ 消息（请求节点的地址，数据分ID），则不会受理该请求，直接将其丢弃。

（2）否则，若 RREQ 的路由记录中已经包含当前节点的地址，则不对该 RREQ 做进一步的处理。

（3）否则，若当前节点就是目的节点 D，则意味着路由记录已完成，发送一个 RREP 给源节点。

（4）否则，当前节点会在 RREQ 中加入它自己的地址，然后重新广播接收到的RREQ。

2）路由的维护

源节点 S 通过路由维护机制可以检测出网络拓扑的变化，从而知道到目的节点的路由是否已不可用。当路由列表中的一个节点移出无线传输范围或已关机时，就会导致路由不可用。当上游节点通过 MAC 层协议发现连接不可用时，就会向使用这条路由的上游的所有节点（包括源节点）发送一个 RERR。源节点 S 在收到该 RERR 后，就会从它的路由缓存中删除所有包含该无效节点的路由。如果需要，源节点会重新发起路由发现过程，来建立到原目标节点的新路由。

3）DSR 协议的特点

DSR 协议的优点包括以下几点：

（1）DSR 使用源路由，中间节点无须为转发分组而保持最新的路由。在 DSR 中，也不需要周期性地与邻节点交换路由信息，这样可以减少网络开销和带宽的占用，特别是在节点的移动性很小时；由于不用周期性地发送和接收路由广播，节点可以进入休眠模式，这样就可以节省电池能量。

（2）由于 DSR 的数据分组中携带完整的路由，一个节点可以通过扫描收到的数据分组来获取完整路由中需要的某一部分路由信息。如有一条从节点 A 经节点 B 到节点 C 的路由，意味着 A 节点在知道到节点 C 的路由的同时，也能知道节点 A 到节点 B 的路由。同时也意味着节点 B 可以知道到节点 A 和节点 C 的路由，节点 C 可以知道到节点 A 和节点 B 的路由。这样就可以减少发现路由所需的网络开销。

（3）对于链路的对称性无要求。

（4）比链路状态协议或 DV 协议反应更快。

DSR 协议也存在以下不足：若使用 DSR 协议，网络规模不能太大，否则，由于分组携带了完整的路由，随着网络的增大，分组的头部就会变得很长，路由分组也会很长。对于带宽受限的移动 Ad hoc 网来说，带宽利用率就会很低。

7.3　Ad hoc 网络的 TCP 协议

Internet 中的传输控制协议（TCP）是目前端到端传输中最流行的协议之一。TCP 与路由协议不同，在路由协议中，分组按跳逐步转发，一直传输到目的节点；而在 TCP 中，它提供的是传输层数据段的一种可靠的端到端的传输。传输数据段按顺序到达端点，并能够恢复丢失的段。TCP 除了提供可靠的数据传输以外，还可以提供流控制和拥塞控制。

在移动 Ad hoc 网络中，若采用 TCP，势必引发一系列问题，因为 TCP 原本是针对有线固定网络的，在流控制和拥塞控制等策略中并未考虑无线链路与有线链路传输时延的差距，以及移动 Ad hoc 网络的移动性对网络性能所带来的影响。所以传统的 TCP 协议不能直接用于移动 Ad hoc 网络。本节简要介绍 TCP 在移动 Ad hoc 网络中遇到的新问题及解决办法。

7.3.1 TCP 在移动 Ad hoc 网络中遇到的问题

在移动 Ad hoc 网络中，由于其特有的属性，TCP 性能会受到以下因素的影响：

（1）无线传输错误，无线链路要经受多径、多普勒频移、阴影衰落，同频和邻频干扰等，这些问题最终都将导致产生分组丢失等错误。此外，还会影响所估计的 TCP/ACK 分组的往返时间或到达时间。

（2）在共享无线媒体中实现多跳路由：因为共享媒体（信道），所以竞争难以避免，由此会带来传输时延的增加及变化。例如，相邻的两个及以上的节点就不能同时发送数据。

由于移动性而造成链路失效：路由重建或重新配置过程也会导致大量的时延。若传输过程中出现的错误较少，一般在传输层以下就可以通过编码等方法加以解决。

若出现的错误较多，很可能导致错误无法纠正而丢弃分组。这时，错误信息就会反映到传输层，在传输层中通过重传等纠错机制来纠错。如图 7-23 所示，移动 Ad hoc 网络常见的随机错误可能会导致快速重传。图中的数字为分组序号。

按传统的 TCP，它无法辨别以上错误是一种无线链路不可靠而导致的随机错误，只能以快速重传机制重发被丢失的分组，误将这种错误作为网络拥塞所造成的结果。因而，启动控制拥塞的措施：增加 RTT（往返时间）、减少拥塞窗口大小、初始化 SS（慢启动）。然而，这样的控制是完全没有必要的，结果是降低了系统的吞吐量。

有时候，由于无线链路产生突发错误，一个窗口的数据均丢失，定时时间到引发慢启动，拥塞窗口的大小减到最小值。

7.3.2 移动 Ad hoc 网络中 TCP 的方案

根据移动 Ad hoc 网络所出现的错误，人们研究了一些能够改进传统 TCP 性能的技术。按所采用的措施，TCP 性能改进可分为以下类型：

（1）从发送端隐藏丢失错误：如果发送端不知道由于错误而导致分组丢失，就不会减小拥塞窗口。

（2）让发送端知道或确定发生错误的原因：如果发送端知道是由于什么错误而导致的分组丢失，也不会减小拥塞窗口。

按所要修改的位置，TCP 性能改进可分为以下类型：只在发送端修改；只在接收端修改；只在中间节点修改；以上类型的组合。

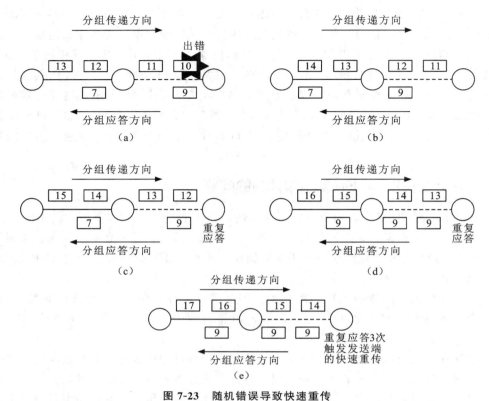

图 7-23　随机错误导致快速重传

针对移动 Ad hoc 网络的特点，以及传统 TCP 的执行机制，能使系统性能最优的理想模式应该具有以下功能：

（1）理想的 TCP 行为：对于传输错误，TCP 发送端只需要简单地重传分组即可，而不需要采取任何拥塞窗口的控制措施，但这种完全理想的 TCP 是难以实现的。

（2）理想的网络行为：必须对发送端隐藏传输错误，即错误必须以透明和有效的方式来恢复。

一般基于移动 Ad hoc 网络运行环境的 TCP 只能近似地实现以上两种理想行为中的一种。基于移动 Ad hoc 网络的 TCP 方案主要有以下 7 种。

1．链路层机制

前向纠错（FEC）方案可以纠正少量错误，但 FEC 会增加额外的开销，即使没有错误发生，这种开销也是必不可少的。最近有些学者提出了一些自适应 FEC 方案，可以有效地减少额外开销。链路层的重传机制与 FEC 不同，它只是在检测到错误之后才重发，即额外开销之事发生在出现错误之后。如果链路层重传机制能够提供近似按需传递，而且 TCP 的定时重传时间足够大，那么 TCP 就能够承受链路层重传所带来的时延，从而改善传统的 TCP 性能。而且这种方案对 TCP 发送端来说是透明的，TCP 本身无须作任何修改。但这种方案对收发两端的链路层均需要修改。图 7-24 所示为链路层重传机制与网络层次之间的关系。

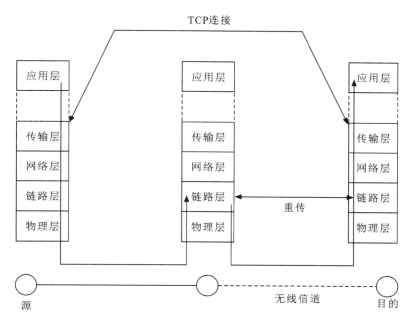

图 7-24　链路层重传机制与网络层次的关系

2. 分裂连接方案

分裂连接方案将端到端的 TCP 连接分裂成两部分：有线连接部分和无线连接部分。如果无线连接部分不是最后一跳，那么整个 TCP 连接就会超过两个。

该方案的一个局限性是固定终端（FH）与移动终端（MH）之间需要借助一个基站（BS）（非典型移动 Ad hoc 网络）实现连接。一个 FH—MH 连接实际上就意味着一个FH—BS 和一个 BS—MH 连接，如图 7-25 所示。

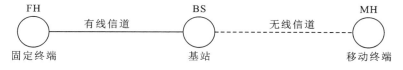

图 7-25　链路层传输机制

连接的分裂导致两个独立不同的流控制部分，两者在流控制、错误控制、分组大小、定时等方面均有较大的差异。图 7-26 所示为分裂连接方案与网络层次之间的关系。

在具体实现分裂连接时，有多种方案，其中包括选择性重传协议（SRP）和多种其他变体。对于 SRP，FH—BS 的连接选择的是标准 TCP（这一点很自然），而 BS—MH 的连接选择是在 UDP 之上的选择性重传协议，显然，在考虑到无线链路的特征之后，在 BS—MH 部分采用选择性重传的情况下，TCP 的性能势必得到改善。

一种变体为非对称传输协议（移动 TCP）。这种方案在无线部分采用较小的分组头（头压缩）、通/断方式的简单流控制，MH 只作错误检测，无线部分不实施拥塞控制等。

另一种变体为移动端传输协议。与选择性重传方案类似，BS 充当移动终端角色，向MH 提供可靠的、按序的分组传输。

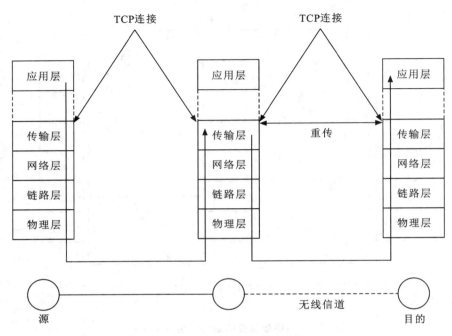

图 7-26　分裂连接方案与网络层次的关系

分裂连接具有以下优点:

(1) BS—MH 连接可以独立于 FH—BS 连接单独优化,如采用不同的流控制和错误控制措施。

(2) 可以实施局部的错误恢复,在 BS—MH 部分,采用较短的 RTT,可以实现快速错误恢复。

(3) 在 BS—MH 部分实施适当的协议,可以取得更好的 TCP 性能。例如,若采用标准 TCP,当一个窗口出现多个分组丢失时,BS—MH 部分的 TCP 性能较差;若选择性地应答分组,就可以改善 TCP 性能。

分裂连接方案有以下缺点:

(1) 违背了端到端的概念,如有可能在数据分组到达接收端之前,应答分组就已经到达发送端,这对于有些应用是不能接受的,如图 7-27 (a) 所示。

(2) BS 对分组传输影响较大,BS 的故障可能导致数据分组丢失,例如,当 BS 已经对分组 12 作出应答之后,BS 出现故障,但此时分组 12 尚未从 BS 发出,也未在缓冲区内缓存,则分组 12 必然丢失。此外,由于 MH 切换时 BS 也要进行状态转换,所以切换时延要增加,其过程如图 7-27 (b) 所示。

(3) 在 BS 端,必须为每一个连接建立一个缓冲区,当连接速度减慢时,缓冲区会溢出。对于出现错误,BS—MH 连接窗口的大小会减小。在 BS 端,从 FH—BS 套接字缓冲区向 BS—MH 套接字缓冲区拷贝需要额外的时间及空间开销。

(4) 如果数据分组和应答分组经相同的路径传输,则数据分组能无用,其过程如图 7-27 (c) 所示。

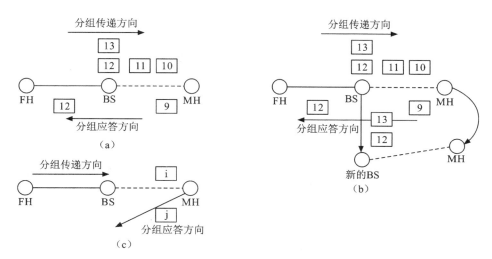

图 7-27　分裂连接的缺点

（5）分裂连接方案的另一个致命弱点：它依赖基站（BS）这一点不适用于典型的移动 Ad hoc 网络结构。

3. TCP 关联的链路层

基于分裂连接方案的这类协议保留了链路层重传和分裂 TCP 连接的双重特性。"偷看"协议（Snoop Protocol）是一种 TCP 关联的链路层协议。在该协议中，在 BS 端，数据分组被缓存，以便在链路层进行数据重传。如果 BS 接收到 BS—MH 连接部分重传的应答分组，BS 就会从缓冲区中再次提取相关的数据分组进行重发。通过在 BS 中丢弃重复应答分组，来避免 TCP 发送端 FH 的快速重传。如图 7-28（a）～（i）所示为以上协议的一种工作过程。在图 7-28（a）中，假定分组 10 出错。

在图 7-28（b）和（c）中，FH 接收到分组 9 的应答之后，BS 清除掉分组 8 和 9，随后的分组不断进入缓冲区。由于 MH 没有收到分组 10，因此它对所收到的分组 11 不作应答，仍以分组 9 应答，即重复发出应答分组 9。重复分组不采用延时应答方式，而采用逐次应答。

在图 7-28（d）中，由于 MH 没有收到分组 10，MH 不对所接收到的分组 12 和 13 作出应答，所以分组 9 的重复应答仍然不断发出。在图 7-28（e）中，此时重复应答触发 BS 对分组 10 的重传，BS 开始丢弃所收到的重复应答分组 9。

在图 7-28（f）中，在 MH 未接收到重传的分组 10 之前，BS 继续缓存所接收到的分组，MH 不断地重复发出应答分组 9，BS 均将重复地应答分组丢弃。

在图 7-28（g）中，在 MH 成功地接收到重传的分组 10 之后，MH 以应答分组 14 对所接收到的分组 10～14 一并作出应答响应。

在图 7-28（h）中，FH、BS 继续后续的分组发送，BS 继续丢弃重复应答分组 9。MH 接收到新的分组 15。

在图 7-28（i）中，BS 接收到应答分组，于是清除掉缓冲区中的分组 10～14。FH—BS—MH 恢复到正常的操作流程。

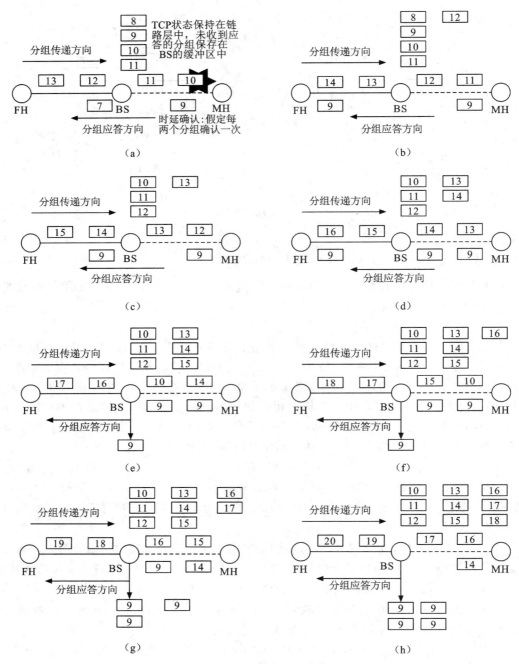

图 7-28　"偷看"协议示意图（a）

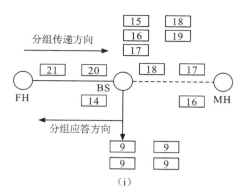

续图 7-28 "偷看"协议示意图（b）

从以上示例可以看出，由于 BS 的缓冲作用，避免了 FH 端不必要的快速重传，削弱了 FH—BS 有线链路部分与 BS—MH 无线链路部分在 TCP 控制上的差异，从而最终改善了传统 TCP 在含无线信道环境下的总体性能。图 7-29 所示为基本 TCP 协议与"偷看"协议下系统吞吐量的比较，其中无线链路的数据传输速率为 2Mb/s。

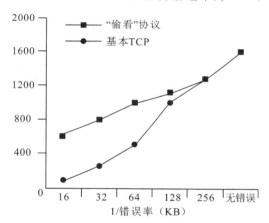

图 7-29 基本 TCP 协议与"偷看"协议的性能比较

"偷看"协议具有以下优点：

（1）吞吐量有较大的提高，特别是在错误率较高时，这种性能上的提高尤其明显。

（2）无线链路的错误可以在无线链路段局部恢复。

（3）除非是分组传输乱序，否则不会激发发送端的快速重传。

（4）端到端保持对称。

"偷看"协议存在以下缺点：

（1）基站链路层必须是 TCP 关联的。

（2）如果 TCP 层加密，则本协议无效。

（3）如果 TCP 数据与 TCP 应答在不同的路径上传输，则本协议也无效。

4. 延迟重传分组协议

延迟重传分组协议与"偷看"协议类似，但它可以使基站不关联 TCP。延迟重传分组协议与"偷看"协议的主要区别在于：在 BS 中，当它收到重传的应答分组时，不是丢弃，而是延迟重传分组。这里仍沿用"偷看"协议中的示例。从图 7-28（e）开始，两种协议出现差异，具体策略如图 7-30 所示。

在图 7-30（a）中，由于 BS 收到重传的应答分组 9，因而重发分组 10，并向 FH 转发重传应答分组 9，分组 11 从 BS 中去除，但在分组 10 未被 MH 正确接收之前，不从 BS 的缓冲区中去除。同时，MH 不再向 BS 继续发送重复应答分组 9，而是在本节点延迟缓冲。

在图 7-30（b）中，BS 继续向 FH 转发重复应答分组 9，而 MH 继续延退缓存重复应答分组 9。分组 12 从 BS 的缓冲区中去除。

在图 7-30（c）中，如果在延迟定时到来之前，MH 成功地接收到重发的数据分组回答，则 MH 丢弃原来在 MH 中延迟缓存的重复应答分组 9，恢复正常的操作流程。

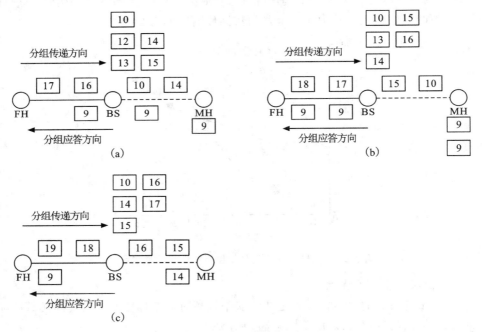

图 7-30　延迟重传分组协议示意图

图 7-31 和图 7-32 所示为基本 TCP 协议、延迟重传分组协议和仅链路层重传的 TCP 下系统吞吐量的分析，假定 FH 与 BS 之间的数据传输速率为 10Mb/s，时延为 20ms，BS 与 MH 之间数据传输速率为 2Mb/s，时延也为 20ms。在错误率较高时，特别是在无拥塞而导致分组丢失的情况下，延迟重传，分组协议吞吐量性能占明显的优势；但在错误率较低时，系统吞吐量性能无特别优势，有时甚至不如其他两种协议，包括基本 TCP。

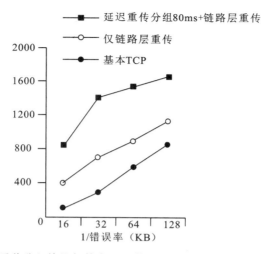

图 7-31 延迟重传分组协议与基本 TCP 协议性能比较（无拥塞而导致分组丢失）

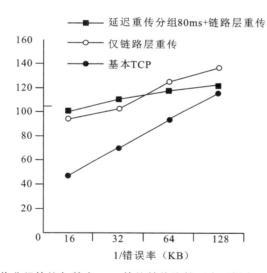

图 7-32 延迟重传分组协议与基本 TCP 协议性能比较（由于拥塞而导致 5％分组丢失）

5. TCP 反馈（TCP-F）方案

当由于网络节点发生移动而导致路由中断时，TCP-F 方案设法通知数据发送端。某一个路由的一个链路中断时，检测到中断的节点的上游节点将发送一条路由故障通知（RFN）消息给发送端源节点。在收到该消息之后，源节点进入"瞌睡"状态，这是 TCP 状态机中引入的新的状态，如图 7-33 所示。

当 TCP 源节点进入"瞌睡"状态时，将执行以下操作：

源节点停止传输所有的数据分组，包括新的数据分组或重传的数据分组。

源节点冻结所有的定时器、当前的拥塞窗口（CWnd）大小，以及其他所有的状态变量，如重传定时器的值等，然后源节点初始化一个路由定时器，其定时值取决于最坏情况下的路由修复时间。

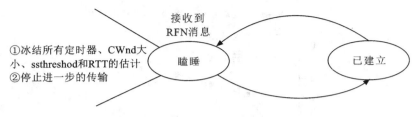

图 7-33　TCP-F 协议状态机

当接收到路由修复完成消息之后，数据传输重新开始，同时，所有的定时器和状态变量将恢复。

TCP-F 方案避免了基本 TCP 中不必要的数据丢失和重传，从而改善了 TCP 的性能。

6. 基于接收器的方案

在基于接收器的方案中，接收终端 MH 采用启发式方法来判断分组丢失的原因，如果 MH 确信分组丢失是由于出错造成的，则向发送终端 FH 发送一个通知。FH 在收到通知后，重发出错的分组，但不减小拥塞窗口的大小。

例如，MH 可以通过两个连续分组到达接收器的时间差来判断分组丢失的原因。如果是拥塞导致的组丢失，则往往各分组连续到达，分组之间没有较长的等待时间。而如果是无线信道出错导致分组丢失，往往在丢失的分组前后留下一定的时间间隙。典型的情况是该间隙超过两个分组的长度。

一旦确认分组丢失是由于出错造成的，则接收端 MH 即在应答分组中作出标记，或直接向发送端 FH 发送一个显式通知。

该方案的特点是不需要对基站 BS 作任何修改，也不受数据加密等的影响，但在 BS 中可能要对分组进行排队，排队本身增加了分组数据的传输时延。

7. 基于发送器的方案

与基于接收器的方案相反，在基于发送器的方案中，发送器 FH 可以试图判断分组丢失的原因，一旦确定分组丢失是由于出错造成的，则发送端不减小拥塞窗口的大小。发送端判断出错原因的依据是一些参数的统计结果，如 RTT、窗口大小和分组丢失模型等。

例如，我们可以定义判决条件是拥塞窗口大小和所观察到的 RTT 的函数。由于统计结果具有一定的局限性，因而结果并不是很理想，但它的优点是只需要修改发送端的 TCP。

7.4　Ad hoc 网络 AODV 距离向量路由编程

在 Ad hoc 网络中实现 AODV（Ad hoc On-demand Distance Vector Routing）路由协议是一个相对复杂的任务，因为它涉及多个节点的动态交互、路由表的维护以及路由请求和响应的广播。以下是简化的概念性指导，说明如何使用编程来模拟 AODV 路由协议。

1. 节点定义

首先，需要定义网络中的每个节点。每个节点都应该能够做到：

（1）存储路由信息（通常是路由表）；

（2）发送和接收网络消息（如路由请求 RREQ、路由响应 RREP、路由错误 RERR）；

（3）处理接收到的消息以更新其路由表。

2. 消息类型

AODV 协议定义了三种主要的消息类型。

RREQ（路由请求）：当一个节点需要找到到达目的节点的路径时，它会广播一个 RREQ 消息。

RREP（路由响应）：当中间节点或目的节点接收到 RREQ 消息时，如果它知道到达目的节点的有效路径，它会回复一个 RREP 消息。

RERR（路由错误）：当检测到链路断开时，节点会发送 RERR 消息以通知其他节点更新其路由表。

3. 路由表

每个节点都应该维护一个路由表，其中包含到达网络中其他节点的路径信息。路由表项通常包括：目标节点地址、下一跳节点地址、路径跳数、路径有效期。

4. 编程实现

由于 AODV 协议的复杂性，直接在单个文件中实现整个协议可能不切实际。以下是简化的伪代码概述，用于指导如何开始实现 AODV 路由协议：

Python 代码

```
class Node：
def __init__(self，address)：
self. address = address
self. routing_table = {}

def send_message(self，message，destination)：
# 发送消息的逻辑,可能涉及广播或单播
pass

def receive_message(self，message)：
# 处理接收到的消息
if isinstance(message，RREQ)：
self. handle_rreq(message)
elif isinstance(message，RREP)：
self. handle_rrep(message)
elif isinstance(message，RERR)：
self. handle_rerr(message)

def handle_rreq(self，rreq)：
# 如果我是目的节点或知道到达目的节点的路径,则回复 RREP
```

```
#否则,转发 RREQ
pass
def handle_rrep(self，rrep)：
#更新路由表
pass

def handle_rerr(self，rerr)：
#删除受影响的路由
pass

#消息类(伪代码)
class RREQ：
pass

class RREP：
pass

class RERR：
pass


#网络模拟环境(需要额外实现)
#这将包括节点的创建、消息的传播及整个网络的运行逻辑
```

5. 注意事项

广播和单播：在 Ad hoc 网络中，广播通常用于发现路由，而单播用于数据传输。开发者需要实现适当的广播机制。

时间同步：在某些情况下，时间同步可能是必要的，特别是在处理路由表项的有效期时。

网络模拟：由于在实际硬件上部署和测试 Ad hoc 网络可能非常昂贵和复杂，因此使用网络模拟软件（如 NS-3）来模拟网络行为是一个常见的做法。

性能优化：AODV 协议可以针对特定场景进行优化，例如减少广播开销、加快路由发现速度等。

6. 结论

实现 AODV 路由协议是一个复杂的任务，需要深入理解网络协议和编程。上述指导提供了一个起点，但实际的实现将涉及更多的细节和考虑因素。如果打算进行实际的项目，建议深入研究 AODV 协议的规范和相关文献，并考虑使用现有的网络模拟工具来辅助开发和测试。

思政七　见证历史！SpaceX 星舰第三次试飞成功发射升空

北京时间 3 月 14 日 21 点 25 分左右，马斯克旗下美国太空探索技术公司（SpaceX）的"星舰"（Starship）重型运载火箭点火发射升空。目前第三次试飞的成果已经远远超过前两次。

SpaceX 宣布，星舰飞船的推进剂转移演示（T＋24 分钟）和有效荷载舱门关闭流程（T＋28 分钟）均成功完成。SpaceX 公司创始人马斯克在社交平台上宣布："星舰"已达到环绕速度！

这是"星舰"的第三次试飞，前两次试射均发生爆炸。2023 年 4 月的第一次试飞，火箭在升空几分钟后爆炸。2023 年 11 月第二次试飞，星舰实现了第一级助推器和上层飞船的分离。

新一代重型运载火箭"星舰"是迄今全球体积最大、推力最强的运载火箭，总高度约 120m，直径约 9m。火箭由两部分组成，底部是"超级重型"助推器，高约 69m，配备多台"猛禽"发动机；顶部是飞船，高约 504m，可重复利用。

第三次飞行测试目的包括：火箭两级的上升段燃烧、打开和关闭"星舰"的有效载荷舱门、在星舰滑行阶段进行推进剂转移演示、第一次在太空中重新启动"猛禽"发动机、"星舰"受控重入大气层。

试飞过程中，"星舰"的超重型助推器与飞船分离。"星舰"飞船成功完成了发动机的燃烧过程，并在飞行后约 9 分钟关闭了发动机，短暂进入地球轨道。但"星舰"飞船在重返大气层的过程中失联，此次试飞任务提前结束。

特斯拉 CEO 马斯克曾提出了一个宏伟的计划，即在 2050 年之前将 100 万人送上火星，并在那里建造一座城市。为了实现这一愿景，SpaceX 多年来一直致力于星舰的研发，目的是制造一种能够满足各种太空任务需求的通用火箭。

"星舰"被设计成一种完全可重复使用的运输系统，能够在不进行重大维修的情况下，快速地进行多次发射。这种能力将大大降低太空探索的成本，并提高太空活动的频率和效率。

虽然试飞任务提前结束，特斯拉 CEO 马斯克仍掩饰不住兴奋地说，星际飞船将把人类带到火星。

有学者分析称，人类史上最大火箭"星舰"试射成功象征着人类迈入星际时代将更进一步，未来会有更多商业航天企业参与其中，全民太空旅行将不再是梦。

资料来源：https：//www.thepaper.cn/newsDetail_forward_26688042。

第8章　NB-IoT 技术

移动通信正在从人和人的连接，向人与物及物与物的连接迈进，万物互联是必然趋势。然而，当前的 4G 网络在物与物连接上能力不足。事实上，相比蓝牙、ZigBee 等短距离通信技术，移动蜂窝网络具备广覆盖、可移动、大连接数等特性，能够带来更加丰富的应用场景，理应成为物联网的主要连接技术。

基于蜂窝的窄带物联网（Narrow Band Internet of Things，NB-IoT）已成为万物互联网络的一个重要分支。NB-IoT 支持低功耗设备在广域网的蜂窝数据连接，也被称为低功耗广域网（Low-Power Wide-Area Network，LPWAN）。NB-IoT 基于授权频谱并聚焦于低功耗、广覆盖、低速率的物联网市场，可直接部署于 LTE（Long Term Evolution，长期演进，是由第三代合作伙伴计划组织制定的通用移动通信系统技术标准的长期演进）网络，也可以基于运营商现有的 2G、3G、4G 网络，通过设备升级的方式来部署。NB-IoT 可降低部署成本并实现平滑升级，是一种可在全球范围内广泛应用的物联网新兴技术，可构建全球最大的蜂窝物联网生态系统。

8.1　蜂窝物联网

8.1.1　蜂窝物联网概述

从 1991 年 GSM 第一次完成部署开始，移动通信产业一直在稳步发展。伴随着不断增加的带宽和网络速度，2014 年在巴塞罗那举行的世界移动通信大会上对 5G 进行了官方公布。在此过程中，M2M 通信伴随移动通信产业的发展而茁壮成长。

在大规模连接上，由于需要连接的物联网设备数量太多，如果用现有的 LTE 网络去连接这些海量设备，将会导致网络过载，即使传输的数据量很小，信令流量也会使网络过载。

从 2015 年开始，移动通信行业内部普遍认同一个观点，即 LTE 技术的特点并不适用于物联网的行业应用。另外，由于 4G 网络比 2G、3G 网络具备更好的通信效果和运营效率，加之消费者对视频通话的诉求越来越高，很多运营商正在积极考虑重新分配 2G、3G、4G 的频谱利用问题。

不管结果如何，移动通信产业产生了巨大的分支，物联网已经从根本上并且不可逆转地改变了移动通信的现状，同时产业链对技术演进和商业模式的创新要求也越来越高。

在政策、经济、社会、技术等因素的驱动下，2020 年 GSMA（全球移动通信系统协会）移动经济发展报告预测，2019—2025 年复合增长率为 9% 左右，预计到 2025 年，中国物联网行业规模将超过 2.7 万亿元，如图 8-1 所示；GSMA 预计，到 2030 年，我国移动物联网连接数达到 35 亿，约占全球的 2/3，如图 8-2 所示。

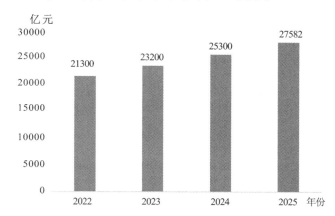

图 8-1 中国物联网产业规模及预测值

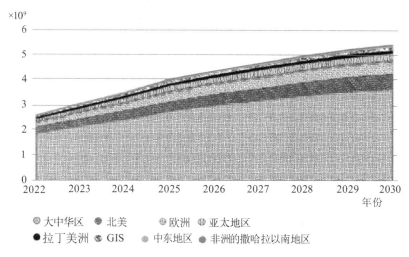

图 8-2 全球移动物联网连接数预测（来源：GSMA）

物联网无线通信技术有很多种，从传输距离上区分，可以分为以下两类。

一类是短距离局域网无线通信技术，代表技术有 WiFi、Bluetooth、ZigBee、UWB、NFC 等，几种技术的比较见表 8-1，典型的应用场景如智能家居、智能电网。

表 8-1 低功耗无线局域网通信技术比较

技术标准	ZigBee	Bluetooth	UWB 超宽带	WiFi	NFC
安全性	中等	高	高	低	极高
传输速率	10～250kb/s	1Mb/s	53.3～480Mb/s	54Mb/s	424kb/s

续表

技术标准	ZigBee	Bluetooth	UWB 超宽带	WiFi	NFC
通信距离	10～75m	0～10m	0～10m	0～100m	0～20m
频段	2.4GHz 868MHz（欧洲） 915MHz（美国）	2.4GHz	3.1～10.6GHz	2.4GHz	13.56MHz
国际标准	IEEE 802.15.4	IEEE 802.15.1x	标准尚未订定	TEBB 802.11b IEEE 802.11.g	ISO/IEC 18092（ECMA340） ISO/IEC 21481（E CMA352）
芯片组价格	约 4 美元	约 5 美元	大于 20 美元	约 25 美元	2.5～4 美元

　　另一类是远距离广域网通信技术，业界一般定义为 LPWAN（低功耗广域网），其中包括 GSM、UMTS、LTE 等较成熟的蜂窝网络通信技术及各种各样的 LPWAN 技术。典型的应用场景如智能抄表。

　　LPWAN 技术又可分为以下两类。

　　一类是工作在非授权频段的技术，包括 LoRaWAN、SigFox、RPMA（Radom Phase Multiple Access，随机相位多址接入）等，这类技术大多是非标、自定义实现的，技术比较见表 8-2。

　　另一类是工作在授权频段的技术，如 GSM、CDMA、WCDMA 等较成熟的 2G/3G 蜂窝通信技术，以及目前逐渐部署应用、支持不同终端类型的 LTE 及其演进技术，这类技术基本都在 3GPP（主要制定 GSM、WCDMA、LTE 及其演进技术的相关标准）或 3GPP2（主要制定 CDMA 相关标准）等国际标准组织进行了标准定义。NB-IoT 就是 2015 年 9 月在 3GPP 标准组织中立项提出的一种新的窄带蜂窝通信 LPWAN 技术。

　　3GPP（Third Generation Partnership Project）是成立于 1998 年 12 月的国际移动通信标准化组织，其目的是制定和实现全球性的移动电话系统规范标准。

　　蜂窝网络是一种移动通信架构，主要由移动终端、基站系统、网络系统组成。基站系统包括移动基站、无线收发设备、专用网络、无线数字设备等。基站系统可以看作无线网络与有线网络之间的转换器。目前，蜂窝物联网的发展以海量 LPWAN 的连接为驱动，2020 年全球 M2M/IoT 连接分布如图 8-3 所示，可以看到 2020 年全球整个物联网 90% 连接属于低功耗、广域网领域。

表 8-2　低功耗无线广域网通信技术比较

技术标准	RPMA	SigFox	LoRaWAN
频段	2.4GHz ISM	868MHz /902MHz ISM	433MHz/868MHz/780MHz/ 915MHz ISM

续表

技术标准	RPMA	SigFox	LoRaWAN
频道宽度	1MHz 通道 （2.4GHz 频段有 40 个通道可用）	超窄频	欧盟：8×125kHz 美国：64×125kHz/8×125kHz 调变：线性调频展频
距离范围	3000km（视距）	30～50km（农村） 3～10km（城市） 1000km 视距	2～5km（城市） 15km（农村）
终端节点发送功率	20dBm（最大值）	−20～20dBm	欧盟：<14dBm 美国：<27dBm
封包大小	6～10KB	12B	使用者定义
上行连接数据速率	每扇区接取点聚集 到 624kb/s（假设 8 通道 的接取点）	100～300b/s	欧盟：0.3～50b/s 美国：0.9～100b/s
下行连接数据速率	每扇区接取点聚集到 156kb/s（假设 8 通道的接取点）	100bit/s	欧盟：0.3～50b/s 美国：0.9～100b/s
每个接取点的设备数	每扇区最多 384000	10^6	上行连接：$>10^6$ 下行连接：$<10^5$
拓扑	在 RPMA 扩展器的帮助下 支持典型的星形和树形	星形	星形
允许终端节点漫游	是	是	是
管理组织	Ingenu	SigFox	LoRaAlliance

　　就像汽车行驶需要道路一样，人们使用的所有无线通信技术，都需要占用一定的频谱带宽。由于有商用价值的无线频谱是稀缺的并且具有排他性，因此需要合理地规划和使用。在通常情况下，各国或地区的无线频谱都受到相关组织（如无线电管理委员会）的管理和制约，可以认为无线频谱是政府管控的一种战略资源。授权频谱是通过各国政府授权使用的收费频谱，非授权频谱是在符合无线电管理委员会的要求下免费使用的频谱。

　　移动通信技术经历了 1G 到 4G 的发展阶段。

　　第一代蜂窝移动通信系统（1G）是模拟式通信系统。移动性和蜂窝组网的特性就是从第一代移动通信开始的。抗干扰性能差，同时简单地使用 FDMA 技术，频率复用度和系统容量都不高。

　　第二代蜂窝移动通信系统（2G）有 GSM 和码分多址（Code Division Multiple Access，CDMA）两种通信方式。GSM 经过演进之后可以支持 GPRS 数据传输。2G 服务

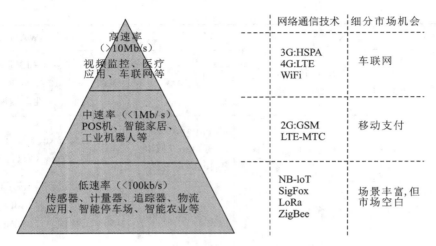

	网络通信技术	细分市场机会
高速率（＞10Mb/s）视频监控、医疗应用、车联网等	3G:HSPA 4G:LTE WiFi	车联网
中速率（＜1Mb/s）POS机、智能家居、工业机器人等	2G:GSM LTE-MTC	移动支付
低速率（＜100kb/s）传感器、计量器、追踪器、物流应用、智能停车场、智能农业等	NB-loT SigFox LoRa ZigBee	场景丰富，但市场空白

图 8-3　2020 年全球 M2M/IoT 连接分布图

无法直接传送如电子邮件、软件等信息，只具有通话和一些如时间日期等传送的手机通信技术规格。

第三代蜂窝移动通信系统（3G）是 UMTS，包括宽带码分多址（Wideband Code Division Multiple Access，WCDMA）、CDMA2000、TD-CDMA。支持高速数据传输的蜂窝移动通信技术。3G 服务能够同时传送声音及数据信息，速率一般在数百 kb/s 以上。

当前正在使用的是第四代蜂窝移动通信系统（4G），4G 技术是 LTE-Advanced 和 LTE-AdvancedPro，LTE 系统分为频分双工（Frequency Division Duplexing，FDD）和时分双工（Time Division Duplexing，TDD），FDD 系统上下行采用成对的频段，分别用来接收和发送数据，而 TDD 系统上下行则使用相同的频段在不同的时隙上收发数据。相比于 3G，4G 的服务带宽更高，能够传输更高质量的视频及图像。

下一代移动通信技术即第五代蜂窝移动通信系统（5G）。

尽管 5G 技术标准目前还没有达成一致，但各国已经开始了针对 5G 的角逐，几家主流设备商都在做自己的路线。按照 3GPP 的定义，5G 具备高性能、低延迟与高容量特性。

和 4G 相比，5G 的提升是全方位的，5G 的容量预计是 4G 的 1000 倍，5G 技术为物联网提供了超大带宽；5G 网络可以支持超过 4G 十倍的设备。因此，5G 网络将有更大的容量和更快的数据处理速率，通过手机、可穿戴设备和其他联网硬件将可能推出更多的新服务。1G 到 5G 技术的比较见表 8-3。

在接入网侧，NB-IoT 是窄带物联网的简称，其在 3GPP 中的代表术语是 LTECAT-NB1，eMTC 在 3GPP 中的代表术语是 LTE CAT-MI。

在核心网侧，蜂窝物联网（Cellular Internet of Things，CIoT）是指 3GPP 定义的物联网标准。根据 3GPP 对物联网业务模型的研究，CIoT 业务模型和传统 LTE 系统业务差别很大，为了更好地支持蜂窝物联网业务，系统架构也做了增强和改进。NB-IoT 是蜂窝物联网的研究重点之一，并于 2016 年 6 月正式成为 3GPP 国际标准。

表 8-3 1G 到 5G 技术比较

网络	信号	速率（理论值）	技 术	制 式
1G	模拟	2.4kb/s	FDMA	AMPS、TACS
2G	数字	64kb/s	TDMA、CDMA	GSM、CDMA
3G	数字	2Mb/s	WCDMA、SCDMA	WCDMA、CDMA2000、TD-SCDMA
4G	数字	100Mb/s	OFDM、IMT-Advanced	TD-LTB、FDD-LTE
5G	数字	7.5Gb/s	IMT-2020	

8.1.2 NB-IoT 的诞生

在 NB-IoT 提出之前，业界都非常认同未来物联网的发展趋势，M2M 通信前景也被 3GPP 组织视为标准生态壮大的重要机遇，而在物联网时代，具备广覆盖、低成本、低功耗、低速率、大连接等特点的 LPWAN 技术将扮演重要角色。据研究机构 Machina Research 2016 年的研究数据显示，2015 年全球物联网连接数约为 60 亿个，预计 2025 年将增长至 270 亿个。2019 年 LPWAN 物联网连接将超过传统的 2G/3G/4G 连接，在 M2M 连接技术中，短距技术仍然占据主导地位。2G/3G/4G 蜂窝＋LPWAN 技术连接数将从 2015 年的 3％上升到 2024 年的 17％左右；2024 年 LPWAN 技术物联网连接数占比约 11％。

3GPP 一直在推动相关物联网无线通信技术的发展，并且主要致力于以下两个方向。

方向一：面对非 3GPP 技术的挑战，开展 GSM 技术的进一步演进和全新接入技术的研究。长期以来，电信运营商的物联网业务主要依靠成本低廉的 GPRS 模块，然而由于 LoRa、SigFox 等新技术的出现，GPRS 模块在成本、功耗和覆盖方面的传统优势受到威胁。于是，在 2014 年 3 月的 GERAN62 号会议上 3GPP 提出成立新的研究项目"FS_IOT_LC"，研究演进 GSM/EDGE 无线电接入网（GSM EDGE Radio Access Network，GERAN）系统和新接入系统的可行性，具有更低复杂度、更低成本、更低功耗、更强覆盖等增强特性。NB-IoT 正是源于这个方向的全新接入技术。

方向二：考虑未来替代 2G、3G 物联网模块，研究低成本、演进的 ITE-MTC 技术。进入 LTE 及演进技术发展阶段后，3GPP 也定义了许多适用于物联网不同业务需求场景的终端类型，Rel-8 版本已定义不同速率的 Cat.1～Cat.5 的终端类型，在之后的版本演进中，新定义了支持高带宽、高速率的 Cat.6 和 Cat.9 等终端类型，也新定义了更低成本、支持更低功耗的 Cat.0（Rel-12）终端类型。在 Cat.0 的基础上，2014 年 9 月的 RAN65 号会议中 3GPP 提出成立新的研究项目"LTE_MTCe2_Ll"，进一步研究更低成本、更低功耗、更强覆盖的 ITE-MTC 技术。

目前，全球通信行业正处于 5G 标准成型和全面商用前的窗口期。标准化工作的完成使全球运营商有了基于标准化的物联网专有协议，同时也标志着 NB-IoT 进入规模化商用阶段。在 5G 商用前的窗口期和未来 5G 商用后的低成本、低速率市场，NB-IoT 都将有很大的应用空间。

8.1.3　NB-IoT 技术特点和优势

1. 广覆盖（比 GSM 覆盖高 20dB）

NB-IoT 与 GPRS 或 LTE 相比，在同样的频段下，最大链路预算提升了 20dB，覆盖面积相当于扩大了 100 倍，并将提供改进的室内覆盖技术，即使在地下车库、地下室、地下管道等普通无线网络信号难以到达的地方也容易覆盖到。NB-IoT 实现高覆盖的原因主要包括两个方面：①上行功率谱密度增强了 17dB；②重复＋编码在 6～16dB。大体的实现流程如图 8-4 所示，在下一节中将对这些关键技术进行详细解析。

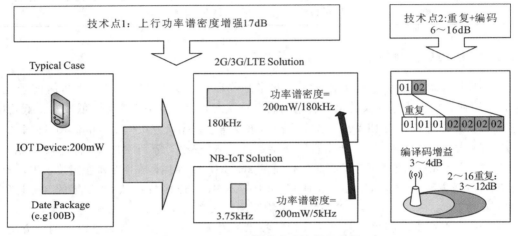

图 8-4　NB-IoT 广覆盖实现流程示意图

注：GSM 终端发射功率最大可以到 33dBm，NB-IoT 发射功率最大为 23dBm，所以实际 NB-IoT 终端比 GSM 终端功率谱密度高 7dB。

2. 大连接

具备支撑海量链接的能力，NB-IoT 基站的单扇区可支持超过 5 万个终端与核心网的连接，窄带技术、上行等效功率提升，大大提升信道容量；NB-IoT 比现有 2G、3G、4G 移动网络用户有 50～100 倍的容量提升；NB-IoT 支持低时延敏感度、超低的设备资本、低设备功耗和优化的网络架构。NB-IoT 实现大连接的关键技术及系统设计如图 8-5 所示。

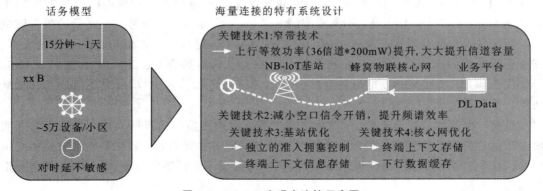

图 8-5　NB-IoT 实现大连接示意图

3. 低耗能（基于 AA 电池，使用寿命可超过 10 年）

NB-IoT 可以让设备一直在线，通过减少不必要的信令、更长的寻呼周期及终端进入 PSM（节能模式）状态等机制来达到省电的目的，如图 8-6 所示，有些场景的待机时间可以长达 10 年之久。

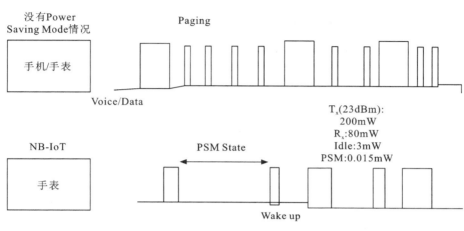

图 8-6　NB-IoT 实现低耗能示意图

4. 低成本

低速率、低功耗、低带宽可以带来终端的低复杂度，便于终端做到低成本。同时，NB-IoT 基于蜂窝网络，可直接部署于现有 LTE 网络，运营商部署成本也比较低。企业预期的单个链接模块不超过 5 美元，终端芯片低至 1 美元。

5. 授权频谱

NB-IoT 可直接部署于 LTE 网络，也可以利用 2G、3G 的频谱重耕来部署，无论是数据安全和建网成本，还是在产业链和网络覆盖，相对于非授权频谱都具有很强的优越性。

6. 安全性

继承 4G 网络安全的能力，支持双向鉴权和空口严格加密机制，确保用户终端在发送接收数据时的空口安全性。

如图 8-7 所示，将 NB-IoT 与短距通信/私有技术进行简单比较，能直观地感受到 NB-IoT 的优势。

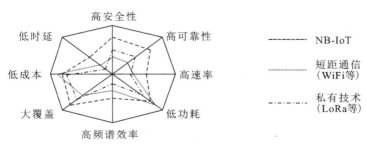

图 8-7　NB-IoT 与短距通信技术比较

8.1.4　NB-IoT 的发展

物联网对无线通信的需求一直在变化，为满足不同物联网垂直应用领域的场景需求逐步趋向两极分化。高速率、高带宽、实时性高的应用场景，是 4G、5G 针对以人为中心的主力发展方向；低速率、低带宽、实时性低的应用场景，则是 NB-IoT 技术主要施展的应用场合。

与较高速率和实时响应的物联网应用不同，NB-IoT 面向低速率、低功耗的物联网终端，更适用于广泛部署，在智能抄表、智能停车、物品追踪、独立可穿戴智能设备、智能家居、智慧城市、智能制造等领域的应用将会大放异彩。

NB-IoT 的技术特性非常适用于物联网细分业务的发展场景，大规模的发展有待某些瓶颈问题的进一步解决，如通信模块成本和终端功耗必须进一步下降等问题。

随着 NB-IoT 商用网络的逐步规模部署，预计 NB-IoT 的商用价值在未来几年将逐渐显露出来。未来各类垂直行业的产业链能很快在实际网络上找到自身的物联网应用及商业模式，并推动跨行业协作和商业模式创新。

鉴于 NB-IoT 作为一个新标准、新技术，按照市场规律，NB-IoT 的商业化进程分为以下三个阶段。

第一阶段，市场供给大于客户需求，主要是树立典型应用示范工程。首先在需求强烈的重点城市进行规模化试点和商用化实验。此阶段重点对 NB-IoT 协议、核心网络性能等进行测试，同时验证商用芯片和终端模组的功能，打造应用服务的平台管理能力等。目标是实现电信运营商在 NB-IoT 初期阶段对产业链的整合。

第二阶段，市场供给和客户需求共同发力，扩展 NB-IoT 应用的范围。全国重点城市和重点区域将第一阶段试点的经验进一步推广，同时扩大垂直业务应用领域，挖掘 NB-IoT 技术适合的业务类型。在大规模运营 NB-IoT 的基础上，着重考虑扩展平台层的功能，进行某些业务的大数据分析，探讨研究多种服务模式，为转型打下基础。

第三阶段，在以市场需求推动为主、产业成熟的阶段完成 NB-IoT 全网覆盖。基于统一的 NB-IoT 网络提供多种多样的个性化物联网垂直应用领域服务，在为客户提供优质网络的基础上提供更加优质的服务，大幅度提升运营收入，尤其是服务收入占比，真正实现运营商的成功转型。

截至目前，全球 NB-IoT 正在逐渐形成芯片-模组-终端-运营商完整的生态链，全球产业联盟也正在加速行业的成熟。

8.1.5　NB-IoT 业务模型

物联网的应用非常多样化。有些物联网终端数量巨大，并且销售到全国甚至全球各地，需要随时随地接入网络，如独立可穿戴设备、便携式医疗设备等。有些设备数量很少，分布范围广，通信数据量低，不一定在固定的位置工作，并且部署专网代价太大，如气象监测、环保设备、机械设备等。有些场景虽然设备数量很多，但分布相对集中，WiFi、蓝牙等局域网技术无法满足传输距离的要求，如公共设施、大型仓储、智能制造等。还有一些场景终端数量很少，但分布相对集中，对数据速率的要求多样化，不管什么通信技术，只要能联网即可。

根据不同应用模式下对通信方式的诉求，人们把物联网设备分为以下两类。

（1）固定节点或高速移动上行数据量大，对带宽要求较高，如车载娱乐、视频监控等。

（2）固定节点或低速移动数据量小，以设备上传数据到平台的形式为主，如智能抄表、环境监控、资产管理、独立可穿戴设备等。

NB-IoT 正是为了适应第二类物联网设备而产生的。3GPP TR 45.820 定义的蜂窝物联网业务模型如表 8-4 所示。

表 8-4　蜂窝物联网业务模型

业务类别	适合的应用	上行数据规模	下行数据规模	发 起 频 率
自动上报（MAR）异常上报	烟雾告警、智能仪表电源失效通知、闯入通知	20B	0B	每数月甚至数年
自动上报（MAR）周期上报	智能水电气热表、智慧农业、智能环境	20～200B（超过 200B 也假定为 200B）	50% 的上行数据的确认字符（ACK）为 0B	1 天（40%）、2 小时（40%）、1 小时（15%）、30 分钟（5%）
网络命令	开关、触发设备上报数据、请求读表数据	0～20B（50% 情况请求上行响应）	20B	1 天（40%）、2 小时（40%）、1 小时（15%）、30 分钟（5%）
软件升级/重配置模型	软件补丁升级	200～2000B（超过 2000B 也假定为 2000B）	200～2000B（超过 2000B 也假定为 2000B）	180 天

总体而言，NB-IoT 的小区具有以下两个明显特征。

（1）NB-IoT 用户面数据流量远远小于 LTE 用户面数据流量。

（2）由于每个小区内 NB-IoT 的终端数量远远大于 LTE 系统的终端数量，因此控制面的建立和释放次数远远高于 LTE 系统，如无线资源控制（Radio Resource Control，RRC）连接建立、释放等。因此在系统架构层面上，控制面和用户面的效率都需要针对 NB-IoT 做增强和优化。

8.1.6　NB IoT 商业模式

物联网的快速发展为运营商打开了巨大的市场发展空间，同时也提出了一系列的挑战。目前超过 70% 的连接为非移动网络连接，运营商难以获取收入；又由于非授权频谱的低功耗、广覆盖技术的快速发展，使得运营商的物联网业务增长面临压力。在整体物联网产业链中，通信连接部分的产业集中度较好，但是所占的价值比例较低。如何在复杂的竞争态势中保证运营商在物联网领域获取最大化的价值将成为全球运营商共同面对的挑战。

　　传统行业处于垄断地位的厂商可以进行掠夺性定价，卖方能力强大。但在物联网产业链中，所有物联网供应商面对的是各个传统行业，这些传统行业是物联网的需求方，也决定了需求的碎片化。强大的卖方垄断力量一般有一个前提，即具备大量的需求并且需求在一定程度上已同质化，但传统行业有成千上万个非统一化的终端和应用。由于低功耗广域网络为物联网应用提供连接方案，因此即使拥有高度市场集中度的某些环节，在大量碎片化应用面前仍无法形成垄断的卖方力量。

　　目前全球主流运营商对于物联网的商业模式依然延续流量收费模式，该模式主要适配当前联网的 Top 应用，如车联网、智能穿戴和 POS 机等，都是以流量消费为主的话务模型。

　　低功耗广覆盖的应用虽然有所涉及，但是并没有为其设计特有的商业模式，如远程抄表或大型设备零部件资产跟踪等应用的上报周期长，数据流量可能在很长一段时间内为零。传统流量收费模式并不完全适用于低功耗广覆盖应用。

　　考虑到应用开发者的多样化（运营商、物联网企业、设备提供商、创业团队、个人开发者等），行业专家对 NB-IoT 探索创新、灵活的商业模式建议如下。

　　（1）NB-IoT 管道模式：资产跟踪、抄表应用只有在需要跟踪或读取数据上报的时候才会产生流量，所以流量收费是不合适的。而其提供的连接服务具有更高的价值，根据连接的设备数量收费可以更好地保护双方的利益。

　　（2）NB-IoT 苹果模式：电信运营商建立应用市场，将用户收费与应用开发者分开，利益共享。例如，面向行业消费群体的基于位置的服务 LBS 业务等。

　　（3）NB-IoT 亚马逊模式：基于分段的收费模式，即设备与平台段、平台与应用段分别收费。若数据存储在亚马逊平台，则不对设备和平台段收费。例如，智能电力要求每 5 分钟上报一次消息，这些大数据对于电力毛细血管问题定位、电力峰谷调度、区域调度有非常大的价值。

8.2　NB-IoT 关键技术

　　对 NB-IoT 关键技术的介绍，让读者能够理解 NB-IoT 的内部原理和工作过程。

　　NB-IoT 定位于运营商级，基于授权频谱的低速率物联网市场。

　　建议读者带着以下问题进行学习：①了解 NB-IoT 的网络部署；②理解 NB-IoT 关键技术原理；③了解 NB-IoT 的解决方案参考框架。

8.2.1　NB-IoT 的网络部署

　　全球大多数电信运营商选择低频部署 NB-IoT 网络，低频建网可以有效地降低站点数量，提升深度覆盖。

　　对于运营商来说，NB-IoT 支持 3 种网络部署模式：独立（Stand-Alone）部署、保护带（Guard-Band）部署和带内（In-Band）部署。

　　其中，在独立部署模式下，系统带宽为 200kHz。在保护带部署模式下，可以在

5MHz、10MHz、15MHz、20MHz 的 LTE 系统带宽下部署。在带内部署模式下，可以在 3MHz、5MHz、10MHz、15MHz、20MHz 的 LTE 系统带宽下部署。

NB-IoT 和 LTE 系统一样，信道栅格（Channel Raster）要求 LTE 载波中心频率必须为 100kHz 的整数倍。在独立部署模式下，NB-IoT 载波的中心频率是 100kHz 的整数倍。在带内部署和保护带部署模式下，NB-IoT 载波的中心频率和信道栅格之间会有偏差，偏差为 ±7.5kHz、±2.5kHz。

在保护带部署模式下，为了降低 LTE 和 NB-IoT 之间的干扰，要求 LTE 系统发送带宽边缘到 NB-IoT 带宽边缘的频率间隔为 15kHz 的整数倍。

NB-IoT 在独立部署模式下的信道间隔为 200kHz；在带内部署和保护带部署的场景下，两个相邻的 NB-IoT 载波间的信道间隔为 180kHz。

独立部署模式使用独立的 200kHz 系统带宽部署 NB-IoT 载波，而 NB-IoT 真正使用的是 180kHz 传输带宽，两边各留 10kHz 的保护带。在这种部署场景下，对于有 GSM 频谱资源的运营商来说比较方便，相当于使用一个独立 GSM 频点，即可满足 NB-IoT 部署需求。

NB-IoT 端到端系统架构如图 8-8 所示。

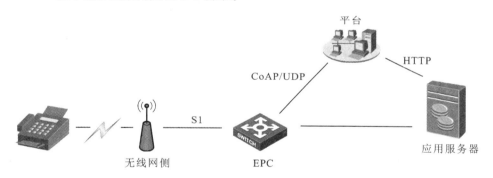

图 8-8　NB-IoT 端到端系统架构

终端：UE（User Equipment），通过空口连接到基站 eNodeB（evolved Node B. E-UTRAN 基站）。

无线网侧：包括两种组网方式，一种是整体式无线接入网（Singel RAN），其中包括 2G、3G、4G 及 NB-IoT 无线网，另一种是 NB-IoT 新建。主要承担空口接入处理、小区管理等相关功能，并通过 S1-lite 接口与 NB-IoT 核心网进行连接，将非接入层数据转发给高层网元处理。

核心网：EPC（Evolved Packet Core），承担与终端非接入层交互的功能，并将 IoT 业务相关数据转发到 IoT 平台进行处理。

平台：目前以电信平台为主。

应用服务器：以电信平台为例，应用 Server 通过 HTTP/HTTPs 和平台通信，通过调用平台的开放 API 来控制设备，平台把设备上报的数据推送给应用服务器。平台支持对设备数据进行协议解析，转换成标准的 .json 格式数据。

NB-IoT 有以下 3 种运营模式。

（1）独立的，在运营商的网络外面重做。

（2）在 LTE 的保护带上，实际上它主要的原理是上行采用 OFDMA，前后保留 10kHz 的保护带，它有两种子载波间隔，一种是 3.75kHz 的，另一种是间隔 15kHz 的。

（3）带内模式，可利用 LTE 载波中间的任何资源块。

在了解 NB-IoT 的网络部署后，下面分别介绍 NB-IoT 的关键技术。

8.2.2　NB-IoT 的广覆盖

物联网很多应用场景的网络信号很弱，NB-IoT 可以在普通无线网络信号难以到达的地方实现广覆盖。和 GPRS 或 LTE 相比，NB-IoT 最大链路预算提升了 20dB，NB-IoT 在下行信道上覆盖增强的增益主要来源于重复发送，即同一个控制消息或业务数据在空口信道上发送时，通过多次重复发送，用户终端在接收时，对接收到的重复内容进行合并，来提供覆盖能力。NB-IoT 的广覆盖能力示意图如图 8-9 所示。

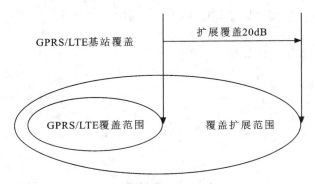

图 8-9　NB-IoT 的广覆盖能力示意图

在上行方向上，NB-IoT 支持 3.75kHz、15kHz 两种子载波间隔，支持单子载波（Single-Tone）和多子载波（Multi-Tone）资源分配。NB-IoT 依赖功率谱密度增强（Power Spectrum Density Boosting，PSD Boosting）和时域重复（Time Domain Repetition，TDR）来获得比 GPRS 或 LTE 系统多 20dB 的覆盖增强。

功率谱密度增强是把 NB-IoT 上行的信号发射功率通过更窄带宽的载波进行发送，单位频谱上发送的信号强度便得到增强，信号的覆盖能力和穿透能力也得到增强。此外，在上行方向上，支持通过信道的重复发送，进一步提升上行信道的覆盖能力。

在一般情况下，通信链路的下行覆盖大于上行覆盖，这是因为用户终端的发射功率往往受限，而网络侧远端射频模块发射功率理论上是很容易提升的。在链路预算中，计算最大耦合损耗（Maximum CoupUng Loss，MCL）时大部分只是计算上行链路的覆盖增强。

等级（Coverage Enhancement Level，CE Level）分为 3 个等级，根据 MCL 的数值进行划分。NB-IoT 基站 eNB 与 UE 之间会根据其所在的 CE Level 来选择相对应的信息重发次数，划分标准如下所示。

（1）常规覆盖（Normal Coverage），MCL<144dB，与现有的 GPRS 覆盖一致。

（2）扩展覆盖（Extended Coverage），144dB<MCL<154dB，在现有 GPRS 覆盖的基础上提升了 10dB。

（3）极端覆盖（Extreme Coverage），MCL＞154dB，在现有 GPRS 覆盖的基础上提升了 20dB。

考虑很多物联网终端都是在室内部署的，因此室内覆盖也是 NB-IoT 必须支持的场景之一，在某些极端覆盖情况下，NB-IoT 的覆盖增益必须超出现有商用系统的 20dB 以上。

8.2.3　NB-IoT 的低功耗

NB-IoT 的用户终端可以工作在省电模式，用来降低电源消耗和延长电池寿命。用户终端在省电模式下工作时和设备关机类似，看起来好像和网络失联，但用户终端仍然注册在网络中，不需要重新附着或重新建立分组数据网络（Packet Data Network，PDN）连接。

终端芯片低功耗采用了以下几类关键技术。

（1）芯片复杂度降低，工作电流减小。

（2）空口信令简化，减小单次数传功耗。

（3）PSM（节能模式），降低电源消耗和延长电池寿命。

（4）长周期 TAR/RAU，减小终端发送位置更新的次数。

（5）只支持小区选择和重选的移动性管理，减小测量开销等。

低功耗特性是物联网应用的一项重要指标，特别是对于一些不能经常更换电池的设备和场合，如大范围分散在各地的传感监测设备，它们不可能像智能手机一样一天多次充电，长达几年的电池使用寿命是最基本的需求。在电池技术无法取得突破的前提下只能通过降低设备功耗来延长电池的供电时间。

通信设备消耗的能量往往与传输数据量或通信速率有关，即单位时间内发出数据包的大小决定了功耗的大小。如果传输的数据量小，用户设备的调制解调器和功率放大器（Power Amplifier，PA）就可以调到非常小的水平。NB-IoT 聚焦于传输间隔大、小数据量、小速率、时延不敏感等应用，因此 NB-IoT 设备功耗可以做到非常小。

NB-IoT 在 LTE 系统的非连续接收（Discontinuous Reception，DRX）的基础上进行了优化，采用功耗节省模式（Power Saving Mode，PSM）和增强型非连续接收（eDRX）两种模式。这两种模式都是通过用户终端发起请求，以移动性管理实体（Mobility Management Entity，MME）核心网协商的方式来确定。用户可以单独使用 PSM 和 eDRX 省电模式中的一种，也可以两种都激活。

不管是 PSM 模式还是 eDRX 模式，都可以理解成通过提升深度休眠时间的占比来降低功耗，但从另一方面来讲，实际上是牺牲了实时性。相比较而言，eDRX 模式的省电效果会差一些，但实时性会好一些。这也是为什么在有了 PSM 模式之后还需要 eDRX 模式。这两种模式各有所长，又各有所短，正好可以用来适配不同的物联网应用场景。例如，eDRX 模式可能更适用于宠物追踪，而 PSM 模式更适用于远程抄表业务。

尤其需要指出的是，NB-IoT 的低功耗设计目标是针对低速率、低频次、电池供电的业务，10 年的使用寿命是根据 TR45.820 的仿真数据得出的结果。在 PSM 模式和 eDRX 模式均部署的情况下，如果用户终端每天发送一次 200B 的报文，则 5W・h 的电池理论上可工作 12.8 年。

8.2.4　NB-IoT 的低成本

　　一套成熟的蜂窝物联网应用体系，涉及 NB-IoT 芯片、通信模组、UE、运营商网络数据流量费用、通信协议栈、物联网平台、垂直应用软件、云平台、大数据、工程安装、运营维护等多个方面。对于物联网终端的海量部署特性，反映最直接的就是 NB-IoT 芯片的成本。

　　低成本芯片采用了以下几种关键技术：

　　(1) 180kHz 窄带系统，基带复杂度低。

　　(2) 单天线、半双工，RF 成本低。

　　(3) 低采样率，缓存 RAM 要求小。

　　(4) 协议栈简化，减少内 RAM。

　　NB-IoT 使用 License 频段，可采取带内部署、保护带内部署或独立载波部署 3 种方式，上行支持 Single-Tone 技术和 Multi-Tone 技术，下行采用 OFDMA 15kHz 子载波。

　　在芯片设计方面，低功耗、低带宽带来的是低成本优势。速率低就不需要大的缓存，功耗低意味着射频（Radio Frequency，RF）设计要求低，低带宽则不需要复杂的均衡算法，减小最大传输块，简化调制解调编码方式，直接去掉 IP 多媒体子系统（IP Multimedia Subsystem，IMS）协议栈，简化天线设计。相比 LTE 芯片来说，众多因素使得 NB-IoT 芯片设计简化，进而带来低成本的优势。

　　NB-IoT Rel-13 仅支持 FDD 半双工（Half-Duplex FDD，HD-FDD）Type-B 模式，这意味着上行和下行在频率上分开，UE 不会同时处理发送和接收，从而节省双工元器件的成本。UE 在发送上行信号时，其前面的子帧和后面的子帧都不接收下行信号，使保护时隙加长，对设备的要求降低，并且提高了信号的可靠性。另外，半双工设计意味着只需多一个切换器就可以改变发送和接收模式，比起全双工所需的元器件，成本更低廉并且可降低电池能耗。还有两个因素需要重点考虑：一是运营商的建网成本；另一个是产业链的成熟度。对于运营商建网成本，NB-IoT 无须重新建网，RF 和天线基本上是复用的。对于产业链来说，芯片在 NB-IoT 整个产业链中处于基础核心地位，现在几乎所有主流的芯片和模组厂商都有明确的 NB-IoT 支持计划，这将打造一个较好的生态链，能有效降低成本。

8.2.5　NB-IoT 的大连接

　　NB-IoT 的基站是基于物联网模型进行设计的。物联网模型和手机模型不同，终端接入数量很大，但每个终端发送的数据包很小，对时延的要求也不敏感。

　　当前的 2G、3G、4G 基站设计主要是保障用户的并发通信和减小时延。但是，NB-IoT 对业务时延不敏感，可以设计更多的用户接入，保存更多的用户上下文，这样就可以让 5 万个终端同时在一个小区，大量终端处于休眠状态，但是上下文信息由基站和核心网维持，一旦有数据发送，就可以迅速进入连接状态。

　　NB-IoT 相比 2G、3G、4G 的通信系统，有 $50 \sim 100$ 倍的上行容量提升。NB-IoT 仿真的结果是每个小区可以达到 5 万个 UE 的连接，在仿真模型中，80% 的用户为周期上报，20％的用户为网络控制。

NB-IoT 要求 eNB 基站支持海量的低速率 UE 的接入，可以通过模型估算普通市区 NB-IoT 基站的容量，以伦敦模型为例，每个住户的设备数量是 40 个，如图 8-10 所示，具体算法如下。

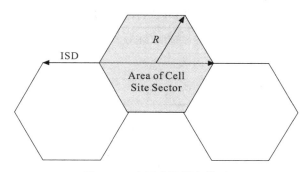

图 8-10　小区扇区面积模型

ISD（Inter-Site Distance，基站间距离）＝1732m

R（小区半径）＝ISD/3≈577.3m

小区覆盖面积＝0.86km2（假设为正六边形）

每平方千米的住户密度＝1517

每个住户的设备数量＝40

每个小区的设备数量＝小区覆盖面积×每平方千米的住户密度×每个住户的设备数量＝52184

核心网侧面对大容量的压力，必须做好针对性的优化。物联网用户总数大，而且仍然是永久在线（即使终端进入了 PSM 休眠状态，核心网仍然保存着用户的所有上下文数据），核心网无论是签约、用户上下文管理，还是 IP 地址的分配都有新的优化需求。此外，相对于 4G 系统，NB-IoT 核心网的业务突发性更强，可能某行业的用户集中在某个特定的时间段，同时收发数据，对核心网的设备容量要求、过载控制提出了新的方案。

8.2.6　NB-IoT 的多址接入方式

NB-IoT 下行物理层信道是基于传统的正交频分多址接入（OFDMA）方式。一个 NB-IoT 载波对应一个资源块，包含 12 个连续的子载波，全部基于 $\Delta f=15\mathrm{kHz}$ 的子载波间隔设计，并且 NB-IoT 用户终端只工作在半双工模式。

NB-IoT 上行物理层信道除了采用 15kHz 子载波间隔之外，为了进一步提升功率谱密度，起到上行覆盖增强的效果，引入了 3.75kHz 子载波间隔。因此，NB-IoT 上行物理层信道基于 15kHz 和 3.75kHz 两种子载波间隔设计，分为 Single-Tone 和 Multi-Tone 两种工作模式。

NB-IoT 上行物理层信道的多址接入技术采用单载波频分多址接入（Single-Carrier Frequency Division Multiple Access，SC-FDMA）。在 Single-Tone 模式下，一次上行传输只分配一个 15kHz 或 3.75kHz 的子载波。在 Multi-Tone 模式下，一次上行传输支持 1 个、3 个、6 个或 12 个子载波传输方式。

8.2.7　NB-IoT 的工作频段

NB-IoT 沿用 LTE 系统定义的频段号，NB-IoT Rel-13 指定了 14 个工作频段，一个 NB-IoT 载波，在频域上仅占用 180kHz 传输带宽。NB-IoT 支持的工作频段见表 8-5。

表 8-5　NB-IoT 支持的工作频段

频段	上行频率范围/MHz	下行频率范围/MHz
Band1	1920～1980	2110～2170
Band2	1850～1910	1930～1990
Band3	1710～1785	1805～1880
Band5	824～849	869～894
Band8	880～915	925～960
Band12	699～716	729～746
Band13	777～787.	746～756
Band17	704～716	734～746
Band18	815～830	860～875
Band19	830～845	875～890
Band20	832～862	791～821
Band26	814～849	859～894
Band28	703～748	758～803
Band66	1710～1780	2110～2200

表 8-5 中的 Band3 和 GSM DCS1800 频段重合，Band8 和 GSM900 频段重合，便于 GSM 运营商升级到 NB-IoT。

8.2.8　NB-IoT 的数据帧结构

NB-IoT Rel-13 仅支持 FDD 帧结构类型，不支持 TDD 帧结构类型。

一个 NB-IoT 载波相当于 LTE 系统中的一个 PRB 占用的带宽。在下行方向上，子载波间隔固定为 15kHz，由 12 个连续的子载波组成。在时域上由 7 个正交频分复用（OFDM）符号组成 0.5ms 的时隙，这样保证了和 LTE 系统的相容性，对于带内部署方式至关重要。当子载波间隔为 15kHz 时，NB-IoT 的下行和上行都支持 E-UTRAN 无线帧结构；当子载波间隔为 3.75kHz 时，NB-IoT 的上行通道定义了一种新的帧结构，每个时隙为 2ms，5 个时隙组成一个 10ms 的无线帧。

8.3　NB-IoT 体系架构及标准

8.3.1　NB-IoT 网络体系架构

传统的 LTE 网络体系架构，其目的是给用户提供更高的带宽、更快的接入，以适应快速发展的移动互联网需求。但在物联网应用方面，由于 UE 数量众多、功耗控制严格、小数据包通信、网络覆盖分散等特点，传统的 LTE 网络已经无法满足物联网的实际发展需求。

NB-IoT 系统网络架构和 LTE 系统网络架构相同，都称为演进的分组系统（EPS）。EPS 主要包括 3 个部分，分别是演进的核心系统（EPC）、基站（eNodeB，eNB）、UE。

eNB 基站负责接入网部分，也称为 E-UTRAN，即无线接入网。

NB-IoT 无线接入网整体架构如图 8-11 所示。

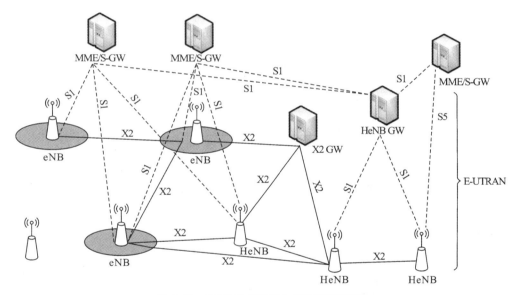

图 8-11　NB-IoT 无线接入网整体架构图

NB-IoT 无线接入网由一个或多个基站（eNB）组成，eNB 基站通过 Uu 接口（空中接口）与 UE 通信，给 UE 提供用户面（PDCP/RLC/MAC/PHY）和控制面（RCC）的协议终止点。eNB 基站之间通过 X2 接口进行直接互联，解决 UE 在不同 eNB 基站之间的切换问题。接入网和核心网之间通过 S1 接口进行连接，eNB 基站通过 S1 接口连接到 EPC。

具体来讲，eNB 基站通过 S1-MME 连接到 MME，通过 S1-U 连接到 S-GW。S1 接口支持 MME/S-GW 和 eNB 基站之间的多对多连接，即一个 eNB 基站可以和多个 MME/S-GW 连接，多个 eNB 基站也可以同时连接到同一个 MME/S-GW。

整个网络体系架构遵循以下原则。

（1）信令传输和数据传输在逻辑上是独立的。

（2）E-UTRAN 和 EPC 在功能上实现分离。

（3）RRC（Radio Resource Contml）连接的移动性管理完全由 E-UTRAN 控制，核心网 对无线资源的处理不可见。

（4）E-UTRAN 接口上的功能定义尽量简化，并减少选项。

（5）多个逻辑节点可以在一个物理节点上实现。

（6）S1 和 X2 是开放的逻辑接口，应满足不同厂家设备之间的互联互通。

eNB 基站通过 S1 接口连接到 MME/S-GW，只是接口上传输的是 NB-IoT 消息和数据。尽管 NB-IoT 没有定义小区切换功能，但在两个 eNB 基站之间依然有 X2 接口，X2 接口可以使 UE 在进入空闲状态之后快速启动恢复进程。

EPC 负责核心网部分，提供全 IP 连接的承载网络，对所有基于 IP 的业务都是开放的，能提供所有基于 IP 业务的能力集，包括移动性管理实体（Mobility Management Entity，MME）、服务网关（Serving Gateway，S-GW）、分组数据网关（PDN Gateway，P-GW）、业务能力开放单元（Service Capability Exposure Function，SCEF）、归属签约用户服务器（Home Subscriber Server，HSS）。不再支持政策及收费规则功能（Policy and Charging Rules Function. PCRF）。NB-IoT 网络体系结构如图 8-12 所示。

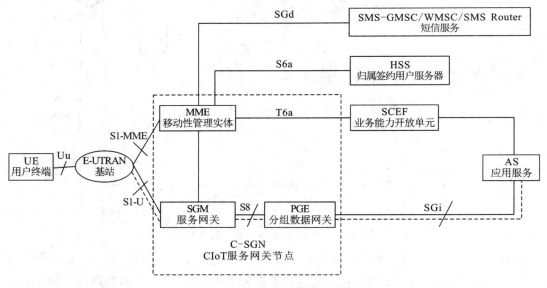

图 8-12　NB-IoT 网络体系结构

其中，MME 负责 EPC 核心网的信令处理，实现移动性控制。S-GW 负责 EPC 的数据处理，实现数据包的路由转发。若支持短信功能，NB-IoT 网络还将包含移动交换中心（Mobile Switching Center，MSC）服务器和短信中心。

NB-IoT 网络和 2G、3G 的网元之间不存在接口，不具备网间互操作能力。用户终端 UE 可以在附着 TAU（跟踪区更新，是变更跟踪区后的一种信令通知方式）过程中与网络协商自身支持的 NB-IoT 能力，必须支持 CP 模式，可选支持 UP 模式。CP 模式的全称是蜂窝物联网控制面 EPS 优化传输模式，UP 模式的全称是蜂窝物联网用户面 EPS 优化传输模式。当 MME 或 P-GW 发送上行速率控制信息给 UE 之后，UE 必须执行，以此来实现对上行小数据包传输的控制。

和 LTE 系统相比，NB-IoT 网络体系架构主要增加了 SCEF（业务能力开放单元）来支持 CP 模式和 Non-IP 数据的传输。在实际网络部署中，为了减少物理网元的数量，可以将部分核心网网元（如 MME、S-GW、P-GW）合并部署成轻量级核心网网元，称为 C-SGN（即 CIoT 服务网关节点）。

为了将物联网 UE 的数据发送给接入层（Access Stratum，AS）应用服务，eNB 基站引入了 NB-IoT 能力协商，支持 CP 模式和 UP 模式。

对于 CP 模式，上行数据从 R-UTRAN 传输至 MME，传输路径分为两条：一条分支是通过 S-GW 传输到 P-GW，再传输到应用服务器；另外一条分支是通过 SCEF 连接到应用服务器。下行数据传输路径一样，只是方向相反。

SCEF 是专门为 NB-IoT 设计而新引入的，用于在控制面上传输 Non-IP 数据包，并为鉴权等网络服务提供一个抽象的接口。通过 SCEF 连接到应用服务器仅支持 Non-IP 数据传输，这一方案无须建立数据无线承载，数据包直接在信令无线承载上发送。因此，这一方案非常适合非频发的小数据包传输。

HSS 引入了对 UE 签约 NB-IoT 接入限制、为 UE 配置 Non-IP 的默认 APN（Access Point Name，接入点名称）和验证 NIDD（Non IP Data Delivery，非 IP 数据传输）授权等。

对于 UP 模式，物联网数据传输方式和传统数据流量一样，在无线承载上发送数据由 S-GW 传输到 P-GW 再到应用服务器。因此，这种方案在建立连接时会产生额外开销，它的优势是数据包序列传输更快。这一方案支持 IP 数据和非 IP 数据传输。

NB-IoT 技术允许 UE 在 Attach、TAU 消息中和 MME 协商基于 CP 模式的短信功能，即在 NAS 信令中携带短信数据包。

8.3.2 NB-IoT 核心网功能划分

E-UTRAN 和 EPC 核心网在 NB-IoT 网络架构中承担着彼此相互独立的功能，E-UTRAN 由多个 eNB 基站功能实体组成，EPC 由 MME、S-GW 和 P-GW 功能实体组成。

eNB 基站的功能如下：

（1）无线资源管理功能，包括无线承载控制、无线接入控制、连接移动性控制上、下行资源动态分配和调度等。

（2）IP 报头压缩和用户数据流的加密。

（3）当 UE 携带的信息不能确定到达某个 MME 的路由时，eNB 基站为 UE 选择一个 MME。

（4）使用户面数据路由到相应的 S-GW。

（5）MME 发起的寻呼消息的调度和发送。

（6）MME 或运行和维护管理（Operation ＆ Maintanence，O&M）发起的广播信息

的调度和发送。

　　（7）在上行链路中传输标记级别的数据包。

　　（8）UE 不移动时 S-GW 搬迁。

　　（9）用于 UP 模式的安全和无线配置。

　　MME 是 LTE 接入网络的关键控制节点，主要负责信令处理部分，包括移动性管理、承载管理、用户的鉴权认证、S-GW 和 P-GW 的选择等功能。MME 同时支持在法律许可的范围内进行拦截和监听。MME 引入了 NB-IoT 能力协商、附着时不建立 PDN 连接、创建 Non-IP 的 PDN 连接、支持 CP 模式、支持 UP 模式、支持有限制性的移动性管理等。

　　S-GW 是终止与 E-UTRAN 接口的网关，在进行 eNB 基站之间切换时，可以作为本地锚点并协助完成 eNB 基站的重排序功能，实现数据包的路由和转发，在上行和下行传输层进行分组标记，在空闲状态时实现下行分组的缓冲和发起网络触发的服务请求功能，用于运营商之间的计费。S-GW 引入了支持 NB-IoT 的 RAT 类型、支持 SII-U 隧道、转发速率控制信息等。

　　P-GW 终结和外部数据网络（如互联网、IMS 等）的 SGI 接口，是 EPS 锚点，是 3GPP 与非 3GPP 网络之间的用户面数据链路的锚点，负责管理 3GPP 和非 3GPP 之间的数据路由，管理 3GPP 接入和非 3GPP 接入之间的移动，还负责动态主机配置协议（Dynamic Host Configuration Protocol，DHCP）、策略执行、计费等功能；如果 UE 访问多个 PDN，则 UE 将对应一个或多个 P-GW。P-GW 引入了支持 NB-IoT 的 RAT 类型、创建 Non-P 的 PDN 连接、执行速率控制等。

　　S-GW 和 P-GW 可以在一个物理节点或不同物理节点实现，E-UTRAN、MME、S-GW 和 P-GW 是逻辑节点，RRC 子层、分组数据汇聚协议（PDCP）子层、无线链路控制（RLC）子层、MAC 子层、物理层是无线协议层。

8.3.3　无线接口协议栈

　　无线接口是指 UE 和接入网之间的接口，又称空中接口，或称 Uu 接口。无线接口主要是用来建立、重配置和释放各种无线承载业务。在 NB-IoT 技术中，无线接口是 UE 和 eNB 基站之间的接口，是一个完全开放的接口，只要遵循 NB-IoT 标准规范，不同制造商的设备之间就可以相互通信。

　　在 NB-IoT 的 E-UTRAN 无线接口协议架构中，分为物理层（L1）、数据链路层（L2）和网络层（L3）。NB-IoT 协议层规划了两种数据传输模式，分别是 CP 模式和 UP 模式。其中，CP 模式是必选项，UP 模式是可选项。如果 UE 同时支持两种模式，具体使用哪种模式，通过 NAS（Non-Access Stratum，非接入层）信令与核心网设备进行协商来确定。

　　在 UE 侧，控制面协议栈主要负责无线接口的管理和控制，包括 RRC 子层协议、PDCP 子层协议、RLC 子层协议、MAC 子层协议、PHIY 物理层协议和 NAS 控制协议。

　　协议要求，NB-IoT 的 UE 和网络必须支持 CP 模式，并且不管是 IP 数据还是 Non-IP 数据，都封装在 NAS 数据包中，使用 NAS 层安全并进行报头压缩。UE 进入空闲状态（RRC_Idle）后，UE 和 eNB 基站不保留 AS 上下文。UE 再次进入连接状态需要重新发起 RRC 连接建立请求。

CP 模式总体架构和业务数据流如图 8-13 所示。

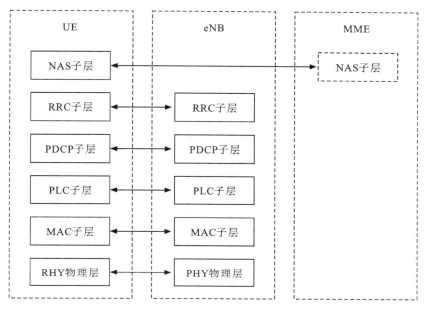

图 8-13 CP 模式总体架构和业务数据流图

NAS 协议处理 UE 和 MME 之间信息的传输，传输的内容可以是用户信息或控制信息（如业务的建立、释放或移动性管理信息）。控制面的 NAS 消息有连接性管理（Connection Management，CM）、移动性管理（Mobility Management，MM）、会话管理（Session Management，SM）和 GPRS 移动性管理（GPRS Mobility Management，GMM）等。

RRC 子层处理 UE 和 eNB 基站之间控制面的第三层信息。RRC 对无线资源进行分配并发送相关信令，UE 和 E-UTRAN 之间控制信令的主要部分是 RRC 消息，RRC 消息承载了建立、修改释放层（L2）和物理层协议实体所需的全部参数，同时也携带了 NAS 的一些信令。RRC 协议在接入层中实现控制功能，负责建立无线承载，配置 eNB 基站和 UE 之间的 RRC 信令控制。

用户面协议栈如图 8-14 所示，包括 PDCP、RLC、MAC 和 PHY 物理层协议，功能包括报头压缩、加密、调度、ARQ 和 HARQ。

物理层为数据链路层提供数据传输功能，物理层通过传输信道为 MAC 子层提供相应的服务，MAC 子层通过逻辑信道向 RLC 子层提供相应的服务。

PDCP 子层属于无线接口协议栈的第二层，负责处理控制面上的 RRC 消息和用户面上的 IP 数据包。在用户面，PDCP 子层得到来自上层的 IP 数据分组后，可以对 IP 数据包进行报头压缩和加密，然后递交到 RLC 子层。PDCP 子层还向上层提供按序提交和重复分组检测功能。在控制面，PDCP 子层为上层 RRC 提供信令传输服务，并实现 RRC 信令的加密和一致性保护，以及在反方向上实现 RRC 信令的解密和一致性检查。

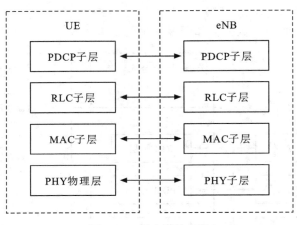

图 8-14　用户面协议栈

8.4　NB-IoT 的系统架构

典型的组网主要包括 4 部分：终端、接入网、核心网和云平台。其中终端与接入网之间是无线连接，即 NB-IoT，其他几部分之间一般是有线连接。建议读者带着以下问题去思考学习。

NB-IoT 的端到端系统架构是什么？

NB-IoT 的核心网、接入网、工作频段分别是什么？

NB-IoT 网络参考框架由什么组成？

8.4.1　NB-IoT 核心网

为了将物联网数据发送给应用，蜂窝物联网（CIoT）在 EPS 定义了以下两种优化方案。

（1）CIoT EPS 用户面功能优化（User Plane CIoT EPS Optimisation）。

（2）CIoT EPS 控制面功能优化（Control Plane CIoT EPS Optimisation）。

如图 8-15 所示，实线表示 CIoT EPS 控制面功能优化方案，虚线表示 CIoT EPS 用户面功能优化方案。

对于 CIoT EPS 控制面功能优化，上行数据从 eNB（CIoT RAN）传送至 MME，在这里传输路径分为两个分支，一支通过 S-GW 传送到 P-GW，再传送到应用服务器；另一支通过 SCEF 连接到应用服务器（CIoT Services），后者仅支持非 IP 数据传送。下行数据传送路径一样，只是方向相反。

对于 CIoT EPS 用户面功能优化，物联网数据传送方式和传统数据流量一样，在无线承载上发送数据，由 S-GW 传送到 P-GW，再到应用服务器。因此，这种方案在建立连接时会产生额外开销，但它的优势是数据包序列传送更快。这一方案支持 IP 数据和非 IP 数据传输。

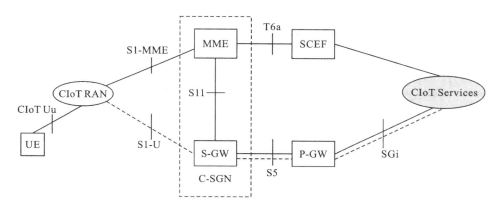

图 8-15 蜂窝物联网（CIoT）数据传送示意图

对于数据发起方，由终端选择决定哪一种方案。对于数据接收方，由 MME 参考终端习惯，选择决定哪一种方案。

8.4.2　NB-IoT 接入网

NB-IoT 的接入网架构与 LTE 的一样，如图 8-16 所示。

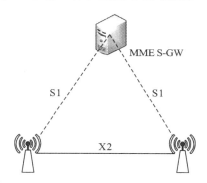

图 8-16　NB-IoT 的接入网架构示意图

eNB 通过 S1 接口连接到 MME/S-GW，只是接口上传送的是 NB-IoT 消息和数据。尽管 NB-IoT 没有定义切换，但在两个 eNB 之间依然有 X2 接口，X2 接口使能 UE 在进入空闲状态后，快速启动 resume 流程，接入其他 eNB（resume 流程将在本文后面详述）。

8.4.3　NB-IoT 网络参考框架

NB-IoT 定位于运营商级，基于授权频谱的低速率物联网市场，可直接部署于 LTE 网络，也可以基于目前运营商现有的 2G、3G 网络，通过设备升级的方式来部署，可降低部署成本和实现平滑升级，可构建全球最大的蜂窝物联网生态系统。

NB-IoT 的系统带宽为 200kHz，传输带宽为 180kHz，这种设计优势主要体现在以下 3 个方面。

第一，NB-IoT 系统的传输带宽和 LTE 系统的一个物理资源块（Physical Resource Bloc，PRB）的载波带宽相同，都是 180kHz，使其与传统 LTE 系统能很好地兼容。此外，窄带宽的设计为 LTE 系统的保护带（Guard-Band）部署带来了便利，对于运营商来说，易于实现与传统 LTE 网络设备的共站部署，有效降低了 NB-IoT 网络建设与运维的成本。

第二，NB-IoT 系统的系统带宽和 GSM 系统的载波带宽相同，都是 200kHz，使其在 GSM 系统的频谱中实现无缝部署，对运营商重耕 2G 网络频谱提供了先天的便利性。

第三，NB-IoT 将系统带宽收窄至 200kHz，将有效降低 NB-IoT 用户终端射频芯片的复杂度。同时，更窄的带宽提供更低的数据吞吐量，NB-IoT 用户终端芯片的数字基带部分的复杂度和规格也将大幅降低。这使得 NB-IoT 芯片可以实现比传统 LTE 系统更高的芯片集成度，进一步降低芯片成本及开发复杂度。

典型的 NB-IoT 网络架构分为 3 层，分别是感知层、网络层、应用层。

NB-IoT 的感知层：由各种传感器构成，包括温湿度传感器、二维码标签、RFID 标签和读写器、摄像头、红外线、GPS 等感知终端。感知层是物联网识别物体、采集信息的来源。如果将 NB-IoT 比喻为人，感知层就是眼睛、鼻子、耳朵、皮肤等感觉器官。

NB-IoT 的网络层：由各种网络，包括互联网、广电网、网络管理系统和云计算平台等组成，是整个物联网的中枢，负责传递和处理感知层获取的信息。窄带物联网网络层相当于人的神经系统，传输各种信号。

NB-IoT 的应用层：物联网和用户的接口，它与行业需求结合，实现物联网的智能应用。物联网的应用层相当于人的大脑，负责分析和处理各种数据。

NB-IoT 网络整体框架一般由行业终端、NB-IoT 模块、基站、核心网、IoT 平台、应用服务器几部分组成。行业终端和 NB-IoT 模块可以看作感知层，基站和核心网可以看作网络层，IoT 平台和应用服务器可以看作应用层。

这里给出华为公司的 NB-IoT 网络总体框架供读者参考，如图 8-17 所示。

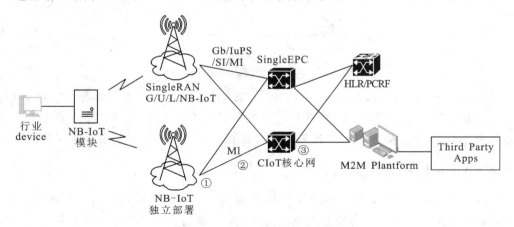

图 8-17　NB-IoT 网络总体框架

由图 8-17 可知，NB-IoT 网络总体框架具有以下优点：

（1）重用站点基础设施，降低部署成本。

（2）支持接口优化，优化 30% 以上信号开销，支持终端节电和降成本。

（3）基于 CloudEdge 平台优化的 IoT 专用核心网，可与现网组 pool，降低连接成本。

8.5 NB-IoT 标准体系

NB-IoT WI 最初计划在 2016 年 3 月完成标准化工作,由于 RAN1、RAN2 和 RAN4 的进展低于预期,延期到 2016 年 6 月完成标准化工作。为加速 NB-IoT 的标准化进展,RAN 1/2/4 在 3GPP 常规会议基础上,增加了多次 NB-IoT Ad Hoc 临时会议,以确保在 2016 年 6 月能够完成 NB-IoT 的立项核心部分的标准化工作。

截至 2016 年 6 月底,NB-IoT Core part 在 RAN 的标准化工作基本完成。在 2016 年 6 月 RAN♯72 全会后已经发布 NB-IoT 最初版本,涉及 36.211、36.212、36.213、36.214、36.300、36.304、36.306、36.321、36.322、36.323、36.331、36.101 和 36.104 等。

1. NB-IoT Rel-13 版本标准体系

3GPP 的协议规范有固定的编号方式,NB-IoT 系列规范主要集中在 36 系列。其中,36 系列的 TS 36.1＊＊系列为射频相关规范,TS 36.2＊＊系列为物理层相关规范,TS 36.3＊＊系列为 Uu 接口高层系列规范,TS 36.4＊＊系列为各个接口网元接口规范,TS 36.5＊＊系列为终端一致性测试规范。

2. NB-IoT ReI-14 版本增强

NB-IoT 不再有 QoS 的概念,这是因为现阶段的 NB-IoT 并不打算传输时延敏感的数据包。为了应对更多的物联网使用场景,2016 年 6 月,3GPP 的 72 号会议批准了 NB-IoT Rel-14 工作组,计划于 2017 年 9 月之前实现 eNB-IoT。

在 Rel-14 的版本中,eNB-IoT 的功能增强主要有定位增强、多载波增强、多播传输增强、移动性增强、蜂窝物联网增强。

此外,为了降低时延和功耗,定义了新的 UE 类别,增大了 TBS 并且引入了 2HARQ 进程。为了小尺寸的电池,引入了新的功率等级。

3. NB-IoT Rel-15 版本增强

在 2017 年 3 月 9 日的 3GPPRAN♯75 次会议中,通过了 NB-IoT Rel-15 版本增强的工作目标,其主要演进包括以下多个方向:

(1) 支持基于 TDD 的 NB-IoT 部署。

(2) 进一步降低时延和功耗。

(3) 提高终端 PRM 测量精度。

(4) NPRACH 的可靠性和覆盖范围增强。

(5) 支持 NB-IoT Small Cell。

(6) 减小获取系统信息时延。

(7) 进一步对终端进行分类。

(8) 接入拒绝的增强。

(9) Stand-Alone 独立部署模式的增强。

(10) PHR 反馈的增强。

有了 Rel-15 版本的进一步增强，NB-IoT 将支持更灵活的部署，提供更低的功耗，更短的时延，更好的性能。

4.5G 版本演进

3GPP 定义了 3 种重要的 5G 部署场景，即增强宽带移动通信、巨量机器类型通信、超可靠性及低时延通信。

MMTC 将是 5G 的重要部署场景，主要涉及：

（1）大连接密度，计划保证每平方千米部署 100 万个 UE。

（2）终端功耗消耗。

（3）覆盖增强。

5. NB-IoT 未来发展趋势

3GPP 已经在 2018 年 3 月发布了 NSA 的 Whole Version ASN，并在 2018 年 9 月发布了 SA 的 ASN。这意味着 R15 的大部分内容已经完成。下一个努力的目标自然是就是 5G 演进的 R16 版本。

随着 NB-IoT 对行业的不断渗透，生态体系的不断完善，其对社会发展的影响将越来越明显。本书从当前 NB-IoT 网络部署、产业发展现状角度出发，对现阶段 NB-IoT 发展情况进行了梳理，在分析了 NB 芯片、模组和应用终端的同时，提出了 NB-IoT 网络部署策略及业务拓展的策略，从而为运营商立足管道连接优势，提高连接价值的发展过程提供借鉴。

在 3GPP RAN♯74 次会议中，已经同意 NB-IoT 是将来逐步演进到 5G 物联网应用的基础。3GPP 的 IMT-2020 的自评中，对 NB-IoT /LET 的 eMTC 技术进行 mMTC 需求的评估。换句话说，NB-IoT 已经公认是 5G mMTC 的一个候选技术。

从长远来看，NB-IoT 仍然是风口，这中间需要网络、芯片模组、平台等多方共同合力。Comobs（通信观察）的观点是，2019 年起基于 NB-IoT 的连接数月均增幅 会超出以往任何 3G/4G 制式渗透率达到 30％以上的增幅，eMTC 是与 NB-IoT 形成真正互补的主力军。R15 M-IoT 达成共识 NB-IoT 与 eMTC 协同并进，从网络运营、安全、干扰、规模、价值等角度，NB-IoT 和 eMTC 的优势远远超过非授权的物联网制式。

在国内市场，三大运营商给出了 eMTC 商用时间表，eMTC 商用节点接近甚至同步于 NB-IoT 规模普及的时间节点。国内 M-IoT 差异化场景需求与商用方面，在以往 2G、Cat.1 的基础上，近阶段是 NB-IoT 打头阵、eMTC 补充，并不是外界所认为的：国内市场因为商用 NB-IoT，而排斥 eMTC 的发展。同理，也能够理解 NB-IoT 与 LoRa 之间的潜在关系。

每种技术定位不同，工作机制不同，eMTC 在消费级市场的应用前景较好，如户外运动中的可穿戴设备。目前 NB-IoT 偏向抄表、路灯等看似简单的场景，抄表场景的收费模式看似趋向单一，但对网络覆盖要求极高，作为单一场景背后首先商用的意义不言而喻。

从商用模式上看，NB-IoT 的价值在于海量连接后的提升价值，比如水务抄表结合路政洒水使用、消防栓维护、水质监测、大气污染对水资源的影响、废水再利用、水源调度、人工降雨等，NB-IoT 的重点在于行业价值，实现供给侧结构性改革。再如智能路灯，节省的不仅仅是电费，还有维护成本的下降，比如对单/多盏路灯照明的实时化/场景化的自动远程控制，当一座城市忽然乌云密布时，或某条街道在长时间无车辆或行人通过时，要精确到点亮几盏路灯。

2019 年 5G 网络基本开始商用，这项技术将为 NB-IoT 带来更多的改变。同时，NB-IoT、LTE-M、eMTC 都已经被纳入 5G 中，而 3GPP 已经完成了 5G 核心网对这些技术无线接入网的支持，让运营商能够在保留这些技术网络部署的情况下向着 5G NR 平滑升级。这意味着 NB-IoT 在 5G 当中也能发挥良好的作用，同时也有望成为更低功耗的新物联网标准。

8.6　NB-IoT 设备编程

NB-IoT 的编程通常涉及硬件设备的配置、网络通信的编程、数据处理及可能的云平台的集成。

1. 硬件选择

首先，开发者需要选择一个支持 NB-IoT 的硬件设备。这通常是一个集成了 NB-IoT 模块的微控制器或开发板，如华为的 Ocean Connect IoT Agent、移远的 BC 系列模块等。

2. 开发环境搭建

IDE 选择：可以使用 Arduino IDE、Eclipse（通过安装相关插件）或其他支持 C/C++ 的 IDE 来编写代码。

SDK 和库：大多数 NB-IoT 模块供应商提供了软件开发包（SDK）和库，这些可以帮助开发者更轻松地与模块进行交互。

硬件连接：根据硬件平台，将 NB-IoT 模块与开发板或微控制器连接。

3. 编程基础

初始化：在代码中初始化 NB-IoT 模块，包括设置网络参数（如 APN、用户名和密码，如果需要的话）。

网络连接：编写代码以连接 NB-IoT 网络。这通常包括注册网络、获取 IP 地址等步骤。

数据发送与接收：编写函数来发送数据到服务器（如云平台）和从服务器接收数据。这可能涉及使用 AT 命令或特定的 API 调用。

错误处理：处理可能发生的错误，如网络断开、发送失败等。

4. 数据处理

数据格式化：确保发送到服务器的数据是正确格式化的，以便服务器可以解析它。

数据加密：如果需要，对数据进行加密以确保安全性。

5. 云平台集成

选择云平台：选择一个支持 NB-IoT 的云平台，如阿里云、华为云、AWS IoT Core 等。

API 集成：使用云平台提供的 API 来发送和接收数据。可能需要编写额外的代码来与这些 API 进行交互。

设备注册：在云平台上注册设备，并获取必要的认证信息。

6. 调试与测试

本地测试：在将设备部署到现场之前，先在本地环境中进行充分的测试。

远程监控：使用云平台的监控工具来远程监控设备的状态和性能。

7. 部署与维护

现场部署：将设备部署到实际的应用场景中。

固件更新：根据需要更新设备的固件以修复漏洞或添加新功能。

性能优化：根据设备的运行情况对代码和配置进行优化。

8. 示例代码

由于 NB-IoT 编程的具体实现高度依赖开发者选择的硬件和云平台，因此很难给出一个通用的示例代码。但是，大多数 NB-IoT 模块支持 AT 命令集，可以通过发送 AT 命令来配置模块和发送数据。此外，许多供应商也会提供示例代码或教程。

以下是简化的 Arduino 代码示例，展示了如何发送 AT 命令来初始化 NB-IoT 模块、连接到网络，并发送一个数据包。请注意，这只是一个框架，需要根据实际的 NB-IoT 模块的具体 AT 命令集和服务器配置来修改它。

cpp 代码

```cpp
#include <SoftwareSerial.h>

SoftwareSerial NBSerial(10，11)；// RX | TX

void setup() {
pinMode(9，OUTPUT)；
digitalWrite(9，HIGH)；//使能 NB-IoT 模块(如果需要)

Serial. begin(9600)；
NBSerial. begin(9600)；
//初始化 NB-IoT 模块(示例命令,可能需要修改)
NBSerial. println("AT+CSQ")；//查询信号质量(可选)
delay(1000)；

//连接到网络(示例命令,需要修改)
//注意:实际连接命令可能包括 APN、用户名和密码等参数
NBSerial. println("AT+CGATT=1")；//附着网络
delay(2000)；

//其他必要的网络配置……
```

```
//发送数据(示例命令,需要修改目标 URL 和数据)
//假设使用 HTTP POST 方法发送数据
NBSerial. println("AT＋HTTPINIT"); //初始化 HTTP 客户端
delay(1000);


//设置 HTTP 类型、URL 等(示例)
//注意:这里只是示意,实际命令可能不同
NBSerial. println("AT＋HTTPPARA＝\"URL\",\"http://example. com/api/
data\"");
NBSerial. println("AT＋HTTPPARA＝\"CONTENT\",\"application/x－www
－form－urlencoded\"");
NBSerial. println("AT＋HTTPDATA＝100,\"key1＝value1&key2＝value2
\""); //发送的数据
delay(1000);


//发送 HTTP 请求
NBSerial. println("AT＋HTTPACTION＝1"); //发送 POST 请求
delay(5000); //等待响应


//读取 HTTP 响应(可选)
// ...
}


void loop() {
//在这个例子中,我们只在 setup()中执行一次操作
//如果需要定期发送数据,可以将发送数据的代码移到 loop()中
}


void serialEvent() {
while (NBSerial. available()) {
//读取并处理从 NB-IoT 模块接收到的数据
char inChar = (char)NBSerial. read();
Serial. write(inChar);
}
}
```

注意事项:

(1) AT 命令:上面的代码中的 AT 命令 (如 AT＋CSQ、AT＋CGATT＝1 等) 是示例性的,并且可能不适用于开发者的 NB-IoT 模块。我们需要查阅模块的数据手册或联

系供应商以获取正确的命令集。

（2）网络连接：连接到网络的过程可能涉及多个步骤，包括设置 APN（接入点名称）、用户名和密码（如果需要的话）。这些参数通常由移动网络提供商提供。

（3）数据发送：发送数据到服务器通常涉及使用 HTTP、CoAP 或其他协议。开发者需要根据服务器和 NB-IoT 模块的支持来选择合适的协议，并正确配置相关参数。

（4）错误处理：上面的代码没有包含任何错误处理逻辑。在实际应用中，应该添加适当的错误处理来确保网络连接的稳定性，并处理可能的异常情况。

（5）云平台集成：如果开发者打算将 NB-IoT 设备集成到云平台中，可能需要使用云平台。

思政八　华为 **Mate60** 的震撼登场：
改变中国与世界的科技巨作

　　华为 Mate60 的上市，无疑在全球科技领域投下了一颗"重磅炸弹"。这款手机不仅引领了新一轮的科技热潮，更以其独特的设计和强大的功能，激发了全球消费者和中国市场的热情。作为一款旗舰级智能手机，Mate60 的影响力远超其产品本身，它以独特的方式展示了中国高科技产业的崛起和全球影响力的提升。Mate60 的推出，极大地提升了中国人民的民族自豪感和自信心。

　　从 Mate40 系列成为"麒麟绝唱"开始，到 Mate60 系列携手麒麟芯片归来，华为只用了 3 年时间，而且涅槃重生的麒麟 9000S 在使用体验上，能跟上目前的主流芯片。在过去的一段时间里，美国对中国高科技行业的打压不断升级，试图遏制中国企业的成长。然而，Mate60 的成功上市，打破了这一僵局。它不仅展示了中国科技企业的实力和韧性，更让中国人民在面对美国压力时，展现出强烈的民族团结和自信心。

　　最后，华为 Mate60 的重要意义远不止于此。它的成功上市，预示着中国高科技产业的进一步崛起。随着 5G、人工智能、物联网等技术的快速发展，华为 Mate60 的出现正好契合了这一趋势。它不仅是一部手机，更是中国高科技产业的一部代表作。它的成功表明，中国的高科技产业已经从过去的追赶者角色，逐渐转变为全球科技创新的引领者。

　　资料来源：https：//baijiahao.baidu.com/s？id=1778798614425327730。

第9章 LoRa 技术

9.1 LoRa 窄带物联网

9.1.1 LoRa 概述

LoRa 是 Long Range 的简称，意思是长距离通信，作为 LPWAN 通信技术中的一种，是美国 Semtech 公司采用和推广的一种基于扩频调制技术（Chirp Spread Spectrum，CSS）的超远距离无线传输方案。LoRa 自身是一种物理层技术规范。这一方案改变了以往关于传输距离与功耗的折中考虑方式，为用户提供一种简单的能实现远距离、长电池寿命、大容量的系统，进而扩展传感网络。目前，LoRa 主要在全球免费频段运行，包括 433MHz、470MHz、868MHz、915MHz 等。

LoRa Alliance（LA）联盟于 2015 年上半年由思科（Cisco）、IBM 升特（Semtech）等多家厂商共同发起创立，LA 联盟制定了 LoRaWAN 标准规范，主要完成的是 MAC 层规范及对物理层相关参数的约定。LoRaWAN 是为 LoRa 远距离通信网络设计的一套通信协议和系统架构。

LoRaWAN 在协议和网络架构的设计上，充分考虑了节点功耗，网络容量，QoS，安全性和网络应用多样性等多个因素，使得 LoRa 网络真正适合低功耗、广覆盖及园区级灵活建网的物联网应用场景。

9.1.2 CLAA：中国 LoRa 物联网生态圈

中兴克拉科技有限公司（中兴通讯股份有限公司控股子公司）作为 LoRa Alliance 联盟董事会成员，是中国运营级 LoRa 产业链的主导者，主导 CLAA（China LoRa Application Alliance）物联网生态圈，CLAA 作为一个公益性技术标准组织，是全球最大的 LoRa 物联网生态圈，2016 年 1 月 28 日成立，截至 2018 年 11 月已发展至 1200 多家正式会员，始终保持高速的增长态势。其会员除了与网络相关的芯片、设备、平台、天线、电池等厂商外，还包括大量在国内外智能家居、园区、市政、家居、工业、能源、农业等行业拥有多年智能化经验的应用厂商，可通过下游的丰富应用来带动 LoRa 产业的繁荣。

截至 2019 年 4 月，已完成超过 300 种行业应用类型的发布，在 40 多个城市落地 CLAA 物联网应用项目，极大地丰富了 LPWAN 领域的应用类型。CLAA 物联网生态圈的网址为 www.claaiot.com。

9.1.3 LoRa 商业模式

在 Machina Research 的一份报告《LPWA Technologies-Unlock New IoT Market Potential》中提到 LPWAN 市场中的 6 种实体：

（1）移动网络运营商（Mobile Network Operators）。

（2）非移动网络运营商（Non-mobile Network Operators）。

（3）系统集成商（Systems Integrators）。

（4）大型工业区和园区（Large Industrial Areas and Campuses）。

（5）产品制造商（Product Manufacturers）。

（6）传感器原始设备制造商（Original Equipment Manufactures）。

物联网低功耗广域连接的发展需求，让产品商、服务商、运营商等看到新的市场发展机会，纷纷搭建平台、接产品、做应用，力图在新的应用领域里抢先一步取得商机。产业生态链的成熟也有利于行业健康长远的发展。

LoRa 技术低功耗、低成本、广覆盖，极低的发射功率，为轻量级运营级物联网叠加网覆盖模式打下基础。LoRa 发展初期还基本上是面向 toB 的市场，还没有普及到 toC 市场。一些具有行业或市场资源的公司会较早地部署 LoRa 网络，改变原有或创造新的应用系统，低功耗广域网市场的创新活力也在于此。

在 LoRa 市场中，多数厂家是以提供（云）端到（终）端的解决方案为主，包括模组、网关和网络服务器（Network Server，NS）。由于对设备数据的要求不同，LoRa 网络服务器有的是私有化部署，有的是部署在公有云或第三方网络服务器上。

LoRa 市场的业务特点也产生了像 The Things Network、LORIOT 等开源的或专业的网络服务平台，提供基于 LoRaWAN 网络的管理平台和应用服务。当数据成为一种服务，与产品相结合，硬件将不再是产品的全部，物联网产品的定义或许会因此而改变，产生出一些新的商业模式。

CLAA 物联网生态圈旨在共同建立中国 LoRa 应用合作生态圈，推动 LoRa 产业链在中国的应用和发展，建设多业务共享、低成本、广覆盖、可运营的 LoRa 物联网。正是基于此理念，CLAA 构建了共建共享的 LoRa 网络管理平台，在该共享平台上已聚集了众多垂直行业的产品和解决方案。CLAA 提供网关和云化核心网服务，可快速搭建起 LoRa 物联网系统的应用。

CLAA 主要有以下 4 种面向不同合作伙伴的商业模式。

（1）独立运营商：提供全套解决方案支持客户建网，并与 CLAA 共享物联网互联互通，网络可以交给第三方代维。

（2）大型合作伙伴：共享共建 CLAA 网络，多个城市大范围覆盖，享受全网整体收益，CLAA 承担网络平台运维，合作伙伴负责本地建网和业务运营。

（3）中小型客户：直接采购设备和全套解决方案，CLAA 协助建网和部署，城市级、区域级或项目级覆盖，通过上 CLAA 公有云，CLAA 可以承担网络平台运维成本。

（4）渠道合作伙伴：直接采购设备和方案，渠道自行拓展客户，由渠道合作伙伴或客户项目级建网，CLAA 协助客户运营，客户承担运维费用。

9.2　LoRa 关键技术

9.2.1　LoRa 的网络架构

LoRa 网络构架由终端节点（End Nodes，又称 Mote）、网关（Gateway，GW）、网络服务器和应用服务器（Application Server，AS）四部分组成，其中网络服务器负责终端的管理和数据的转发功能，应用服务器用作业务数据展示与管理平台，如图 9-1 所示。

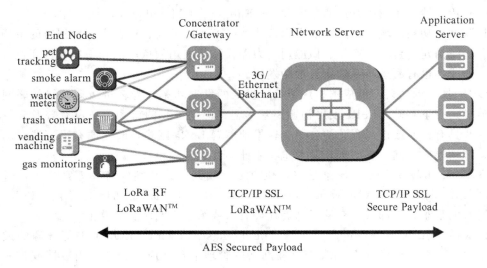

图 9-1　LoRaWAN 网络架构

LoRa 采用两级星形组网方式，终端到网关是星形组网，网关到网络服务器是星形组网。星形组网的最大优势就是简单，工程开通方便，开通成本低。

上述架构中，终端数据可以通过多网关传送到核心网，网关间可以实现相互容灾，增加网络可靠性。

9.2.2　LoRa 的广覆盖

LoRa 网络的传输距离和无线传输环境密切相关，这是由于无线传播路径上的障碍物会对信号产生影响，信号衰减的差异巨大。

同时采用不同的扩频因子 Spreading Factor（SF），链路预算不同，传输距离也有差别，SF 越长，传输距离越远。按照 Semtech（升特公司）的宣传资料，城区可以传送 3km，农村可以传输 30km。按照行业实际项目真实测试数据，一般在城区，BW125K、SF12 下最远可以传输 15km。

LoRa 信号具备可穿透 12 层一般建筑物墙体能力。

9.2.3 LoRa 的低功耗

低功耗是大部分物联网应用场景的第一诉求，特别是对于一些不能频繁充电或不方便更换电池的设备和场景。

LoRaWAN 网络是一个异步网络，终端发包时无信道接入过程，终端从深度休眠到发包的整个流程非常简单，主要影响功耗的就是发包耗电，如图 9-2 所示。

终端每日功耗＝每日发包次数×单次发送耗电＋每日收包次数×单方收包耗电＋每日休眠总时间×单位时间休眠耗电量

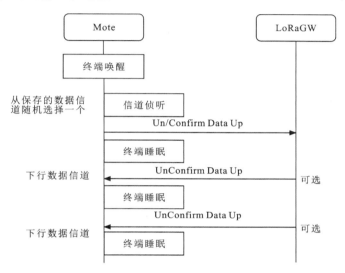

图 9-2 LoRa 深度休眠到发包整个流程图

例如，一个 LoRa 燃气表，每 2 小时抄一次表，包长为 30B，表记发射电流为 120mA，接收电流为 10mA，休眠电流为 $10\mu A$，使用 2400mA · h 的电池。假定表采用 SF9 来工作，这样每次表记发送包耗时为 243ms，接收判断耗时为 20ms。在这种场景下，电池（四节 5 号 1.5V 碱性电池）的工作时间为 7.5 年。

9.2.4 LoRa 的低成本

一套端到端的 LoRa 物联网解决方案涉及芯片、模组、终端、网关、网络服务器、应用服务器、工程安装部署、网络运维服务等多方面，下面分别从这些方面分析 LoRa 物联网解决方案的成本优势。

LoRa 网络是一个轻量级网络，采用 OTT（Over the Top，通过互联网向用户提供各种应用服务）的方式部署于 IP 宽带网络上，网关形态小，类似于 WiFi AP 大小，便于部署。网络服务器采用云化部署，可以部署在公有或私有云上，也可以部署在工业服务器上。一般厂家是云化部署，对外免费提供。

应用服务器一般是根据客户需求定制，用于物联网终端的业务展示和管理，市面上价格差异比较大。

由于 LoRa 协议栈简单，制造 LoRa 芯片工艺并不复杂，Semtech 终端射频芯片 SX1278 芯片成本仅为 1 美元左右。

LoRa 模组的成本，考虑加上 MCU，控制在 5 美元左右。

LoRa 网关采用 SX1301 芯片，网关市场价格在 1000 美元左右。

整个 LoRa 网络架构简单，网络部署成本低。对于企事业单位，通过自己部署 LoRa 网络，利用楼顶、灯杆等站址资源，网关数据回传采用 LTE 网络或内部的宽带网络，日常的网络运维成本也是非常低。

9.2.5　LoRa 的大连接

LoRa 网络的容量和很多因素相关，影响 LoRa 网络容量的因素主要有如下几个。

（1）网关的数量和每网关的信道数量。

（2）网关的工作模式：半双工还是全双工。

（3）终端的话务模型：上下行发包比例，上下行发包频率，平均帧长。

（4）网络覆盖质量：终端在不同 SF 下的分布比例等。

（5）网关间的覆盖重叠比例。

例如，在单网关 8 个信道上行，终端每小时发一个包，无下行，包长 30B 的情况下，单网上行的最大容量为 8 万个终端。

由此可见，LoRa 网络的连接能力非常适合低频次、小数据包的物联网应用场景。

9.2.6　LoRa 的扩频技术

LoRa 是基于 CSS（Chirp Spread Spectrum）线性扩频通信技术，扩频通信能够得到很高的编码增益。LoRa 扩频技术原理如图 9-3 所示。

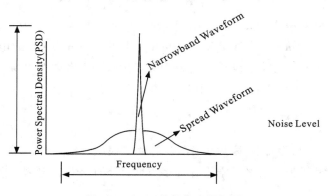

图 9-3　LoRa 扩频技术原理图

通过扩频编码，发送侧将信号的频带扩展了 N 倍，接收侧重新恢复信号时，通过扩频码的相关计算，信号强度增加 N 倍，但噪声没有变化，这样信噪比提升 N 倍，能够有效检出信号。

LoRa 采用长扩频码（$2^7 \sim 2^{12}$，扩频码长度分别为 128～4096 倍），SNR（Signal to Noise Ratio，信噪比）能够得到 21～36dB 的提升。这样 LoRa 能够在低于噪声下 20dB 解

调，如图 9-4 和表 9-1 所示。

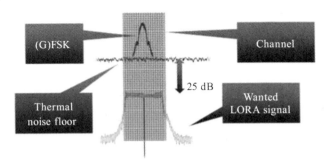

图 9-4　LoRa 低于噪声的检出信号图

表 9-1　LoRa 扩频码及信噪比

扩频因子（RegModulationCfg）	扩频因子（chips/symbol）	LoRa 解调器信噪比（SNR）
6	64	−5dB
7	128	−7.5dB
8	256	−10dB
9	512	−12.5dB
10	1024	−15dB
11	2048	−17.5dB
12	4096	−20dB

9.2.7　LoRa 的速率自适应技术

速率自适应（Adaptive Data Rate，ADR）是 LoRaWAN 的一个优势，网络根据终端当前的无线信号传播条件，选择最合适的 SF 和发射功率，减少终端发射功率和发射时间，降低整个网络的干扰，提高终端的续航时间。

ADR 的实现原理是 LoRa 的网络服务器根据终端的多个上行帧的 RSSI（ Received Signal Strength Indication，接收的信号强度指示）和 SNF 值（Signal to Noise Ratio，信噪比），根据网关 1301 芯片的检出阈值，计算终端可以采用的最佳 SF。

当 SF 调整到 SF7 后，如果 RSSI 和 SNR 依然有余量，则可以继续降低终端的发射功率 TxPower。

计算完成后，通过 ADR MAC 命令发送给终端。

终端侧接收到 ADR MAC 命令后，按照 NS 命令调整自己的工作 SF 值。

如果上行包发送失败，则终端会主动先将 TxPower 调整到最大；如果依然失败，则将 SF 调整，从 SF7 到 SF12 方向调整，直至调整到 SF12。

详细的 ADR 控制过程消息交互时序图如图 9-5 所示。

因此，ADR 总的调整思路是网络增速降功率，终端增功率降速。

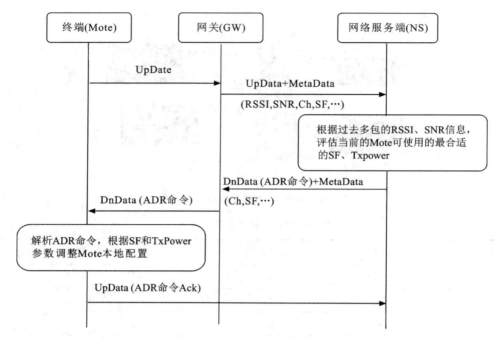

图 9-5　ADR 控制过程消息交互时序图

　　由于物联网的帧发送间隔较长（数分钟至数小时），ADR 主要适用于静止类型终端。对于移动类型终端，无线侧信号变化很快，网络无法评估其信号质量，因此并不适用。

9.2.8　LoRa 的工作频段

　　LoRa 主要工作于 SubG（Sub 1GHz，1GHz 频谱以下）的 ISM 频段，在不同国家和地区，ISM 频段不同，主要如下：

　　1）欧洲地区

　　在欧洲地区，LoRa 的频段和频率由欧洲电信标准协会（ETSI）制定和管理。LoRa 的工作频段主要分为三个频段：868MHz、433MHz 和 915MHz。

　　868MHz 频段是欧洲地区最常用的 LoRa 频段。其中，868.1MHz 是 LoRa 的默认频率。该频段适用于欧洲大部分国家，包括德国、法国、意大利等。

　　433MHz 频段主要适用于欧洲一些国家，如英国、爱尔兰等。

　　915MHz 频段适用于欧洲一些国家，如西班牙、葡萄牙等。

　　2）北美地区

　　在北美地区，LoRa 的频段和频率由美国联邦通信委员会（FCC）管理。Lora 的工作频段主要为 915MHz。

　　915MHz 频段是北美地区最常用的 Lora 频段。其中，915MHz 是 Lora 的默认频率。该频段适用于美国、加拿大等国家。

　　3）亚太地区

　　在亚太地区，LoRa 的频段和频率的规定由各个国家自行制定。以下是一些亚太地区

国家的 LoRa 频段和频率的示例:

中国:采用了三个频段的 LoRa。其中,470MHz 频段适用于广东、广西等地;780MHz 频段适用于浙江、江苏等地;923MHz 频段适用于北京、上海等地。

日本:采用了 920MHz 频段的 LoRa。

韩国:采用了 920MHz 频段的 LoRa。

4)其他地区

除了以上提到的地区,LoRa 的频段和频率还有一些其他的规定。以下是一些其他地区的 Lora 频段和频率的示例:

澳大利亚:采用了 915MHz 频段的 LoRa。

巴西:采用了 915MHz 频段的 LoRa。

印度:采用了 865MHz 频段的 LoRa。

LoRa 频段主要使用免许可的 ISM 频段,不同地区可用的频段和中心频率如表 9-2 所示。

表 9-2　LoRa 频段频率对照表

地区	频段	中心频率
中国	470～510MHz	486MHz
美国	902～928MHz	915MHz
欧洲	863～870MHz	868MHz
韩国	920～923MHz	922MHz
澳大利亚	915～928MHz	923MHz
新西兰	921～928MHz	922MHz
亚洲	920～923MHz	923MHz

9.2.9　LoRa 技术优势

LoRaWAN 的主要优势是采用了物联网优化的网络,网络架构轻载,协议栈极度优化和简化,具有灵活可扩展的特性,非常适合企业级物联网网络搭建和运营。同时 LoRa 网络还有五大技术优势:

一是广覆盖,室外业务 LoRa 网关的覆盖距离通常在 3～5km,室内业务也达到 1km 范围,空旷地域甚至高达 15km 以上,整体覆盖范围超过传统蜂窝网络。

二是低功耗,终端电池(各种类型锂电池、碱性电池或可充电电池)供电可以支撑数年以上。

三是高容量,GSM 基站通常支持几千个终端连接,家用 ZigBee、WiFi 网关一般仅支持几十个的终端连接,LoRa 网关得益于终端无连接状态的特性,不同的话务模型,可支持几万个终端连接。

四是网络通信成本极低,网关汇聚所有终端数据,再从运营商 IP 网络回传,不需要每个终端都安装物联网卡。

五是 LoRa 在安全方面具备双重端到端加密、双向认证和完整性保护等特性，可有效防止数据窃听，对所有网络数据流量进行加密保护。

9.3　LoRa 应用领域

9.3.1　智慧社区

近年来，随着智慧城市的推广及新一代高新技术的普及，"智慧社区"作为智慧城市的重要载体和城市智慧落地的触点，智慧社区的建设开展得如火如荼。智慧社区是"互联网＋"时代社区管理的一种新理念，是新经济形势下社会管理创新的一种全新模式。智慧社区是指充分利用物联网、云计算、移动互联网等新一代信息技术的集成应用，为社区居民提供一个安全、舒适、便利的现代化、智慧化生活环境，从而形成基于信息化、智能化社会管理与服务的新的管理形态的社区。

从近些年国内的社区智慧化建设来看，既包括老旧小区的智慧化改造，也包含大型地产或物业集团新建的智慧小区或智慧公寓等。因此对应的应用服务面向社区治理和公共安全管理需求，也有面向民生的智慧化公共服务需求，同时针对物业或地产商还有提升管理与智慧化服务的体验要求。

智慧社区解决方案依据住房和城乡建设部发布的智慧社区建设指南，利用物联网、大数据、云计算等新一代信息技术整合社区资源，依托统一的标准，覆盖社区室内、室外的 LoRa 物联网络及在社区内的各类终端传感设备（水电气表计、资产管理、设备状态检测、环境检测、水质检测、车辆管理、安防报警、人员定位等物联网设备等），为社区居民提供高效、便携和智慧、安全的服务，为社区运营及工作人员提供集规划部署、日常运维、实时感知在内的设备全生命周期管理，同时整网可支持快速的功能扩展并与第三方系统对接，让社区网络更好地为运营方提供业务服务。LoRa 智慧社区方案整体架构如图 9-6 所示。

智慧社区以典型应用为切入点，围绕民生服务、社区管理、社区治理三大场景，部署 LoRa 丰富的物联网应用，提升社区安全，助力物业公司减少运营成本，提升管理效率和服务水平，提升用户的居住体验和智慧生活指数。

（1）社区公共安全及综合治理应用。

智慧社区公共安全及综合治理集成了社区消防管控、出租屋管理、特殊人员（志愿者等）定位管理、社区信息发布系统等，为社区治安管理提供高效、可靠、综合的管理手段，在平安社区的基础上提供物联的基础数据，进一步保证社会稳定。社区公共安全综合治理范例如图 9-7 所示。

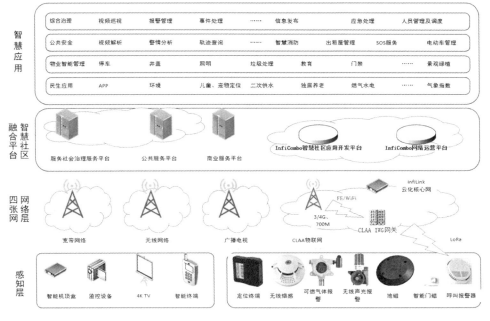

图 9-6　LoRa 智慧社区方案整体架构图

①社区消防管控	独立式烟感、可燃气体探测器、电气火灾监控、消防栓压力监测、防火门门照、消防通道占用监测等
②出租屋管理	门禁管理、独立式烟感等
③特殊人员定位管理	LoRa定位终端、蓝牙手环等
④社区信息发布	大屏信息发布等

图 9-7　智慧社区公共安全及综合治理范例

（2）社区民生公共服务。

服务智慧社区工作人员和小区居民，包括远程抄表、智慧养老服务、二次供水水质监测、环境监测、智能家居、宠物跟踪等。智慧社区公共服务范例如图 9-8 所示。

（3）社区智能公共管理。

服务社区智慧化的管理，包括智能垃圾桶、智能停车、井盖管理、智能门禁、照明管理等。一方面亟须提升智能化管理水平来提高居民的满意度，另一方面通过智能化管理实现人工维护成本的降低，有助于在物业费持平的情况下增加盈利空间和提升服务水平。智慧社区公共管理范例如图 9-9 所示。

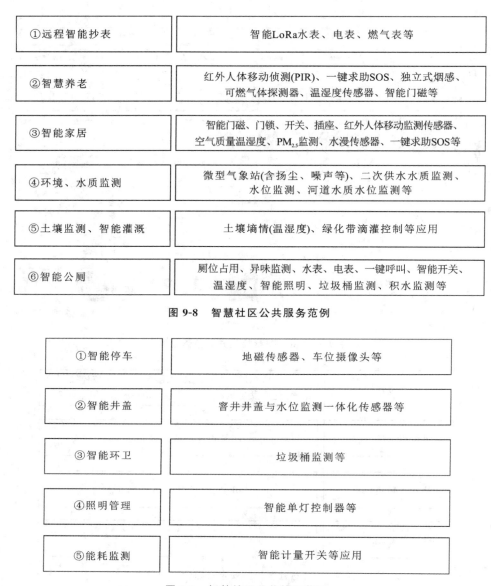

图 9-8　智慧社区公共服务范例

图 9-9　智慧社区公共管理范例

9.3.2　智慧消防

改革开放以来，国家在经济发展和城市建设方面取得了巨大的进步，但火灾仍是现实生活中最常见、最突出、危害最大的一种灾难，是直接关系到人民生命安全、财产安全的大问题。当前城市消防建设中存在大量的安全隐患问题亟须解决，主要表现在：

（1）城市中存在大量消防安全监控盲点的"九小场所"（即小学校、小医院、小商店、小餐饮场所、小旅馆、小歌舞娱乐场所、小网吧、小美容洗浴场所、小生产加工企业）。

（2）由于线路老化或破损、过负荷、接触不良而造成电气火灾安全隐患。

（3）城市燃气广泛使用带来的燃气泄漏所引发的爆炸、中毒和火灾等安全事故。

（4）由于消防栓水压不足或无水，造成不能及时扑灭火灾而导致灾难扩大。

为解决这些难题，2017 年 10 月 10 日，公安部消防局发布了《关于全面推进"智慧消防"建设的指导意见》（公消〔2017〕297 号），要求按照《消防信息化"十三五"总体规划》要求，综合运用物联网、云计算、大数据、移动互联网等新兴信息技术，加快推进"智慧消防"建设。"智慧消防"势在必行。"智慧消防"建设已经成为国家消防战场的当务之急，是"平安中国"建设的客观需求，是消防社会化治理的基础条件，是消防改革和职能转变的必然趋势。

"智慧消防"是利用物联网，通过大数据、云计算、移动互联网等新一代信息技术，将消防设备监测到的数据实时传至云平台。在新建的高层住宅中应用城市物联网消防远程监控系统，对消防设施、电气线路、燃气管线、疏散楼梯等进行实时监控，在老旧的高层、多层住宅建筑加装独立式感烟火灾探测报警器、独立式可燃气体探测器、智慧用电监测终端、无线手动火灾报警按钮、无线声光报警器等设施。云平台对收集到的数据进行监测、统计、分析和信息共享，做到事先预警、事中处理，全面提升社会单位消防安全管理水平和消防监督执法效能。

1. 火灾报警监测终端

在"九小场所"部署智能无线独立式光电感烟火灾报警探测器、无线声光报警器、无线手动火灾报警按钮等设施，及时探测火灾并发出声光报警，提醒人员及时撤离。火警监测通信示意图如图 9-10 所示。

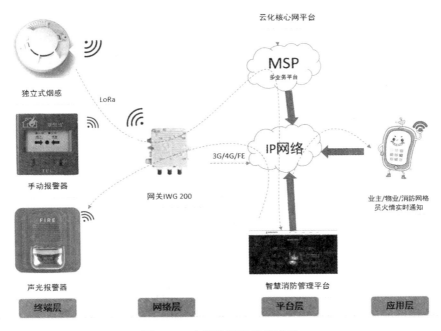

图 9-10　火警监测通信示意图

2. 电气火灾监测终端

在低压（220V/380V）配电柜里面部署电气火灾监测终端，实现准确、全天候地监测电气线路中的剩余电流、电流、温度等变化，把用电情况转换成可视的数字化监控，实时采集电路运行数据并进行分析。当监测到电气线路的剩余电流、电流或温度异常，且其参数到了报警阈值时，迅速发出用电安全隐患预警，把电气火灾消灭在萌芽状态，大幅度降低用电安全事故发生的概率。电气火灾监测示意图如图 9-11 所示。

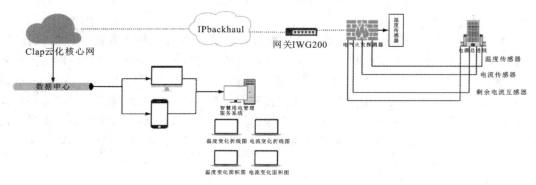

图 9-11　电气火灾监测示意图

3. 消费水系统检测终端

部署投入式液位计，可实时检测消防水池/高位水箱水位变化；部署无线压力变送箱，可实时检测消防管网的水压，超过阈值（过高/过低）则产生报警。消防水系统检测示意图如图 9-12 所示。

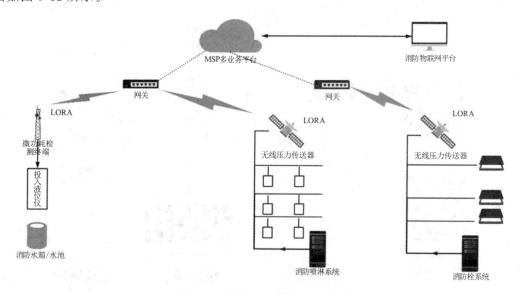

图 9-12　消防水系统检测示意图

4. 可燃气体探测报警器

通过可燃气体探测报警器对周围环境中的低浓度可燃气体（管道天然气/液化石油气/人工煤气）进行实时连续采集，通过 LoRa 网络远程发送到消防物联网平台。当燃气浓度超过安全设定值时，报警器会启动声光报警，提醒用户及时处理险情。同时可以启动关联的排风扇，自动排除有害气体，或者启动关联的机械手或者电磁阀，切断有害气源。可燃气体探测警报示意图如图 9-13 所示。

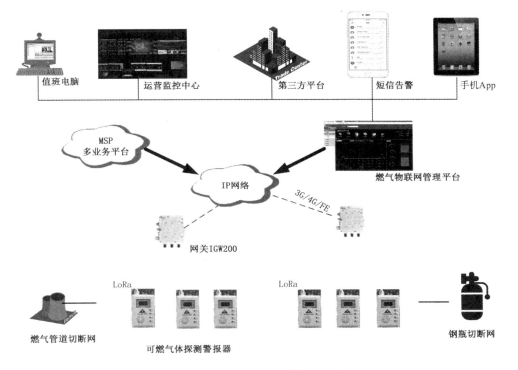

图 9-13 可燃气体探测警报示意图

9.3.3 智慧农林

农业信息化就是要将信息技术应用贯穿于农业发展的各个方面和整个过程。加速改造传统农业，大幅度提高农业生产效率和生产力水平，全面促进农业可持续发展，大力推进农业现代化进程的发展。

LoRa 实现了农业节点的互联，具有无通信费用、低功耗、低成本、传输距离远等特点，使它在农业现场的大规模应用成为现实。比如，在水质、二氧化碳浓度、温度、湿度、病虫害的监测中，采集设备信息可以通过 LoRa 模块传递给控制调度中心，根据实时的数据分析，进行自动灌溉、自动喷药等措施。

在智能灌溉物联网解决方案中，一般采用通用传感器平台（GSP）外接多种农业传感器的方案，主要外接土壤温湿度监测传感器、电导率和自保持式电磁阀等。

1. 土壤温湿度监测传感器

智能灌溉物联网解决方案中,最主要的输入信源是农作物的土壤温湿度情况。所采用的土壤温湿度监测传感器是将土壤水分和土壤温度传感器集于一体,方便土壤墒情、土壤温度的测量研究,具有携带方便、密封性好、高精度等优点。

传感器的土壤水分部分是基于频域反射原理,利用高频电子技术制造的高精度、高灵敏度来测量土壤水分的传感器。通过测量土壤的介电常数,能直接稳定地反映各种土壤的真实水分含量,还可测量土壤水分的体积百分比,是目前国际上最流行的土壤水分测量方法。土壤温湿度传感器示意图如图 9-14 所示。

土壤温湿度监测传感器可分层采集各灌溉区域土壤含水率数据。通过所搭载的 GSP 平台发送数据至 LoRa 网关,网关再将数据上送至云平台,解析后由应用层分析处理,从而智能控制电磁阀门的开关与闭合,来实现自动喷淋。

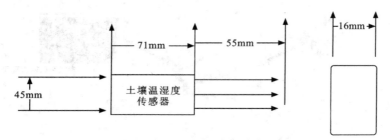

图 9-14　土壤温湿度传感器示意图

2. 土壤电导率传感器

土壤电导率是测定土壤水溶性盐的指标,而土壤水溶性盐是土壤的一个重要属性,是判定土壤中盐类离子是否限制作物生长的因素。土壤中水溶性盐的分析,对了解盐分动态、作物生长及拟定改良措施具有十分重要的意义。土壤电导率传感器主要由石墨电极和传感器两部分组成。传感器部分利用交流恒流源作为土壤电导率探头的激励源,能有效消除土壤接触界面电势与电极极化引入的干扰误差,是测量土壤电导率的最佳方法。土壤电导率传感器示意图如图 9-15 所示。

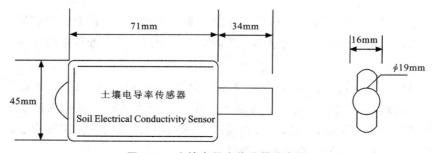

图 9-15　土壤电导率传感器示意图

土壤电导率与土壤肥力呈正相关,利用该传感器可间接测量土壤肥力,并通过 GSP 平台与网关通信,上传数据。

9.4 LoRa 实验设备研究与使用

9.4.1 LoRa 模块

LoRa 模块集成了 LoRaWAN TM 协议栈,符合 LoRa Alliance 发布的 LoRaWAN TM Specification 1.0.2 Class A \ B \ C 协议标准与 CLAA 发布《TES-003-CLAA 对中国 470M-510M 频段使用技术要求 V1.3.9》的应用规范。

模块采用串行接口与用户设备进行数据、指令交互,可以方便地为用户提供快速 LoRaWAN 网络接入和无线数据传输等功能。模块固件功能框架图如图 9-16 所示。

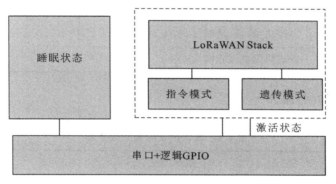

图 9-16 模块固件功能框架图

1. 模块状态控制

LoRa 模块提供了多个对外引脚供用户操作,功能引脚描述见表 9-3。

表 9-3 模块功能引脚

功能引脚	I/O 方向	描 述	
WAKE	Input	状态切换引脚	
		高电平	模块进入激活状态
		低电平	模块进入休眠状态
MODE	Input	模式切换引脚	
		高电平	模块进入指令模式
		低电平	模块进入透传模式
BUSY	Output	模块忙,信号输出	
		模块初始化	①上电后,BUSY 默认为低电平;②模块初始化完成后,输出高电平;③此时,若模块处于透传模式,BUSY 会立即拉低,开始执行加入网络等操作

功能引脚	I/O 方向	描　　述		
BUSY	Output	模块忙，信号输出		
		数据通信	高电平	模块空闲。用户 MCU 可以继续向模块写入数据
			低电平	模块忙。用户 MCU 暂停向模块写入数据
STAT	Output	STAT 引脚表示入网状态		
		入网阶段	高电平	模块入网成功
			低电平	模块未入网，用户需等待入网成功
		STAT 引脚表示本次数据通信的结果		
		数据通信	高电平	本次空口数据通信发/收成功
			低电平	本次空口数据通信发/收失败
TXD	Output	模块串口发送端（TX）		
RXD	Input	模块串口接收端（RX）		

2. 模块 AT 指令简介

发送设置指令给模块后，有如表 9-4 所列的 3 种可能的响应。

表 9-4　设置指令的响应指令表

响应	指令	描述
响应 1	OK	设置成功
响应 2	BAD PARM	参数错误
响应 3	ERROR	未知错误

发送查询指令给模块后，有如表 9-5 所列的 2 种可能的响应。

表 9-5　查询指令的响应指令表

响应	指　　令	描　　述
响应 1	＋APPEUI：X1 X2…X8 OK	（以 APPEUI：应用 ID 为例）查询成功，返回 APPUI 的值
响应 2	ERROR	未知错误

更详细的 AT 指令集详见《LSD4WN-2N717M91（LoRaWAN End Node）产品使用说明书 _ Rev03 _ 180709. pdf》，文档链接为 http：//rf. lierda. com/index. php/Home/DataDownload/index. htmL。

9. 4. 2　LoRa 开发板

开发板整体由充电管理电路、DC-DC 稳压电源、MCU 控制单元、LoRaWAN 模块、传感器、按键/指示灯、外围扩展液晶接口等组成，结构示意图如图 9-17 所示。

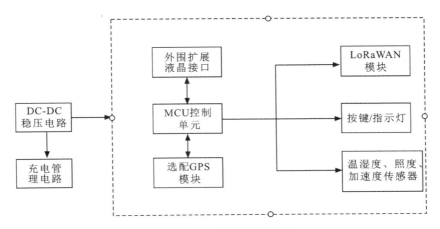

图 9-17 开发板结构示意图

开发板硬件接口如图 9-18 所示。

图 9-18 开发板硬件接口

开发板接口详情见表 9-6。

表 9-6 开发板接口详情表

序号	功　能	序号	功　能
1	LED 指示灯	8	电源选择按键
2	K1 按键	9	串口转 USB 接口
3	K2 按键	10	MCU 烧写口
4	UART2（MCU）→USB	11	LCD 接口
5	UART1（MCU）→USB	**12**	**GPS 模块（选贴）**
6	LPUART1（NODE）→USB	13	GPS 天线接口
7	复位按键	14	LoRa 天线接口

LoRa 开发板含有一个开放的 MCU（STM32L476），学习者可以在这个 MCU 内进

行任意程序的开发，如利用开发板上已有的温湿度传感器，设计一个通过 LoRaWAN 模块定时上报的温湿度数据。

另外，还提供一个基础版的学习代码，该代码可以通过串口工具对 LoRaWAN 模块进行参数的配置，可以让 LoRaWAN 模组进行入网通信，也可以通过串口工具发送自定义的数据。如果配套触摸液晶板，也可以支持在液晶界面上进行各式操作。该代码可以作为用户自定义开发的一个基础工程。

9.4.3　LoRa 终端

物联网涉及各行各业，业务复杂多样，涉及的物联网终端也是多种多样。很多物联网终端厂家能够提供一体化物联网终端，比如，独立式烟感、智能水表、智能电表、井盖、地磁等。除此之外，灵活多用的通用传感器硬件平台也是物联网业界研究的方向。通过一个通用硬件平台，实现统一的无线 LoRa 通信，提供多种接口适配行业各种各样的传感器，集多种业务功能于一身，能够大幅降低传统行业物联网化的门槛。

中兴克拉正是基于此理念，提供通用传感装置平台 GSP（General Sensor Platform），该平台的目标如下：

（1）通过 GSP 平台二次开发，能够低成本、快速地满足客户定制化需求。

（2）能够满足三路多种信号的输入处理和对外控制。

（3）满足绝大部分场景防护等级和多种供电方式。

GSP 平台产品主要构件包括主控板、电源板或电池、AES（Application Extended Subcard）子卡（可选）、AFE（Analog Front End）子卡（可选）、机壳、LoRa 天线、外接各种传感器。GSP 产品外观示意图如图 9-19 所示。

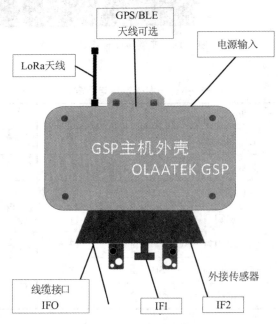

图 9-19　GSP 产品外观示意图

GSP 产品内部结构如图 9-20 所示。

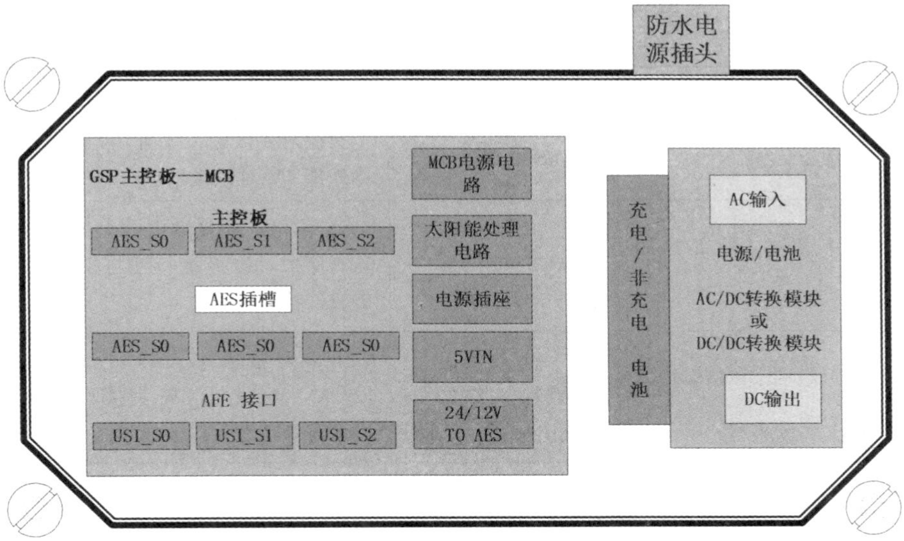

图 9-20 GSP 产品内部结构

GSP 平台主控板可以满足三路多种信号直接输入处理，包括 I2C、UART、ADC、DIO；还可以直接提供 2.4V、3.3V、5V、VBAT 等多种电压供电。主机性能参数见表 9-7。

表 9-7 主机性能参数表

序号	参 数 类 型	技 术 指 标
1	LoRa 工作频率	470~510MHz
2	LoRa 通信速率	292b/s~ 54kb/s（@125kHz）
3	LoRa 接收灵敏度	SF12≤1.6W
4	LoRa 发射功率	最大 0.05W
5	LoRa 工作模式	半双工，同频
6	LoRa 天线增益	−2dBi
7	LoRa 天线形式	外置天线，SMA 连接
8	LoRa 天线尺寸	$\phi 10\text{mm} \times 80\text{mm}$
9	传感器接口	M20 接口，3 个
10	电源输入接口	M20 接口，1 个
11	整机尺寸	$162\text{mm} \times 108\text{mm} \times 46\text{mm}$
12	待机功耗	$10\mu\text{A}$
13	防水防尘	IP67

产品形态主要分为两种：一种是传感组件内含 AFE 子卡，直接连接在 GSP 平台主机

上；一种是通过线缆将外部传感器接入主机在 AES 子卡或者主板上直接处理。

GSP 可以外接多种类型的传感器，部分传感器描述见表 9-8。

表 9-8　传感器组件、型号和功能描述表

传感组件名称	子卡型号	功能描述
1 路 485 组件	AES20 DTU10	提供对 485 接口设备，4 档电压供电，支持外部 5V 对系统供电
数字量 I/O 组件：外部电源 6DI+6DO	AES20 DI010	5V 供电，外接继电器组或接触器，光耦隔离保护，抗干扰，可与工业现场大功率负载连接
数字量 I/O 组件：内部电源 4DI+6DO	AES20 DI020	子卡可接入 12/24V 电源，6 路，每路 12/24V 300mA，7W 直接驱动 DC 电磁阀、指示灯等负载
模拟量 I/O 组件：4 路电压+2 路电流输入	AES20 AIO10	3 路电压、1 路电流，可提供 4 路电压对传感器供电
大气压力温湿度	AFE20 ATH10	气压测量传感器，低成本场景使用
土壤温湿度	AES20 AIO10	集成传感器，与 AES20 AI010 配合使用
超声波液位	AES20 USD10	集成一体化
压力组件	NA	线缆连接投入式压力传感器
压力组件	NA	壳体一体化集成压力传感器
物位探测	AFE20 ATH10	GSP 版本地铁列车监测
臭气监测	AFE20 GS10 STC	STC：Stench
火焰探测	APE20 FRD10	
铂电阻温度组件	AES20 PT10	3 路 2 线制输入，可取消该子卡定义，使用 VCS20 子卡，可支持 4 路铂电阻输入
CM_4 测量	AFE20 GS10_CH4	
CO_2 气体测量	AFE20 GS10_CH4	工业级测量
颗粒物测量	AES20 PMD10	使用 G10 模块，一个半槽位子卡
室内空气质量监测（TVOC+CO_2、温湿度、大气压测量）	AFE20 IAQ10	非工业级，室内空气质量监测，TVOC/CO_2、温湿度、大气压一体化组件
百叶盒气象综合	AES20 DTU10	集成传感器，与 AES20 DTU10 配合使用，降成本可单独采购颗粒物传感器
噪声测量	AES20 NSD10	独立高质量噪声监测

传感组件名称	子卡型号	功能描述
拉力/载荷测量	AES20 AIO10	PP（PullingForce）
明渠流量	AES20 DTU10	FM（FlowMeter）
照度计	AFB20 IM10	IM（IlluminoMeter）可以与 SSP/GSP 平台配合，优先 SSP
人体红外	AFE20 PIR10	PIR（Passive InfRared）可以与 SSP/GSP 平台配合，优先 SSP
测温线缆（3 路测温线缆输入，2 路 DO 输出	AES20 TMC10	TMC（Temperature Measuring Cable），SSP/GSP
智能通风系统专用温湿度	AES20 ATH20	专为智能通风系统设计，适合测量仓内仓外温湿度数据，采用粮库专用烧结铜网防护设计
PH_3 气体测量	AFB20 GS10_PH3	工业级气体测量
O_2 气体测量	AFB20 GS10_O2	工业级气体测量
N_2 气体测量	AFB20 GS10_N2	工业级气体测量
O_3 气体测量	APB20 GS10_O3	工业级气体测量
CO 气体测量	AFB20 GS10_CO	工业级气体测量
NO_x 气体测量	AFB20 GS10_NOX	工业级气体测量
SO_2 气体测量	AFB20 GS10_SO2	工业级气体测量
模拟量 I/O 组件：2 路电压＋2 路电流输出；2 路电压＋2 路电流输入	AES20 AIO20	阀控调节，增加模拟输入类型
模拟量 I/O 组件：3 路电压＋4 路电流互感器输入	AES20 AIO30	电气火灾/电器柜监测专用
模拟量 I/O 组件：4DI＋4 路短时大功率 DO	AES20 DIO30	电控锁专用
485＋韦根读卡器通信	AES20 DTU20	门禁读卡器专用
MBUS 仪表通信	AES20 DTU30	MBUS 专用
水浸监测（线型＋点型）	AES20 WL10	2 路线型线缆输入，4 点型线缆输入

9.4.4　LoRa 网关

　　LoRaWAN 网关是 LoRaWAN 网络接入侧设备，负责接入各种符合 LoRaWAN 协议的各类物联网终端。LoRaWAN 网关（LoRaWAN Gateway）在 LoRaWAN 网络中的位置如图 9-21 所示。

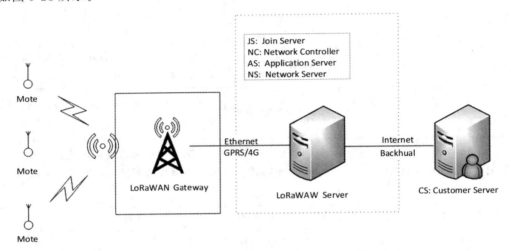

图 9-21　LoRa 网关在 LoRaWAN 网络中的位置

　　物联网无线网关 IWG200（IoT Wireless Gateway）的主要功能包括接入各类 LoRa 应用节点，实现链路安全、数据加密通信、压缩等功能，支持 3G、4G 及有线 FE 数据回传，支持 WiFi 就近无线配置管理，支持 GPS、北斗系统（BDS）定位并提供授时功能，支持 220V 市电、POE、太阳能等多种方式供电。IWG 200 主机单元性能参数见表 9-9。

表 9-9　IWG 200 主机单元性能参数表

序号	参　　数	技 术 指 标
1	工作频率	470～510MHz
2	通信速率	292b/s～5.4kb/s（@125kHz）
3	接收灵敏度	SF7≤−126dBm SF10≤−136dBm SF12≤−140dBm
4	发射功率	17dBm（天线口 23dBm Max）
5	业务信道	8 个信道上行，1 个信道下行
6	工作模式	全双工/半双工，同频/异频
7	定位功能	GPS/BDS 定位并授时
8	数据回传	3G、4G、FE 可选

续表

序号	参　　数	技　术　指　标
9	整机功耗	5W（典型值）
10	工作温度	−40～75℃
11	整机尺寸	180mm×200mm×55mm
12	防水防尘	IP66
13	供电方式	可选市电供电、POE供电、光伏供电
14	无线管理	支持WiFi就近管理，远程版本升级

　　IWG系统由主机单元IWG200、交流电源模块单元ADM300、电源防雷模块单元PIM200、天线套件、天馈避雷器、安装支架背板等构成，如图9-22所示。

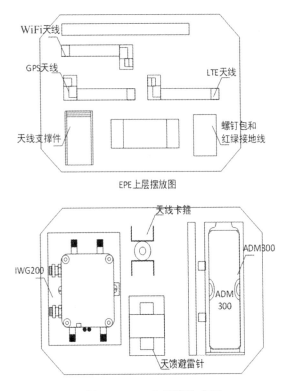

图 9-22　IWG 系统构成图

IWG200主机接口说明见图9-23和表9-10。

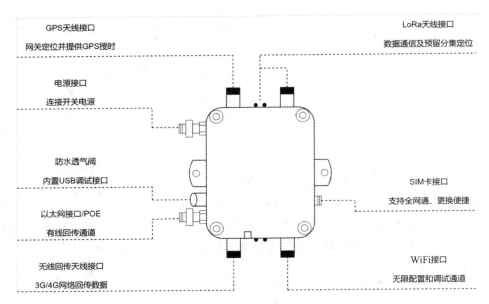

图 9-23　IWG200 主机接口说明图

表 9-10　IWG200 主机接口说明

序号	主机接口	接口功能	对应外部连接	天线接头丝印
1	NANT1	窄带天线接口 1（连接 LoRa 天线）	LoRa	Lf
2	NANT2	窄带天线接口 2（为定位功能预留）	不支持定位功能时不接天线	无
3	GPS	GPS 天线接口	天线标签：GPS	G
4	BANT1	宽带天线接口 1（WiFi）	天线标签：WiFi	W
5	BANT2	宽带天线接口 2（连接 LTE 天线）	天线标签：LTE	L
6	ADM/SOP	电源供电接口	ADM300 输出或光伏供电电源端口	无
7	LAN/BOM	有线数据回传接口/POE 供电	连接有线 FE 网线/POE 供电	无
8	WBV/DBG	防水透气阀兼调试接口	无	无

网关系统连接安装过程如图 9-24～图 9-26 所示。

步骤一：采用 M6 螺钉将 IWG200 主机固定到背板上；采用 M5 螺钉将 ADM300 电源模块固定到背板上，将天线支撑件固定到背板上，将天馈避雷器固定到主机的 NANT1 接口，并用扳手拧紧 N 型接口螺纹口，如图 9-24 所示。

步骤二：装配四根天线，天线与主机对应接口请参照表 9-10，并且一定要用扳手拧紧 N 型接头的螺纹口，在 LoRa 天线和天馈避雷器的接口处固定好天线卡箍，注意天馈避雷器的接地线要从天线卡箍侧边开口处穿出，如图 9-25 所示。

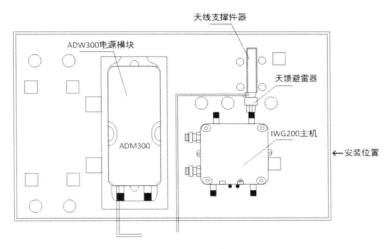

图 9-24 固定 IWG200/ADM300 和天馈避雷器

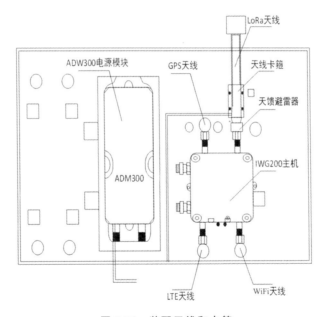

图 9-25 装配天线和卡箍

步骤三：接地连线，请将天馈避雷器的黄绿接地线连接到 ADM300 的接地螺柱 1 上，并用黄绿接地线将 IWG200 主机上的接地螺柱连接到 ADM300 的接地螺柱 2 上，然后用扎带将两根黄绿接地线固定好，如图 9-26 所示。

步骤四：接通 ADM 电源线，在 IWG200 主机插入 SIM 卡或者接通有线网线即可实现网关上电上网。SIM 插卡方向如图 9-27 所示。

SIM 卡安装步骤如下：

步骤一：取下主机侧边的金属盖板（注意防水垫圈不要脱落、丢失）。

步骤二：将 SIM 卡按主机机壳上图形指示方向（见图 9-27）正确插入主机的 SIM 卡

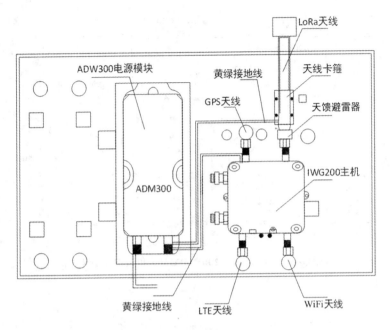

图 9-26　连接黄绿接地线

槽中，听到"咔嚓"声说明接触良好。如果需将卡拔出，需要用力推卡末端，SIM 卡会自动弹出。

　　步骤三：SIM 卡插好后，将金属盖板盖上（确保防水垫圈加上）并锁紧螺钉防止进水。指示灯功能说明如下：

图 9-27　SIM 插卡方向示意图

　　•自检：系统上电硬件自检，各 LED 灯依次闪烁，自检完成后仅电源灯长亮。

　　•PWR：电源指示灯。开机常亮蓝色。

　　•WNS：MSP 指示灯。绿灯常亮表示网关和 MSP 服务器已经建链成功；红灯常亮表示网关和 MSP 建链失败。

　　•WBS：LTE 指示灯。绿灯常亮表示 LTE 链路正常；绿灯闪烁表示 LTE 链路有数据；红灯表示 LTE 链路异常；不亮表示未插入 SIM 卡。

　　•LAN：有线网口指示灯。蓝灯常亮表示有线链路正常；蓝灯闪烁表示有线链路有数据；不亮表示有线链路异常。

9.4.5　网络性能测试

　　IWG200 网关安装完成后，可以用专用测试终端 MWT T20 进行网关覆盖性能测试。MWT T20 测试图如图 9-28 所示。

　　T20 测试终端测试指标的含义如下。

　　•FREQ：发射使用的频点。

　　•SF：发射使用的扩频因子。

图 9-28 测试终端 MWT T20 测试图

- PWR：发射功率。
- FCNU：发包计数（0～65535）。
- FCND：收包计数（0～65535）。
- RSSI：终端接收信号强度指示。
- SNR：终端接收信噪比。
- UP_LOSS：上行丢包计数。
- DOWN_LOSS：下行丢包计数。
- GWN：收到终端数据包所有网关的数量。
- GW_EUI（网关 ID）：发给终端数据的网关 ID 后 4 个字节。
- GW_RSSI：网关接收最优的信号强度指示。
- GW_SNR：网关接收最优的信噪比。
- 覆盖距离测试：以网关为中心，逐渐拉远 T20 与网关的距离（最远可以拉到 15km，一般是通过驾驶车辆进行路测），根据上下行的丢包数据统计，评估网络覆盖情况，极限情况为丢包率不大于 10％。

9.4.6 LoRa 网络服务器

LoRaWAN 是采用 Semtech 公司 LoRa 技术构建的低功耗无线广域物联网（LPWAN），由于其具备低功耗、低成本与传输距离远等特点，可广泛应用于各种场合的远距离低速率物联网无线通信领域，如自动抄表、市政设施监控、环境监测、无线安防、工业监视与控制等。

LoRaWAN 网络服务器是 LoRaWAN 的核心网元，负责整个网络的连接管理和控制，安全接入终端，并将数据分发到用户应用。

LoRaWAN 网络服务器在 LoRaWAN 网络架构中的位置如图 9-21 所示。

按照 Semetech 定义的 LoRaWAN 网络参考模型，LoRaWAN 网络服务器共有 4 种角色，包括 NS（Network Server，网络服务器）、AS（Application Server，应用服务器）、NC（Network Controller，网络控制服务器）和 JS（Join Server，注册服务器）。

NS：网络服务器，负责实现 LoRaWAN 的 MAC 协议栈，完成终端接入和 LoRa 帧的转发功能；负责完成对网关的接入认证和远程管理功能；负责实现对 LoRaWAN 网络的运维管理功能。

AS：应用服务器，负责完成物联网应用的相关逻辑处理；完成应用层数据加解密和

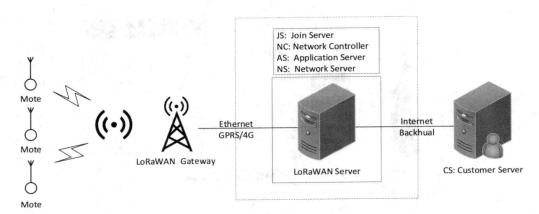

图 9-29　**LoRaWAN 网络服务器在 LoRaWAN 网络架构中的位置**

客户服务器数据转发。

NC：网络控制服务器，负责控制网关和终端的无线射频参数，实现自适应数据速率调节策略，即依据链路质量实现终端节点的通信速率、功率和信道的自适应调节。

JS：注册服务器，负责终端业务的开通，完成 LoRaWAN 注册协议的处理，完成终端的注册认证和会话密钥分配。

另外，LoRaWAN 还定义了客户应用服务器 CS（Customer Server），它是用户自定义的服务器，与 AS 通过约定的接口规范实现互通，依据客户需求实现对终端应用数据的存储、处理和展示，以及对终端行为的控制。中兴克拉的英菲系列综合业务应用平台（InfiCombo）属于 LoRaWAN 所定义的 CS，它提供统一数据解析框架和能力开放接口，支持各类传感终端的数据解析和应用呈现。

在一般情况下，LoRa 网络服务器是云化部署，客户可直接使用，免去本地硬件和运维成本。

LoRaWAN 网络服务器作为 LoRaWAN 的核心连接控制设备，处于整个网络的中心位置。对终端侧，通过网关以星形组网方式接入 LoRa 终端；对应用侧，通过 AS 网元对外接入客户服务器 CS。

LoRaWAN 网络服务器实现 LoRa 协议栈，将 LoRa 终端数据完成解码，上行转发给 CS，同时也将来自 CS 的数据编码成 LoRa 协议帧，下行转发给 LoRa 终端。LoRa 网络服务器 InfiLink 平台逻辑功能如图 9-30 所示。

如图 9-30 所示，InfiLink 按逻辑功能划分包括 3 部分：网络连接域、应用连接域和网络管理域。

1. 网络连接域

该域实现对 LoRa 网关和 LoRa 终端的连接管理功能。

（1）LoRa 网关连接管理：该模块负责对 LoRa 网关的连接管理，每个 LoRa 网关上电后，会建立到 InfiLink 的一个 TCP 连接，后续该 LoRa 网关的所有消息均通过此连接传递，网关连接管理负责 TCP 连接的建立和状态监控，LoRa 网关的上下行消息分发和路由等功能。

（2）网关设备管理：该模块负责对 LoRa 网关进行远程管理，包括远程升级、基站接

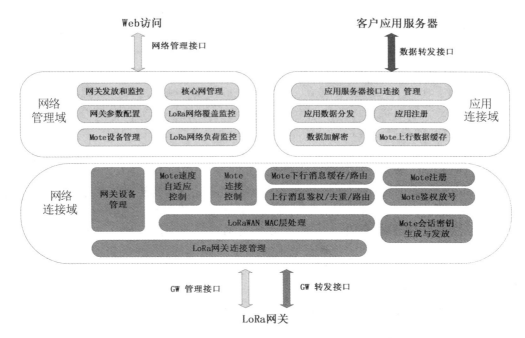

图 9-30　LoRa 网络服务器 InfiLink 平台逻辑功能图

入认证鉴权、远程调试、状态监控、远程配置等功能。

（3）LoRaWAN MAC 层处理：该模块负责各 LoRaWAN 终端的 LoRaWAN MAC 层协议处理，对数据包、帧进行解析与封装，负责协议流程处理等。

（4）Mote 速率自适应控制：该模块负责实现 LoRaWAN 的 ADR（Adaptive Data Rate，自适应速率）功能，根据 LoRa 终端的无线链路状况来选择最合适的扩频因子和发射功率，实现终端功耗最小化，提升网络容量。

（5）Mote 连接管理：为每个注册终端保留一个上下文，保存终端当前附着的网关信息，会话密钥，上下行帧序列号，无线链路信息，终端地址，Class A/B/C（3 种不同的 LoRa 双向传输机制），缓存下行帧数据，下行帧发送状态等各种信息。

（6）上行消息鉴权/去重/路由：对 Mote 上行消息进行合法鉴权，丢弃非法包；去掉重复包，对上行包查找对应的 AppEui 转发给应用连接域 AS 处理。

（7）下行消息缓存/路由：把接收的下行包缓存下来，然后根据终端的目前类型，等待合适的发送窗口发送给终端处理。

（8）Mote 注册及鉴权放号：完成终端注册处理流程，对新接入终端分配对应的设备地址，用于后续数据分发，建立终端上下文。

（9）Mote 会话密钥生成与发放：根据终端的根密钥，按照一定的算法计算出会话密钥，保存到终端连接的上下文中。

2. 应用连接域

该域实现对各客户应用服务器的连接管理，数据分发管理功能。

（1）应用服务器接口连接管理：对于每个客户应用服务器，需要和 InfiLink 建立一个 TCP 连接，该模块就负责 TCP 连接的建立、状态维护和数据分发功能。

（2）应用数据分发：完成应用上行数据的发送，下行数据的接收功能。

（3）应用注册：对于应用的连接接入进入鉴权，鉴权通过则允许连接建立，否则不允许。

（4）数据加解密：该功能可选，数据加解密可以位于客户应用服务器，也可以由 InfiLink 来完成。如果由 InfiLink 完成，则该模块负责数据帧的加解密功能。

（5）Mote 上行数据缓存：当 InfiLink 和客户应用服务器间的 TCP 链路中断，该模块可以缓存一定时间的应用上行包，待链路恢复后重新传送给客户应用服务器。

3. 网络管理域

该域实现对 LoRaWAN 整个网络的管理功能。

（1）核心网管理：负责对 InfiLink 内部各模块进行管理，保证其正常运行，包括参数配置、信令跟踪、性能统计等功能；同时该模块也可实现终端和应用业务开通功能。

（2）网关发放与监控：负责对 LoRa 网关的开通进行管理，同时监控各无线基站的运行状态（通过网络连接域的网关管理模块来实现）。

（3）网关参数配置：负责对网关的参数进行配置，包括各信道的工作频点、InfiLink 域名和链接地址等信息。

（4）Mote 设备管理：负责对 LoRa 终端进行管理，包括查询终端连接上下文信息，终端收发包统计信息，设置终端无线参数等功能。

（5）LoRa 网络覆盖分析：根据所有终端的当前无线信号质量来分析网络覆盖质量，用于网络优化。

（6）LoRa 网络负荷监控：根据基站上下行包的数量和时间占用，监控各基站的信道当前负荷。

9.4.7　网络服务器连通性测试

结合中兴克拉的 LoRa 网络连接管理平台、测试模拟工具 LoadTester 来介绍 LoRaWAN 网络服务器的连通性测试过程，该平台云化部署，免费使用[①]。

1. 测试目的

（1）了解和掌握使用 LoRa 测试终端或测试工具 LoadTester 进行 LoRa 网络连通性测试。

（2）快速验证网络服务器基本的数据转发功能。

2. 测试内容

本测试主要目的是验证 LoRaWAN 网络服务器的数据转发功能，包括 LoRa 终端的注册帧、上行数据帧、下行数据帧的收发过程。

本测试使用了 LoRa 协议测试工具 LoadTester，可以仿真 LoRa 终端和 CS，实现 LoRa 数据帧发送、接收的闭环测试。LoRaWAN 网络服务器 InfiLink 数据转发测试流程如图 9-31 所示。

---

① 请登录官网 http：//www.claaiot.com/web/index.php/service/technology，联系中兴克拉公司，免费下载使用。

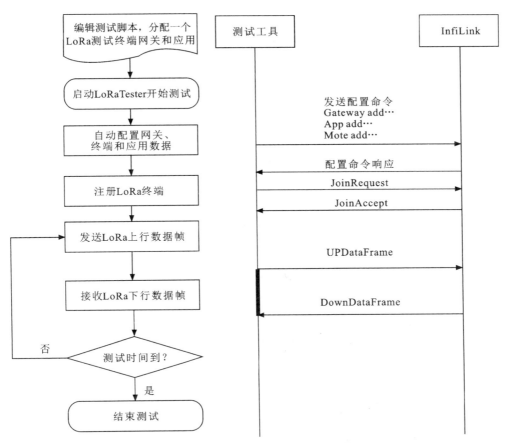

图 9-31　LoRaWAN 网络服务器 InfiLink 数据转发测试流程图

3. 测试步骤

（1）设置 InfiLink 对外接入 LoRa 网关和 CS 的通信地址，启动 InfiLink 服务器所有网元进程，包括 NS、AS、JS 等进程。

（2）编辑 LoadTester 测试脚本文件 commandfile.txt，设置 InfiLink 通信地址，分配测试时使用的 LoRa 网关、应用和终端，并设定测试时长。

（3）启动 LoadTester 开始测试。

（4）LoadTester 会依据测试脚本顺序完成 LoRa 网关、应用和终端在 InfiLink 网络服务器的开通，以及模拟 LoRa 终端注册，并在设定的时长和发包频率下持续模拟 LoRa 终端上下行数据收发和 CS 的数据收发。

（5）观察 LoadTester 测试终端界面，可验证 InfiLink 数据转发是否正常。

LoadTester 测试终端界面如图 9-32 所示。

其中，测试结果示例如下：

1 Motes DataUp 156 caps 1 DataDown 112 Join 1（Lost0）JRcv 0 CsJack 0 CsRcv 156 TimeOutLost 0 Time 00：00：11

这表示 LoadTester 模拟 1 个 LoRa 终端发注册帧一次，并且注册成功；LoRa 终端连

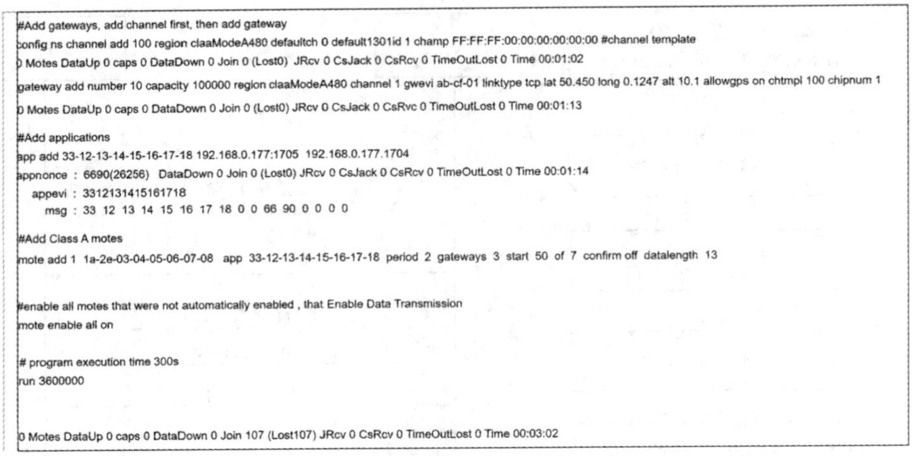

```
#Add gateways, add channel first, then add gateway
config ns channel add 100 region claaModeA480 defaultch 0 default1301id 1 champ FF:FF:FF:00:00:00:00:00:00 #channel template
0 Motes DataUp 0 caps 0 DataDown 0 Join 0 (Lost0) JRcv 0 CsJack 0 CsRcv 0 TimeOutLost 0 Time 00:01:02

gateway add number 10 capacity 100000 region claaModeA480 channel 1 gwevi ab-cf-01 linktype tcp lat 50.450 long 0.1247 alt 10.1 allowgps on chtmpl 100 chipnum 1

0 Motes DataUp 0 caps 0 DataDown 0 Join 0 (Lost0) JRcv 0 CsJack 0 CsRvc 0 TimeOutLost 0 Time 00:01:13

#Add applications
app add 33-12-13-14-15-16-17-18 192.168.0.177:1705  192.168.0.177.1704
appnonce :  6690(26256)   DataDown 0 Join 0 (Lost0) JRcv 0 CsJack 0 CsRcv 0 TimeOutLost 0 Time 00:01:14
    appevi : 3312131415161718
      msg : 33  12  13  14  15  16  17  18  0  0  66  90  0  0  0  0

#Add Class A motes
mote add 1 1a-2e-03-04-05-06-07-08   app  33-12-13-14-15-16-17-18  period 2  gateways 3  start 50 of 7  confirm off  datalength 13


#enable all motes that were not automatically enabled , that Enable Data Transmission
mote enable all on


# program execution time 300s
run 3600000


0 Motes DataUp 0 caps 0 DataDown 0 Join 107 (Lost107) JRcv 0 CsRvc 0 TimeOutLost 0 Time 00:03:02
```

图 9-32　LoadTester 测试终端界面

续发上行数据帧 156 个，模拟 CS 收到数据帧 156 个。此结果可验证 InfiLink 注册帧、上下行数据帧转发功能正常。

9.5　LoRa 应用管理平台

9.5.1　应用管理平台概述

LoRa 应用管理平台为 LoRa 物联网应用提供综合性、平台化的支撑和管理框架，使各类应用系统可以快速部署和运行，同时为上层业务应用屏蔽底层数据协议的差异，使上层应用更加专注于业务特有逻辑。

基于业界 LoRa 物联网应用管理平台的研究与分析，物联网应用平台的主要设计目标包括如下 5 个方面。

（1）提供统一的项目应用管理和开通功能，实现应用管理的集中化、快速化。

（2）提供统一的项目应用管理和业务管理入口，方便系统访问和操作维护。

（3）提供统一的数据解析框架和解析适配插件，灵活支持各类传感终端的数据解析和设备接入。

（4）提供统一的业务流程框架和消息分发框架，增加应用系统的稳定性、可扩展性和灵活性。

（5）提供统一的能力开放接口，支持不同应用系统之间的互联互通，促进物联网应用生态圈蓬勃发展。

LoRa 物联网应用管理平台在架构设计方面，通常采用分层架构设计，同时引入微服务设计思路和理念，支持分布式部署。应用管理平台的服务形态通常表现为 PaaS 平台或 SaaS 平台，有效降低了物联网上层业务应用的开发和部署难度。

LoRa 物联网应用管理平台通常包括设备管理、应用服务、系统支撑和能力开放四大类主体功能。其中，设备管理功能主要提供设备的配置、开通、维护等功能；应用服务功能主要提供物联网设备的拓扑展示、业务数据采集呈现与分析、业务告警监控、设备控制和业务逻辑策略调度等功能；系统支撑功能则包括安全管理、系统日志、系统任务、辅助配置等功能；能力开放功能主要是提供对外交互的 API 接口，实现不同物联网应用和业务系统之间的互联互通和信息共享。LoRa 物联网应用管理平台架构如图 9-33 所示。

SaaS 平台	智慧园区	智慧社区	智能制造	智能家居	智慧农业	智慧矿山	智慧城市	...
PaaS 平台	能力开放 API							
	拓扑视图框架		统计分析框架		阈值预警框架	策略调度框架		Web 容器框架
	设备管理框架		系统日志框架		系统安全框架	定时任务框架		MML 命令行框架
	应用框架服务 SPI							
	消息中间件（数据发布、订阅）			脚本引擎框架		微服务集群		分布式支撑
	数据适配转换层（数据 ETL、接入、解析、适配、转换、持久化、分发）							
IaaS 平台	OS				DB			
	虚拟计算资源		虚拟存储资源			虚拟网络资源		

图 9-33　LoRa 物联网应用管理平台架构

9.5.2　应用管理平台功能详解

项目配置：物联网应用管理平台通常采取以项目为单位的管理模式，即首先创建一个项目，然后基于项目进行设备配置和管理。项目定义包括项目编号、项目名称、项目描述、项目地址、项目负责人、项目客户等基本信息。项目信息配置界面如图 9-34 所示。

图 9-34　项目信息配置界面

应用配置：LoRa 物联网中，应用可依据应用标识（AppEUI）来区分，不同的 AppEUI 对应不同的应用。一个项目可包含一个或多个应用。LoRa 应用的基本信息包括应用标识、应用名称、应用认证密钥（AppAuthKey）等。应用配置界面如图 9-35 所示。

新建产品
产品名称 *
支持中文、英文、数字、下划线的组合，最多不超过20个字符
产品品类
用户自定义
设备类型
设备
网关
子设备
认证方式
证书认证
密钥认证
通信方式
WiFi
2G/3G/4G
5G
BLE
LoRaWAN
其它
数据协议
数据模板
自定义透传
描述
选填
最多不超过80个字符
保存
取消

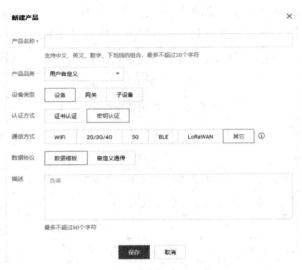

图 9-35　应用配置界面

终端配置：LoRa 设备配置主要是配置带有 LoRa 模组的传感终端，基础信息包括设备标识（MoteEUI）、设备应用根密钥（AppKey）、行为模板、服务模板、设备类型（A/B/C 类）、LoRa 版本等。这里，MoteEUI、AppKey 需要统一规划和申请。终端配置界面如图 9-36 所示。

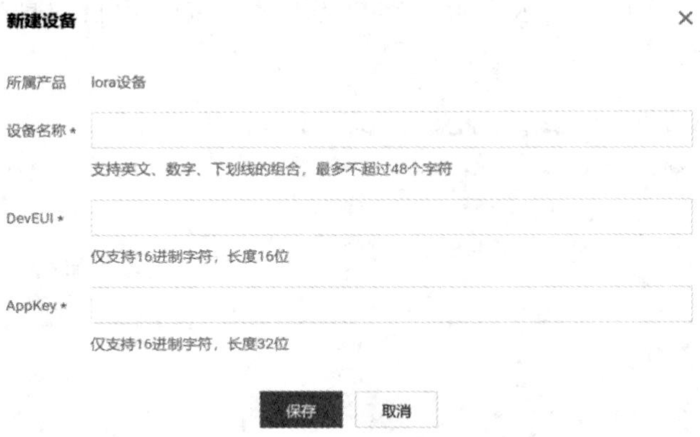

新建设备
所属产品
lora设备
设备名称 *
支持英文、数字、下划线的组合，最多不超过48个字符
DevEUI *
仅支持16进制字符，长度16位
AppKey *
仅支持16进制字符，长度32位
保存
取消

图 9-36　终端配置界面

网关配置：LoRa 网关配置主要是配置网关的标识（GWEUI）、网关认证密钥（GWKey）、网关名称、网关安装位置等信息。网关配置界面如图 9-37 所示。

图 9-37　网关配置界面

9.6　LoRaWAN 设备编程

LoRaWAN 设备编程通常涉及以下几个步骤：

1. 选择硬件平台

首先，我们需要选择一个支持 LoRaWAN 的硬件平台。这些平台可能包括各种微控制器（如 STM32，ESP32 等），它们配备了 LoRaWAN 模块（如 Semtech SX1276/77/78，RFM95 等）。

2. 硬件连接

将 LoRaWAN 模块连接到微控制器上，并确保所有必要的连接（如电源、地、通信接口等）都正确无误。

3. 软件开发

（1）选择编程语言和开发环境：对于大多数 LoRaWAN 设备，C/C++ 是最常用的编程语言，但也有一些平台支持 Python 或其他语言。

（2）编写代码：编写代码以控制 LoRaWAN 模块，包括初始化模块、配置参数（如频率、扩频因子、编码率等）、发送和接收数据等。

（3）集成 LoRaWAN 协议栈：使用或集成一个 LoRaWAN 协议栈，如 Semtech 的 LoRaWAN Stack 或第三方库，以便与 LoRaWAN 网络进行通信。

（4）测试和调试：在实际部署之前，对设备进行彻底的测试和调试，以确保其能够正确地与 LoRaWAN 网络通信。

（5）部署和监控：将设备部署到实际环境中，并通过 LoRaWAN 网络监控其性能和状态。

这里提供一个非常简化的示例，展示如何初始化 LoRaWAN 模块并发送一个数据包。示例代码（假设使用 C 语言和 Semtech SX1276 模块）：

C 代码

```c
#include "LoRaWAN_stack.h" //假设这是一个封装了 LoRaWAN 协议
的库

//初始化 LoRaWAN 模块
void LoRaWAN_Init(void) {
//发送初始化命令给 LoRaWAN 模块
// ...（具体实现依赖硬件和库）
}

//发送数据到 LoRaWAN 网络
void LoRaWAN_SendData(uint8_t * payload, uint8_t payloadSize) {
//配置 LoRaWAN 参数（这里仅为示例,实际参数需根据网络要求设置）
// LoRaWAN_SetFrequency(...);
// LoRaWAN_SetSpreadingFactor(...);
// ...

//发送数据包
//假设 LoRaWAN_Send 函数已经实现了数据包封装和网络发送逻辑
LoRaWAN_Send(payload, payloadSize);
}

int main(void) {
//初始化硬件和 LoRaWAN 模块
SystemInit(); //假设这是系统初始化函数
LoRaWAN_Init();

//准备发送的数据
uint8_t payload[] = {0x01, 0x02, 0x03, 0x04};
uint8_t payloadSize = sizeof(payload);

//发送数据
LoRaWAN_SendData(payload, payloadSize);
```

```
//其他代码……

while（1）｛
//无限循环,或进行其他任务
｝

return 0；
｝
```

注意：上面的代码是高度简化的示例，实际中 LoRaWAN 的编程会复杂得多，包括处理网络认证、数据加密、确认接收等。

LoRaWAN 编程涉及硬件连接、软件开发、协议栈集成等多个方面。如果刚开始接触 LoRaWAN，建议从阅读相关的文档和教程开始，了解 LoRaWAN 的基本原理和协议栈的工作方式。同时，也可以考虑使用现成的 LoRaWAN 设备和软件库来简化开发过程。

思政九　全国首个测温巡逻机器人

　　测温巡逻机器人是一种综合运用物联网、人工智能、云计算、大数据等技术，集成环境感知、动态决策、行为控制和报警装置，具备自主感知、自主行走、自主保护、互动交流等能力，可帮助人类完成基础性、重复性、危险性的安保工作，推动安保服务升级，降低安保运营成本的多功能综合智能装备。

　　抗击疫情期间，戴口罩、测体温成为人们进出公共场所必做的"两件大事"。人工测量体温，不仅需要投入人力，也增加了人员接触带来的安全风险。这一问题在技术上迎来突破。总部位于广州的高新兴集团自主研发出升级版 5G 警用巡逻机器人，可实现红外线 5m 以内快速测量体温，并识别过往人员是否戴口罩。

　　"请大家戴好口罩，注意个人卫生，不要前往人流密集场所，身体若有不适请及时就医……"在广州南沙万达广场，一款由高新兴集团自主研发的巡逻机器人不停来回喊话，提醒市民时刻注意个人安全防范。据悉，高新兴集团自主研发的这款名为"千巡警用巡逻机器人"，是目前国内首款用于测体温的巡逻机器人，可一次性测量 10 个人的体温，误差在 0.5℃以内。

　　"人员移动到哪儿，机器人可以实现快速记录。温度超过设定值，或发现行人不戴口罩，机器人立马启动报警系统。"高新兴集团旗下高新兴机器人公司总经理柏林说，通过机器人"执勤"，有效节约了人力，也有助于避免人员交叉感染。

　　资料来源：https://news.sina.com.cn/c/2020-02-05/doc-iimxyqvz0344043.shtml。

第 10 章　总结与展望

10.1　发展回顾

物联网（IoT）与无线通信技术作为推动社会进步的重要引擎，经历了从萌芽到广泛应用的多个阶段，并在未来继续展现出巨大的发展潜力。

物联网技术的萌芽可以追溯到 20 世纪 80 年代至 90 年代初，当时计算机网络和互联网刚刚兴起，科学家开始探索如何将物理设备与互联网连接起来，以实现远程监测、控制和数据采集等功能。这一阶段的物联网技术主要依赖传统的有线网络和协议进行设备间的通信和数据传输。

进入 21 世纪后，随着无线通信技术和嵌入式系统的发展，物联网技术得到了更广泛的应用和推广。无线传感器网络（WSN）的出现，使得大规模的设备连接变得更加便捷和实用。物联网技术开始在农业、工业、环境监测等领域得到应用，嵌入式传感器设备的数量迅速增加。

同时，云计算和大数据技术的发展为物联网提供了强大的支持，使得海量的设备数据可以被采集、存储和分析，从而实现更精准的控制和决策。

随着移动互联网的普及，物联网设备和用户之间的互动变得更加灵活和便捷。人们可以通过手机、平板电脑等移动设备与物联网设备进行交互，并实现远程控制、监测和管理。物联网技术还与人工智能、机器学习等新兴技术相结合，实现自动化和智能化的功能。

近年来，物联网技术在边缘计算和 5G 通信技术的推动下迎来了新的发展机遇。边缘计算将计算和存储功能移到接近物联网设备的边缘，减少了数据传输的时延和网络带宽的压力，提高了系统的响应速度和性能。

5G 通信技术的到来为物联网提供了更快速、稳定和安全的网络连接，支持更多设备的同时实现低功耗和高可靠性的通信。这些改变使得物联网技术在自动驾驶、智能交通、智慧城市及工业自动化等领域有了更广泛的应用。

10.2　未来展望

随着各行各业对物联网技术的认识逐渐深入，其应用也将越来越广泛。物联网技术将渗透到农业、制造业、医疗健康等各个行业，提高生产力和生产效率，进一步促进数字化进程。

物联网技术将继续与人工智能、大数据、云计算等技术深度融合，推动智能化水平的提升。通过更智能的数据分析和处理，物联网设备将能够更精准地实现控制和决策。

预计未来无线通信技术将实现更高的速度和更广的覆盖范围，为人们带来更加便捷和高效的通信体验。5G 技术的普及和应用将进一步推动物联网技术的发展，使其在更多领域发挥重要作用。

随着物联网规模的扩大，安全性和隐私问题将成为亟待解决的挑战。未来物联网的发展需要加强对数据安全和隐私保护的研究，建立健全相关法规和标准，确保物联网技术可持续健康发展。

物联网与无线通信技术在未来继续展现出巨大的发展潜力。随着技术的不断创新和融合，物联网将在更多领域发挥重要作用，为人类社会带来更多便利和智能化体验。

参 考 文 献

［1］3GPP. Technical Specification Group Radio Access Network；Evolved Universal Terrestrial Radio Access（E-UTRA）；Physical channels and modulation（Release 15）：TS 36. 211 ［S］. 2018.

［2］3GPP. Technical Specification Group Radio Access Network；Evolved Universal Terrestrial Radio Access（E-UTRA）；Radio Resource Control（RRC）；Protocol specification（Release 16）：TS 36. 331 ［S］. 2020.

［3］3GPP. Technical Specification Group Radio Access Network；Evolved Universal Terrestrial Radio Access（E-UTRA）and Evolved Universal Terrestrial Radio Access Network（E-UTRAN）Overall description；Stage 2（Release 15）：TS 36. 300 ［S］. 2019.

［4］White Paper：Coverage Analysis of LTE-M Category-M1 ［R］. 2017

［5］3GPP. Study on provision of low-cost Machine-Type Communications（MTC）User Equipments（UEs）based on LTE（Release 12）：TS 36. 888 ［S］. 2013.

［6］3GPP. Technical Specification Group Radio Access Network；Evolved Universal Terrestrial Radio Access（E-UTRA）；Physical layer procedures（Release 15）：TS 36. 213 ［S］. 2019.

［7］3GPP. On improving SIB/MIB acquisition time in feMTC（R1-1702706）［R］. 2017.

［8］3GPP. 3GPP Releases 16&17 Beyond，a5G Americas White paper，［R］. 2021.

［9］Zorzi M，Gluhak A，Lange S，et al. From Today's INTRAnet of things to a future INTERnet of things：A wireless and mobility related view ［J］. IEEE Wireless Communications，2010，17（6）：44-51.

［10］Phil K. MACA-A new channel access method for packet Radio ［C］// ARRL/CRRL，Amateur Radio 9th computer Networking Conference，1990：134-140.

［11］Bharghavan V，Demers A，Shenker S，et al. MACAW：a media-access protocol for packet radio ［C］//Acm Sigcomm Conference，1994.

［12］Singh S，Raghavendra C S. PAMAS—Power Aware Multi-Access protocol with Signalling for Ad Hoc Networks ［J］. Acm Sigcomm Computer Communication Review，1998，28（3）：5-26.

［13］孙弋，韩晓冰，张衡伟，等. 短距离无线通信及组网技术 ［M］. 西安：西安电子科技大学出版社，2008.

［14］夏玮玮，刘云，沈连丰. 短距离无线通信技术及其实验 ［M］. 北京：科学出版社，2014.

［15］柴远波，赵春雨，林成，等. 短距离无线通信技术及应用 ［M］. 北京：电子工业出版社，2015.

［16］董健．物联网与短距离无线通信技术［M］.2 版．北京：电子工业出版社，2016.

［17］高泽华，孙文生．物联网：体系结构、协议标准与无线通信：RFID、NFC、LoRa、NB-IOT、WiFi、ZigBee 与 Bluetooth［M］．北京：清华大学出版社，2020.

［18］廖建尚，周伟敏，李兵．物联网短距离无线通信技术应用与开发［M］．北京：电子工业出版社，2019.

［19］张春红，裴晓峰，夏海轮，等．物联网关键技术及应用［M］．北京：人民邮电出版社，2017.

［20］杨博雄，倪玉华．无线传感网络［M］．北京：人民邮电出版社，2015.

［21］杜庆伟，陈兵．物联网通信［M］．北京：清华大学出版社，2023.

［22］杨帆，张彩丽，王乐忠，等．LabVIEW 物联网通信程序设计实战［M］．北京：人民邮电出版社，2023.

［23］陈东升，李丹，李阳德．物联网通信技术研究［M］．北京：中国华侨出版社，2023.

［24］刘洋，张颖慧，赵鑫．无线通信技术与应用研究［M］．北京：化学工业出版社，2023.

［25］谢金龙，刘蔚，杨波．无线传感器网络技术与应用 ZigBee 版［M］．北京：高等教育出版社，2023.

［26］陈君华，梁颖，罗玉梅，等．物联网通信技术应用与开发［M］．昆明：云南大学出版社，2023.

［27］青岛英谷教育科技股份公司，潍坊学院，德州学院，等．无线传感器网络技术原理及应用［M］.2 版．西安：西安电子科技大学出版社，2022.

［28］钟冬，朱怡安，段俊花．无线传感器网络原理与应用［M］．西安：西北工业大学出版社，2022.

［29］［美］哈亚·沙贾亚，艾哈迈德·阿卜杜勒哈迪，查尔斯·克兰西作．物联网的性能与安全 新兴的无线技术（英文版）［M］．世界图书出版有限公司，2022.

［30］李小龙．物联网技术基础实践［M］．北京：电子工业出版社，2022.

［31］吴志辉．物联网全栈开发原理与实战［M］．北京：人民邮电出版社，2022.

［32］蒋宏艳，贾露．物联网终端技术研究［M］．长春：吉林人民出版社，2021.

［33］姚政来，陈信访，冯志勇，等．物联网无线通信技术［M］．北京：中国铁道出版社，2021.

［34］陈喆．物联网无线通信原理与实践［M］．北京：清华大学出版社，2021.

［35］［美］丹尼尔·周．物联网——无线通信、物理层、网络层与底层驱动［M］．李晶，孙茜，译．北京：清华大学出版社，2021.

［36］吴珊珊，王书旺．短距离无线通信系统及仿真［M］．北京：北京理工大学出版社，2020.

［37］李昌春，张薇薇，甘志勇，等．物联网概论［M］．重庆：重庆大学出版社，2020.

［38］吴瑕，杨玥，张研．物联网工程规划与设计［M］．北京：北京理工大学出版社，2020.

［39］钟良骥，徐斌，胡文杰．物联网技术与应用［M］．武汉：华中科技大学出版社，2020.

［40］赵军辉，张青苗，邹丹．物联网通信技术与应用［M］．武汉：华中科技大学出版社，2019.

［41］廖建尚．物联网长距离无线通信技术应用与开发［M］．北京：电子工业出版社，2019.

［42］肖佳，胡国胜．物联网通信技术及应用［M］．北京：机械工业出版社，2019.

［43］朱洪波，张英海．物联网与无线通信［M］．北京：人民邮电出版社，2019.

［44］张元斌，杨月红，曾宝国，等．物联网通信技术［M］．成都：西南交通大学出版社，2018.

［45］李琰，郑林涛，李剑．物联网与无线通信技术［M］．长春：吉林大学出版社，2016.

［46］谢飞波，朱洪波，李玉刚，等．无线通信与物联网［M］．北京：人民邮电出版社，2015.

［47］谢健骊，等．物联网无线通信技术［M］．成都：西南交通大学出版社，2013.

［48］夏华．无线通信模块设计与物联网应用开发［M］．北京：电子工业出版社，2011.